普通高等教育"十二五"规划教材

高等数学

（留学生版）

陈学慧　王丹龄　编

北　京
冶　金　工　业　出　版　社
2015

内 容 提 要

本书根据对留学生“高等数学”课程的教学要求及作者多年的教学实践编写而成，在内容安排上适当降低理论深度，增加基础知识的介绍。主要内容安排分成两部分，第一部分包括一元函数微积分学和常微分方程，在微积分基本概念、基本理论和方法的基础上，着重于数学分析基本思维方法的训练；第二部分包括向量代数、解析几何、多元函数微积分、微分方程和无穷级数，所讨论的空间由一维推广到 n 维，加强了向量在 n 维空间有关概念和理论中的计算和应用，内容更趋符合留学生的学习要求。

本书可作为高等学校留学生“高等数学”课程的教材或教学参考书，也可供高等院校文科类专业学生学习使用。

图书在版编目(CIP)数据

高等数学(留学生版)/陈学慧，王丹龄编．—北京：冶金工业出版社，2015.5

普通高等教育“十二五”规划教材

ISBN 978-7-5024-6926-9

Ⅰ.①高… Ⅱ.①陈… ②王… Ⅲ.①高等数学—高等学校—教材 Ⅳ.①O13

中国版本图书馆 CIP 数据核字(2015) 第 095375 号

出 版 人 谭学余
地　　址 北京市东城区嵩祝院北巷 39 号　邮编 100009　电话 (010)64027926
网　　址 www.cnmip.com.cn　电子信箱 yjcbs@cnmip.com.cn
责任编辑 赵亚敏　美术编辑 吕欣童　版式设计 孙跃红
责任校对 石 静　责任印制 李玉山
ISBN 978-7-5024-6926-9
冶金工业出版社出版发行；各地新华书店经销；三河市双峰印刷装订有限公司印刷
2015 年 5 月第 1 版，2015 年 5 月第 1 次印刷
787mm×1092mm　1/16；17 印张；409 千字；259 页
43.00 元

冶金工业出版社　投稿电话　(010)64027932　投稿信箱　tougao@cnmip.com.cn
冶金工业出版社营销中心　电话　(010)64044283　传真　(010)64027893
冶金书店　地址　北京市东四西大街 46 号(100010)　电话　(010)65289081(兼传真)
冶金工业出版社天猫旗舰店　yjgycbs.tmall.com

前　言

留学生教育是人才培养的重要组成部分，教学工作是留学生教育工作的重中之重，教学水平的高低与我国留学生教育事业的发展以及国际声誉等息息相关。留学生"高等数学"课程教学在留学生培养过程中发挥着极其重要的作用，是高等院校数学教学工作的一个重要组成部分。相对而言，留学生数学教学起步较晚，基础较弱，加上生源国不同造成的种种差异，使得教学过程中出现了一些亟待解决的问题。

"高等数学"是工科院校留学生教学计划中必不可少的一门主干基础课，它是留学生掌握数学工具的主要课程，是培养理性思维的主要载体，是学生接受数学美感熏陶的一种途径。编者根据教学实践中所积累的经验，吸取了广大教师的宝贵意见，在现有留学生高等数学教材的基础上，对教学内容进行调整和重组，编写了这本教材。本书具有以下特色：

第一，适合留学生使用。本书以"加强基础，强调应用"为原则，以"必需、够用"为度，每章内容以知识结构框图引出，以例题讲解结束，符合留学生学习知识的心理认知规律，利于学生形成完整的知识框架，进一步掌握所学知识。

第二，重视基本能力的培养。本书的例题、习题较多，解题分析较为深入，旨在让学生在反复求解的过程中，对基本概念有更深层次的理解，同时能够熟悉运算过程，精通解题技巧，掌握数学分析基本思维方法，从而为灵活运用知识奠定基础。

第三，适当安排了实际应用的内容。本书部分章节安排了来自客观世界的例题，比如物理、经济管理领域和日常生活中的一些问题。旨在激发学生学习数学的兴趣，引导学生发现问题并提高利用数学知识解决实际问题的能力。

本书共10章，包括函数、极限与连续、导数与微分、中值定理与导数的应用、不定积分、定积分及其应用、空间解析几何与向量代数、二元函数微积分、无穷级数和微分方程。本书第1、2、3、9、10章由陈学慧编写，第4、5、6、7、8章由王丹龄编写。陈学慧负责本书的策划、统稿和最终定稿工作。另外，本书在编写过程中得到了北京科技大学胡志兴教授、朱婧副教授和李晔老师等的大力支持和帮助。本教材已经列入北京科技大学校级“十二五”规划教材，教材的编写得到了北京科技大学教材建设基金的资助，对此表示衷心的感谢。

由于编者水平所限，书中难免有缺点和错误，敬请广大读者批评指正。

编　者
2015年2月

目　录

1 函　　数

微积分是高等数学的基本内容，是研究自然和社会规律的重要工具，它不仅在经济领域中有着直接的应用，而且也是学习其他经济数学知识的基础．微积分的主要研究对象是函数，本章我们将在已有知识的基础上，复习和介绍集合、函数的相关知识，并作适当延伸．

本章知识结构导图：

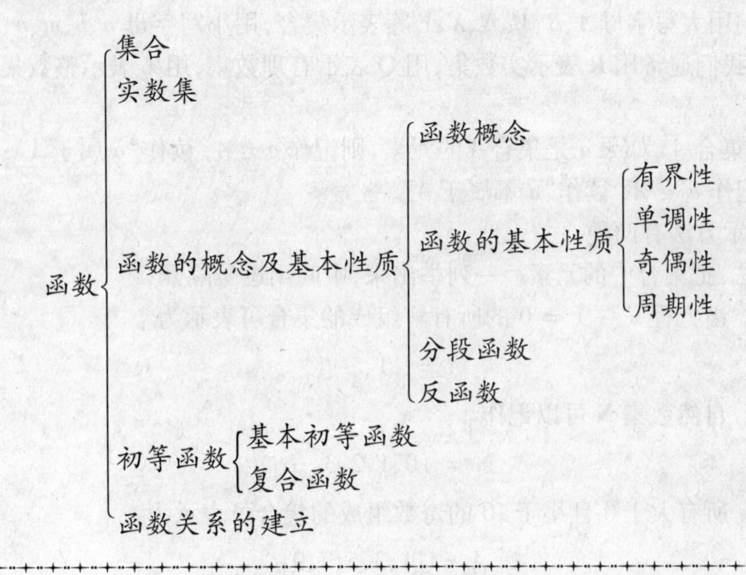

1.1　函数的概念和基本性质

1.1.1　集合

“集合”是数学中的一个基本概念，在数学领域，它具有无可比拟的特殊重要性．最简单的说法，我们常常研究某些事物组成的集体，例如，一班学生、一束鲜花、一盒粉笔、所有正整数，等等，这些由某类特定事物组成的集体都是**集合**．

一般来说，具有某种共同属性的事物的全体称为**集合**．集合中的事物称为该集合的**元素**．

下面列举几个例子，来理解集合的概念，请具体说出下面集合的元素．

例 1.1.1　教室内所有的学生．

解：教室内的每一个学生是这个集合的元素．

例 1.1.2　全体偶数．

解：每一个偶数是该集合的元素．

例 1.1.3　方程 $x^2+3x+2=0$ 的根．

解：$-1,-2$ 是这个集合的元素．

由有限个元素构成的集合，称为**有限集合**，如例 1.1.1、例 1.1.3；由无限个元素构成的集合，称为**无限集合**，如例 1.1.2.

集合中的元素有三个特征：

确定性：集合中的元素是确定的．

例如：某班高的同学，因为不知道什么范围才算高，所以某班高的同学不能算是一个集合．

互异性：集合中的元素互不相同．

例如集合 $A=\{1,a,2\}$，则 a 不能等于 1 和 2.

无序性：集合中的元素没有先后之分．

例如 $\{1,3\}$ 与 $\{3,1\}$ 是同一个集合．

通常，我们用大写字母 A、B、M、N、X、Y 等表示集合，用小写字母 a、b、m、n、x、y 等表示集合中的元素．我们通常用 $\mathbf{R}$ 表示实数集，用 $\mathbf{Q}$ 表示有理数集，用 $\mathbf{Z}$ 表示整数集，用 $\mathbf{N}$ 表示自然数集．

给定一个集合 A，如果 a 是集合 A 的元素，则记作 $a\in A$，读作"a 属于 A"；如果 a 不是 A 中的元素，则记作 $a\notin A$，读作"a 不属于 A".

集合的表示方法有两种：

(1) 列举法：把集合中的元素一一列举出来，中间用逗号隔开．

例 1.1.4　由方程 $x^2-1=0$ 的所有解组成的集合可表示为

$$A=\{1,-1\}$$

例 1.1.5　自然数集 $\mathbf{N}$ 可以记作

$$\mathbf{N}=\{0,1,2,3,\cdots\}$$

例 1.1.6　所有大于 0 且小于 10 的奇数组成的集合可表示为

$$A=\{1,3,5,7,9\}$$

(2) 描述法：用确定的条件表示某些对象是否属于这个集合的方法．

例 1.1.7　设 A 为方程 $x^2+3x+2=0$ 的根构成的集合，则 A 可表示为

$$A=\{x\mid x^2+3x+2=0\}$$

例 1.1.8　设 A 为全体奇数的集合，则 A 可表示为

$$A=\{x\mid x=2n+1, n\text{ 为整数}\}$$

集合以及集合间的关系可以用图形来表示，称为**文氏图**．文氏图是用一个平面区域来表示一个集合，如图 1.1 所示．集合内的元素以区域内的点来表示．

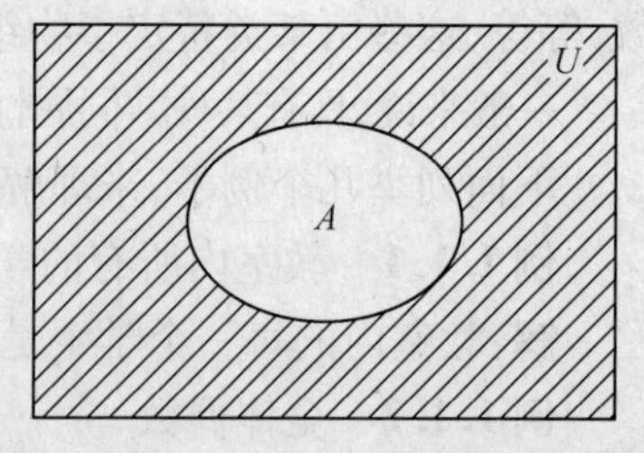

图 1.1

一般的，如果一个集合含有我们所研究问题中涉及的所有元素，那么就称这个集合为**全集**，通常记作 U.

一般的，不包含任何元素的集合为**空集**，记作 $\varnothing$.

例 1.1.9　集合 $\{x\mid x>3 \text{ 且 } x<2\}$ 是个空集．

定义 1.1.1　对于两个集合 A 与 B，若所有属于 A 的元

素都属于 B,我们就说 A 是 B 的**子集**. 即"如果 $a \in A$, 则 $a \in B$", 则称 A 为 B 的子集. 记为 $A \subset B$ 或 $B \supset A$, 读作" A 包含于 B"或"B 包含 A",如图 1.2 所示.

如果 $A \subset B$ 且 $B \subset A$, 则称集合 A 和集合 B 相等,记作 $A = B$, 它表示集合 A 和 B 中的元素完全相同.

例 1.1.10 设 $A = \{1,2,3,4,5\}$, $B = \{3,5\}$ 则

$$B \subset A$$

例 1.1.11 设集合 $A = \{x \mid x^2 + 3x + 2 = 0\}$ 和集合 $B = \{-1, -2\}$, 则

$$A = B$$

定义 1.1.2 所有属于集合 A 或属于集合 B 的元素所组成的集合,称作 A 和 B 的**并集**,记作 $A \cup B$ (或 $B \cup A$),读作"A 并 B"(或"B 并 A"),即 $A \cup B = \{x \mid x \in A$ 或 $x \in B\}$ (如图 1.3 的阴影部分).

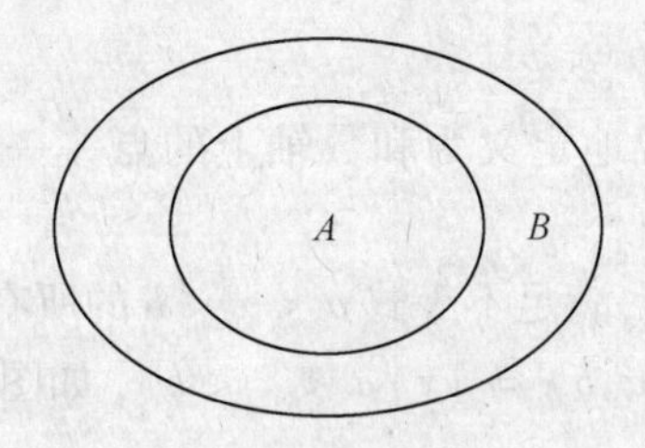

图 1.2

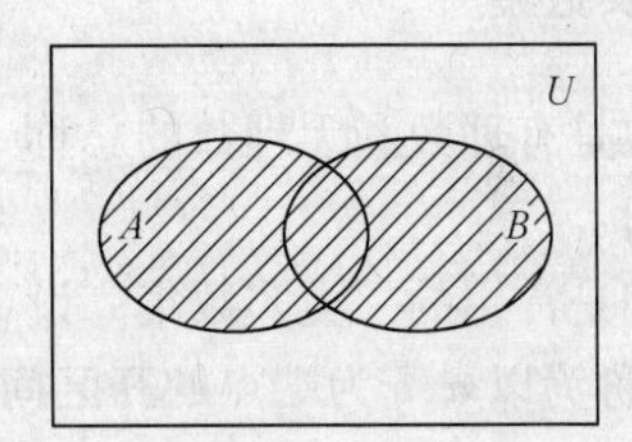

图 1.3

定义 1.1.3 所有属于集合 A 且属于集合 B 的元素所组成的集合,称作 A 和 B 的**交集**,记作 $A \cap B$ (或 $B \cap A$),读作"A 交 B"(或"B 交 A"),即 $A \cap B = \{x \mid x \in A$ 且 $x \in B\}$ (如图 1.4 的阴影部分).

定义 1.1.4 设有集合 A 和 B,属于 A 而不属于 B 的所有元素构成的集合,称为 A 与 B 的**差**,记为 $A - B$, 即 $A - B = \{x \mid x \in A$ 且 $x \notin B\}$ (如图 1.5 的阴影部分).

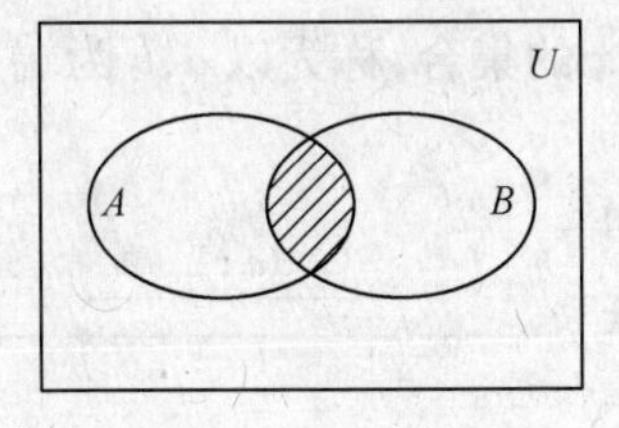

图 1.4

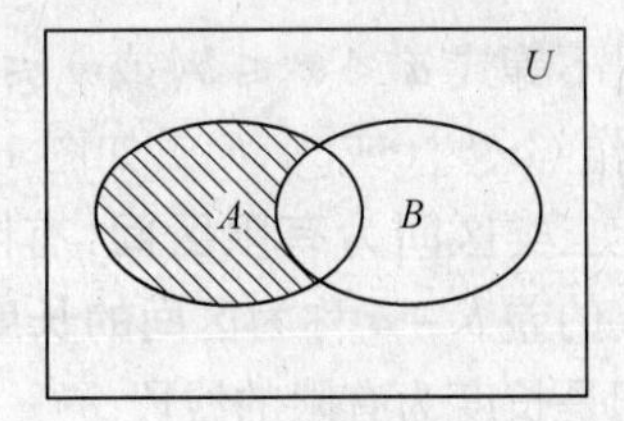

图 1.5

例 1.1.12 设 $A = \{1,2,3,4,5\}$, $B = \{3,5\}$ 则

$$A \cup B = \{1,2,3,4,5\}$$

$$B \cap A = \{3,5\}$$

$$A - B = \{1,2,4\}$$

例 1.1.13 设 A 为某班来自欧洲的学生的集合, B 为该班来自英国的学生的集合,则 $B \cup A$ 表示该班来自欧洲的同学的集合;

$A \cap B$ 表示该班来自英国的同学的集合;

$A - B$ 表示该班来自除了英国以外的欧洲国家的同学的集合.

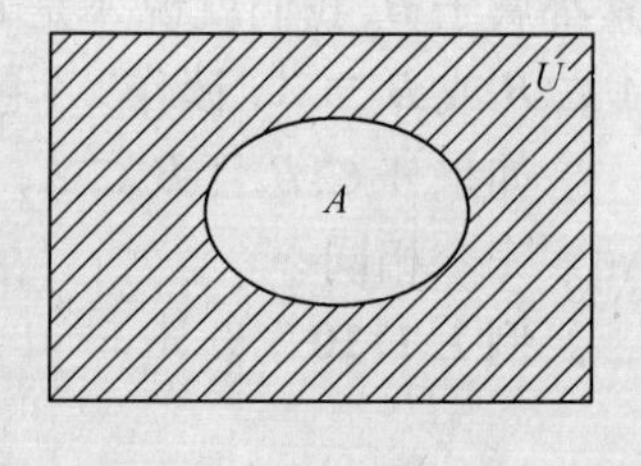

图 1.6

定义 1.1.5 全集 U 中所有不属于 A 的元素构成的集合,称为 A 的**补集**,记为 $\overline{A}$, 如图 1.6 的阴影部分.

例 1.1.14 设参加考试的学生的全集为 U,如果 A 表示及格的学生,则 $\overline{A}$ 表示不及格的学生.

集合运算律:

(1)交换律: $A \cup B = B \cup A, A \cap B = B \cap A$

(2)结合律: $(A \cup B) \cup C = A \cup (B \cup C), (A \cap B) \cap C = A \cap (B \cap C)$

(3)分配律: $(A \cup B) \cap C = (A \cap C) \cup (B \cap C), (A \cap B) \cup C = (A \cup C) \cap (B \cup C)$

1.1.2 实数集

实数是有理数和无理数的总称. 数学上,实数直观地定义为和数轴上的点一一对应的数.

区间是常用的一类实数集. 设 a,b 为实数,且 $a<b$,满足不等式 $a < x < b$ 的所有实数 x 的集合,称为以 a,b 为端点的**开区间**,记作 (a,b), 即 $(a,b) = \{x \mid a < x < b\}$, 如图 1.7 所示.

满足不等式 $a \leqslant x \leqslant b$ 的所有实数 x 的集合,称为以 a,b 为端点的**闭区间**,记作 $[a,b]$, 如图 1.8 所示.

图 1.7 图 1.8

满足不等式 $a < x \leqslant b$(或 $a \leqslant x < b$) 的所有实数 x 的集合,称为以 a,b 为端点的**半开区间**,记作 $(a,b]$(或$[a,b)$) 如图 1.9 所示.

以上三类区间为**有限区间**,有限区间的右端点 b 和左端点 a 的差 $b-a$ 称为**区间的长度**. 从数轴上看,这些有限区间是长度为有限的线段.

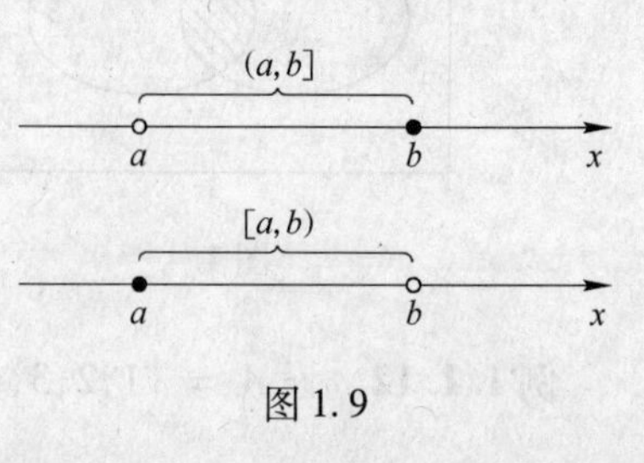

图 1.9

还有下面几类无限区间: $[a, +\infty)$ 表示不小于 a 的实数的全体,也可记为 $a \leqslant x < +\infty$; $(-\infty, a)$ 表示小于 a 的实数的全体,也可记为 $-\infty < x < a$; $(-\infty, +\infty)$ 表示全体实数,也可记为 $-\infty < x < +\infty$.

注意:其中 $-\infty$和 $+\infty$, 分别读作"负无穷大"和"正无穷大",它们不是数,仅仅是记号.

定义 1.1.6 设 x_0 与 δ 是两个实数,且 $\delta > 0$. 满足不等式 $|x - x_0| < \delta$ 的实数 x 的全体称为点 x_0 的 δ **邻域**,记作 $U(x_0,\delta)$, 点 x_0 称为此邻域的**中心**, δ 称为此邻域的**半径**,即

$$U(x_0,\delta) = \{x \mid x_0 - \delta < x < x_0 + \delta\}$$

在数轴上，$U(x_0,\delta)$ 表示以 x_0 为对称中心，以 δ 为半径画出的开区间，如图 1.10 所示．

常用的还有点 x_0 的空心邻域 $\overset{0}{U}(x_0,\delta)$（见图 1.11），即

$$\overset{0}{U}(x_0,\delta)=\{x\mid 0<|x-x_0|<\delta\}$$

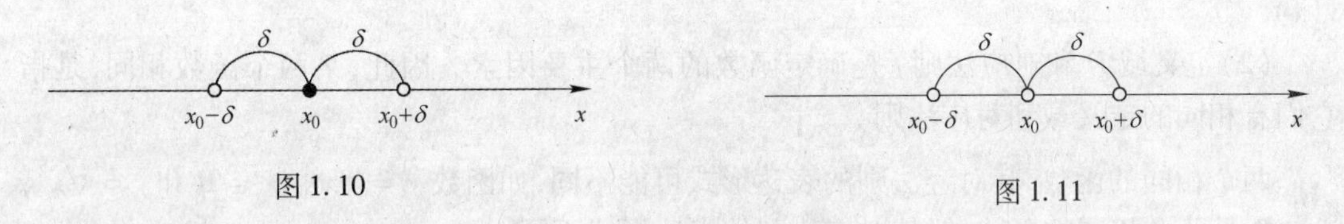

图 1.10　　　　图 1.11

1.1.3 函数概念

1.1.3.1 函数定义

在对自然现象与社会现象的观察和研究过程中，人们会遇到各种各样的量，在某个问题的研究过程中保持不变的量称为**常量**，可以取不同数值的量称为**变量**．例如：一个学校的面积是常量，每天到学校的人数是变量．

在同一个问题研究中，常常同时有几个变量在变化着．这几个变量并不是孤立地在变，而是相互联系并遵循着一定的变化规律．下面我们就来探索一下变量之间的相互关系．

例 1.1.15 如图 1.12 所示，一枚炮弹发射后，经过 26s 落到地面击中目标，炮弹的射高为 845m，且炮弹距地面的高度时间的变化规律为 $h=130t-5t^2(0\leqslant t\leqslant 26)$．当时间 t 取定一个数值时，由上式可以确定炮弹的高度 h 的数值．

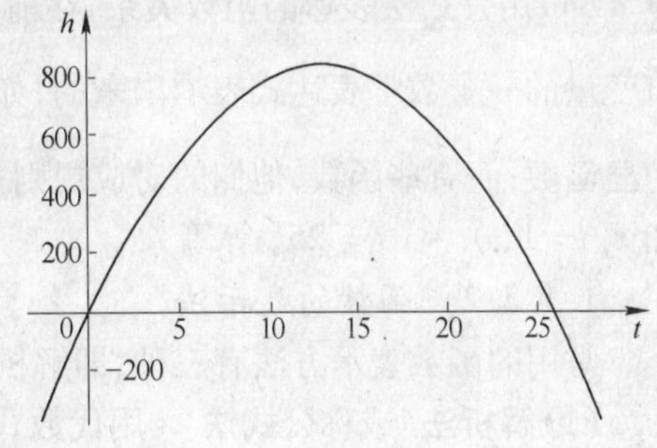

图 1.12

例 1.1.16 当圆的半径 r 变化时，圆的周长 l 也跟着变化．这两个变量之间的关系为 $l=2\pi r$，$0<r<+\infty$．其中，π 是圆周率，是常量．当半径 r 在区间 $(0,+\infty)$ 内取定一个数值时，由上式可以确定圆的周长 l 的相应数值．

上述例子都描述了两个变量之间的依赖关系，这种依赖关系给出了一种对应法则，根据这一对应法则，当其中一个变量在其范围内取定任一个数值时，另一个变量就有确定的值与之对应．两个变量之间的这种对应关系正是函数概念的实质．

定义 1.1.7 若 D 是一个非空实数集合，设有一个对应规则 f，使得每一个 $x\in D$ 都有一个确定的实数 y 与之对应，则称这个对应规则 f 为定义在 D 上的一个**函数关系**，或称变量 y 是变量 x 的**函数**，记作 $y=f(x)$，$x\in D$.

习惯上我们称此函数关系中的 x 为**自变量**，y 为**因变量**．

集合 D 称为函数的**定义域**，也可以记作 $D(f)$.

若 $x_0\in D$，则称 $f(x)$ 在 $x=x_0$ 处有定义．

x_0 所对应的 y 值，记作 y_0 或者 $f(x_0)$ 或 $y|_{x=x_0}$，称为当 $x=x_0$ 时，函数 $y=f(x)$ 的函数值．

全体函数值的集合 $\{y\mid y=f(x)\}$，$x\in D$，称为函数 $y=f(x)$ 的**值域**，记作 Z.

函数的定义域 D、值域 Z 和对应法则 f 是一个函数的三个要素.

关于函数定义的几点说明:

(1)函数 $y=f(x)$ 中表示对应法则的记号 f 也可以改用其他字母,例如“φ”,“ψ”,“F”,等等. 这时函数就记为 $y=\varphi(x)$,$y=\psi(x)$,$y=F(x)$, 等等. 有时也可直接记作 $y=y(x)$.

(2)定义域 D 和对应法则 f 是确定函数的两个主要因素. 因此,某两个函数相同,是指它们有相同的定义域和对应法则.

两个相同的函数,其对应法则的表达形式可能不同,如函数 $y=|x|$,$x\in\mathbf{R}$ 和 $y=\sqrt{x^2}$,$x\in\mathbf{R}$ 是两个相同的函数,但其对应法则的表达形式不同.

两个相同的函数,其变量的表示符号也可能不同,如函数 $y=\sin x$,$x\in\mathbf{R}$ 和 $u=\sin v$,$v\in\mathbf{R}$ 是两个相同的函数,但其自变量和因变量采用了不同的表示符号.

(3)在函数定义中,对每一个 $x\in D$, 若只有唯一的一个 y 与之对应,则这样的函数称为**单值函数**;若同一个 x 值可以对应多于一个的 y 值,则称这种函数为**多值函数**. 例如,函数 $y=\dfrac{\pm\sqrt{x^2+4}}{2}$,$x\in\mathbf{R}$, 是多值函数. 在本书中,如没有特殊说明,指的都是单值函数.

(4)用公式法表达的函数关系,在前面所遇到的函数中,他们的对应规则都是因变量用自变量的一个数学表达式表示出来的,如 $y=x^2$,$y=\sqrt{25-x^2}$,$y=\dfrac{1}{x}$ 等等,这些函数都称为**显函数**;而有些函数,他们的对应规则是用一个方程 $F(x,y)=0$ 来表示的,称为**隐函数**,如 $xy=1$,$x^2+y^2=25$, 等等.

1.1.3.2　函数的表示法

常用的函数表示方法有三种,即解析法、图像法、列表法.

(1)**解析法**(或称**公式法**). 用代数式表达一个函数关系的方法称为**解析法**,上述思考案例中,函数 $h=130t-5t^2$ 是以解析式刻画函数之间的变量关系.

有些函数,对于其定义域内自变量不同的值,其对应规则不能用一个统一的数学表达式表达,需要两个或两个以上的式子表达,但它表示的是一个函数而不是几个函数.

例 1.1.17　取整函数

$$y=[x]$$

记号 $[x]$ 表示不超过 x 的最大整数,例如, $[0.3]=0$, $[2.5]=2$,$[-2.5]=-3$.

取整函数的定义域为 $(-\infty,+\infty)$. 其图像如图 1.13 所示.

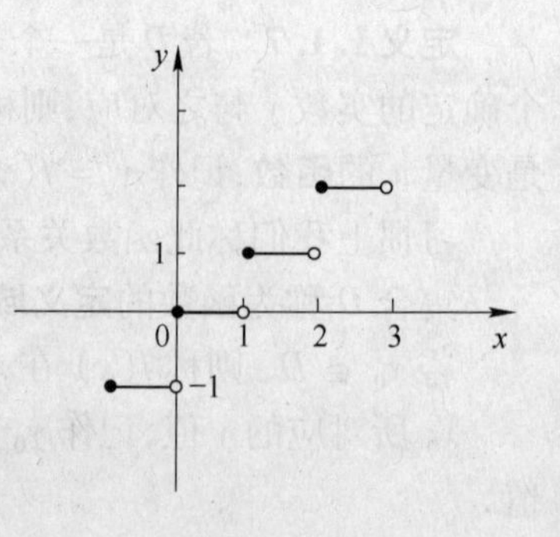

图 1.13

例 1.1.18　绝对值函数 $y=|x|=\begin{cases}x,x\geqslant 0\\-x,x<0\end{cases}$,$x\in R$.

(2)**列表法**. 用一个表格来表达一个函数关系的方法称为列表法,如表 1.1 所示.

表 1.1

边长 x	1	2	3	4	5	6	7
面积 S	1	4	9	16	25	36	49

表示正方形的面积 S 与边长 x 之间的函数关系．

(3)**图像法**．在平面直角坐标系中，取自变量 x 在横坐标轴上变化，对应的因素 y 在纵坐标轴上变化，则平面点集

$$\{(x,y)\mid y = f(x), x \in D\}$$

称为函数 $y = f(x)$ 的图形．用函数的图形表示函数的方法称为图像法．

例 1.1.19　函数 $y = \sin x$ 的图像，如图 1.14 所示．

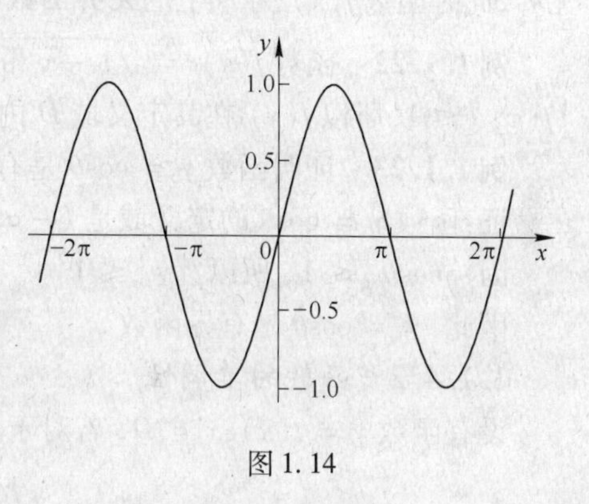

图 1.14

这是通过做出函数的图像，来表达函数的一种方法．

1.1.3.3　**函数定义域**

在实际问题中，函数的定义域是根据问题的实际意义确定的．例如，在经济活动中，商品总价值 R 与商品量 Q 之间的函数关系 $R = PQ$（P 为单价），其定义域是正数集合，自变量 Q 不能取负数．

在数学中，有时不需要考虑函数的实际意义，只是抽象的研究用算式表达的函数．这时我们约定：函数的定义域是使函数关系式有意义的自变量的取值范围．

例 1.1.20　求函数 $y = \dfrac{1}{3x-6}$ 的定义域．

解：因为分母不能为 0，所以 $3x - 6 \neq 0$，即 $x \neq 2$，于是所求定义域为

$$(-\infty,2) \cup (2,+\infty)$$

例 1.1.21　求函数 $y = \sqrt{9 - x^2} + \ln(x-1)$ 的定义域．

解：要使函数有意义，必须满足 $\begin{cases} 9 - x^2 \geqslant 0 \\ x - 1 > 0 \end{cases}$，解得 $\begin{cases} -3 \leqslant x \leqslant 3 \\ x > 1 \end{cases}$，于是所求定义域为 $(1,3]$.

1.1.4　函数的性质

研究函数的各种性质是高等数学的重要内容之一，这里将介绍以后会经常遇到的函数的几种简单性质．

1.1.4.1　**函数的有界性**

定义 1.1.8　设有函数 $y = f(x), x \in D$，若存在数 M，对于任意的 $x \in D$，都有

$$f(x) \leqslant M$$

则称函数 $y=f(x)$ 在 D 上有上界，数 M 称为函数 $y=f(x)$ 在 D 上的一个**上界**. 若存在数 N，对于任意的 $x\in D$，都有

$$f(x)\geqslant N$$

则称函数 $y=f(x)$ 在 D 上有下界，数 N 称为函数 $y=f(x)$ 在 D 上的一个**下界**. 若存在正数 K，使得

$$|f(x)|\leqslant K$$

则称函数 $y=f(x)$ 在 D 上有界或称 $f(x)$ 为 D 上的**有界函数**. 否则就称为函数 $f(x)$ 在 D 上无界，此时函数 $f(x)$ 为 D 上的**无界函数**.

例 1.1.22 函数 $f(x)=\sqrt{1-x^2}$ 的定义域 $D=[-1,1]$，因为对于任意的 $x\in D$，都有 $|f(x)|\leqslant 1$，所以 $f(x)$ 在其定义域 D 内是有界的.

例 1.1.23 证明函数 $y=\cos\theta$ 是有界函数.

证：函数 $y=\cos\theta$ 的定义域是 $(-\infty,+\infty)$.

因 $|\cos\theta|\leqslant 1$，所以 $|y|\leqslant 1$.

因此，$y=\cos\theta$ 是有界函数.

1.1.4.2 函数的单调性

设有函数 $y=f(x)$，$x\in D$，若对于任意的数 $x_1<x_2$，$(x_1,x_2\in D)$，都有

$$f(x_1)<f(x_2)$$

则称函数 $f(x)$ 在 D 上是单调增加的，如图 1.15(a)所示. 若对于任意的数 $x_1<x_2$，$(x_1,x_2\in D)$，都有

$$f(x_1)>f(x_2)$$

则称函数 $f(x)$ 在 D 上是单调减少的，如图 1.15(b)所示. 单调增加和单调减少的函数统称为**单调函数**.

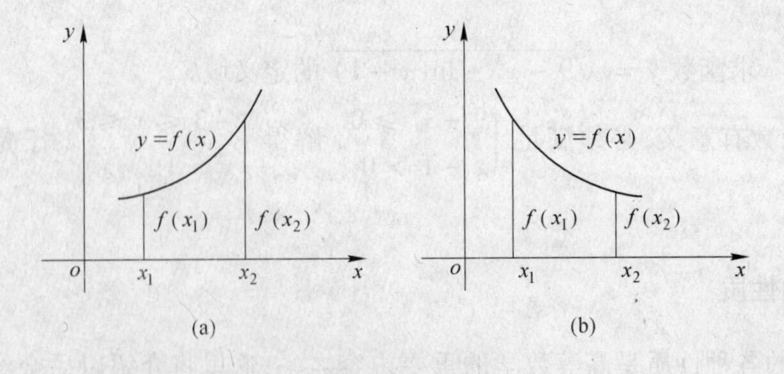

图 1.15

例 1.1.24 函数 $y=x^3$，$x\in\mathbf{R}$，如图 1.16 所示，函数在定义域内是单调增函数.

例 1.1.25 函数 $y=x^2$，$x\in\mathbf{R}$，如图 1.17 所示，则函数在 $(-\infty,0)$ 是递减的，在 $[0,+\infty)$ 是递增的.

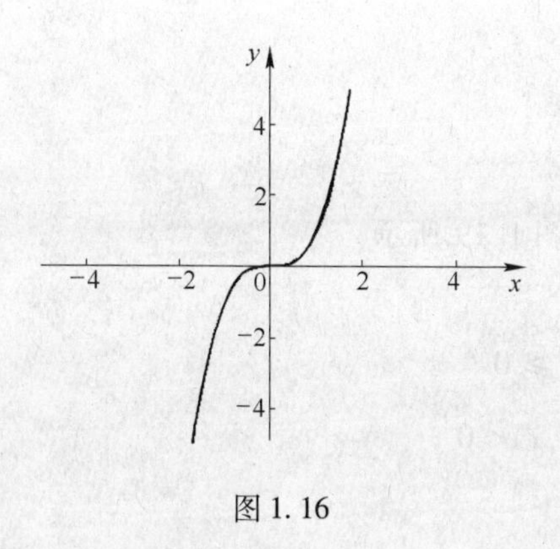

图 1.16

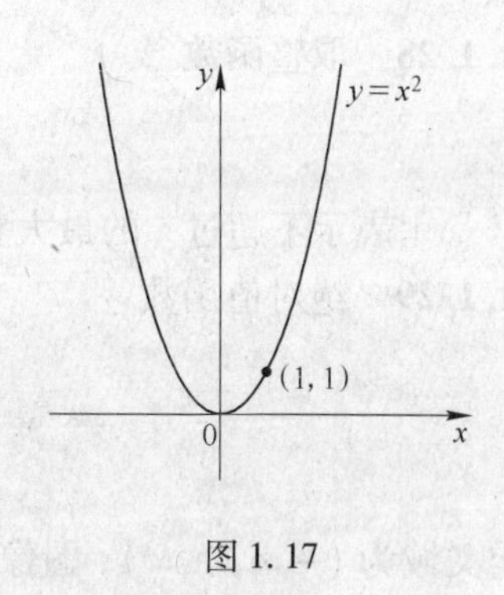

图 1.17

1.1.4.3　函数的奇偶性

定义 1.1.9　设函数 $y = f(x)$ 的定义域 D 是关于原点对称的区间,若对于任意 $x \in D$,总有 $f(-x) = f(x)$ 成立,则称函数 $f(x)$ 为**偶函数**;若对于任意 $x \in D$, 总有 $f(-x) = -f(x)$ 成立,则称函数 $f(x)$ 为**奇函数**.

函数的奇偶性具有以下性质:

(1) 有限个奇函数的和为奇函数,有限个偶函数的和为偶函数;

(2) 偶数个奇函数的积为偶函数,奇数个奇函数的积为奇函数;

(3) 偶函数的图像关于 y 轴对称,奇函数的图像关于坐标原点对称.

例 1.1.26　判断函数 $y = \dfrac{1}{x}, x \in (-\infty,0) \cup (0, +\infty)$ 的奇偶性.

解:设 $y = f(x) = \dfrac{1}{x}, x \in (-\infty,0) \cup (0, +\infty)$,

$$f(-x) = \frac{1}{-x} = -\frac{1}{x} = -f(x)$$

所以函数 $y = \dfrac{1}{x}$ 为奇函数,如图 1.18 所示.

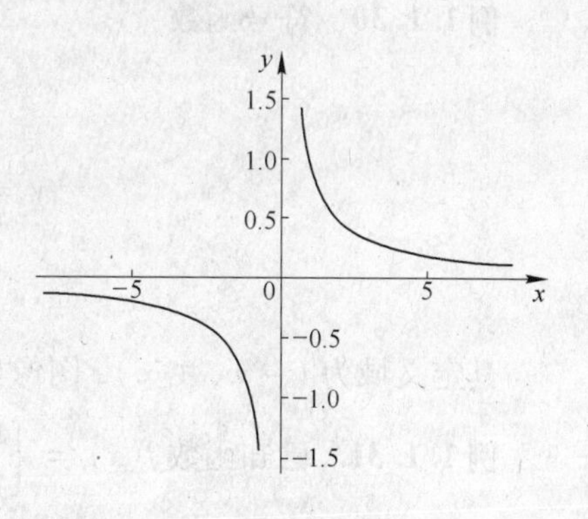

图 1.18

例 1.1.27　判断函数 $y = x^3 + 3, x \in \mathbf{R}$ 的奇偶性.

解:设 $y = f(x) = x^3 + 3, x \in \mathbf{R}$,

$$f(-x) = (-x)^3 + 3 = -x^3 + 3$$

所以函数 $y = x^3 + 3$ 既不是奇函数也不是偶函数.

1.1.4.4　函数的周期性

定义 1.1.10　对于函数 $y = f(x)$, 如果存在正的常数 T, 使得 $f(x) = f(x + T)$ 恒成立,则称此函数为**周期函数**. 满足这个等式的最小正数 T, 称为函数的**周期**.

例如, $y = \sin x, y = \cos x$ 都是以 2π 为周期的周期函数, $y = \tan x, y = \cot x$ 都是以 π 为周期的周期函数.

1.1.5　分段函数

有些函数,对于自变量 x 的不同的取值范围,有着不同的对应法则,这样的函数通常称作**分段函数**. 分段函数的表达式虽然有几个不同的式子,但它是一个函数,而不是几个函数.

例 1.1.28 取整函数

$$y = [x]$$

记号 $[x]$ 表示不超过 x 的最大整数,其图像如图 1.19 所示.

例 1.1.29 绝对值函数

$$y = |x| = \begin{cases} x, x \geqslant 0 \\ -x, x < 0 \end{cases}$$

其定义域为 $(-\infty, +\infty)$, 图像如图 1.20 所示.

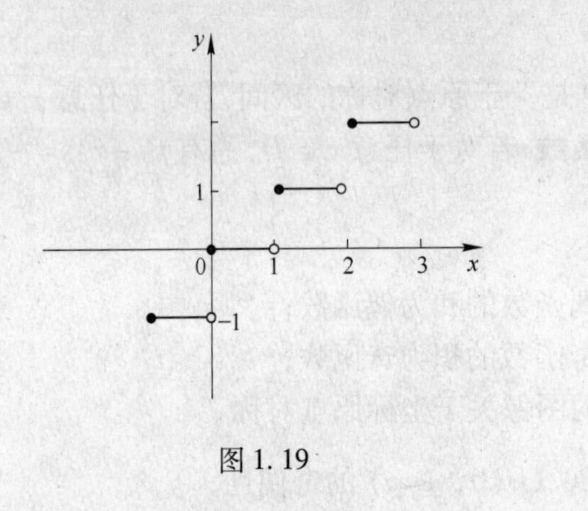

图 1.19

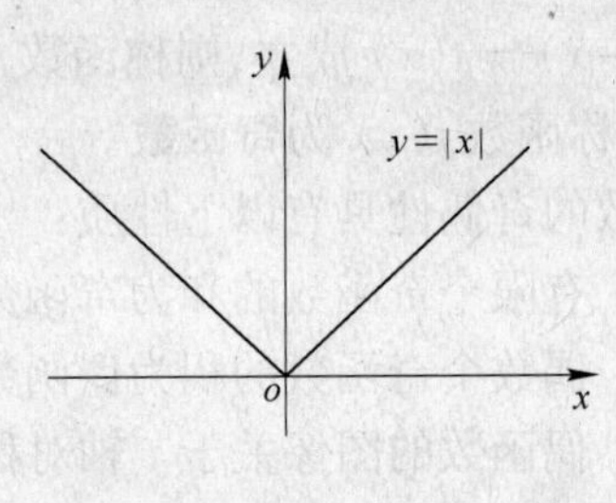

图 1.20

例 1.1.30 符号函数

$$y = \operatorname{sgn}x = \begin{cases} -1, x < 0 \\ 0, x = 0 \\ 1, x > 0 \end{cases}$$

其定义域为 $(-\infty, +\infty)$, 图像如图 1.21 所示.

例 1.1.31 已知函数 $f(x) = \begin{cases} x + 2, 0 \leqslant x \leqslant 2 \\ x^2, 2 < x \leqslant 4 \end{cases}$, 求 $f(x-1)$.

解: $f(x-1) = \begin{cases} (x-1) + 2, 0 \leqslant x - 1 \leqslant 2 \\ (x-1)^2, 2 < x - 1 \leqslant 4 \end{cases}$

即 $f(x-1) = \begin{cases} x + 1, 1 \leqslant x \leqslant 3 \\ (x-1)^2, 3 < x \leqslant 5 \end{cases}$

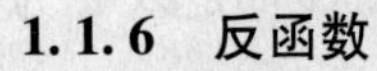

1.1.6 反函数

在函数的定义中有两个变量:一个叫自变量,一个叫因变量. 然而在实际问题中,谁是自变量谁是因变量,并不是绝对的,他们是依据所研究的问题不同而转化的. 请看下面的实例.

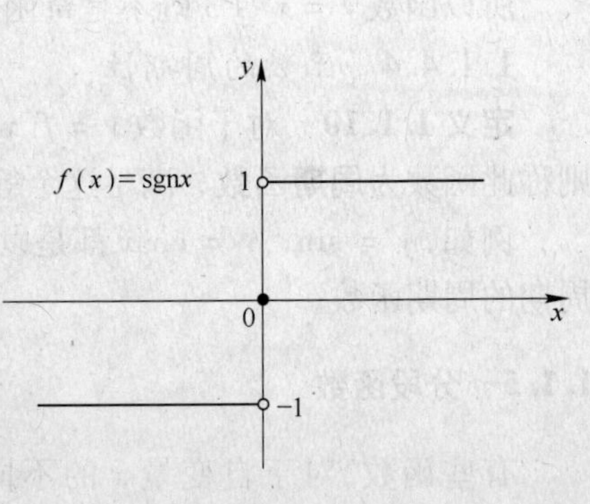

图 1.21

例 1.1.32　设某种商品的单价是 P，每日销售量是 Q，每日的销售收入是 R，则销售收入 R 是 Q 的函数，即

$$R = PQ$$

若制定计划要求每日的收入为 R，问每日销售量要达到多少？则将 Q 表示成 R 的函数

$$Q = \frac{R}{P}$$

称函数 $Q = \frac{R}{P}$ 为函数 $R = PQ$ 的反函数．

定义 1.1.11　设函数 $y = f(x), x \in D$，满足对于其值域 W 中的每一个数 y，在定义域 D 内必有一个确定的数 x 与之对应，即使得 $f(x) = y$ 成立，则按此对应法则得到一个定义在 W 上的新函数，称这个新函数为 $f(x)$ 的**反函数**，记作 $x = \varphi(y)$ 或 $x = f^{-1}(y)$，这里 x 是因变量，y 是自变量．此函数的定义域为 W，值域为 D．相对于反函数 $x = \varphi(y)$ 来说，原函数 $y = f(x)$ 为**直接函数**．

关于反函数的几点说明：

(1) 虽然原函数 $y = f(x)$ 是单值函数，但其反函数 $x = \varphi(y)$ 却不一定是单值函数．例如函数 $y = x^2$ 是单值函数，但是在 $[0, +\infty)$ 上任取数值 $y \neq 0$，适合关系 $x^2 = y$ 的数 x 有两个，一个是 $x = \sqrt{y}$，另一个是 $x = -\sqrt{y}$，所以 $y = x^2$ 的反函数是多值函数．

(2) 若函数在某一个区间上是单调函数，则它的反函数存在，且也是单调函数．

(3) 若把函数 $y = f(x)$ 与其反函数 $x = \varphi(y)$ 画在同一个坐标平面上，则这两个图形关于直线 $y = x$ 对称．

例 1.1.33　求函数 $y = \frac{1}{2}x - 3$ 的反函数，并在同一坐标系中画出直接函数和反函数的图像．

解：由函数 $y = \frac{1}{2}x - 3$ 解出 x，得 $x = 2y + 6$；对换 x 和 y 得反函数 $y = 2x + 6$．

如图 1.22 所示，可以看出它们的图像是关于直线 $y = x$ 对称的．

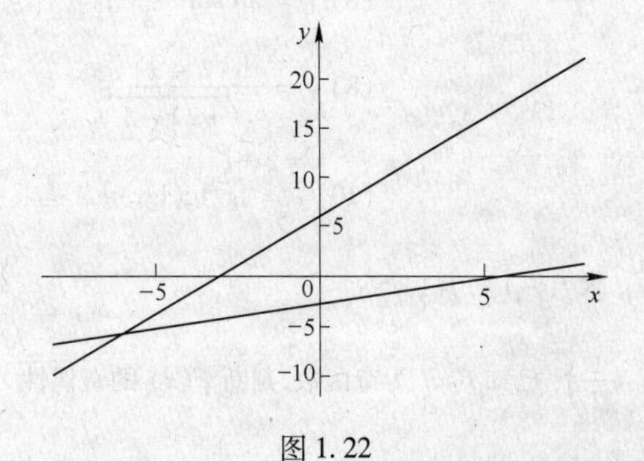

图 1.22

习题 1.1

1. 用集合的描述法表示下列集合：

(1) 方程 $x^2 - 5x + 4 = 0$ 的根的集合；

(2) 圆 $x^2 + y^2 = 25$ 内部(不包括圆周)一切点的集合；

(3) 不大于 8 的所有实数集合.

2. 用列举法表示下列集合：

(1) 方程 $x^2 - 5x + 4 = 0$ 的根的集合；

(2) 抛物线 $y = x^2$ 与直线 $y = x$ 交点的集合；

(3) 集合 $\{x \mid |x-2| \leqslant 3, x$ 为整数$\}$.

3. 写出 $A = \{0,2,4\}$ 的一切子集.

4. 设 $A = \{0,2,4,6\}, B = \{-1,0,1,4,5\}$，求 $A \cap B, A \cup B$.

5. 已知 $A = \{x \mid x > -1\}, B = \{x \mid x \leqslant 3\}$，求 $A \cap B, A \cup B$.

6. 设集合 $A = \{1,2,a,b\}, B = \{2,4,c,d\}$，已知 $A \cup B = \{1,2,3,4,5,6\}, A \cap B = \{2,4\}, A - B = \{1,3\}$，那么 a,b,c,d 可以是(　　).

A. $a = 3, b = 5, c = 1, d = 5$　　B. $a = 5, b = 6, c = 3, d = 5$

C. $a = 4, b = 5, c = 3, d = 6$　　D. $a = 3, b = 4, c = 5, d = 6$

7. 不等式 $\dfrac{|x-1|-1}{|x-3|} > 0$ 的解集(用区间表示)为(　　).

A. $(-\infty, 0)$　　B. $(-\infty, 3) \cup (3, +\infty)$

C. $(2,3) \cup (3, +\infty)$　　D. $(-\infty, 0) \cup (2,3) \cup (3, +\infty)$

8. 已知 $A = \{a,2,3,4\}, B = \{1,3,5,b\}$，若 $A \cap B = \{1,2,3\}$，求 a 和 b.

9. 解下列不等式：

(1) $x^2 < 4$；　　(2) $|x-2| < 8$；

(3) $0 < \dfrac{1}{x} < 2$；　　(4) $x^3 - 10 < 17$.

10. 设 $f(x) = x^2 - 3x + 1$，求 $f(-1), f(1), f(f(x))$.

11. 求下列函数的定义域：

(1) $y = \sqrt{x-4}$；　　(2) $y = \dfrac{2}{x-1}$；

(3) $y = \ln(x+1)$；　　(4) $y = \dfrac{1}{1-x^2} + \sqrt{2+x}$；

(5) $y = \dfrac{-5}{x^2+4}$；　　(6) $y = \arcsin \dfrac{x-1}{2}$；

(7) $y = 1 - 2^{1-x^2}$；　　(8) $y = \dfrac{\lg(3-x)}{\sqrt{|x|-1}}$；

(9) $y = \sqrt{\lg \dfrac{5x-x^2}{4}}$；　　(10) $y = \lg[\lg(\lg x)]$.

12. 设 $f(x) = \begin{cases} 3x+5, x \leqslant 0 \\ x^2, x \geqslant 0 \end{cases}$，求 $f(-1), f(1)$.

13. 设 $F(x) = f(x)\left(\dfrac{1}{2^x+1} - \dfrac{1}{2}\right)$，已知 $f(x)$ 为奇函数，判断 $F(x)$ 的奇偶性.

14. 判断下列函数的奇偶性：

(1) $y = x^2(1 - x^4)$；　　(2) $y = 3x^5 - \sin 2x$；

(3) $y = 2^x + \frac{1}{2^x}$；　　(4) $y = |x - 1| + |x + 2|$.

15. 判断下列函数的单调性：

(1) $y = 2x + 1$；　　(2) $y = \left(\frac{1}{2}\right)^x$；

(3) $y = \log_a x, (a > 0, 且 a \neq 1)$；　　(4) $y = 1 - 3x^2$；

(5) $y = x + \lg x$.

16. 已知$f(x)$是周期函数，那么下列函数是否都是周期函数？

(1) $f^2(x)$；　　(2) $f(2x)$；

(3) $f(x + 2)$；　　(4) $f(x) + 2$.

17. 证明下列函数是有界函数：

(1) $y = \frac{x^2}{x^2 + 1}$；　　(2) $y = \frac{x}{1 + x^2}$.

18. 求下列函数的反函数：

(1) $y = \sqrt[3]{x - 1}$；　　(2) $y = \frac{1 - x}{1 + x}$；

(3) $y = \begin{cases} x - 1, & x < 0 \\ x^3, & x \geqslant 0 \end{cases}$.

19. 设$f(x)$为任一函数，证明：

(1) $F(x) = \frac{1}{2}[f(x) + f(-x)]$ 是偶函数；

(2) $G(x) = \frac{1}{2}[f(x) - f(-x)]$ 是奇函数.

20. 设$f(x)$是以a为周期的周期函数，证明：$f(x + b)$也是以a为周期的周期函数.

21. 下列给出的各对函数是不是相同的函数？

(1) $y = \frac{x^2 - 1}{x - 1}$ 与 $y = x + 1$；　　(2) $y = \lg x^2$ 与 $y = 2\lg x$；

(3) $y = \sqrt{x^2(1 - x)}$ 与 $y = x\sqrt{1 - x}$；　　(4) $y = \sqrt[3]{x^3(1 - x)}$ 与 $y = x\sqrt[3]{1 - x}$；

(5) $y = \sqrt{x(1 - x)}$ 与 $y = \sqrt{x}\sqrt{1 - x}$；　　(6) $y = \sqrt{x(1 - x)}$ 与 $y = \sqrt{x}\sqrt{1 - x}$.

22. 如果$f(x) = \frac{e^{-x} - 1}{e^{-x} + 1}$，证明$f(-x) = -f(x)$.

23. 如果$f(x) = \frac{1 - x^2}{\cos x}$，证明$f(-x) = f(x)$.

24. 如果$f(x) = a^x, (a > 0, 且 a \neq 1)$，证明：$f(x) \cdot f(y) = f(x + y)$，且$\frac{f(x)}{f(y)} = f(x - y)$.

25. 如果$f(x) = \log_a x, (a > 0, 且 a \neq 1)$，证明：$f(x) + f(y) = f(xy)$，且$f(x) - f(y) = f\left(\frac{x}{y}\right)$.

1.2 初等函数

1.2.1 基本初等函数

下列函数称为基本初等函数：

(1) 常数：$y = c$（c 为任意常数）.

(2) 幂函数：$y = x^a$（a 为任意实数）.

(3) 指数函数：$y = a^x$（$a > 0, a \neq 1$）.

(4) 对数函数：$y = \log_a x$（$a > 0, a \neq 1$）.

(5) 三角函数：$y = \sin x, y = \cos x, y = \tan x, y = \cot x$.

(6) 反三角函数：$y = \arcsin x, y = \arccos x, y = \arctan x, y = \text{arccot} x$.

1.2.1.1　常数函数

常量是变量的特例．$y = c$ 表示对于任意的 $x \in (-\infty, +\infty)$，对应的 y 均为 c，其图形是一条水平直线，如图 1.23 所示．

1.2.1.2　幂函数

其定义域因 a 的取值而定，但对于任意 a 值，函数 $y = x^a$ 在 $(0, +\infty)$ 总有定义，且函数总经过点(1,1).

在幂函数 $y = x^a$ 中，$a = \pm 1, \pm 2, 3, \frac{1}{2}$ 是最常见的幂函数，其中 $y = x, y = x^2, y = \sqrt{x}$，$y = x^{-1}$ 的图形如图 1.24 所示．

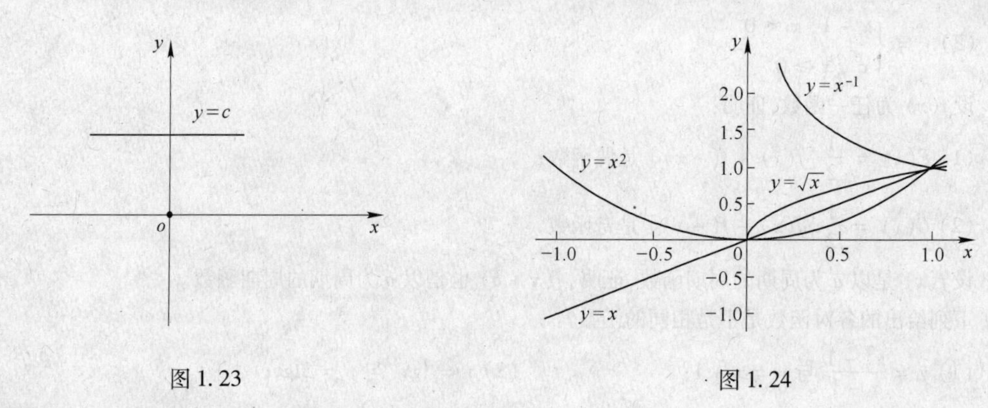

图 1.23　　图 1.24

1.2.1.3　指数函数

函数定义域为 $(-\infty, +\infty)$，值域为 $(0, +\infty)$，且都通过(0,1)点．

若 $a > 0$，指数函数 $y = a^x$ 是单调增加的．

若 $0 < a < 1$，指数函数 $y = a^x$ 是单调减少的．

其中，$y = a^x(0 < a < 1)$ 与 $y = a^x(a > 1)$ 的图形关于 y 轴是对称的．如图 1.25 所示．

以无理数 $e \approx 2.718281818\cdots$ 为底的指数函数 $y = e^x$ 是常用的指数函数．

1.2.1.4　对数函数

对数函数 $y = \log_a x$ 是指数函数 $y = a^x$ 的反函数，其定义域是 $(0, +\infty)$.

对数函数的图形，可以从它对应的指数函数，通过作反函数作出．

由图 1.26 可知，对数函数的图形总是在 y 轴右侧，总经过点(1,0).

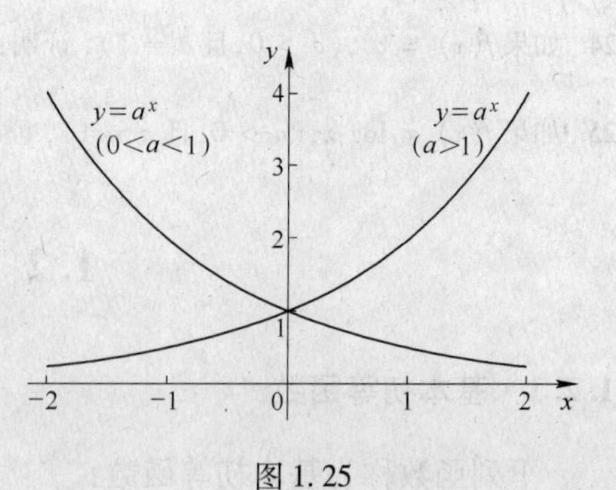

图 1.25

若 $a>1$，对数函数 $y=\log_a x$ 是单调增加的，在开区间 $(0,1)$ 内函数值为负，在 $(1,+\infty)$ 内函数值为正. 若 $0<a<1$，对数函数 $y=\log_a x$ 是单调减少的，在开区间 $(0,1)$ 内函数值为正，在 $(1,+\infty)$ 内函数值为负. 以 $e\approx 2.718281818\cdots$ 为底的对数函数，一般记为 $y=\ln x$；以 $a=10$ 为底的对数函数，即 $y=\log_{10}x$，常常简记为 $y=\lg x$.

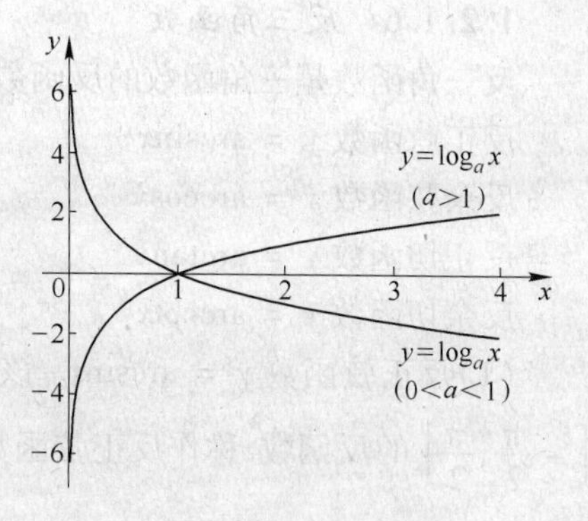

图 1.26

1.2.1.5　三角函数

(1) 正弦函数 $y=\sin x$ 是有界的奇函数，定义域为 $(-\infty,+\infty)$，周期为 2π，值域为 $[-1,1]$，如图 1.27 所示.

(2) 余弦函数 $y=\cos x$ 是有界的偶函数，定义域为 $(-\infty,+\infty)$，周期为 2π，值域为 $[-1,1]$，如图 1.28 所示.

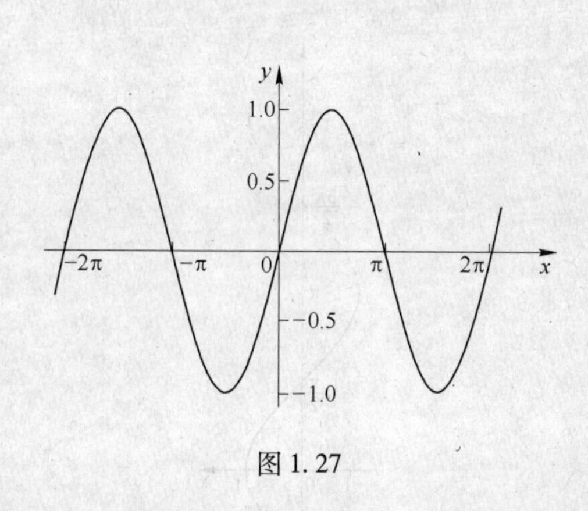

图 1.27

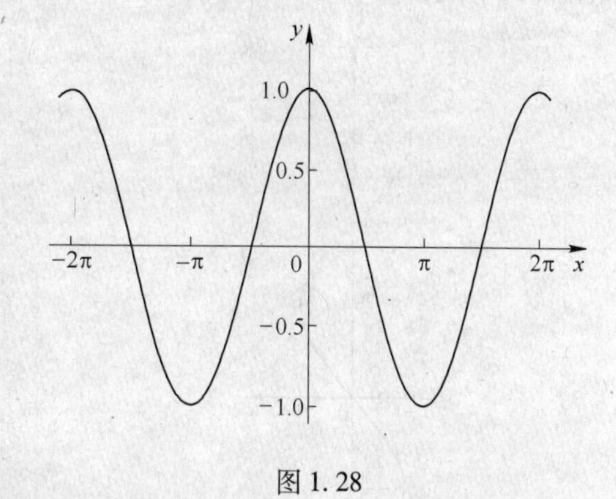

图 1.28

(3) 正切函数 $y=\tan x=\dfrac{\sin x}{\cos x}$ 是无界的奇函数，且在 $x=(2k+1)\dfrac{\pi}{2}$（k 为整数）处无定义，周期为 π，值域为 $(-\infty,+\infty)$，如图 1.29 所示.

(4) 余切函数 $y=\cot x=\dfrac{\cos x}{\sin x}$ 是无界的奇函数，且在 $x=k\pi$（k 为整数）处无定义，周期为 π，值域为 $(-\infty,+\infty)$，如图 1.30 所示.

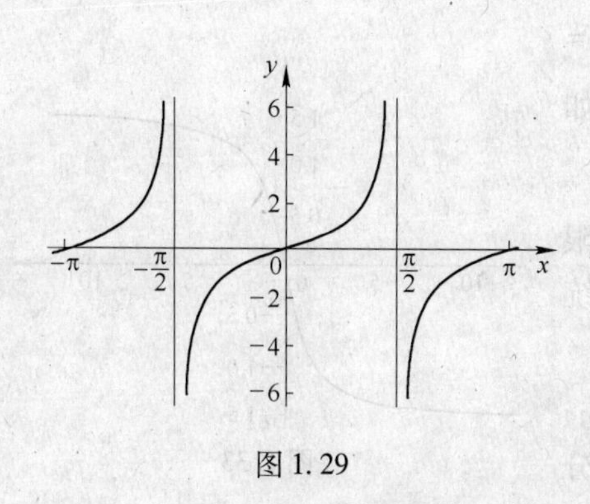

图 1.29

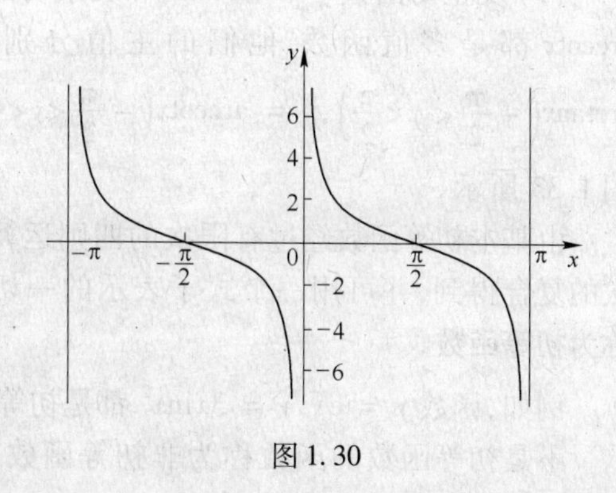

图 1.30

1.2.1.6 反三角函数

反三角函数是三角函数的反函数,例如:

反正弦函数 $y = \arcsin x$

反余弦函数 $y = \arccos x$

反正切函数 $y = \arctan x$

反余切函数 $y = \operatorname{arccot} x$

(1)反正弦函数 $y = \arcsin x$. 该函数在定义域内不单调,其反函数不唯一,因此只考虑 $\left[-\dfrac{\pi}{2},\dfrac{\pi}{2}\right]$ 的反函数,称作反正弦函数的主值,记作 $y = \arcsin x$. 其定义域为 $[-1,1]$, 值域为 $\left[-\dfrac{\pi}{2},\dfrac{\pi}{2}\right]$, 是单调增加的奇函数. 如图 1.31 所示.

(2)反余弦函数 $y = \arccos x$. 我们只考虑 $[0,\pi]$ 上的反函数,叫做反余弦函数 $y = \arccos x$ 的主值,记作 $y = \arccos x$. 其定义域为 $[-1,1]$, 值域为 $[0,\pi]$, 是单调减少的函数,如图 1.32 所示.

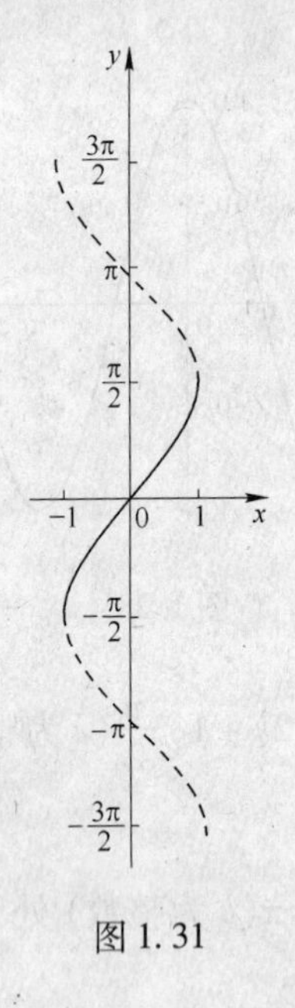

图 1.31

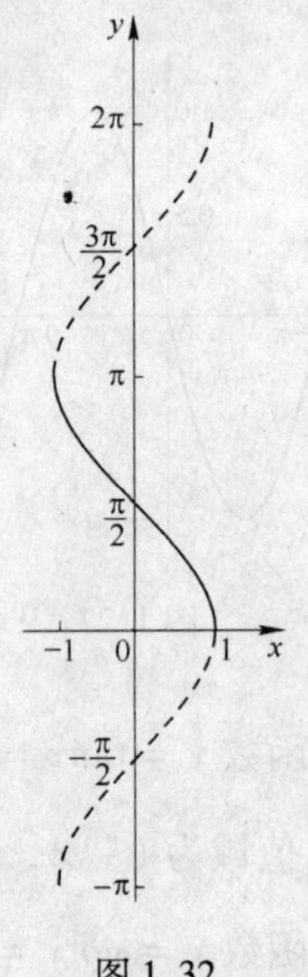

图 1.32

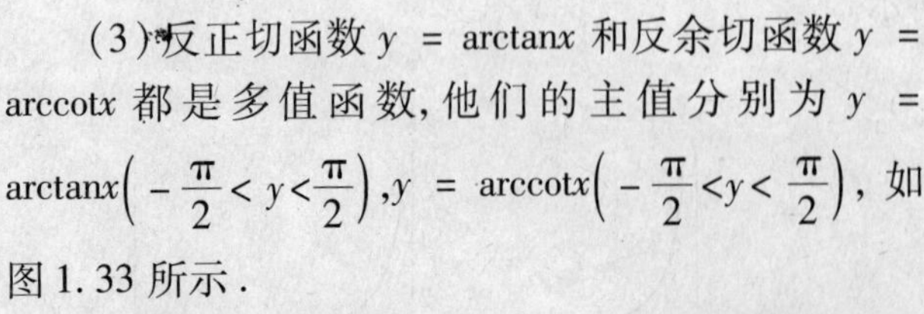

(3)反正切函数 $y = \arctan x$ 和反余切函数 $y = \operatorname{arccot} x$ 都是多值函数,他们的主值分别为 $y = \arctan x\left(-\dfrac{\pi}{2} < y < \dfrac{\pi}{2}\right)$, $y = \operatorname{arccot} x\left(-\dfrac{\pi}{2} < y < \dfrac{\pi}{2}\right)$, 如图 1.33 所示.

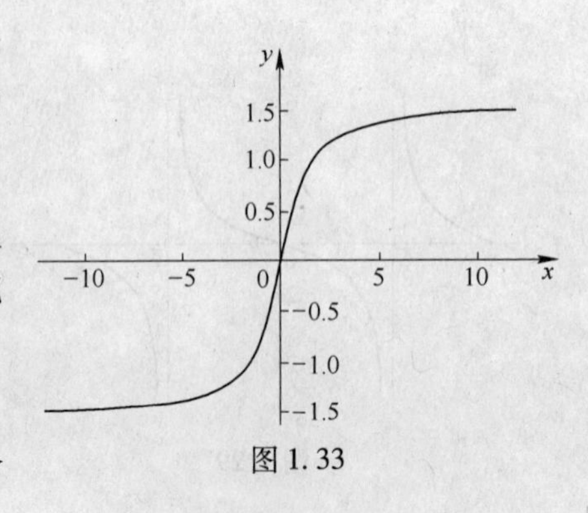

图 1.33

由基本初等函数经过有限次的四则运算和有限次的复合得到,并可用一个式子表示的一切函数统称为**初等函数**.

例如,函数 $y = e^{\frac{1}{x}}$, $y = 3x\ln x^2$ 都是初等函数.

不是初等函数的函数称为非初等函数,例如分段函数一般不是初等函数．而我们主要研究的是初等函数．

1.2.2　复合函数

在现实经济生活中常遇到这样的问题：

某种商品的月销售收入 R 是销量 Q 的函数，即 $R=R(Q)$；而 Q 又是价格 P 的函数，即 $Q=Q(P)$；这样经过中间变量 Q，就使得 R 成为了 P 的函数 $R=R[Q(P)]$．

像这样由函数套函数而得到的函数就是**复合函数**．

定义 1.2.1　设 y 是 u 的函数 $y=f(u)$，而 u 又是 x 的函数 $u=\varphi(x)$，且当 x 在某一区间 I 取值时，相应的 u 值可使 y 有定义，那么我们称 y 是 x 定义于 I 上的复合函数，记作

$$y=f[\varphi(x)]$$

u 称为**中间变量**，$u=\varphi(x)$ 称为**内函数**，$y=f(u)$ 称为**外函数**．

例 1.2.1　设 $y=\ln u, u=\sin x$，则复合函数 $y=\ln\sin x$.

复合函数可由多个函数相继复合而成．

例 1.2.2　设 $y=\sin u, u=\mathrm{e}^{v}, v=\tan x$，则复合函数 $y=\cos\mathrm{e}^{\tan x}$．

基本初等函数可以复合成复合函数，与此对应，复合函数也可以分解成若干个基本初等函数．

例 1.2.3　写出下列复合函数的复合过程．

(1) $y=\sqrt{\sin(5x-3)}$；　　(2) $y=\cos(3x-1)$；

(3) $y=\sqrt{1-x^2}$；　　(4) $y=\ln^2\sqrt{2x+3}$．

解：(1) 函数 $y=\sqrt{\sin(5x-3)}$ 是由基本初等函数 $y=\sqrt{u}$ 与简单函数 $u=\sin v$ 以及 $v=5x-3$ 复合而成．

(2) 函数 $y=\cos(3x-1)$ 是由基本初等函数 $y=\cos u$ 与 $u=3x-1$ 复合而成．

(3) 函数 $y=\sqrt{1-x^2}$ 是由基本初等函数 $y=\sqrt{u}, u=1-x^2$ 复合而成．

(4) 函数 $y=\ln^2\sqrt{2x+3}$ 是由基本初等函数 $y=u^2, u=\ln v, v=\sqrt{w}$ 以及 $w=2x+3$ 复合而成．

习题 1.2

1. 函数 $f(x)=\dfrac{\mathrm{e}^x-\mathrm{e}^{-x}}{2}$ 的反函数 $f^{-1}(x)$ 是(　　).

   A. 奇函数　　B. 偶函数

   C. 既是奇函数，也是偶函数　　D. 既非奇函数，也非偶函数

2. 下列函数 $y=f(u), u=\varphi(x)$ 中能构成复合函数 $y=f[\varphi(x)]$ 的是(　　).

   A. $y=f(u)=\sqrt{u-1}, u=\varphi(x)=-x^2+1$

   B. $y=f(u)=\lg(1-u), u=\varphi(x)=x^2+1$

   C. $y=f(u)=\arcsin u, u=\varphi(x)=x^2+2$

   D. $y=f(u)=\arccos u, u=\varphi(x)=-x^2+2$

3. 函数 $y=\sqrt{1-x^2}$ 与 $u=\lg x$ 能构成复合函数 $y=\sqrt{1-\lg^2 x}$ 的区间是(　　).

   A. $(0,+\infty)$　　B. $[\dfrac{1}{10},10]$

C. $[\frac{1}{10},+\infty)$ D. $(0,10)$

4. 下列函数中不是初等函数的是( ).

A. $y=x^x$ B. $y=|x|$

C. $y=\operatorname{sgn}x$ D. $e^x+xy-1=0$

5. 下列关系中,是复合函数关系的是( ).

A. $y=x+\sin x$ B. $y=2x^2e^x$

C. $y=\sqrt{\sin x-2}$ D. $y=\cos\sqrt{x}$

6. 设$f(x)=\arcsin x$,求$f(0)$,$f(1)$,$f(-1)$,$f\left(-\frac{\sqrt{2}}{2}\right)$,$f\left(\frac{\sqrt{3}}{2}\right)$.

7. 分解下列复合函数:

(1) $y=\cos(2x+1)$; (2) $y=\ln\tan x$;

(3) $y=e^{\frac{1}{x}}$; (4) $y=\sqrt[3]{\ln\cos x}$;

(5) $y=\arcsin^2\sqrt{1-x^2}$; (6) $y=2^{(x^2+1)^2}$.

8. 设$\varphi(x+1)=\frac{1+x}{5+x}$,求$\varphi(x)$,$\varphi(x-1)$.

9. 设$F(t)=2t^2+\frac{2}{t^2}+\frac{5}{t}+5t$,证明:$F(t)=F\left(\frac{1}{t}\right)$.

10. 已知$f(x)=e^{x^2}$,$f(\varphi(x))=1-x$,且$\varphi(x)\geqslant 0$,求$\varphi(x)$.

11. 填空题

(1)设$f(x+1)=x^2+3x+2$,则$f(x)=($ $)$.

(2)设$f(x)=4x+3$,则$f(f(x)-2)=($ $)$.

(3)设$f(x)=\frac{1}{x}$,如果$f(x)+f(y)=f(z)$,则$z=($ $)$.

(4)设$y=-\sqrt{x^2-1}(x\geqslant 1)$,则其反函数为( ).

12. 一无盖的长方体木箱,容积为1m^3,高为2m,设底面一边的长为x m,把木箱的表面积表示为x的函数.

1.3 函数关系的建立

1.3.1 建立函数关系的例题

对于实际问题,明确其中各种量及量之间的关系,建立正确的函数关系十分重要. 在建立函数关系时,首先要确定问题中的自变量与因变量,再根据它们之间的关系列出等式,得出函数关系式,然后确定函数定义域. 确定定义域时,不仅要考虑到函数关系的解析式,还要考虑到变量在实际问题中的含义. 下面举例说明如何建立函数关系.

例 1.3.1 某商场销售某种商品8000件,每件原价70元. 当销售量在5000件以内(包含5000件)时,按照原价出售,超过5000件部分,打八折销售. 试建立总销售收入与销售量之间的函数关系.

解:设销售量为x件,总销售收入为R元,总销售收入与销售量之间的函数关系为

$$R=\begin{cases}70x,0\leqslant x\leqslant 5000\\70\times 5000+70\times 0.8\times(x-5000),5000<x\leqslant 8000\end{cases}$$

例 1.3.2 某工厂生产某种型号的车床,年产量为 a 台,分若干批次进行生产,每批次的生产准备费为 b 元. 设产品均匀投入市场,且上一批用完后立即生产下一批,即平均库存量为批量的一半. 设每年每台库存费为 c 元. 显然,生产批量大则库存费高;生产批量少则批数增多,因而生产准备费高. 为了选择最优批量,试求出一年中库存费与生产准备费的和与批量之间的关系.

解:设批量为 x, 库存费与生产准备费的和为 $P(x)$.

因年产量为 a, 所以每年生产的批数为 $\frac{a}{x}$(设其为整数),则生产准备费为 $b \cdot \frac{a}{x}$.

因库存量为 $\frac{x}{2}$, 故库存费为 $c \cdot \frac{x}{2}$. 因此可得

$$P(x) = \frac{ab}{x} + \frac{c}{2}x$$

定义域为 $(0,a]$, 因本题中的 x 为车床的台数,批数 $\frac{a}{x}$ 为整数,所以 x 只应取 $(0,a]$ 中的 a 的正整数因子.

例 1.3.3 某牧场要建造占地 100m^2 的矩形围墙,现有一排长 20m 的旧墙可供利用,为了节约投资,矩形围墙的一边直接用旧墙修,另外三边尽量用拆去的旧墙改建,不足部分用购置的新砖新建. 已知整修 1m 旧墙需 24 元,拆去 1m 旧墙改建成 1m 新墙需 100 元,建造 1m 新墙需 200 元,设旧墙所保留的部分用 x 表示,整个投资用 y 表示,将 y 表示为 x 的函数.

解:整个投资的费用包括整修旧墙的费用、拆旧改新的费用以及建造新墙的费用,所以所求函数关系为

$$y = 324x + \frac{40000}{x} - 2000,\ 0 < x \leqslant 20$$

例 1.3.4 某地区上年度电价为 0.8 元/(kW · h),年用电量为 a kW · h. 本年度将电价降到 0.55 元/(kW · h)至 0.75 元/(kW · h)之间,而用户期望电价为 0.4 元/(kW · h). 经测算,下调电价后新增的用电量与实际电价和用户期望电价的差成反比(比例系数为 k). 该地区的电力成本为 0.3 元/(kW · h),写出本年度电价下调后,电力部门的收益 y 与实际电价 x 的函数关系式.

解:收益 = 实际用电量 ×(实际电价 - 成本价).

所以所求函数关系式为

$$y = \left(a + \frac{k}{x - 0.4}\right)(x - 0.3),\ 0.55 \leqslant x \leqslant 0.75$$

1.3.2 经济学中常用的函数关系

1.3.2.1 需求函数

某一商品的需求量是指关于一定的价格水平,在一定时间内消费者愿意而且有支付能力购买的商品量,一般可认为需求量 Q 是价格 P 的函数:

$$Q = f(P)$$

一般来说,需求函数是价格 P 的单调减函数,即商品的价格上涨会使商品的需求量减少,需求函数的常见形式有:

线形函数 $Q = -aP + b \quad (a > 0, b > 0)$

指数函数 $Q = ae^{-bP} \quad (a > 0, b > 0)$

1.3.2.2 供给函数

所谓供给是指个别厂商在一定时期内,在一定条件下,对某一商品愿意并且能够出售的数量. 供给函数是供给量和其他影响因素之间的关系函数,其中,价格是最重要的影响因素. 供给函数记为 $S = \varphi(P)$.

一般来说,供给函数都是单调增加的,常见的供给函数有线性函数,其表达式是

$$S = aP - b \quad (a > 0, b > 0)$$

例 1.3.5 已知商品的需求函数和供给函数分别为 $Q = 14.5 - 1.5P$, $S = -7.5 + 4P$, 求该商品的均衡价格 P_0.

解:供需均衡时满足等式:

$$\begin{cases} Q = S \\ Q = 14.5 - 1.5P \\ S = -7.5 + 4P \end{cases}$$

解得 $P = 4$, 所以均衡价格 $P_0 = 4$.

例 1.3.6 已知某商品的需求函数为 $Q = 40 - 5P$, 供给函数为 $S = -10 + 5P$.

(1) 求均衡价格 P 和均衡数量 Q, 并作出几何图形.

(2) 假定供给函数不变,由于消费者收入水平提高,使需求函数变为 $Q = 60 - 5P$. 求出相应的均衡价格和均衡数量.

(3) 假定需求函数不变,由于生产技术水平提高,使供给函数变为 $S = -5 + 5P$. 求出相应的均衡价格和均衡数量.

(4) 比较(1)、(2)、(3)的均衡价格和均衡数量,得出什么结论?

解:(1)先把需求函数 $Q = 40 - 5P$ 和供给函数 $S = -10 + 5P$ 代入均衡条件:

$$Q = S$$

即 $40 - 5P = -10 + 5P$, 得均衡价格 $P = 5$, 代入需求函数 $Q = 40 - 5P$, 得 $Q = 15$. 所以,均衡价格和均衡数量分别为 $P_e = 5$, $Q_e = 15$, 几何图形略.

(2)供需平衡时满足:

$$\begin{cases} Q = S \\ Q = 60 - 5P \\ S = -10 + 5P \end{cases}$$

得均衡价格和均衡数量为 $P_e = 7$, $Q_e = 25$.

(3)供需平衡时满足:

$$\begin{cases} Q = S \\ Q = 40 - 5P \\ S = -5 + 5P \end{cases}$$

得均衡价格和均衡数量为 $P_e = 4.5, Q_e = 27.5$.

(4) 由(1)到(2)可知,在其他条件不变的情况下,由于消费水平的提高,消费需求增加,将会导致均衡价格和均衡数量的增加.

由(1)到(3)可知,在其他条件不变的情况下,由于技术水平的提高,供给增加,将会导致均衡价格的降低,均衡数量的增加.

1.3.2.3 成本函数

产品的总成本是指生产一定数量的产品,所需的全部经济投入的费用总额,短期内的总成本可以分为固定成本和可变成本两部分.如生产中的设备费用、机器折旧费用、一般管理费用等,可以看做是与产品产量无关的,都是固定成本.而原材料、水电动力支出以及雇佣工人的工资等,都是随产品产量的变化而变化的,都是可变成本.可变成本是产量的函数.

总成本一般用 TC 或 C 表示,固定成本用 C_0 表示,可变成本用 C_1 表示, C_1 是产量 Q 的函数 $C_1 = C_1(Q)$, 所以,总成本函数为

$$TC = TC(Q) = C_0 + C_1(Q)$$

平均成本就是单位产品的成本,用 AC 或 $\overline{C}$ 表示,当产品产量为 Q 时,平均成本为

$$AC = AC(Q) = \frac{TC(Q)}{Q}$$

1.3.2.4 收益函数、平均收益

收益是指生产者销售产品得到的收入,它分为总收益、平均收益和边际收益.

总收益是指生产者销售一定的产品所得到的全部收入,即价格 P 与销售量 Q 的乘积,记作 TR 或者 R, 计算公式为

$$TR = PQ$$

平均收益是指生产者销售单位产品所获得的收入,即总收益 TR 与销售量 Q 之比,记作 AR 或 $\overline{R}$, 计算公式为

$$AR = \frac{TR}{Q}$$

1.3.2.5 利润函数

总收益减去总成本的差称为总利润,总利润用 L 表示,计算公式为

$$L = L(Q) = TR - TC$$

例 1.3.7 已知某产品的价格为 P, 需求函数为 $Q = 50 - 5P$, 成本函数为 $C = 50 + 2Q$, 求产量 Q 为多少时,利润 L 最大? 最大利润是多少?

解:已知需求函数 $Q = 50 - 5P$, 所以价格 $P = 10 - \frac{Q}{5}$.

故收益函数为

$$R = PQ = 10Q - \frac{Q^2}{5}$$

故利润函数为

$$L = R(Q) - C(Q) = 8Q - \frac{Q^2}{5} - 50 = -\frac{1}{5}(Q-20)^2 + 30$$

因此，当 $Q = 20$ 时，取得最大利润，最大利润为30.

习题1.3

1. 下列给出的关系是不是函数关系？

(1) $y = \sqrt{-x}$; (2) $y = \lg(-x^2)$;

(3) $y = \sqrt{-x^2-1}$; (4) $y = \sqrt{-x^2+1}$;

(5) $y = \arcsin(x^2+2)$; (6) $y^2 = x+1$.

2. 拟建一个容积为 V 的长方形水池，设它的底为正方形，如果池底单位面积的造价是四周单位面积造价的2倍，试将总造价表示成底边长的函数，并确定此函数的定义域．

3. 某工厂生产某种产品 x t，每吨产品的价格为 u 万元，市场销售量为 y 万元，设 u 与 x 之间有函数关系 $u = \frac{2x}{x+3}$，y 与 u 之间有函数关系 $y = 100 - u$，问当该厂的产量 $x = 9$t 时，市场销售量 y 是多少万元？

4. 某厂生产录音机的成本为每台50元，预计当以每台 x 元的价格卖出时，消费者每月购 $(200-x)$ 台，请将该厂的月利润表达为价格 x 的函数．

5. 设某种商品的需求函数和供给函数分别为 $D(P) = \frac{5600}{P}$，$S(P) = P - 10$.

(1) 求出均衡价格，并计算出此时的需求量和供给量；

(2) 在同一坐标系中，画出需求与供给曲线．

6. 生产某种产品 x 个单位的利润是 $L(x) = x - 0.1x^2$(元)，求生产多少个单位产品时，获得的利润最大？

7. 某工厂生产某种商品 x 个单位的费用是 $C(x) = 5x + 200$(元)，得到的收入 $R(x) = 10x - 0.01x^2$(元)．问生产多少个单位时，才能使利润 $L = R - C$ 为最大？

8. 某商品供给量 Q 对价格 P 的函数关系为 $Q = Q(P) = a + bc^P (c \neq 1)$，已知当 $P = 2$ 时，$Q = 30$；当 $P = 3$ 时，$Q = 50$；当 $P = 4$ 时，$Q = 90$. 求供给量 Q 对价格 P 的函数关系．

9. 某种毛料出厂价格为90元/m，成本为60元/m. 为促销起见，决定凡是订购量超过100m的，每多订购1m，降价0.01元，但最低价为75元/m.

(1) 试将每米实际出厂价 p 表示为订购量 x 的函数．

(2) 将厂方所获取的利润 L 表示为订购量 x 的函数．

(3) 某商家订购1000m时，厂方可获利多少？

10. 设生产与销售某产品的总收益 R 是产量 x 的二次函数，经统计得知：当产量 $x = 0,2,4$ 时，总收益 $R = 0,6,8$，试确定总收益 R 与产量 x 的函数关系．

11. 某厂某产品的年产量为 x 台，且年产量不超过5000台，单价为2300元，单个产品成本为1000元．当年产量在3000台以内时可全部销售出去；当年产量超过3000台(包含3000台)时，产品会有三成销售不出去，经广告宣传后可多销1000台，平均广告费为每台50元，试将本年的销售收益 R 表示为年产量 x 的函数．

2 极限与连续

极限的概念和理论是微积分的基础．微积分中的两个基本概念——微商与定积分，都是建立在极限概念之上的．极限的概念产生于我们对复杂的量的认识，是一种计算方法．有很多实际问题的精确解，仅仅通过有限次的算术运算是求不出来的，而必须通过分析一个无限变化过程的变化趋势才能求得，由此产生了极限概念和极限方法．我们将涉及两类极限：数列极限和函数极限．

本章知识结构导图：

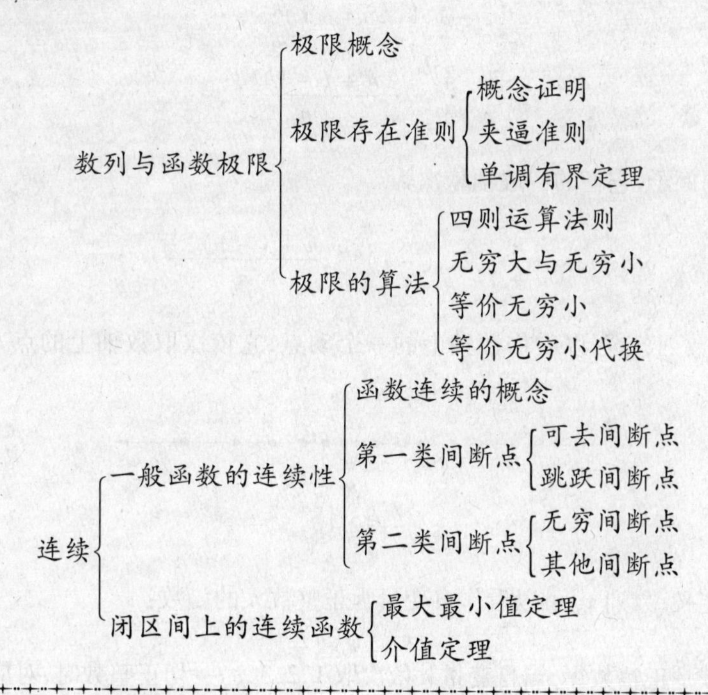

2.1 数列的极限

我们先从一个简单的例子开始：割圆术——我国古代数学家刘徽（公元3世纪）利用圆内接多边形来推算圆面积的方法，就是极限思想在几何学上的应用．

设有一个圆，首先作内接正6边形，把它的面积记为 A_1；再作内接正12边形，其面积记为 A_2；再作内接正24边形，其面积记为 A_3；以此下去，每次边数加倍，一般地把内接正 $6\times2^{n-1}$ 边形的面积记为 $A_n(n=1,2,3,\cdots)$．这样，就得到一系列内接正多边形的面积：

$$A_1,A_2,A_3,\cdots,A_n,\cdots$$

它们构成一列有次序的数．n 越大，内接正多边形与圆的差别就越小，从而以 A_n 作为圆面积的近似值也越精确．

下面对数列极限的概念进行一般性的讨论．

定义 2.1.1 如果按照某一法则，可以得到第一个数 x_1，第二个数 x_2，…，这样依次序排列着，使得对于任何一个正整数 n 有一个确定的数 x_n，那么，这样有次序的数 $x_1,x_2,\cdots,x_n,\cdots$ 就叫**数列**．数列 $x_1,x_2,\cdots,x_n,\cdots$ 也简记为**数列 x_n**．

数列中每一个数叫做数列的项，第 n 项 x_n 叫做数列的**一般项**（或**通项**）．

例如：

$$\frac{1}{2},\frac{2}{3},\frac{3}{4},\cdots,\frac{n}{n+1},\cdots \tag{1}$$

$$2,4,8,\cdots,2^n,\cdots \tag{2}$$

$$1,-1,1,\cdots,(-1)^{n+1},\cdots \tag{3}$$

$$2,\frac{1}{2},\frac{4}{3},\cdots,\frac{n+(-1)^{n-1}}{n},\cdots \tag{4}$$

都是数列的例子，它们的一般项依次为

$$\frac{n}{n+1},2^n,(-1)^{n+1},\frac{n+(-1)^{n-1}}{n}$$

在几何上，数列 x_n 可以看作数轴上的一个动点，它依次取数轴上的点 $x_1,x_2,\cdots,x_n,\cdots$（见图 2.1）．

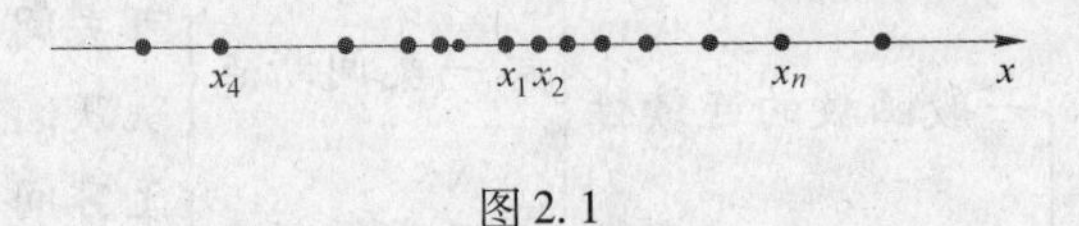

图 2.1

按函数的定义，数列 x_n 可以看作自变量为正整数 n 的函数：

$$x_n = f(n)$$

它的定义域是正整数集，当自变量 n 依次取 1,2,3,…一切正整数时，对应的函数值就依次排列成数列 x_n．

下面我们将介绍数列极限的概念．

如前面圆面积问题，对一般的数列 $x_1,x_2,\cdots,x_n,\cdots$ 来说，如果当 n 无限增大时（即 $n\to\infty$ 时），对应的 $x_n=f(n)$ 无限接近于某个确定的常数 a，那么常数 a 就称为数列 x_n 的极限．

例如，前面的数列(1)，它的通项 $x_n=\dfrac{n}{n+1}=1-\dfrac{1}{n+1}$，当 n 无限增大时，$\dfrac{1}{n+1}$ 无限接近于 0，从而 x_n 无限接近于 1，因此数列 $x_n=\dfrac{n}{n+1}$ 的极限是 1．类似的情况发生在(4)，该数列的通项 $x_n=\dfrac{n+(-1)^{n-1}}{n}=1+\dfrac{(-1)^{n-1}}{n}$，当 $n\to\infty$ 时，$\dfrac{(-1)^{n-1}}{n}$ 无限接近于 0，故 x_n 也

无限接近于1. 但是(2)、(3)的情况则不同. 数列(2)的通项是 $x_n = 2^n$, 当 $n \to \infty$ 时, x_n 的值无限增大,并不接近于任何一个常数,因此数列 $x_n = 2^n$ 不存在极限. 数列(3)的通项 $x_n = (-1)^{n+1}$, 在 $n \to \infty$ 的过程中, x_n 始终轮流地取值 1 和 -1,并不接近于某个确定的常数,因此数列 $x_n = (-1)^{n+1}$ 也不存在极限.

就这些简单的例子而言,根据上面用描述性语言给出的极限概念,可以凭观察来判断它们是否存在极限. 但是数列并非总是这样简单的,仅凭观察来判断 x_n 的变化趋势很难做到总是准确. 因此有必要寻求精确的数学语言来对数列的极限加以定义,以便可以对数列的极限进行严格的验证.

为此,我们以数列 $x_n = \dfrac{n+(-1)^{n-1}}{n}$ 为例,来深入分析一下"当 $n \to \infty$ 时, x_n 无限趋近于某个确定的常数 a"的含义.

已知,两个数 a 与 b 之间的接近程度可以用这两个数之差的绝对值 $|b-a|$ 来衡量. $|b-a|$ 越小,在数轴上点 a 与点 b 之间的距离就越小, a 与 b 就越接近,我们说 $x_n = \dfrac{n+(-1)^{n-1}}{n}$ 无限接近于常数1,就是说 $|x_n - 1|$ 可无限变小. 所谓"可无限变小"就是指小的程度没有限制,也就是说,不论要求 $|x_n - 1|$ 多么小, $|x_n - 1|$ 就能变得那么小.

比如,如果要求 $|x_n - 1| < \dfrac{1}{10^2}$, 由于 $|x_n - 1| = \dfrac{1}{n}$, 因此,只要 $n > 100$, 即从第 101 项起以后的一切项 x_n 均能满足这个要求;如果要求 $|x_n - 1| < \dfrac{1}{10^4}$, 那么只要 $n > 10000$, 即从第 10001 项起以后的一切项就能满足这个要求.

一般地,我们引入一个希腊字母 ε(希腊文"误差"的第一个字母)来代表任意给定的正数(其小的程度没有限制),并用 ε 来刻画 x_n 与1 的接近程度. 现在问:对于任意给定的正数 ε, $|x_n - 1|$ 能变得比 ε 还小吗? 由于 $|x_n - 1| = \dfrac{1}{n}$, 要使 $|x_n - 1| < \varepsilon$, 只要 $\dfrac{1}{n} < \varepsilon$, 也就是 $n > \dfrac{1}{\varepsilon}$, 又由于 n 为正整数,因此只要取正整数 $N = \left[\dfrac{1}{\varepsilon}\right]$, 当 $n > N$ 就可以使 $|x_n - 1| < \varepsilon$. 也就是说,从 $N+1$ 项起以后的一切项 x_n 均满足不等式 $|x_n - 1| < \varepsilon$. 这样,我们就得出了"当 $n \to \infty$ 时,数列 $x_n = \dfrac{n+(-1)^{n-1}}{n}$ 无限趋近于常数1"这个论断的精确数学刻画,即:

对于任意给定的正数 ε(不论它多么小),总存在正整数 N(在本例中 $N = \left[\dfrac{1}{\varepsilon}\right]$),当 $n > N$ 时,不等式 $|x_n - 1| < \varepsilon$ 恒成立.

由此给出数列极限的下列定义.

定义 2.1.2 设有数列 $x_1, x_2, \cdots, x_n, \cdots$, 如果存在常数 a, 使得对任意给定的正数 ε(不论它多么小),总存在正整数 N, 只要 $n > N$, 所对应的 x_n 就都满足不等式

$$|x_n - a| < \varepsilon$$

那么称常数 a 是数列 x_n 的**极限**,或称数列 x_n 收敛于 a, 记作

$$\lim_{n \to \infty} x_n = a$$

或

$$x_n \to a(n \to \infty)$$

如果这样的常数不存在,就说数列 x_n 没有极限,或称数列 x_n 是发散的.

通常把上述定义中这种严格的说法称作 $\varepsilon - N$ 说法.

从直观上来看,上述定义中的条件实际上是说,对于任意小的 $\varepsilon > 0$, 都有一个自然数 N, 使得第 N 项之后的各项 a_n 都满足 $l - \varepsilon < a_n < l + \varepsilon$ (见图 2.2).

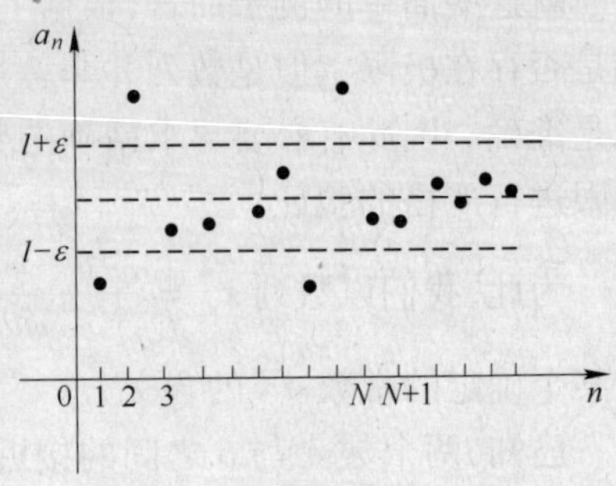

图 2.2

也就是说,在 n 无限增大的过程中总有一个时刻 N, 在此之后 a_n 到 l 的距离小于事先任意给定的正数 ε.

显然,若序列 $\{a_n\}$ 的极限存在,则其极限值一定是唯一的. 因为在 n 无限增大的过程中,不可能同时任意靠近两个不同的数.

上面定义的正数 ε 是一个任意给定的正数,所谓“任意给定”是指 ε 的小的程度没有任何限制,这样不等式 $|x_n - a| < \varepsilon$ 就表达了 x_n 与 a 无限接近的意思,此外还应注意到,定义中的正整数 N 是与任意给定的正数 ε 有关的,它随着 ε 的给定而选定.

下面给出“数列 x_n 的极限是 a”的另外的几何解释.

将常数 a 及数列 $x_1, x_2, \cdots, x_n, \cdots$ 在数轴上用它们的对应点表示出来,任意给定一个正数 ε, 在数轴上做点 a 的 ε 邻域即开区间 $(a - \varepsilon, a + \varepsilon)$ (见图 2.3).

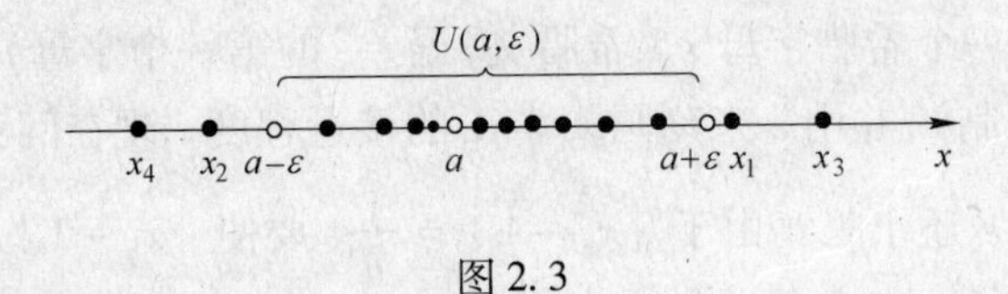

图 2.3

因为对于 $n > N$ 的一切 x_n, 都有

$$|x_n - a| < \varepsilon$$

即

$$a - \varepsilon < x_n < a + \varepsilon$$

所以点列 $x_1, x_2, \cdots, x_n, \cdots$ 中,无限多个点 $x_{N+1}, x_{N+2}, x_{N+3}, \cdots$ 都落在开区间 $(a - \varepsilon, a + \varepsilon)$ 内,只有有限个点(至多只有 N 个)落在这区间外.

例 2.1.1 证明数列 $2, \frac{1}{2}, \frac{4}{3}, \cdots, \frac{n + (-1)^{n-1}}{n}, \cdots$ 的极限是 1.

证:这个例子前面已经分析过,现在依据极限定义来证明. 只需证明对于任意给定的 $\varepsilon > 0$, 总存在正整数 N, 当 $n > N$ 时,不等式 $|x_n - 1| < \varepsilon$ 恒成立.

因为

$$|x_n - 1| = \left| \frac{n + (-1)^{n-1}}{n} - 1 \right| = \frac{1}{n}$$

于是,要使 $|x_n - 1| < \varepsilon$, 只要 $\frac{1}{n} < \varepsilon$, 即 $n > \frac{1}{\varepsilon}$.

因此，可取 $N=\left[\frac{1}{\varepsilon}\right]$（如果所给的 ε 使得 $\left[\frac{1}{\varepsilon}\right]=0$，则令 N 取最小正整数1），则当 $n>N$ 时就有

$$\left|\frac{n+(-1)^{n-1}}{n}-1\right|<\varepsilon$$

于是按极限的定义得 $\lim\limits_{n\to\infty}\frac{n+(-1)^{n-1}}{n}=1$.

例 2.1.2　已知 $x_n=\frac{(-1)^n}{(n+1)^2}$，证明数列 x_n 的极限是零.

证：因为 $$|x_n-0|=\left|\frac{(-1)^n}{(n+1)^2}-0\right|=\frac{1}{(n+1)^2}$$

对于任意给定的 $\varepsilon>0$，要使 $|x_n-0|<\varepsilon$，只要 $\frac{1}{(n+1)^2}<\varepsilon$，即

$$n>\sqrt{\frac{1}{\varepsilon}}-1$$

因此可取 $N=\left[\sqrt{\frac{1}{\varepsilon}}-1\right]$，则当 $n>N$ 时就有 $\left|\frac{(-1)^n}{(n+1)^2}-0\right|<\varepsilon$，于是按极限定义得 $\lim\limits_{n\to\infty}\frac{(-1)^n}{(n+1)^2}=0$.

例 2.1.3　证明等比数列 $1,q,q^2,\cdots,q^{n-1},\cdots$ 当 $|q|<1$ 时的极限是0.

证：任意给定 $\varepsilon>0$.

因为 $$|x_n-0|=|q^{n-1}-0|=|q|^{n-1}$$

要使 $|x_n-0|<\varepsilon$，只要 $|q|^{n-1}<\varepsilon$.

取自然对数，得 $(n-1)\ln|q|<\ln\varepsilon$. 因 $|q|<1$，$\ln|q|<0$，故

$$n>1+\frac{\ln\varepsilon}{\ln|q|}$$

取 $N=\left[1+\frac{\ln\varepsilon}{\ln|q|}\right]$，则当 $n>N$ 时就有 $|q^{n-1}-0|<\varepsilon$，即 $\lim\limits_{n\to\infty}q^{n-1}=0$.

下面先介绍数列的有界性概念，然后证明收敛数列的有界性.

对于数列 x_n，如果存在正数 M，使得一切 x_n 都满足不等式

$$|x_n|\leqslant M$$

则称数列 x_n 是**有界**的；如果这样的正数 M 不存在，就说数列 x_n 是**无界**的.

例如，数列 $x_n=\frac{n}{n+1}$ 是有界的，因为可取 $M=1$，而使

$$\left|\frac{n}{n+1}\right|\leqslant 1$$

对于一切正整数 n 都成立．数列 $x_n = 2^n$ 是无界的，因为当 n 无限增加时，2^n 可超过任何正数．

从数轴上看，对应于有界数列的点 x_n 都落在闭区间 $[-M,M]$ 内．

定理 2.1.1（收敛数列的有界性） 如果数列 x_n 收敛，那么数列 x_n 一定有界．

证：因为数列 x_n 收敛，设 $\lim\limits_{n\to\infty}x_n = a$. 根据数列极限的定义，对于 $\varepsilon = 1$，存在着正整数 N，使得对于 $n > N$ 时的一切 x_n，不等式 $|x_n - a| < 1$ 都成立．于是，当 $n > N$ 时，

$$|x_n| = |(x_n - a) + a| \leqslant |x_n - a| + |a| < 1 + |a|$$

取 $M = \max\{|x_1|, |x_2|, \cdots, |x_N|, 1 + |a|\}$（这个式子表示，$M$ 是 $|x_1|, |x_2|, \cdots, |x_N|, 1 + |a|$ 这 $N+1$ 个数中最大的数），那么数列 x_n 中的一切 x_n 都满足不等式

$$|x_n| \leqslant M$$

这就这证明了数列 x_n 是有界的．

根据上述定理，如果数列 x_n 无界，那么数列 x_n 一定发散．但是，如果数列 x_n 有界，却不能判定数列 x_n 一定收敛，例如数列 $1, -1, 1, \cdots, (-1)^{n+1}, \cdots$ 有界，但这数列是发散的．所以数列有界是数列收敛的必要条件，但不是充分条件．

习题 2.1

1. 观察下列数列的变化趋势，写出它们的极限：

(1) $x_n = \dfrac{1}{2^n}$；　(2) $x_n = (-1)^n \dfrac{1}{n}$；

(3) $x_n = 2 + \dfrac{1}{n^2}$；　(4) $x_n = \dfrac{n-1}{n+1}$；

(5) $x_n = n(-1)^n$.

2. 设 $x_n = \dfrac{\cos\frac{n\pi}{2}}{n}$，问 $\lim\limits_{n\to\infty}x_n = ?$ 求出 N，使当 $n > N$ 时，x_n 预期极限之差的绝对值小于正数 ε. 当 $\varepsilon = 0.001$ 时，求出数 N.

3. 根据数列极限的定义证明：

(1) $\lim\limits_{n\to\infty}\dfrac{1}{n^2} = 0$；　(2) $\lim\limits_{n\to\infty}\dfrac{3n+1}{2n+1} = \dfrac{3}{2}$；

(3) $\lim\limits_{n\to\infty}\sqrt{1 + \dfrac{a^2}{n^2}} = 1$；　(4) $\lim\limits_{n\to\infty}0.\underbrace{999\cdots9}_{n个} = 1$.

4. 若 $\lim\limits_{n\to\infty}u_n = a$，证明 $\lim\limits_{n\to\infty}|u_n| = |a|$. 并举例说明，数列 $|u_n|$ 收敛时，数列 u_n 未必收敛．

2.2 函数的极限

上面讲了数列的极限．因为数列 x_n 可看作自变量为正整数 n 的函数 $x_n = f(n)$，所以数列的极限也是函数的极限的一种类型，即当自变量 n 取正整数而无限增大（即 $n\to\infty$）时函数 $x_n = f(n)$ 的极限．在考虑数列极限时，自变量只有一种情况，即无限增大的情况（$x\to\infty$）．但是当考虑到函数 $y = f(x)$ 的极限时，自变量的变化过程是多样的．下面要讲函数极限的

其他类型,主要研究两种情形:

(1) 自变量 x 任意地接近有限值 x_0 或者趋于有限值 x_0(记作 $x \to x_0$)时,对应的函数值 $f(x)$ 的变化情形;

(2) 自变量 x 的绝对值 $|x|$ 无限增大或者趋于无穷大(记作 $x \to \infty$)时,对应的函数值 $f(x)$ 的变化情形.

2.2.1 自变量趋于有限值时函数的极限

从函数的观点来看,数列 $x_n = f(n)$ 的极限为 a,所指的是:当自变量 n 取正整数而无限增大(记作 $n \to \infty$)时,对应的函数值 $f(n)$ 无限趋近于确定的数 a. 如果把数列极限中的函数为 $f(n)$,自变量的变化过程为 $n \to \infty$ 等特殊性抽取,那么可以这样叙述函数极限的概念:在自变量的某个变化过程中(这个变化过程可以是 $x \to x_0$ 或 $x \to \infty$ 等),如果对应的函数值无限接近于某个确定的数,那么这个确定的数叫做在这一变化过程中函数的极限.

下面讨论如何精确刻画函数极限的概念.

先考虑自变量的变化过程为 $x \to x_0$ 的情况,即 x 任意地接近于 x_0 或者趋于 x_0. 从直观上看,如果在 $x \to x_0$ 的过程中,对应的函数值 $f(x)$ 无限接近于确定的数值 A,那么就说 A 是函数 $f(x)$ 当 $x \to x_0$ 的极限. 当然,这里首先假定函数 $f(x)$ 在点 x_0 的临近是有定义的,但在点 x_0 可以没有定义,因为 $x \to x_0$ 时 $x \neq x_0$.

对于一些简单的函数极限,有时可以凭观察判断出来. 例如,设 $f(x) = 2x - 1$,由于当 $x \to 1$ 时,$2x$ 无限接近于 2,故 $f(x) = 2x - 1$ 无限接近于 1. 因此推知,当 $x \to 1$ 时,$f(x) = 2x - 1$ 的极限是 1. 但是我们遇到的函数并不总是这么简单,仅凭观察并不准确. 因此,如同函数极限的情况一样,我们需要对上面用描述性语言给出的函数极限的概念进行精确定义.

以函数 $f(x) = 2x - 1$ 为例,深入分析一下"当 $x \to 1$ 时,$f(x)$ 无限接近于 1"的含义.

我们知道,$f(x)$ 与 1 的接近程度可以用绝对值 $|f(x) - 1|$ 来刻画,而 x 与 1 的接近程度可以用绝对值 $|x - 1|$ 来刻画."$f(x)$ 无限接近于 1"就是"$|f(x) - 1|$ 可无限变小",所谓"可无限变小",就是指小的程度没有限制. 也就是说,不论要求 $|f(x) - 1|$ 多么小,$|f(x) - 1|$ 就能变得那么小.

比如,如果要求 $|f(x) - 1| < \frac{1}{10^2}$,由于 $|f(x) - 1| = |(2x - 1) - 1| = 2|x - 1|$,因此只要 x 适合 $0 < |x - 1| < \frac{1}{2 \times 10^2}$(考虑到 $x \to 1$ 时 $x \neq 1$,故有 $|x - 1| > 0$),即 x 与 1 之间的距离小于 $\frac{1}{2 \times 10^2}$,就能使 $f(x)$ 满足 $|f(x) - 1| < \frac{1}{10^2}$.

如果要求 $|f(x) - 1| < \frac{1}{10^4}$,那么只要 x 适合 $0 < |x - 1| < \frac{1}{2 \times 10^4}$,即 x 与 1 之间的距离小于 $\frac{1}{2 \times 10^4}$,就能使 $f(x)$ 满足 $|f(x) - 1| < \frac{1}{10^4}$.

……

一般地,任意给定一个正数 ε(其小的程度没有限制),如果要求 $|f(x) - 1| < \varepsilon$,那么只要 x

适合$0<|x-1|<\frac{\varepsilon}{2}$，即$x$与1之间的距离小于$\frac{\varepsilon}{2}$，就能使$f(x)$满足$|f(x)-1|<\varepsilon$.

这样，我们就得到了"当$x\to 1$时，$f(x)=2x-1$无限接近于常数1"这个命题的精确的数学刻画，即：

对于任意给定的正数ε（不论它多么小），总存在正数δ（在本例中取$\delta=\frac{\varepsilon}{2}$），当$0<|x-1|<\delta$时，不等式$|f(x)-1|<\varepsilon$恒成立.

由此我们给出$x\to x_0$时函数的极限的定义如下.

定义2.2.1 设函数$f(x)$在点x_0的某个去心邻域内有定义，如果存在常数A，使得对于任意给定的正数ε（不论它多么小），总存在正数δ，只要点x适合$0<|x-x_0|<\delta$，对应的函数值$f(x)$就满足不等式

$$|f(x)-A|<\varepsilon$$

那么常数A就叫做函数$f(x)$当$x\to x_0$时的**极限**，记作

$$\lim_{x\to x_0}f(x)=A \quad 或 \quad f(x)\to A(x\to x_0)$$

如果这样的常数不存在，那么称$x\to x_0$时$f(x)$没有极限.

我们指出，定义中的正数ε是一个任意给定的正数，所谓"任意给定"是指ε的小的程度没有任何限制，这样不等式$|f(x)-A|<\varepsilon$就表达了$f(x)$与A无限接近的意思. 定义中的正数δ表示了x与x_0的接近程度，它与任意给定的正数ε有关，随着ε的给定而选定. 又，定义中$0<|x-x_0|$表示$x\neq x_0$，所以$x\to x_0$时$f(x)$有没有极限与$f(x)$在点x_0是否有定义、有定义时$f(x_0)$为何值并无关系.

函数$f(x)$当$x\to x_0$时的极限为A的几何解释如下：任意给定一正数ε，作平行于x轴的两条直线$y=A+\varepsilon$和$y=A-\varepsilon$，介于这两条直线之间是一横条区域. 根据定义，对于给定的ε，存在点x_0的一个去心的δ邻域$\mathring{U}(x_0,\delta)$，当$y=f(x)$的图形上的点的横坐标$x\in\mathring{U}(x_0,\delta)$时，这些点的纵坐标$f(x)$满足不等式

$$|f(x)-A|<\varepsilon$$

即
$$A-\varepsilon<f(x)<A+\varepsilon$$

从而这些点落在上面所说的横条区域内（见图2.4）.

下面我们用定义来严格证明几个函数极限，其中例2.2.3是前面提到过的例子. 而例2.2.1和例2.2.2则是以后求较复杂的函数极限的基础.

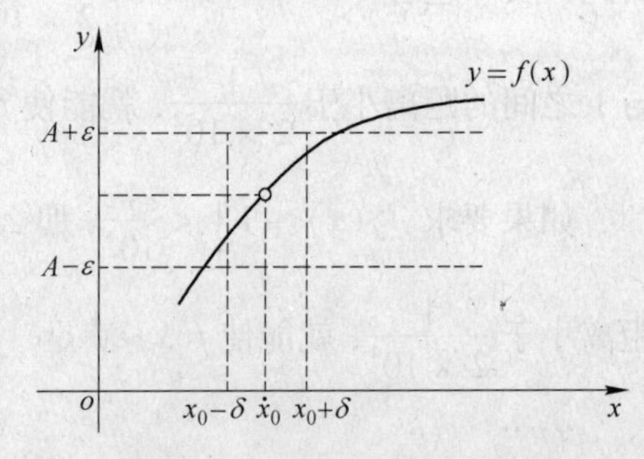

图2.4

例2.2.1 证明$\lim_{x\to x_0}C=C$，这里C是常数.

证：这里$|f(x)-A|=|C-C|=0$，因此对于任意给定的正数ε，可任取一正数作为δ，当$0<|x-x_0|<\delta$时，能使不等式

$$|f(x)-A|=0<\varepsilon$$

成立. 所以 $\lim\limits_{x\to x_0} C = C$.

例 2.2.2 证明 $\lim\limits_{x\to x_0} x = x_0$.

证:这里 $|f(x) - A| = |x - x_0|$, 因此对于任意给定的正数 ε, 可取 $\delta = \varepsilon$, 当 $0 < |x - x_0| < \delta$ 时,能使不等式

$$|f(x) - A| = |x - x_0| < \varepsilon$$

成立. 所以 $\lim\limits_{x\to x_0} x = x_0$.

例 2.2.3 证明 $\lim\limits_{x\to 1}(2x - 1) = 1$.

证:任意给定正数 ε. 由于

$$|f(x) - A| = 2|x - 1|$$

要使 $|f(x) - A| < \varepsilon$, 只要 $|x - 1| < \frac{\varepsilon}{2}$. 取 $\delta = \frac{\varepsilon}{2}$, 则当 x 适合不等式

$$0 < |x - 1| < \delta$$

时,对应的函数值 $f(x)$ 就满足不等式

$$|f(x) - 1| < \varepsilon$$

所以 $\lim\limits_{x\to 1}(2x - 1) = 1$.

例 2.2.4 证明 $\lim\limits_{x\to 1}\frac{x^2 - 1}{x - 1} = 2$.

证:这里,函数 $\lim\limits_{x\to 1}\frac{x^2 - 1}{x - 1}$ 在 $x = 1$ 处是没有定义的,但 $f(x)$ 当 $x\to 1$ 时的极限与 $f(1)$ 不存在并无关系. 对于任意给定的正数 ε, 不等式

$$\left|\frac{x^2 - 1}{x - 1} - 2\right| < \varepsilon$$

中约去非零因子 $x - 1$ 后($x\to 1$ 时 $x \neq 1$, 故 $x - 1 \neq 0$),就成为

$$|x + 1 - 2| = |x - 1| < \varepsilon$$

因此,只要取 $\delta = \varepsilon$, 则当 x 适合不等式 $0 < |x - 1| < \delta$ 时,对应的函数值 $f(x) = \frac{x^2 - 1}{x - 1}$ 就满足不等式

$$\left|\frac{x^2 - 1}{x - 1} - 2\right| < \varepsilon$$

所以 $\lim\limits_{x\to 1}\frac{x^2 - 1}{x - 1} = 2$.

上述 $x\to x_0$ 时函数 $f(x)$ 的极限概念中, x 是既从 x_0 左侧也从 x_0 的右侧趋向于 x_0 的. 但有时需要考虑 x 仅从 x_0 的左侧趋向于 x_0 (记作 $x\to x_0^-$)的情形,或 x 仅从 x_0 的右侧趋向于 x_0 (记作 $x\to x_0^+$)的情形. 在 $x\to x_0^-$ 的情形, x 在 x_0 的左侧,即 $x < x_0$. 在 $\lim\limits_{x\to x_0} f(x) = A$ 的定义中,把 $0 < |x - x_0| < \delta$ 改为 $x_0 - \delta < x < x_0$, 那么 A 就叫做函数 $f(x)$ 当 $x\to x_0$ 时的**左极限**,记作

$$\lim_{x \to x_0^-} f(x) = A \quad 或 \quad f(x_0^-) = A$$

类似地,在 $\lim\limits_{x \to x_0} f(x) = A$ 的定义中,把 $0 < |x - x_0| < \delta$ 改为 $x_0 < x < x_0 + \delta$, 那么 A 就叫做函数 $f(x)$ 当 $x \to x_0$ 时的**右极限**,记作

$$\lim_{x \to x_0^+} f(x) = A \quad 或 \quad f(x_0^+) = A$$

根据 $x \to x_0$ 时函数 $f(x)$ 的极限的定义以及左极限和右极限的定义,容易证明,函数 $f(x)$ 当 $x \to x_0$ 时极限存在的充分必要条件是左极限及右极限各自存在并且相等,即

$$f(x_0^-) = f(x_0^+)$$

因此,即使 $f(x_0^-)$ 和 $f(x_0^+)$ 都存在,但它们不相等,则 $\lim\limits_{x \to x_0} f(x)$ 仍不存在.

例 2.2.5 设函数

$$f(x) = \begin{cases} x - 1, x < 0 \\ 0, x = 0 \\ x + 1, x > 0 \end{cases}$$

证明:当 $x \to 0$ 时, $f(x)$ 的极限不存在.

证:仿例 2.2.3 可证左极限

$$\lim_{x \to 0^-} f(x) = \lim_{x \to 0^-} (x - 1) = -1$$

而右极限

$$\lim_{x \to 0^+} f(x) = \lim_{x \to 0^+} (x + 1) = 1$$

因为左极限和右极限不相等,所以 $\lim\limits_{x \to 0} f(x)$ 不存在(见图 2.5).

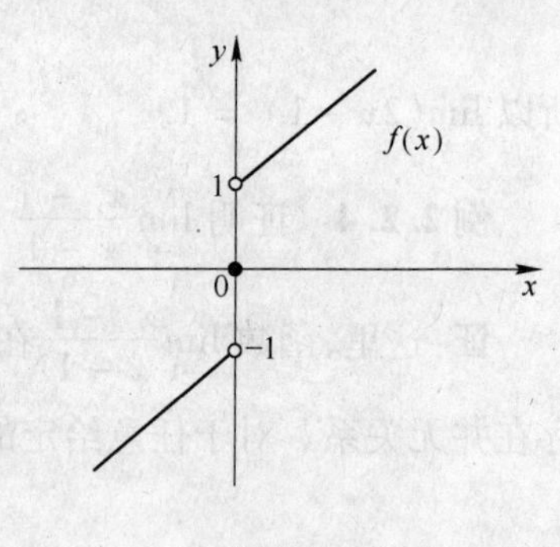

图 2.5

2.2.2 自变量趋于无穷大时函数的极限

定义 2.2.2 设函数 $f(x)$ 在 $|x| > M$ 时有定义. 如果存在常数 A, 使得对于任意给定的正数 ε, 总存在着正数 X, 只要自变量 x 适合不等式 $|x| > X$, 对应的函数值 $f(x)$ 就满足不等式

$$|f(x) - A| < \varepsilon$$

那么常数 A 就叫做函数 $f(x)$ 当 $x \to \infty$ 时的**极限**,记作

$$\lim_{x \to \infty} f(x) = A \quad 或 \quad f(x) \to A(x \to \infty)$$

如果这样的常数不存在,那么称 $x \to \infty$ 时 $f(x)$ 没有极限.

如果自变量从正方向无限增加,则记作

$$\lim_{x \to +\infty} f(x) = A \quad 或 \quad f(x) \to A(x \to +\infty)$$

如果自变量从负方向无限增加,则记作

$$\lim_{x \to -\infty} f(x) = A \quad 或 \quad f(x) \to A(x \to -\infty)$$

从几何上说, $\lim\limits_{x \to \infty} f(x) = A$ 的意义是:做直线 $y = A - \varepsilon$ 和 $y = A + \varepsilon$, 则总有一个正数 X

存在,使当 $x<-X$ 或 $x>X$ 时,函数 $y=f(x)$ 的图形就位于这两条直线之间(见图 2.6).

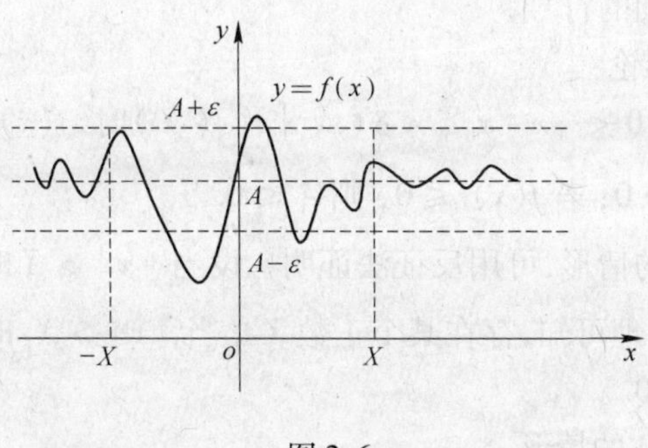

图 2.6

例 2.2.6 证明:$\lim\limits_{x\to\infty}x\sin\dfrac{1}{x^2}=0$.

证:令 $f(x)=x\sin\dfrac{1}{x^2}$, 由于对于任意的 $u\in\mathbf{R}$, 有不等式 $|\sin u|\leqslant|u|$ 成立,所以当 $x\neq0$ 时,有

$$|f(x)-0|=\left|x\sin\frac{1}{x^2}\right|\leqslant\frac{1}{|x|}$$

于是,对任意 $\varepsilon>0$, 要使 $|f(x)-0|<\varepsilon$, 只要 $|x|>\dfrac{1}{\varepsilon}$ 即可. 故选取 $X=\dfrac{1}{\varepsilon}$, 则当 $|x|>X$ 时,就有 $|f(x)-0|<\varepsilon$. 这表明 $\lim\limits_{x\to\infty}x\sin\dfrac{1}{x^2}=0$.

通常称 $y=0$ 是曲线 $y=x\sin\dfrac{1}{x^2}$ 的一条水平**渐近线**(见图 2.7).

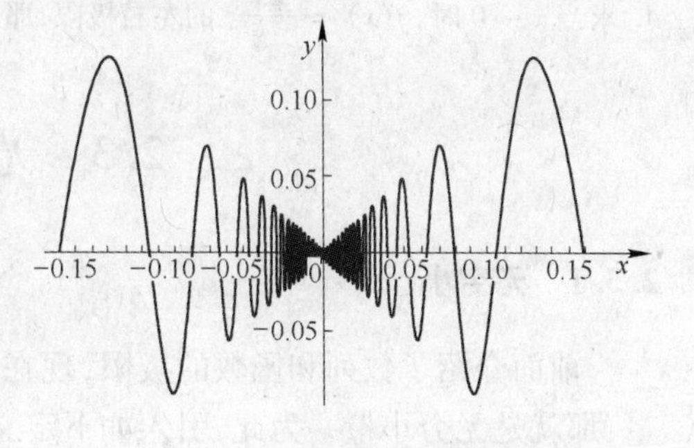

图 2.7

一般地,若 $\lim\limits_{x\to\infty}f(x)=A$, 则称直线 $y=A$ 是曲线 $y=f(x)$ 的**水平渐近线**.

最后,我们利用函数极限的定义来证明极限的下述性质.

定理 2.2.1 如果 $\lim\limits_{x\to x_0}f(x)=A$ (或 $\lim\limits_{x\to\infty}f(x)=A$), 而且 $A\neq0$, 那么存在着某个正数 δ (或正数 X), 当 $0<|x-x_0|<\delta$ (或 $|x|>X$) 时, $f(x)$ 恒不为零且与 A 有相同的符号.

证:就 $\lim\limits_{x\to x_0}f(x)=A$ 的情况加以证明. 设 $A>0$, 取正数 $\varepsilon\leqslant A$. 根据 $\lim\limits_{x\to x_0}f(x)=A$ 的定义,对于这个取定的正数 ε, 必存在着正数 δ, 当 $0<|x-x_0|<\delta$ 时,不等式

$$|f(x)-A|<\varepsilon$$

即

$$A-\varepsilon<f(x)<A+\varepsilon$$

恒成立. 因 $A-\varepsilon\geqslant0$, 故 $f(x)>0$.

类似可证 $A<0$ 的情形.

同理可证 $\lim\limits_{x\to\infty}f(x)=A$ 的情形,有兴趣的读者可自行证明.

这条性质成为极限的局部保号性，它说明，在自变量的一个局部变化范围内，函数值 $f(x)$ 与极限值 A 保持相同的符号.

由定理可得出如下推论：

推论 2.2.1 如果当 $0 < |x - x_0| < \delta$（或 $|x| > X$）时，$f(x) \geqslant 0$，且 $\lim\limits_{x \to x_0} f(x) = A$（或 $\lim\limits_{x \to \infty} f(x) = A$），那么 $A \geqslant 0$；若 $f(x) \leqslant 0$，则 $A \leqslant 0$.

证：就 $\lim\limits_{x \to \infty} f(x) = A$ 的情形，可用反证法证明．设当 $|x| > X$ 时，$f(x) \geqslant 0$. 假设推论不真，即有 $A < 0$，那么由定理可知，存在某个正数 X_1，当 $|x| > X_1$ 时，$f(x) < 0$，这就与推论的假定相矛盾．所以 $A \geqslant 0$.

类似可证明 $f(x) \leqslant 0$ 的情形.

$\lim\limits_{x \to x_0} f(x) = A$ 的证明可仿照以上证明给出.

习题 2.2

1. 给出下列极限的定义：

(1) $\lim\limits_{x \to +\infty} f(x) = A$； (2) $\lim\limits_{x \to x_0^-} f(x) = B$.

2. 根据函数极限的定义证明：

(1) $\lim\limits_{x \to 1} (3x - 2) = 1$； (2) $\lim\limits_{x \to 3} \dfrac{x^2 - 9}{x - 3} = 6$；

(3) $\lim\limits_{x \to -\infty} 3^x = 0$； (4) $\lim\limits_{x \to \infty} \dfrac{x}{2x + 1} = \dfrac{1}{2}$.

3. 当 $x \to 2$ 时，$y = x^2 \to 4$，问 δ 等于多少时，则当 $|x - 2| < \delta$ 时，$|y - 4| < 0.001$？

4. 求当 $x \to 0$ 时，$f(x) = \dfrac{|x|}{x}$ 的左右极限，那么 $\lim\limits_{x \to 0} f(x)$ 存在吗？

2.3 无穷小与无穷大

2.3.1 无穷小

前面介绍了数列和函数的极限，现在再来研究一类在理论上和应用上都十分重要的变量，那就是无穷小量．为此，引入如下定义.

定义 2.3.1 如果当 $x \to x_0$（或 $x \to \infty$）时，函数 $\alpha(x)$ 的极限为 0，那么 $\alpha(x)$ 叫做 $x \to x_0$（或 $x \to \infty$）时的**无穷小**.

极限为零的数列 x_n 也称为 $x \to \infty$ 时的无穷小.

例如，当 $x \to 0$ 时，函数 x, x^2, x^3 均为无穷小量；当 $n \to \infty$ 时，数列 $\left\{\dfrac{2}{n}\right\}, \left\{\dfrac{1}{2^n}\right\}$ 均为无穷小量.

注意，无穷小量是极限为零的变量，即它是一个极限为零的函数，它与充分小的数有着本质的区别．除了常数 0 可以作为无穷小外，其他任何常数，即使其绝对值很小，都不是无穷小.

无穷小量与函数极限之间有下述关系.

定理 2.3.1 函数$f(x)$在某个极限过程中以常数A为极限的充分必要条件是函数$f(x)$能表示为常数A与无穷小量$\alpha(x)$之和的形式，即$f(x) = A + \alpha(x)$，其中$\lim\alpha(x) = 0$.

证：设$\lim\limits_{x \to x_0} f(x) = A$，则对任意$\varepsilon > 0$，都存在$\delta > 0$使得当$0 < |x - x_0| < \delta$时，有

$$|f(x) - A| < \varepsilon$$

令$\alpha(x) = f(x) - A$，则当$0 < |x - x_0| < \delta$时，有

$$|\alpha(x)| < \varepsilon$$

即$\alpha(x)$是当$x \to x_0$时的无穷小，且$f(x) = A + \alpha(x)$.

反过来，若$f(x) = A + \alpha(x)$，且$\alpha(x)$是当$x \to x_0$时的无穷小，则$|f(x) - A| = |\alpha(x)|$，因为$\alpha(x)$是当$x \to x_0$时的无穷小，所以对任意$\varepsilon > 0$，都存在$\delta > 0$使得当$0 < |x - x_0| < \delta$时，有

$$|\alpha(x)| < \varepsilon$$

即

$$|f(x) - A| < \varepsilon$$

这就证明了$\lim\limits_{x \to x_0} f(x) = A$.

类似地可证明其他的情形.

定理 2.3.2 有限个无穷小的和也是无穷小.

证：只需证两个无穷小的和是无穷小就足够了. 设α、β是$x \to x_0$时的两个无穷小，而

$$\gamma = \alpha + \beta$$

任意给定$\varepsilon > 0$，因$\lim\limits_{x \to x_0}\alpha = 0$，故对$\dfrac{\varepsilon}{2} > 0$，存在$\delta_1 > 0$，当$x \in \mathring{U}(x_0, \delta_1)$时，有

$$|\alpha| < \frac{\varepsilon}{2}$$

又因$\lim\limits_{x \to x_0}\beta = 0$，故对$\dfrac{\varepsilon}{2} > 0$，存在$\delta_2 > 0$，当$x \in \mathring{U}(x_0, \delta_2)$时，有

$$|\beta| < \frac{\varepsilon}{2}$$

取$\delta = \min\{\delta_1, \delta_2\}$（这个式子表示$\delta$是$\delta_1$和$\delta_2$这两个数中较小的那个），则当$x \in \mathring{U}(x_0, \delta)$时，$|\alpha| < \dfrac{\varepsilon}{2}$和$|\beta| < \dfrac{\varepsilon}{2}$同时成立，从而就有

$$|\gamma| = |\alpha + \beta| \leqslant |\alpha| + |\beta| < \frac{\varepsilon}{2} + \frac{\varepsilon}{2} = \varepsilon$$

这说明$\lim\limits_{x \to x_0}\gamma = 0$，即$\gamma = \alpha + \beta$也是$x \to x_0$时的无穷小.

$x \to \infty$时的无穷小的情形可以类似证明.

定理 2.3.3 在自变量的同一变化过程中，无穷小量与有界变量的乘积仍是无穷小量.

证：设函数u在x_0的某一去心邻域$\mathring{U}(x_0, \delta_1)$内是有界的，则存在正数$M$，使$|u| \leqslant M$对一切$x \in \mathring{U}(x_0, \delta_1)$成立. 又设$\alpha$是$x \to x_0$时的无穷小，则对于任意给定的正数$\varepsilon$，存在$\delta_2 > 0$，当$x \in \mathring{U}(x_0, \delta_2)$时，有

$$|\alpha| < \frac{\varepsilon}{M}$$

取 $\delta = \min\{\delta_1, \delta_2\}$，则当 $x \in \mathring{U}(x_0, \delta)$ 时

$$|u| \leqslant M \quad 及 \quad |\alpha| < \frac{\varepsilon}{M}$$

同时成立．从而

$$|u\alpha| = |u| \cdot |\alpha| < M \cdot \frac{\varepsilon}{M} = \varepsilon$$

这就证明了 $u\alpha$ 是当 $x \to x_0$ 时的无穷小．

如果函数 u 在数集 $(-\infty, -K) \cup (K, +\infty)$ 内是有界的，而 α 是 $x \to \infty$ 时的无穷小，则用类似的方法可证明，函数 $u\alpha$ 是 $x \to \infty$ 时的无穷小．

推论 2.3.1 常数与无穷小的乘积也是无穷小．

推论 2.3.2 有限个无穷小的乘积也是无穷小．

例 2.3.1 求极限 $\lim\limits_{x \to 0}\left(x\sin\frac{1}{x}\right)$.

解：由于 $\left|\sin\frac{1}{x}\right| \leqslant 1 (x \neq 0)$，故 $\sin\frac{1}{x}$ 在 $x = 0$ 的任一去心邻域内是有界的．而函数 x 是 $x \to 0$ 时的无穷小，由定理 2.3.3 可知函数 $x\sin\frac{1}{x}$ 是 $x \to 0$ 时的无穷小，即

$$\lim_{x \to 0}\left(x\sin\frac{1}{x}\right) = 0$$

如图 2.8 所示，用 Matlab 画出函数 $y = x\sin\frac{1}{x}$ 的图形，从图中可以看出，当 x 接近于 0 时，对应的函数值正负交替地越来越小，且接近于 0.

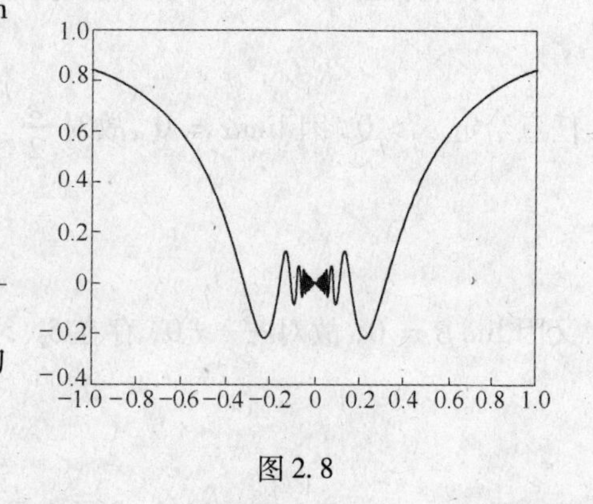

图 2.8

类似可知 $\lim\limits_{x \to \infty}\left(\frac{\sin x}{x}\right) = 0$.

2.3.2 无穷大

定义 2.3.2 如果对于任意给定的正数 M（不论它多么大），总存在正数 δ（或正数 X），使得对于适合不等式 $0 < |x - x_0| < \delta$（或 $|x| > X$）的一切 x，对应的函数值 $f(x)$ 总满足不等式

$$|f(x)| > M$$

则称函数 $f(x)$ 当 $x \to x_0$（或 $x \to \infty$）时为**无穷大**．

当 $x \to x_0$（或 $x \to \infty$）时为无穷大的函数 $f(x)$，按函数极限定义来说，极限是不存在的．但为了便于叙述函数的这一特殊性态，我们也说"函数的极限是无穷大"，并记作

$$\lim_{x \to x_0} f(x) = \infty \ (或 \lim_{x \to \infty} f(x) = \infty)$$

如果在无穷大的定义中,把 $|f(x)| > M$ 换成 $f(x) > M$(或 $f(x) < -M$),就记作

$$\lim_{\substack{x\to x_0\\(x\to\infty)}} f(x) = +\infty \left(\text{或} \lim_{\substack{x\to x_0\\(x\to\infty)}} f(x) = -\infty\right)$$

如果把 $\lim\limits_{x\to\infty} f(x) = \infty$ 的定义中的 x 换成正整数 n, 就可得到数列 $x_n = f(n)$ 为无穷大的定义.

注意:无穷大 ∞ 不是数,不可与很大很大的数混为一谈. 此外,无穷大与无界量是不一样的. 比如数列 $1,0,2,0,\cdots,n,0,\cdots$ 是无界的,但它不是 $n\to\infty$ 时的无穷大.

例 2.3.2 证明:当 $x\to 0$ 时,函数 $f(x) = \frac{1}{x}\sin\frac{1}{x}$ 是一个无界函数,但不是无穷大.

证:(1) 取 $x_n = \dfrac{1}{2n\pi + \frac{\pi}{2}}(n = 1,2,3,\cdots)$, 则

$$f(x_n) = \frac{1}{x_n}\sin\frac{1}{x_n} = \frac{1}{\frac{1}{2n\pi+\frac{\pi}{2}}}\sin\frac{1}{\frac{1}{2n\pi+\frac{\pi}{2}}} = 2n\pi + \frac{\pi}{2}$$

当 n 充分大时, $f(x_n)$ 可以大于任何事先给定的正数 M, 故函数 $f(x) = \frac{1}{x}\sin\frac{1}{x}$ 无界.

(2) 取 $x'_n = \dfrac{1}{2n\pi}(n = 1,2,3,\cdots)$, 则

$$f(x'_n) = \frac{1}{x'_n}\sin\frac{1}{x'_n} = 2n\pi\sin 2n\pi = 0$$

故 n 充分大时, $|f(x'_n)|$ 不能大于事先给定的正数 M, 从而当 $x\to 0$ 时,函数 $f(x) = \frac{1}{x}\sin\frac{1}{x}$ 不是无穷大.

例 2.3.3 证明 $\lim\limits_{x\to 2}\dfrac{1}{x-2} = \infty$.

证:对任意 $M > 0$, 要使 $\left|\dfrac{1}{x-2}\right| > M$, 只要 $|x-2| < \dfrac{1}{M}$ 即可,所以取 $\delta = \dfrac{1}{M}$, 当 $0 < |x-2| < \delta = \dfrac{1}{M}$ 时,就有 $\left|\dfrac{1}{x-2}\right| > M$, 这就证明了 $\lim\limits_{x\to 2}\dfrac{1}{x-2} = \infty$.

函数的图像如图 2.9 所示.

通常把直线 $x = 2$ 称为曲线 $y = \dfrac{1}{x-2}$ 的铅直渐近线.

一般地,若 $\lim\limits_{x\to x_0} f(x) = \infty$, 则称直线 $x = x_0$ 是曲线 $y = f(x)$ 的铅直渐近线.

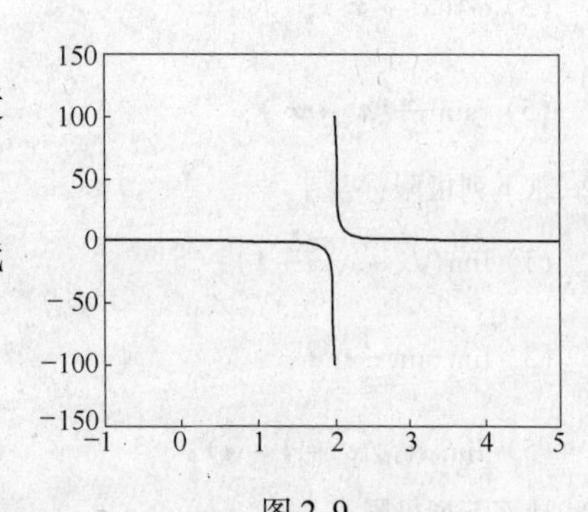

图 2.9

2.3.3 无穷大量与无穷小量的关系

定理 2.3.4 在自变量的同一变化过程中,

(1) 若 $f(x)$ 是无穷大,则 $\frac{1}{f(x)}$ 为无穷小;

(2) 若 $f(x)$ 是无穷小,且 $f(x)\neq 0$,则 $\frac{1}{f(x)}$ 为无穷大.

证:设 $\lim\limits_{x\to x_0} f(x)=\infty$,要证 $\frac{1}{f(x)}$ 当 $x\to x_0$ 时无穷小.

任意给定 $\varepsilon>0$,根据无穷大的定义,对于 $M=\frac{1}{\varepsilon}$,存在 $\delta>0$,当 $0<|x-x_0|<\delta$ 时,有

$$|f(x)|>M=\frac{1}{\varepsilon}$$

从而

$$\frac{1}{f(x)}<\varepsilon$$

所以 $\frac{1}{f(x)}$ 当 $x\to x_0$ 时无穷小.

反之,设 $\lim\limits_{x\to x_0} f(x)=0$,要证 $\frac{1}{f(x)}$ 当 $x\to x_0$ 时无穷大.

任意给定 $M>0$,根据无穷小的定义,对于 $\varepsilon=\frac{1}{M}$,存在 $\delta>0$,当 $0<|x-x_0|<\delta$ 时,有

$$|f(x)|<\varepsilon=\frac{1}{M}$$

由于 $f(x)\neq 0$,从而 $\frac{1}{f(x)}>M$,所以 $\frac{1}{f(x)}$,当 $x\to x_0$ 时无穷大.

类似可证 $x\to\infty$ 时的情形.

习题 2.3

1. 下列函数变化过程中,哪些是无穷小量,哪些是无穷大量,哪些都不是:

(1) $\frac{x+1}{x^2-1}(x\to -1)$;

(2) $\frac{x+2}{x^2-1}(x\to -2)$;

(3) $e^{\frac{1}{x^2}}(x\to\infty)$;

(4) $\frac{1}{\sqrt{x-2}}(x\to 2^+)$;

(5) $x\sin\frac{1}{x}(x\to\infty)$;

(6) $\frac{\sin x}{x-\pi}(x\to\pi)$.

2. 求下列极限:

(1) $\lim\limits_{x\to\infty}(\sqrt{x}-\sqrt{x-1})$;

(2) $\lim\limits_{x\to\infty}\frac{\sin 3x}{x}$;

(3) $\lim\limits_{x\to\infty} x\sin\frac{1}{x}$;

(4) $\lim\limits_{x\to 1}\left(\frac{1}{1-x}-\frac{3}{1-x^3}\right)$;

(5) $\lim\limits_{x\to+\infty} x(\sqrt{x^2+1}-x)$;

(6) $\lim\limits_{x\to\infty}(x^2-x+1)$.

3. 计算下列极限:

(1) $\lim\limits_{x\to 2}\dfrac{x^3+2x^2}{(x-2)^2}$; (2) $\lim\limits_{x\to\infty}\dfrac{x^2}{2x+1}$;

(3) $\lim\limits_{x\to\infty}(2x^3-x+1)$; (4) $\lim\limits_{x\to 0}\dfrac{\sqrt{x+1}-1}{x}$.

2.4 极限的四则运算

本节讨论极限的求法,主要是建立极限的四则运算法则. 利用这些法则,可以求出某些函数的极限. 以后我们还将介绍求极限的其他方法.

为了方便起见,下面讨论主要针对 $x\to x_0$ 的极限过程,而对于其他极限过程的情形,例如, $x\to x_0^+$, $x\to x_0^-$, $x\to\infty$, $x\to+\infty$ 或 $x\to-\infty$, 相应的结论仍然成立,只要将证明中的 $\varepsilon-\delta$ 语言改为 $\varepsilon-X$ 语言描述,即 δ 改为 X, $0<|x-x_0|<\delta$ 改为 $0<x-x_0<\delta$, $-\delta<x-x_0<0$ 或者 $|x|>X$, $x>X$, $x<-X$ 即可.

定理 2.4.1 如果 $\lim f(x)=A$, $\lim g(x)=B$, 则 $\lim[f(x)\pm g(x)]$ 存在,且

$$\lim[f(x)\pm g(x)]=A\pm B=\lim f(x)\pm\lim g(x)$$

证:因 $\lim f(x)=A$, $\lim g(x)=B$, 由上节定理有

$$f(x)=A+\alpha,g(x)=B+\beta$$

其中 α,β 都是无穷小. 于是

$$f(x)\pm g(x)=(A+\alpha)\pm(B+\beta)=(A\pm B)+(\alpha\pm\beta)$$

又由于 $\alpha\pm\beta$ 是无穷小,所以可以得到

$$\lim[f(x)\pm g(x)]=A\pm B=\lim f(x)\pm\lim g(x)$$

此定理可以推广到有限个函数的情形.

定理 2.4.2 如果 $\lim f(x)=A$, $\lim g(x)=B$, 则 $\lim[f(x)\cdot g(x)]$ 存在,且

$$\lim[f(x)\cdot g(x)]=AB=\lim f(x)\cdot\lim g(x)$$

此定理的证明建议读者自行完成.

同样,此定理可以推广到有限个函数相乘的情形.

推论 2.4.1 如果 $\lim f(x)$ 存在,而 n 为正整数,则

$$\lim[f(x)]^n=[\lim f(x)]^n$$

推论 2.4.2 如果 $\lim f(x)$ 存在,而 c 为正整数,则

$$\lim[cf(x)]=c\lim f(x)$$

即求极限时,常数因子可以提到极限记号外面,这是因为 $\lim c=c$.

定理 2.4.3 如果 $\lim f(x)=A$, $\lim g(x)=B$, 且 $B\neq 0$, 则 $\lim\dfrac{f(x)}{g(x)}$ 存在,且

$$\lim\frac{f(x)}{g(x)}=\frac{A}{B}=\frac{\lim f(x)}{\lim g(x)}$$

此定理的证明建议读者自行完成.

定理 2.4.4　如果 $f(x) \geqslant g(x)$，而 $\lim f(x) = A, \lim g(x) = B$，那么 $A \geqslant B$.

证:令 $\varphi(x) = f(x) - g(x)$，则 $\varphi(x) \geqslant 0$，由定理有 $\lim\varphi(x) = \lim[f(x) - g(x)] = \lim f(x) - \lim g(x) = A - B$. 而由极限的局部保号性可知 $\lim\varphi(x) \geqslant 0$，即 $A - B \geqslant 0$，故 $A \geqslant B$.

例 2.4.1　求 $\lim\limits_{x\to1}(2x^2 + 5x + 4)$.

解:
$$\begin{aligned}\lim_{x\to1}(2x^2 + 5x + 4) &= \lim_{x\to1}(2x^2) + \lim_{x\to1}(5x) + \lim_{x\to1}4\\ &= 2\lim_{x\to1}(x^2) + 5\lim_{x\to1}(x) + 4\\ &= 2\times1 + 5\times1 + 4 = 11.\end{aligned}$$

例 2.4.2　求 $\lim\limits_{x\to2}(x^3 + 3)$.

解: $\lim\limits_{x\to2}(x^3 + 3) = \lim\limits_{x\to2}(x^3) + \lim\limits_{x\to2}(3) = [\lim\limits_{x\to2}(x)]^3 + 3 = 8 + 3 = 11.$

例 2.4.3　求 $\lim\limits_{x\to2}\dfrac{x^3 - 1}{x^2 + x + 1}$.

解:
$$\lim_{x\to2}\frac{x^3 - 1}{x^2 + x + 1} = \frac{\lim\limits_{x\to2}(x^3 - 1)}{\lim\limits_{x\to2}(x^2 + x + 1)} = \frac{\lim\limits_{x\to2}x^3 - \lim\limits_{x\to2}1}{\lim\limits_{x\to2}x^2 + \lim\limits_{x\to2}x + \lim\limits_{x\to2}1} = \frac{(\lim\limits_{x\to2}x)^3 - 1}{(\lim\limits_{x\to2}x)^2 + \lim\limits_{x\to2}x + 1}$$
$$= \frac{2^3 - 1}{2^2 + 2 + 1} = 1.$$

一般地，对于多项式 $f(x) = a_0x^n + a_1x^{n-1} + \cdots + a_n$，则

$$\begin{aligned}\lim_{x\to x_0}f(x) &= \lim_{x\to x_0}(a_0x^n + a_1x^{n-1} + \cdots + a_n)\\ &= a_0(\lim_{x\to x_0}x)^n + a_1(\lim_{x\to x_0}x)^{n-1} + \cdots + \lim_{x\to x_0}a_n\\ &= a_0x_0^n + a_1x_0^{n-1} + \cdots + a_n = f(x_0)\end{aligned}$$

对于有理函数

$$f(x) = \frac{P(x)}{Q(x)}$$

其中 $P(x)$、$Q(x)$ 都是多项式，于是

$$\lim_{x\to x_0}P(x) = P(x_0), \lim_{x\to x_0}Q(x) = Q(x_0)$$

如果 $Q(x_0) \neq 0$，则有

$$\lim_{x\to x_0}f(x) = \frac{P(x)}{Q(x)} = \frac{P(x_0)}{Q(x_0)} = f(x_0)$$

因此，对于多项式和有理函数（$Q(x_0) \neq 0$），求 $x \to x_0$ 的极限时，只需将 $x = x_0$ 代入其函数，所求函数值就是所求的极限值.

例 2.4.4　求 $\lim\limits_{x\to3}\dfrac{x - 3}{x^2 - 9}$.

解: $x \to 3$ 时，分子分母的极限都是零，为 $\dfrac{0}{0}$ 型，通过观察，可以发现分子分母有公因子 $x - 3$，而 $x \to 3$ 时，$x \neq 3$，可以约去这个非零因子，所以

$$\lim_{x\to3}\frac{x - 3}{x^2 - 9} = \lim_{x\to3}\frac{1}{x + 3} = \frac{1}{6}$$

例 2.4.5 求 $\lim\limits_{x\to\infty}\dfrac{3x^2+4x-7}{2x^2-3x+2}$.

解:当 $x\to\infty$ 时,分子分母趋于无穷大,都不存在,为 $\dfrac{\infty}{\infty}$ 型. 可以把分子分母同除以 x^2,再利用极限运算法则求解.

$$\lim_{x\to\infty}\frac{3x^2+4x-7}{2x^2-3x+2}=\lim_{x\to\infty}\frac{3+\dfrac{4}{x}-\dfrac{7}{x^2}}{2-\dfrac{3}{x}+\dfrac{2}{x^2}}=\frac{3}{2}$$

例 2.4.6 求 $\lim\limits_{x\to\infty}\dfrac{3x^2+4x-7}{2x^3-3x+2}$.

解:同理,分子分母同除以 x^3,再利用极限运算法则求解.

$$\lim_{x\to\infty}\frac{3x^2+4x-7}{2x^3-3x+2}=\lim_{x\to\infty}\frac{\dfrac{3}{x}+\dfrac{4}{x^2}-\dfrac{7}{x^3}}{2-\dfrac{3}{x^2}+\dfrac{2}{x^3}}=\frac{0}{2}=0$$

例 2.4.7 求 $\lim\limits_{x\to\infty}\dfrac{3x^3+4x-7}{2x^2-3x+2}$.

解:同理,分子分母同除以 x^3,再利用极限运算法则求解.

$$\lim_{x\to\infty}\frac{3x^3+4x-7}{2x^2-3x+2}=\lim_{x\to\infty}\frac{3+\dfrac{4}{x^2}-\dfrac{7}{x^3}}{\dfrac{2}{x}-\dfrac{3}{x^2}+\dfrac{2}{x^3}}$$

对此,可以将分子分母翻转,利用

$$\lim_{x\to\infty}\frac{2x^2-3x+2}{3x^3+4x-7}=\lim_{x\to\infty}\frac{\dfrac{2}{x}-\dfrac{3}{x^2}+\dfrac{2}{x^3}}{3+\dfrac{4}{x^2}-\dfrac{7}{x^3}}=\frac{0}{3}=0$$

并利用前边的定理即可得出 $\lim\limits_{x\to\infty}\dfrac{3x^3+4x-7}{2x^2-3x+2}=\infty$.

推广到一般的有理函数,

$$f(x)=\frac{a_0x^m+a_1x^{m-1}+\cdots+a_m}{b_0x^n+b_1x^{n-1}+\cdots+b_n}\quad(m、n\text{ 为正整数},a_0、b_0\text{ 为非零常数})$$

有如下结论:

$$\lim_{x\to\infty}f(x)=\frac{a_0x^m+a_1x^{m-1}+\cdots+a_m}{b_0x^n+b_1x^{n-1}+\cdots+b_n}=\begin{cases}\dfrac{a_0}{b_0},m=n\\ 0,m<n\\ \infty,m>n\end{cases}$$

定理 2.4.5 设函数 $u=\varphi(x)$ 当 $x\to x_0$ 时的极限存在且等于 a, 即

$$\lim_{x \to x_0} \varphi(x) = a$$

但在 x_0 的某去心邻域内 $\varphi(x) \neq a$，又 $\lim_{u \to a} f(u) = A$，那么复合函数 $f(\varphi(x))$ 当 $x \to x_0$ 时的极限也存在，且

$$\lim_{x \to x_0} f(\varphi(x)) = \lim_{u \to a} f(u) = A$$

证：由函数极限定义，要证对任意 $\varepsilon > 0$，存在 $\delta > 0$，使得当 $0 < |x - x_0| < \delta$ 时，有

$$|f(\varphi(x)) - A| = |f(u) - A| < \varepsilon$$

由于 $\lim_{u \to a} f(u) = A$，故对任意 $\varepsilon > 0$，存在 $\eta > 0$，当 $0 < |u - a| < \eta$ 时，有

$$|f(u) - A| < \varepsilon$$

又 $\lim_{x \to x_0} \varphi(x) = a$，故对上述 $\eta > 0$，存在 $\delta_1 > 0$，当 $0 < |x - x_0| < \delta_1$ 时，有

$$|\varphi(x) - a| < \eta$$

由假设，在 x_0 的去心邻域 $\mathring{U}(x_0, \delta_2)$ 内 $\varphi(x) \neq a$，取 $\delta = \min\{\delta_1, \delta_2\}$. 则当 $0 < |x - x_0| < \delta$ 时，$|\varphi(x) - a| < \eta$ 及 $|\varphi(x) - a| \neq 0$ 同时成立，即

$$0 < |\varphi(x) - a| = |u - a| < \eta$$

由上述两式，当 $0 < |x - x_0| < \delta$ 时，有

$$|f(\varphi(x)) - A| = |f(u) - A| < \varepsilon$$

这表明：

$$\lim_{x \to x_0} f(\varphi(x)) = \lim_{u \to a} f(u) = A$$

注意：本定理表明，若函数 $f(u)$ 和 $\varphi(x)$ 满足该定理的条件，则做代换 $u = \varphi(x)$，可把求极限 $\lim_{x \to x_0} f(\varphi(x))$ 化为求极限 $\lim_{u \to a} f(u)$，此处 $\lim_{x \to x_0} \varphi(x) = a$.

上述定理中，把 $\lim_{x \to x_0} \varphi(x) = a$ 换成 $\lim_{x \to x_0} \varphi(x) = \infty$ 或 $\lim_{x \to \infty} \varphi(x) = \infty$，而把 $\lim_{u \to a} f(u) = A$ 换成 $\lim_{u \to \infty} f(u) = A$，相应结论仍然成立.

例 2.4.8 求 $\lim_{x \to 3} \sqrt{\dfrac{x - 3}{x^2 - 9}}$.

解：由定理 2.4.5，并利用例 2.4.4 的结论

$$\lim_{x \to 3} \sqrt{\frac{x - 3}{x^2 - 9}} = \sqrt{\lim_{x \to 3} \frac{x - 3}{x^2 - 9}} = \sqrt{\frac{1}{6}} = \frac{\sqrt{6}}{6}$$

习题 2.4

1. 计算下列极限：

(1) $\lim_{x \to 2} \dfrac{x^2 + 5}{x - 3}$;

(2) $\lim_{x \to -1} \dfrac{x^2 + 2x + 5}{x^2 + 1}$;

(3) $\lim_{x \to \sqrt{3}} \dfrac{x^2 - 3}{x^2 - 9}$;

(4) $\lim_{x \to 2} \dfrac{x - 2}{\sqrt{x + 6}}$;

(5) $\lim_{x \to 1} \dfrac{x^2 - 2x + 1}{x^2 - 1}$;

(6) $\lim_{x \to 0} \dfrac{4x^3 - 2x^2 - 5x}{3x^2 + 7x}$;

(7) $\lim\limits_{y\to 0}\dfrac{(x+y)^2-x^2}{y}$;　　(8) $\lim\limits_{x\to\infty}\left(2-\dfrac{3}{x}+\dfrac{34}{x^2}\right)$;

(9) $\lim\limits_{x\to\infty}\dfrac{x^2+6}{2x^2-3x-8}$.

2. 计算下列极限:

(1) $\lim\limits_{x\to 2}\dfrac{x^3+2x^2}{(x-2)^2}$;　　(2) $\lim\limits_{x\to\infty}\dfrac{x^2}{2x+3}$;　　(3) $\lim\limits_{x\to\infty}(x^3-x+3)$.

3. 计算下列极限:

(1) $\lim\limits_{x\to 0}\sqrt{x^3-4x+5}$;　　(2) $\lim\limits_{x\to 0}\dfrac{\sqrt{x+1}-1}{x}$;　　(3) $\lim\limits_{x\to 0}\dfrac{x^2}{1-\sqrt{1+x^2}}$.

2.5 极限的存在准则和两个重要极限

如何判定极限的存在呢,下面将介绍极限存在的两个准则.

2.5.1 夹逼准则

定理 2.5.1 设有数列 $\{x_n\}$, $\{y_n\}$, $\{z_n\}$, 若对于充分大的正整数 n, 满足条件 $y_n \leqslant x_n \leqslant z_n$, 且 $\lim\limits_{n\to\infty}y_n=\lim\limits_{n\to\infty}z_n=a$ 则 $\lim\limits_{n\to\infty}x_n=a$.

证:设存在正整数 N_0, 当 $n>N_0$ 时,有

$$y_n\leqslant x_n\leqslant z_n$$

由极限的定义,对任意 $\varepsilon>0$, 分别存在正整数 N_1 和 N_2, 使得当 $n>N_1$ 时,有 $|y_n-a|<\varepsilon$,即

$$a-\varepsilon<y_n<a+\varepsilon$$

当 $n>N_2$ 时,有 $|z_n-a|<\varepsilon$,即

$$a-\varepsilon<z_n<a+\varepsilon$$

取 $N=\max\{N_0,N_1,N_2\}$, 则当 $n>N$ 时,上述不等式同时成立,从而有

$$a-\varepsilon<y_n\leqslant x_n\leqslant z_n<a+\varepsilon$$

即 $|x_n-a|<\varepsilon$. 这表明, $\lim\limits_{n\to\infty}x_n=a$.

例 2.5.1 求极限 $\lim\limits_{n\to\infty}\left(\dfrac{1}{n^2+1}+\dfrac{2}{n^2+2}+\cdots+\dfrac{n}{n^2+n}\right)$.

解:由于

$$\frac{1}{n^2+n}(1+2+\cdots+n)<\frac{1}{n^2+1}+\frac{2}{n^2+2}+\cdots+\frac{n}{n^2+n}<\frac{1}{n^2+1}(1+2+\cdots+n)$$

而

$$\lim_{n\to\infty}\frac{1}{n^2+n}(1+2+\cdots+n)=\lim_{n\to\infty}\frac{\frac{n(n+1)}{2}}{n^2+n}=\frac{1}{2}$$

$$\lim_{n\to\infty}\frac{1}{n^2+1}(1+2+\cdots+n)=\lim_{n\to\infty}\frac{\frac{n(n+1)}{2}}{n^2+1}=\frac{1}{2}$$

由夹逼准则可得

$$\lim_{n\to\infty}\left(\frac{1}{n^2+1}+\frac{2}{n^2+2}+\cdots+\frac{n}{n^2+n}\right)=\frac{1}{2}$$

上述对于数列极限的夹逼准则可以推广到函数的极限上.

定理 2.5.2　当 $x\in\mathring{U}(x_0,r)(\,|x|>X)$ 时,有

$$g(x)\leqslant f(x)\leqslant h(x)$$

且 $\lim\limits_{\substack{x\to x_0\\(x\to\infty)}} g(x)=A$, $\lim\limits_{\substack{x\to x_0\\(x\to\infty)}} h(x)=A$, 那么 $\lim\limits_{\substack{x\to x_0\\(x\to\infty)}} f(x)$ 存在,且 $\lim\limits_{\substack{x\to x_0\\(x\to\infty)}} f(x)=A$.

上述证明与数列的夹逼准则证明相似,读者可自行证明.

利用这个极限可以证明如下重要极限:

重要极限一　$\lim\limits_{x\to 0}\dfrac{\sin x}{x}=1.$

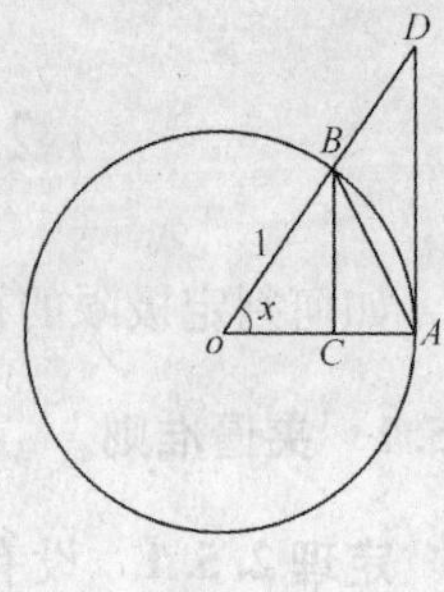

图 2.10

在图 2.10 所示的单位圆中,设圆心角 $\angle AOB=x\left(0<x<\dfrac{\pi}{2}\right)$,点 A 处的切线与 OB 的延长线交于点 D, 又 $BC\perp OA$, 则

$$\sin x=CB,x=\overset{\frown}{AB},\tan x=AD$$

因为

$$\triangle AOB\text{ 的面积}<\text{扇形 }AOB\text{ 的面积}<\triangle AOD\text{ 的面积}$$

所以

$$\frac{1}{2}\sin x<\frac{1}{2}x<\frac{1}{2}\tan x$$

即

$$\sin x<x<\tan x$$

除以 $\sin x$, 就有 $1<\dfrac{x}{\sin x}<\dfrac{1}{\cos x}$, 从而

$$\cos x<\frac{\sin x}{x}<1 \tag{2.5.1}$$

因为当 x 用 $-x$ 代替时, $\cos x$ 与 $\dfrac{\sin x}{x}$ 都不变号,所以上面的不等式对于开区间 $\left(-\dfrac{\pi}{2},0\right)$ 内的一切 x 也是成立的.

由上节指出的基本初等函数的性质:基本初等函数在其定义域内任意一点处的极限值等于函数在该点处的值,可知

$$\lim_{x\to 0}\cos x=1$$

又

$$\lim_{x\to 0}1=1$$

所以由不等式(2.5.1)及函数的夹逼准则,即得

$$\therefore \lim_{x \to 0} \frac{\sin x}{x} = 1$$

函数 $\frac{\sin x}{x}$ 的图形如图 2.11 所示.

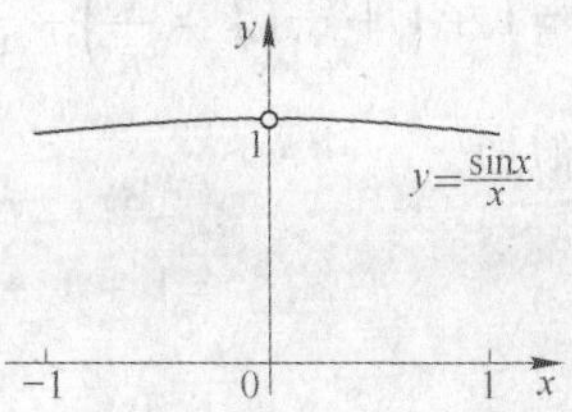

图 2.11

例 2.5.2　求 $\lim\limits_{x \to 0} \frac{\tan x}{x}$.

解:$\lim\limits_{x \to 0} \frac{\tan x}{x} = \lim\limits_{x \to 0} \left(\frac{\sin x}{x} \cdot \frac{1}{\cos x}\right) = \lim\limits_{x \to 0} \frac{\sin x}{x} \cdot \lim\limits_{x \to 0} \frac{1}{\cos x} = 1$.

例 2.5.3　求 $\lim\limits_{x \to 0} \frac{1 - \cos x}{x^2}$.

解:

$$\lim_{x \to 0} \frac{1 - \cos x}{x^2} = \lim_{x \to 0} \frac{2\sin^2 \frac{x}{2}}{x^2} = \frac{1}{2} \lim_{x \to 0} \frac{\sin^2 \frac{x}{2}}{\left(\frac{x}{2}\right)^2} = \frac{1}{2} \lim_{x \to 0} \left(\frac{\sin \frac{x}{2}}{\frac{x}{2}}\right)^2 = \frac{1}{2}$$

例 2.5.4　求 $\lim\limits_{x \to 0} \frac{\arcsin x}{x}$.

解:令 $t = \arcsin x$, $x = \sin t$, 则当 $t \to 0$ 时, $x \to 0$, 且 $\arcsin x = t$, 于是

$$\lim_{x \to 0} \frac{\arcsin x}{x} = \lim_{t \to 0} \frac{t}{\sin t} = 1$$

2.5.2　单调有界准则

定义 2.5.1　单调数列:如果数列满足条件

$$x_1 \leqslant x_2 \leqslant x_3 \leqslant \cdots \leqslant x_n \leqslant x_{n+1} \leqslant \cdots$$

就称数列是单调增加的;如果数列满足条件

$$x_1 \geqslant x_2 \geqslant x_3 \geqslant \cdots \geqslant x_n \geqslant x_{n+1} \geqslant \cdots$$

就称数列是单调减少的. 单调增加和单调减少的数列统称为**单调数列**.

定理 2.5.3　单调有界数列必有极限.

此定理不作证明,会应用即可.

下面用上述定理证明另一个重要极限:

重要极限二　$\lim\limits_{x \to \infty} \left(1 + \frac{1}{x}\right)^x$.

考虑 x 取正整数 n 而趋向于 $+\infty$ 的情形.

设 $x_n = \left(1 + \frac{1}{n}\right)^n$, 先证数列 x_n 单调增加且有界. 将数列 $x_n = \left(1 + \frac{1}{n}\right)^n$ 展开,有

$$x_n = \left(1 + \frac{1}{n}\right)^n$$

$$= 1 + \frac{n}{1!} \cdot \frac{1}{n} + \frac{n(n-1)}{2!} \cdot \frac{1}{n^2} + \frac{n(n-1)(n-2)}{3!} \cdot \frac{1}{n^3} + \cdots + \frac{n(n-1)\cdots(n-n+1)}{n!} \cdot \frac{1}{n^n}$$

$$=1+1+\frac{1}{2!}\left(1-\frac{1}{n}\right)+\frac{1}{3!}\left(1-\frac{1}{n}\right)\left(1-\frac{2}{n}\right)+\cdots+\frac{1}{n!}\left(1-\frac{1}{n}\right)\left(1-\frac{2}{n}\right)\cdots\left(1-\frac{n-1}{n}\right)$$

类似地,

$$x_{n+1}=1+1+\frac{1}{2!}\left(1-\frac{1}{n+1}\right)+\frac{1}{3!}\left(1-\frac{1}{n+1}\right)\left(1-\frac{2}{n+1}\right)+\cdots+$$
$$\frac{1}{n!}\left(1-\frac{1}{n+1}\right)\left(1-\frac{2}{n+1}\right)\cdots\left(1-\frac{n-1}{n+1}\right)+$$
$$\frac{1}{(n+1)!}\left(1-\frac{1}{n+1}\right)\left(1-\frac{2}{n+1}\right)\cdots\left(1-\frac{n}{n+1}\right)$$

比较 x_n 和 x_{n+1} 的展开式,可以看到除前两项外,x_n 的每一项都小于 x_{n+1} 的对应项,并且 x_{n+1} 还多一个大于零的项,所以

$$x_n < x_{n+1}$$

由此可知数列是单调递增的. 同时 x_n 这个数列也是有界的,因为

$$x_n < 1+1+\frac{1}{2!}+\frac{1}{3!}+\cdots+\frac{1}{n!} < 1+1+\frac{1}{2}+\frac{1}{2^2}+\cdots+\frac{1}{2^{n-1}}$$

$$=1+\frac{1-\frac{1}{2^n}}{1-\frac{1}{2}}=3-\frac{1}{2^{n-1}}<3$$

所以再利用定理 2.5.1 可知,数列 x_n 的极限是存在的,通常把这个极限记作 e,即

$$\lim_{n\to\infty}\left(1+\frac{1}{n}\right)^n=\mathrm{e}$$

当然可以证明,若 x 取实数而趋向 $+\infty$ 或 $-\infty$ 时,函数 $\left(1+\frac{1}{x}\right)^x$ 的极限都存在且等于 e,因此

$$\lim_{x\to\infty}\left(1+\frac{1}{x}\right)^x=\mathrm{e}$$

这里的 e 即是 2.718281828459045…, 它是一个无理数.

同时这个极限也可写作 $\lim\limits_{x\to0}(1+x)^{\frac{1}{x}}=\mathrm{e}$.

例 2.5.5 求 $\lim\limits_{x\to\infty}\left(1+\frac{1}{x}\right)^{-x}$.

解:
$$\lim_{x\to\infty}\left(1+\frac{1}{x}\right)^{-x}=\lim_{x\to\infty}\frac{1}{\left(1+\frac{1}{x}\right)^x}=\frac{1}{\mathrm{e}}$$

例 2.5.6 求 $\lim\limits_{x\to0}(1-2x)^{\frac{1}{x}}$.

解:
$$\lim_{x\to0}(1-2x)^{\frac{1}{x}}=\lim_{x\to0}[(1+(-2x))^{\frac{1}{-2x}}]^{-2}=\mathrm{e}^{-2}$$

例 2.5.7 求 $\lim\limits_{x\to0}\frac{\ln(1+x)}{x}$.

解：$$\lim_{x\to 0}\frac{\ln(1+x)}{x}=\lim_{x\to 0}\ln(1+x)^{\frac{1}{x}}=\ln[\lim_{x\to 0}(1+x)^{\frac{1}{x}}]=\ln e=1$$

例 2.5.8 求 $\lim_{x\to\infty}\left(\frac{x+1}{x-1}\right)^{x}$.

解：$$\lim_{x\to\infty}\left(\frac{x+1}{x-1}\right)^{x}=\lim_{x\to\infty}\left[\left(1+\frac{2}{x-1}\right)^{\frac{x-1}{2}}\right]^{2}\cdot\left(1+\frac{2}{x-1}\right)=e^{2}\times 1=e^{2}$$

例 2.5.9 求 $\lim_{x\to 0}(1+x)^{\frac{2}{\sin x}}$.

解：$$\lim_{x\to 0}(1+x)^{\frac{2x}{\sin x}}=\lim_{x\to 0}[(1+x)^{\frac{1}{x}}]^{\frac{2x}{\sin x}}=e^{2}$$

习题 2.5

1. 计算下列极限：

(1) $\lim_{x\to 0}\frac{3x}{4x}$; (2) $\lim_{x\to 0}x\cot x$;

(3) $\lim_{x\to 0}\frac{\tan 3x}{x}$; (4) $\lim_{x\to 0}\frac{1-\cos 3x}{x\tan 2x}$;

(5) $\lim_{x\to 0}\frac{\arctan x}{x}$; (6) $\lim_{x\to a}\frac{\sin x-\sin a}{x-a}$;

(7) $\lim_{x\to\infty}\left(1-\frac{2}{x}\right)^{\frac{x}{2}-1}$; (8) $\lim_{x\to\infty}\left(\frac{1+x}{x}\right)^{2x}$;

(9) $\lim_{x\to\infty}\left(\frac{2x+3}{2x+1}\right)^{x+1}$; (10) $\lim_{x\to\infty}\left(1-\frac{1}{x}\right)^{kx}$.

2. 已知 $\lim_{x\to\infty}\left(\frac{x+2a}{x-2a}\right)^{x}=8$，求 a.

2.6 无穷小的比较

在讨论某些问题时，我们会讨论到两个无穷小的关系．例如在前文中说道，两个无穷小的和、差、积都是无穷小．但是对于两个无穷小的商，却会出现不同的结果，这是因为它们趋向于零的快慢程度不一样．例如当 $x\to 0$ 时，x^2 明显要比 x 接近 0 的速度快，用极限表示就是

$$\lim_{x\to 0}\frac{x^2}{x}=\lim_{x\to 0}x=0$$

再例如 $\lim_{x\to 0}\frac{3x}{x^3}=\infty$，$\lim_{x\to 0}\frac{\sin x}{x}=1$.

为了更准确地描述在同一极限过程中两个无穷小趋于零的速度的快慢，我们定义了无穷小比较的概念．

定义 2.6.1 设 $\alpha=\alpha(x)$ 和 $\beta=\beta(x)$ 是同一极限过程（$x\to x_0$ 或 $x\to\infty$）中的无穷小，且 $\alpha\neq 0$，则有如下几种情况：

(1) 若 $\lim\frac{\beta}{\alpha}=0$，则称 β 是比 α 高阶的无穷小，记作 $\beta=o(\alpha)$；

(2) 若 $\lim\frac{\beta}{\alpha}=\infty$，则称 β 是比 α 低阶的无穷小；

(3) 若 $\lim\frac{\beta}{\alpha}=c\neq 0$，则称 β 与 α 是同阶的无穷小；

(4) 若 $\lim \dfrac{\beta}{\alpha^k} = c \neq 0, k > 0$，则称 β 是关于 α 的 k 阶无穷小；

(5) 若 $\lim \dfrac{\beta}{\alpha} = 1$，则称 β 与 α 是等价无穷小，记作 $\beta \sim \alpha$.

等价无穷小是同阶无穷小的特殊情形.

例如，极限 $\lim\limits_{x\to 0}\dfrac{x^2}{x} = \lim\limits_{x\to 0} x = 0$，所以当 $x\to 0$ 时，x^2 是比 x 高阶的无穷小，即 $x^2 = o(x)$ $(x\to 0)$；

极限 $\lim\limits_{x\to 0}\dfrac{3x}{x^3} = \infty$，所以当 $x\to 0$ 时，是 $3x$ 比 x^3 低阶的无穷小；

再如 $\lim\limits_{x\to 0}\dfrac{\sin x}{x} = 1$，所以当 $x\to 0$ 时，$\sin x$ 与 x 是同阶无穷小，且是等价无穷小，即 $\sin x \sim x(x\to 0)$.

当 $x\to 0$ 时，有以下等价无穷小，读者可自行证明：

$$x \sim \sin x \sim \ln(1+x) \sim \tan x \sim \arcsin x \sim \arctan x \sim (e^x - 1)$$

$$(1+x)^m - 1 \sim mx \quad (m \neq 0)$$

$$1 - \cos x \sim \frac{1}{2}x^2$$

关于等价无穷小有如下两个定理.

定理 2.6.1 α 与 β 是等价无穷小的充分必要条件是：

$$\beta = \alpha + o(\alpha)$$

证：必要性 设 $\beta \sim \alpha$，则

$$\lim\frac{\beta-\alpha}{\alpha} = \lim\left(\frac{\beta}{\alpha} - 1\right) = \lim\frac{\beta}{\alpha} - 1 = 0$$

因此 $\beta - \alpha = o(\alpha)$，即 $\beta = \alpha + o(\alpha)$.

充分性 设 $\beta = \alpha + o(\alpha)$，则

$$\lim\frac{\beta}{\alpha} = \lim\frac{\alpha + o(\alpha)}{\alpha} = \lim\left(1 + \frac{o(\alpha)}{\alpha}\right) = 1$$

因此 $\alpha \sim \beta$.

两个等价无穷小不一定相等，但是它们的差是其中一个的高阶无穷小.

定理 2.6.2 设 $\alpha \sim \alpha', \beta \sim \beta'$，且 $\lim\dfrac{\beta'}{\alpha'}$ 存在，则

$$\lim\frac{\beta'}{\alpha'} = \lim\frac{\beta}{\alpha}$$

证：

$$\lim\frac{\beta}{\alpha} = \lim\left(\frac{\beta}{\beta'}\cdot\frac{\beta'}{\alpha'}\cdot\frac{\alpha'}{\alpha}\right) = \lim\frac{\beta}{\beta'}\cdot\lim\frac{\beta'}{\alpha'}\cdot\lim\frac{\alpha'}{\alpha} = \lim\frac{\beta'}{\alpha'}$$

注意：在求极限的过程中，分子或分母的乘积因子为无穷小，可用其等价无穷小来代替.

此结论也可用于数列.

例 2.6.1 求 $\lim\limits_{x\to0}\frac{\tan4x}{\sin7x}$.

解:当 $x\to0$ 时, $\tan4x\sim4x,\sin7x\sim7x$, 所以

$$\lim_{x\to0}\frac{\tan4x}{\sin7x}=\lim_{x\to0}\frac{4x}{7x}=\frac{4}{7}$$

例 2.6.2 求 $\lim\limits_{x\to0}\frac{(x+5)\arcsin4x}{\sin7x}$.

解:当 $x\to0$ 时, $\arcsin4x\sim4x,\sin7x\sim7x$, 所以

$$\lim_{x\to0}\frac{(x+5)\arcsin4x}{\sin7x}=\lim_{x\to0}(x+5)\cdot\frac{4}{7}=\frac{20}{7}$$

注意:若分子或分母是若干项之和或差,则一般不能对其中某一项作等价无穷小代换.

例 2.6.3 求 $\lim\limits_{x\to0}\frac{\tan x-\sin x}{\sin^3x}$.

解: $\lim\limits_{x\to0}\frac{\tan x-\sin x}{\sin^3x}=\lim\limits_{x\to0}\frac{\frac{1}{\cos x}-1}{\sin^2x}=\lim\limits_{x\to0}\frac{1-\cos x}{\sin^2x\cos x}=\lim\limits_{x\to0}\frac{\frac{1}{2}x^2}{\sin^2x\cos x}=\frac{1}{2}\lim\limits_{x\to0}\frac{1}{\cos x}=\frac{1}{2}$

上式用到的等价无穷小有 $\sin x\sim x,1-\cos x\sim\frac{1}{2}x^2$.

若在上述例题中用代换 $\tan x-\sin x\sim x-x=0$, 则会导致错误的结果.

所以要注意的是:在极限运算的过程中,等价无穷小替换只能适用于分子或分母的乘积因子的情形,一般不能用于和与差的情形.

对于和与差的形式,可以用下面例题的方式求解.

例 2.6.4 求 $\lim\limits_{x\to0}\frac{\tan5x-\cos x+1}{\sin3x}$.

解:因为当 $x\to0,\tan5x\sim5x$, 从而 $\tan5x=5x+o(x)$, 同理 $1-\cos x=\frac{1}{2}x^2+o(x^2)$, 而 $\sin x=x+o(x)$, 所以

$$\begin{aligned}\lim_{x\to0}\frac{\tan5x-\cos x+1}{\sin3x}&=\lim_{x\to0}\frac{5x+o(x)+\frac{1}{2}x^2+o(x^2)}{3x+o(x)}\\&=\lim_{x\to0}\left(\frac{5x}{3x+o(x)}+\frac{\frac{1}{2}x^2}{3x+o(x)}+\frac{o(x)+o(x^2)}{3x+o(x)}\right)\\&=\lim_{x\to0}\left(\frac{5}{3}+\frac{x}{6}\right)=\frac{5}{3}\end{aligned}$$

习题 2.6

1. 利用等价无穷小求下列极限:

(1) $\lim\limits_{x\to 0}\dfrac{\arcsin\dfrac{x}{\sqrt{3-x^2}}}{2x}$; (2) $\lim\limits_{x\to 0}\dfrac{\sin x^n}{(\sin x)^m}$;

(3) $\lim\limits_{x\to 0}\dfrac{\cos x-\cos 2x}{1-\cos x}$; (4) $\lim\limits_{x\to 0}\dfrac{(x+1)\ln(x+1)}{x^2+3x}$;

(5) $\lim\limits_{x\to 0}\dfrac{e^{2x}-1}{x}$; (6) $\lim\limits_{x\to 1}\dfrac{\arcsin(1-x)}{\ln x}$;

(7) $\lim\limits_{x\to 0}\dfrac{x\tan x}{\sqrt{1-x^2}-1}$; (8) $\lim\limits_{n\to\infty}n^2\left(1-\cos\dfrac{\pi}{n}\right)$.

2. 证明当 $x\to 1$ 时，$\dfrac{1-x}{1+x}$ 与 $1-\sqrt{x}$ 是等价无穷小．

3. 证明当 $x\to 1$ 时，$1-x$ 与 $1-\sqrt[3]{x}$ 是同阶无穷小．且判断 $1-x$ 与 $\dfrac{1}{2}(1-x^2)$ 是否同阶，是否等价．

4. 证明当 $x\to 0$ 时，$1-\cos x\sim\dfrac{1}{2}x^2$.

5. 证明等价无穷小具有下列性质．

(1)自反性：$\alpha\sim\alpha$；

(2)对称性：若 $\alpha\sim\beta$，则 $\beta\sim\alpha$；

(3)传递性：若 $\alpha\sim\beta,\beta\sim\gamma$，则 $\alpha\sim\gamma$.

2.7 函数的连续性

2.7.1 函数连续性概念

函数 $y=f(x)$ 在 x_0 处连续，是指当自变量在 x_0 处取得增量 Δx，相应的函数 $y=f(x)$ 的增量为 Δy，当 $|\Delta x|$ 很小时，$|\Delta y|$ 也很小．

上述概念用极限语言来表达，就是：

定义 2.7.1 设函数 $y=f(x)$ 在点 x_0 的某个邻域内有定义，如果自变量在 x_0 处的增量 Δy 也趋于零，即有 $\lim\limits_{\Delta x\to 0}\Delta y=\lim\limits_{\Delta x\to 0}[f(x_0+\Delta x)-f(x_0)]=0$，则称**函数 $f(x)$ 在点 x_0 处连续**，并称**点 x_0 为函数 $f(x)$ 的连续点**．

例 2.7.1 证明函数 $y=\sin x$ 在任意一点 x 处连续．

证：任意取定一点 x_0，如图 2.12 所示，则有

$$\Delta y=\sin(x_0+\Delta x)-\sin x_0$$
$$=2\sin\frac{\Delta x}{2}\cos\left(x_0+\frac{\Delta x}{2}\right)$$

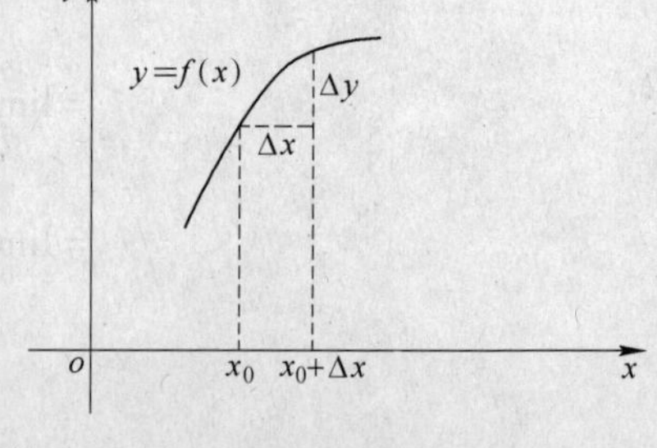

图 2.12

由 $\left|\cos\left(x_0+\dfrac{\Delta x}{2}\right)\right|\leqslant 1$ 可知，$\cos\left(x_0+\dfrac{\Delta x}{2}\right)$ 是有界变量．又由上节可知，当 $\Delta x\to 0$ 时，$\sin\dfrac{\Delta x}{2}$ 是无穷小量，因此由定理(有界量与无穷小量的乘积为无穷小

量)，Δy 也是无穷小量，即有

$$\lim_{\Delta x \to 0}\Delta y = \lim_{\Delta x \to 0} 2\sin\frac{\Delta x}{2}\cos\left(x_0 + \frac{\Delta x}{2}\right) = 0$$

于是由定义知，$y = \sin x$ 在点 x_0 处连续，再由点 x_0 的任意性可知，$y = \sin x$ 在任意一点 x 处连续．证毕．

同理可证，$y = \cos x$ 在任意一点 x 处连续．

在定义中若令 $x = x_0 + \Delta x$，则 $\Delta x \to 0$ 等价于 $x \to x_0$，相应地

$$\Delta y = f(x_0 + \Delta x) - f(x_0) = f(x) - f(x_0) \to 0$$

等价于 $f(x) \to f(x_0)$．

所以，我们得到定义函数连续的等价定义．

定义 2.7.2　设函数 $y = f(x)$ 在点 x_0 的某一领域内有定义，如果有

$$\lim_{x \to x_0} f(x) = f(x_0)$$

则称**函数 $f(x)$ 在点 x_0 处连续**，称**点 x_0 为函数 $f(x)$ 的连续点**．

连续性是用极限来定义的，联系极限存在的充分条件，现在给出左连续、右连续的概念．

定义 2.7.3　当 $\lim\limits_{x \to x_0^-} f(x) = f(x_0)$ 时，称**函数 $f(x)$ 在点 x_0 处左连续**．当 $\lim\limits_{x \to x_0^+} f(x) = f(x_0)$ 时，称**函数 $f(x)$ 在点 x_0 处右连续**．

由极限存在的充分必要条件和函数在一点的连续性的定义，有

定理 2.7.1　函数 $f(x)$ 在点 x_0 处连续的充分必要条件是：函数 $f(x)$ 在点 x_0 处既左连续又右连续．

例 2.7.2　试讨论函数在点 $x_0 = 0$ 处的连续性．

解：因为

$$\lim_{x \to 0^+} |x| = \lim_{x \to 0^+} x = 0 = f(0)$$

$$\lim_{x \to 0^-} |x| = \lim_{x \to 0^-} (-x) = 0 = f(0)$$

所以，函数 $f(x) = |x|$ 在点 $x_0 = 0$ 处连续．

现将函数在一点处的连续性的概念扩展到函数在区间内(上)的连续性．

定义 2.7.4　如果函数 $f(x)$ 在开区间 (a,b) 内任意一点都连续，则称**函数 $f(x)$ 在区间 (a,b) 内连续**；如果函数 $f(x)$ 在 (a,b) 内连续，且在区间的左端点右连续，在右端点左连续，则称**函数在闭区间 $[a,b]$ 上连续**．

若函数 $f(x)$ 在区间 I 上连续，则称此函数是该区间上的连续函数，而称该区间为此函数的**连续区间**．

可以证明：**基本初等函数在自身的定义域内都是连续的**．

函数 $f(x)$ 在区间 I 上连续的几何意义是：曲线 $y = f(x)$ 的图形是该区间上一条连续不断的曲线．

2.7.2　函数的间断点

定义 2.7.5　设函数 $f(x)$ 在点 x_0 的去心邻域 $\mathring{U}(x_0)$ 内有定义，若函数 $f(x)$ 在点 x_0 处

出现如下三种情况之一：

(1) $f(x)$ 在点 x_0 处无定义；

(2) $f(x)$ 在点 x_0 处有定义，但 $\lim\limits_{x\to x_0}f(x)$ 不存在；

(3) $f(x)$ 在点 x_0 处有定义，$\lim\limits_{x\to x_0}f(x)$ 存在，但 $\lim\limits_{x\to x_0}f(x)\neq f(x_0)$.

则称**函数 $f(x)$ 在点 x_0 处不连续**，称点 x_0 为 $f(x)$ 的**间断点**或**不连续点**.

通常把间断点分为以下两种类型：

(1) 设函数 $f(x)$ 在点 x_0 处间断，若在点 x_0 处左极限 $\lim\limits_{x\to x_0^-}f(x)$ 和右极限 $\lim\limits_{x\to x_0^+}f(x)$ 都存在，则称 x_0 为函数的**第一类间断点**.

第一类间断点可分为两种情况：

1) 若 $\lim\limits_{x\to x_0}f(x)$ 存在，即 $\lim\limits_{x\to x_0^-}f(x)=\lim\limits_{x\to x_0^+}f(x)$，则间断点 x_0 称为函数 $f(x)$ 的**可去间断点**；

2) 若 $\lim\limits_{x\to x_0^-}f(x)\neq\lim\limits_{x\to x_0^+}f(x)$，则间断点 x_0 称为函数 $f(x)$ 的**跳跃间断点**.

(2) 不属于第一类间断点的任何间断点都称为**第二类间断点**.

其中若 $\lim\limits_{x\to x_0}f(x)=\infty$，则称间断点 x_0 称为函数 $f(x)$ 的无穷间断点.

例 2.7.3 设函数 $f(x)=-\dfrac{x^2-1}{x+1}$，求函数的间断点类型.

解：函数 $f(x)$ 在 $x=-1$ 上没有定义，那么可以直接判断 $x=-1$ 是函数的一个间断点.函数图像如图 2.13 所示.

这里 $\lim\limits_{x\to -1^-}f(x)=\lim\limits_{x\to -1^+}f(x)=2$，所以 $x=-1$ 是函数 $f(x)$ 的可去间断点.

如果将 $f(x)$ 补充定义，当 $x=-1$ 时，$f(-1)=2$，那么函数 $f(x)$ 在点 $x=-1$ 处就是连续的了.

例 2.7.4 设函数 $f(x)=\begin{cases}\dfrac{\sin 5x}{2x}, x\neq 0\\ 0, x=0\end{cases}$，求函数的间断点类型.

解：当 $x\neq 0$ 时，$g(x)=\dfrac{\sin 5x}{2x}$ 在区间 $(-\infty,0)$ 和 $(0,+\infty)$ 内连续. 又因为 $\lim\limits_{x\to 0}f(x)=\lim\limits_{x\to 0}\dfrac{\sin 5x}{2x}=\dfrac{5}{2}$，而 $f(0)=0\neq\lim\limits_{x\to 0}f(x)=\dfrac{5}{2}$，所以 $x=0$ 是 $f(x)$ 函数的可去间断点. 其函数 $f(x)$ 图形如图 2.14 所示. 如果改变函数 $f(x)$ 定义使得 $f(0)=\dfrac{5}{2}$，则函数 $f(x)$ 在点

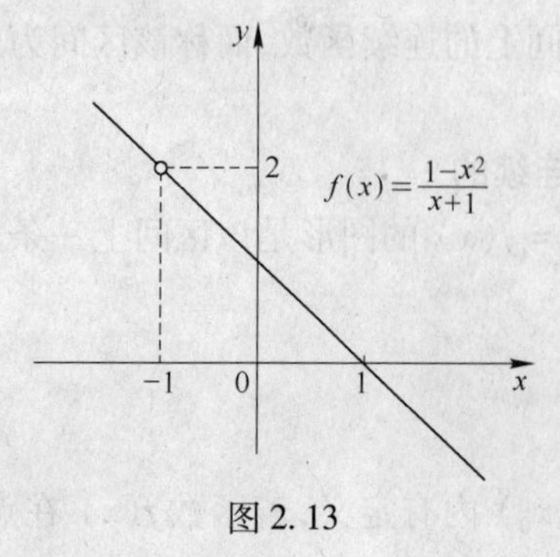

图 2.13

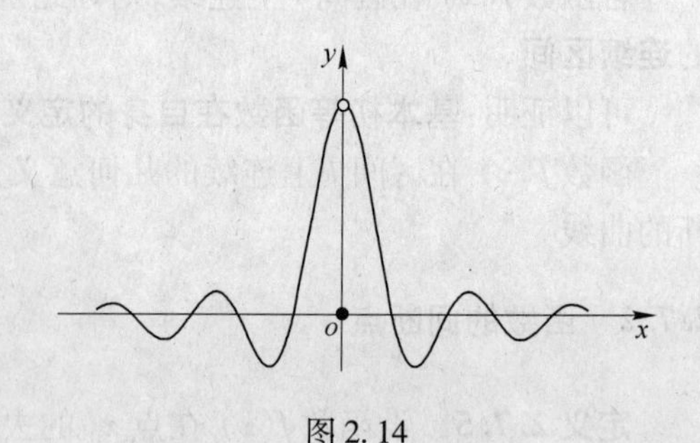

图 2.14

$x=0$ 处就是连续的了.

例 2.7.5　考虑函数 $f(x)=\operatorname{sgn}x=\begin{cases}-1, x<0\\0, x=0\\1, x>0\end{cases}$ 的间断点.

显然函数的间断点是 $x=0$,

显然函数在点 $x=0$ 的极限不存在,因为

$$\lim_{x\to 0^-}\operatorname{sgn}x=-1$$

$$\lim_{x\to 0^+}\operatorname{sgn}x=1$$

$$\operatorname{sgn}0=0$$

左极限和右极限不相等.

所以间断点 $x=0$ 是函数 $f(x)$ 跳跃间断点,函数图像如图 2.15 所示.

例 2.7.6　考虑函数 $f(x)=\tan x$,求其间断点并判断间断点的类型.

解:首先观察 $f(x)=\tan x$ 的图像如图 2.16 所示.

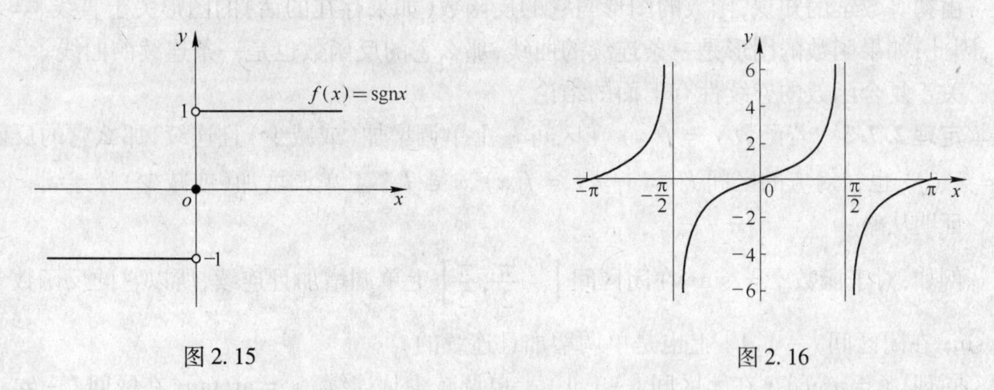

图 2.15　　图 2.16

$f(x)=\tan x$ 在点 $x=\frac{\pi}{2}+k\pi$ 处没有定义,而且 $\lim\limits_{x\to\frac{\pi}{2}+k\pi}\tan x=\infty$,所以点 $x=\frac{\pi}{2}+k\pi$ 是函数 $f(x)=\tan x$ 的无穷间断点,也是第二类间断点.

例 2.7.7　考虑函数 $f(x)=\sin\frac{1}{x}$.

函数在点 $x=0$ 处没有意义,且在点 $x=0$ 处没有极限,所以点 $x=0$ 是函数 $f(x)=\sin\frac{1}{x}$ 的第二类间断点. 当 $x\to 0$ 时,函数值在 $1, -1$ 之间变动无限多次,函数图像如图 2.17 所示.

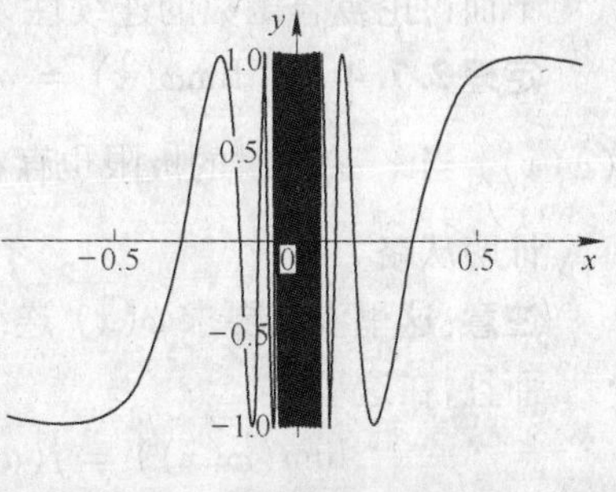

图 2.17

2.7.3　连续函数的运算法则

由函数在某点连续的定义和极限的四则运算法则,可以得出如下定理.

定理 2.7.2　设函数 $f(x)$ 与 $g(x)$ 在点 $x=x_0$ 处是连续的,则 $f(x)\pm g(x)$, $f(x)\cdot g(x)$,

$\frac{f(x)}{g(x)}(g(x_0) \neq 0)$ 在点 x_0 处也是连续的.

同时这个定理可以推广到有限个连续函数:有限个在某点连续的函数的和、差、积是一个在该点连续的函数.

下面给出两个在点 x_0 连续的函数 $f(x)$ 与 $g(x)$ 的和函数 $F(x) = f(x) + g(x)$ 在 x_0 也连续的证明.

证:由前面函数在点 x_0 处连续的定义有

$$\lim_{x\to x_0}F(x) = \lim_{x\to x_0}[f(x) + g(x)] = \lim_{x\to x_0}f(x) + \lim_{x\to x_0}g(x) = f(x_0) + g(x_0) = F(x_0)$$

这就证明了和的情形. 仿照此证明,读者可证明减、乘和除的情形.

例 2.7.8 函数 $f(x) = \frac{x\sin x}{\ln x - 1} + x^2$, 由于 x、$\sin x$、$\ln x$、x^2 在定义域内都是连续的,所以函数 $f(x) = \frac{x\sin x}{\ln x - 1} + x^2$ 在其定义域内也是连续的.

下面我们讨论反函数的连续性.

由初等数学的知识,函数的图形与它的反函数(如果存在的话)的图形关于直线 $y = x$ 对称,因此,如果函数的图形是一条连续的曲线,那么它的反函数也是一条连续的曲线.

关于复合函数的连续性有下面的结论.

定理 2.7.3 若函数 $y = f(x)$ 在区间 I_x 上单调增加(或减少)且连续,那么它的反函数 $x = f^{-1}(y)$ 也在对应的区间 $I_y = \{y \mid y = f(x), x \in I_x\}$ 上单调增加(或减少)且连续.

证明从略.

例如,对于函数 $y = \sin x$ 在闭区间 $\left[-\frac{\pi}{2}, \frac{\pi}{2}\right]$ 上单调增加且连续,所以它的反函数 $y = \arcsin x$ 在闭区间 $[-1,1]$ 上也是单调增加且连续的.

同理, $y = \arccos x$ 在闭区间 $[-1,1]$ 上单调减少且连续, $y = \arctan x$ 在区间 $(-\infty, \infty)$ 内单调增加且连续.

反三角函数 $\arcsin x$, $\arccos x$, $\arctan x$, $\mathrm{arccot}\, x$ 在它们的定义域内都是连续的.

下面讨论复合函数的连续性.

定理 2.7.4 设 $\lim_{x\to x_0}\varphi(x) = a$, 而函数 $y = f(u)$ 在点 $u = a$ 连续,那么复合函数 $y = f(\varphi(x))$ 当 $x \to x_0$ 时的极限也存在且等于 $f(a)$, 即 $\lim_{x\to x_0}f(\varphi(x)) = f(a)$.

证明从略.

注意:这里没有要求 $\varphi(x)$ 连续,仅仅要求 $y = f(u)$ 连续.

而且,在这里,

$$\lim_{x\to x_0}f(\varphi(x)) = f(a) = f(\lim_{x\to x_0}\varphi(x)) = \lim_{u\to a}f(u), a = \lim_{x\to x_0}\varphi(x)$$

这说明,当 $f(u)$ 连续时,极限号和连续函数符号可以交换位置,这点也不作证明.

定理 2.7.5 设函数 $u = \varphi(x)$ 在点 $x = x_0$ 处连续,且 $u_0 = \varphi(x_0)$, 而函数 $y = f(u)$ 在点 $u = u_0$ 处连续,那么复合函数 $y = f(\varphi(x))$ 在点 $x = x_0$ 处也是连续的,即连续函数的复合函数仍是连续函数.

例如,讨论函数 $y = \sin(4x^2 + 3)$ 的连续性.

首先函数的定义域为 $(-\infty, +\infty)$，函数是由 $y=f(u)=\sin u$ 和 $u=\varphi(x)=4x^2+3$ 复合而成，任取一点 $x_0\in(-\infty,+\infty)$，因为函数 $u=\varphi(x)=4x^2+3$ 在点 x_0 处连续，正弦函数 $y=f(u)=\sin u$ 在对应点 $u_0=\varphi(x_0)$ 处连续．所以，由上述定理可知函数 $y=\sin(4x^2+3)$ 在点 x_0 处连续，又由于 x_0 是任意选取的，所以函数 $y=\sin(4x^2+3)$ 在其定义域 $(-\infty,+\infty)$ 内都连续．

下面讨论初等函数的连续性．

在初等函数中，我们已经知道指数函数，三角函数和反三角函数在其定义域上是连续的，而又由于幂函数是指数函数的反函数，由上节定理可知，幂函数在其定义域内也是连续的．

综上，所有基本初等函数在其定义域内都是连续的．再由复合函数的连续性可知下面的结论．

定理 2.7.6 一切初等函数在其定义域内都是连续的．

那么根据函数 $f(x)$ 在点 x_0 处连续的定义，如果已知 $f(x)$ 在点 x_0 处连续，那么求 $f(x)$ 当 $x\to x_0$ 时的极限，只要求 $f(x)$ 在点 x_0 处的函数值就行了．因此，上述关于初等函数连续性的结论提供了求极限的一种方法，即，如果 $f(x)$ 是初等函数，且 x_0 是 $f(x)$ 的定义域内的点，则

$$\lim_{x\to x_0}f(x)=f(x_0)$$

例如，点 $x_0=\dfrac{\pi}{2}$ 是初等函数 $f(x)=\ln\sin x$ 的一个定义区间 $(0,\pi)$ 内的点，所以

$$\lim_{x\to\frac{\pi}{2}}\ln\sin x=\ln\sin\frac{\pi}{2}=0$$

例 2.7.9 设 $f(x)=\begin{cases}\dfrac{a\ln(1+x)}{x}, & x>0\\ \cos 2x, & x\leqslant 0\end{cases}$ 在 $(-\infty,+\infty)$ 内连续，求 a.

解：当 $x\leqslant 0$ 时，$f(x)=\cos 2x$ 连续，当 $x>0$ 时，不论 a 取何值，$f(x)=\dfrac{a\ln(1+x)}{x}$ 也连续．现在利用函数在点 $x=0$ 处的连续性求解．

由于

$$\lim_{x\to0^+}f(x)=\lim_{x\to0^+}\frac{a\ln(1+x)}{x}=\lim_{x\to0^+}\frac{ax}{x}=a$$

$$\lim_{x\to0^-}f(x)=\lim_{x\to0^-}\cos 2x=1$$

$$f(0)=\cos(2\times0)=1$$

所以，只有当 $\lim\limits_{x\to0^+}f(x)=\lim\limits_{x\to0^-}f(x)=f(0)$ 时，函数在 $x=0$ 处连续，从而在 $(-\infty,+\infty)$ 内连续，由此可得 $a=1$.

习题 2.7

1. 画出下列函数图像，并判断函数的连续性．

(1) $f(x)=\begin{cases}x^2, & 0\leqslant x\leqslant 1\\ 2-x, & 1<x\leqslant 2\end{cases}$；　(2) $f(x)=\begin{cases}x, & -1\leqslant x\leqslant 1\\ 1, & x<-1 \text{ 或 } x>1\end{cases}$；

(3) $f(x)=x^2\cdot\operatorname{sgn}x$.

2. 求下列函数的间断点,并分析是哪一类间断点.

(1) $f(x) = \dfrac{x^2 - 1}{x^2 - 3x + 2}$;　　(2) $f(x) = \dfrac{x}{\tan x}$;

(3) $f(x) = \cos^2 \dfrac{1}{x}$;　　(4) $f(x) = \begin{cases} x - 1, x \leqslant 1 \\ 3 - x, x > 1 \end{cases}$;

(5) $f(x) = \dfrac{x^3 + 3x^2 - x - 3}{x^2 + x - 6}$;　　(6) $f(x) = \lim\limits_{n \to \infty} \dfrac{1 - x^{2n}}{1 + x^{2n}}$;

(7) $f(x) = \begin{cases} \dfrac{\sin x}{|x|}, x \neq 0 \\ 1, x = 0 \end{cases}$;　　(8) $f(x) = \dfrac{1}{1 - e^{\frac{x}{1+x}}}$.

3. 求下列极限.

(1) $\lim\limits_{x \to -2} \dfrac{e^x + 1}{x}$;　　(2) $\lim\limits_{x \to \frac{\pi}{4}} (\sin 2x)^3$.

4. 求下列极限.

(1) $\lim\limits_{x \to \infty} e^{\frac{1}{x}}$;　　(2) $\lim\limits_{x \to 0} \ln \dfrac{\sin x}{x}$;

(3) $\lim\limits_{x \to \infty} \left(\dfrac{2 + x}{3 + x}\right)^{\frac{\pi}{2}}$;　　(4) $\lim\limits_{x \to 0} \dfrac{(1 + x^2)^{\frac{1}{3}} - 1}{\cos x - 1}$.

5. 设函数 $f(x) = \begin{cases} e^{2x}, x < 0 \\ a + x, x \geqslant 0 \end{cases}$ 是在区间 $(-\infty, +\infty)$ 内连续的函数,求 a.

2.8　闭区间上连续函数的性质

如果函数 $f(x)$ 在开区间 (a,b) 内连续,且在点 a 右连续,在点 b 左连续,那么称函数 $f(x)$ 在闭区间 $[a,b]$ 上连续. 下面给出在闭区间上连续函数所具有的几个重要性质.

2.8.1　最大值和最小值定理

定义 2.8.1(最大值最小值)　对于区间 I 上有定义的函数 $f(x)$, 若存在 $x_0 \in I$, 使得对于任意 $x \in I$, 都有

$$f(x) \leqslant f(x_0) \, (\text{或} f(x) \geqslant f(x_0))$$

则称 $f(x_0)$ 是函数 $f(x)$ 在区间 I 上的**最大值**(或**最小值**),点 x_0 称为函数 $f(x)$ 的**最大值点**(或**最小值点**).

例 2.8.1　求 $f(x) = \sin x, (x \in [0, 2\pi])$ 的最大值和最小值.

解:由函数图像可知,因为 $f\left(\dfrac{\pi}{2}\right) = 1 \geqslant f(x)$; $f\left(\dfrac{3\pi}{2}\right) = -1 \leqslant f(x)$, $f(x)$ 的最大值为1,最小值为 -1, 最大值最小值点分别为 $\dfrac{\pi}{2}$、$\dfrac{3\pi}{2}$.

定理 2.8.1(最大值和最小值定理)　若函数 $f(x)$ 在闭区间 $[a,b]$ 上连续,则 $f(x)$ 在 $[a,b]$ 上一定有最大值和最小值.

即存在 $x_1, x_2 \in [a,b]$, 使得对于任意 $x \in [a,b]$, 有

$$f(x_1) \leqslant f(x) \leqslant f(x_2)$$

也就是说若函数$f(x)$在闭区间$[a,b]$上连续,则在$[a,b]$一定至少存在一个点x_1,使$f(x_1)$是最大值;在$[a,b]$一定至少存在一个点x_2,使$f(x_2)$是最小值.

证明从略.

注意:若函数区间是开区间,或者在闭区间有间断点,则函数就不一定有最大或最小值了.例如$f(x)=\dfrac{1}{x}(x\in(0,1))$,如图2.18所示,虽然$f(x)$在区间上连续,但是没有最大值和最小值.

再例如函数$f(x)=x-[x],\left(x\in\left[0,\dfrac{3}{2}\right]\right)$,如图2.19所示,在$x=1$处不连续,在$x\to 1$处函数从左侧趋向于1,但达不到1,所以它在闭区间内没有最大值.

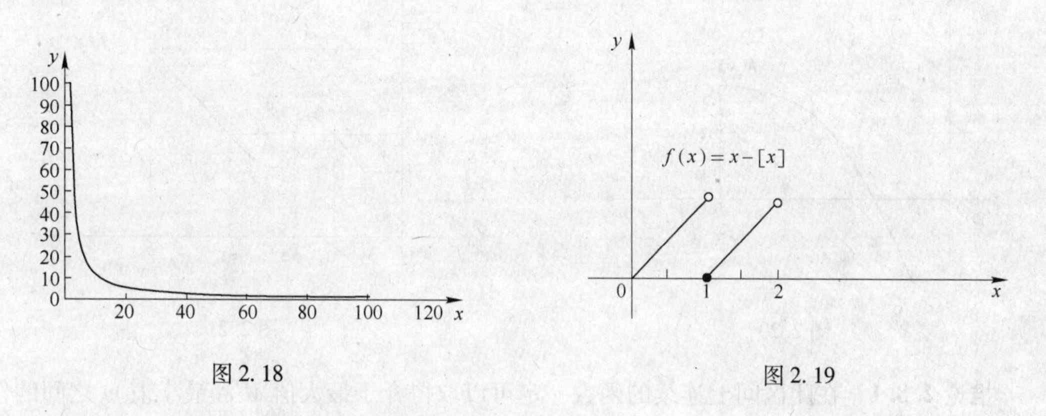

图2.18　　图2.19

定理2.8.2(**有界性定理**)　若函数$f(x)$在闭区间$[a,b]$上连续,则函数$f(x)$在闭区间$[a,b]$上有界.

证:若函数$f(x)$在闭区间$[a,b]$上连续,由定理2.8.1可知$f(x)$在闭区间$[a,b]$上存在最大值M和最小值m,从而对$[a,b]$上任意一点都有

$$m \leqslant f(x) \leqslant M$$

上式说明$f(x)$在闭区间$[a,b]$上有上界M和下界m,因此函数$f(x)$在闭区间$[a,b]$上有界.

2.8.2　零点定理和介值定理

定义2.8.2　对于函数$f(x)$,若存在x_0使得$f(x_0)=0$,则称x_0是函数$f(x)$的零点.

定理2.8.3(**零点定理**)　若函数$f(x)$在闭区间$[a,b]$上连续,且$f(a)$与$f(b)$异号,即$f(a)f(b)<0$,则至少存在一点$\xi\in(a,b)$,使得$f(\xi)=0$,即在区间(a,b)上至少存在一个零点.

证明从略.

从几何上看,定理2.8.3表示如果连续曲线的两个端点分别位于x轴两侧,则这个曲线至少与x轴相交一次,如图2.20所示.

由零点定理可推广到更一般的定理.

定理 2.8.4(**介值定理**)　设函数$f(x)$在闭区间$[a,b]$上连续,且在区间两端a,b的取值分别为$f(a)=A,f(b)=B$,那么对于A,B之间的任意一个数C,在开区间(a,b)内至少存在一点ξ,使得$f(\xi)=C(a<\xi<b)$.

证:设$\varphi(x)=f(x)-C$,则$\varphi(x)$在闭区间$[a,b]$上连续,且$\varphi(a)=A-C$与$\varphi(b)=B-C$异号,根据零点定理,在开区间(a,b)内至少存在一点ξ,使得

$$\varphi(\xi)=0\quad(a<\xi<b)$$

由于$\varphi(\xi)=f(\xi)-C$,因此由上式即得

$$f(\xi)=C\quad(a<\xi<b)$$

上述定理的几何意义是:在$[a,b]$上的连续曲线$y=f(x)$与水平直线$y=C$(C介于A与B之间)至少相交于一点,如图 2.21 所示.

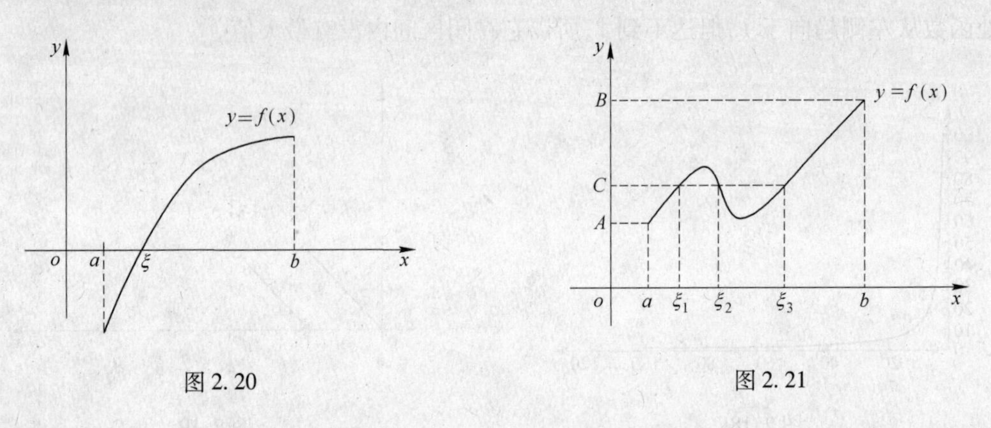

图 2.20　　　　图 2.21

推论 2.8.1　在闭区间上连续的函数一定可以取得介于最大值M和最小值m之间的任何值.

证:设$M=f(x_1),m=f(x_2)$,当$m=M$时,显然结论成立;当$m\neq M$,在闭区间$[x_1,x_2]$或$[x_2,x_1]$上应用介值定理,即得上述推论.

例 2.8.2　证明:三次代数方程$x^3-4x^2+1=0$在开区间$(0,1)$内至少有一个根.

证:函数$f(x)=x^3-4x^2+1$在闭区间$[0,1]$上连续,又

$$f(0)=1>0,f(1)=-2<0$$

根据零点定理,则说明在开区间$(0,1)$内至少存在一点ξ,使得$f(\xi)=0$,即

$$\xi^3-4\xi^2+1=0\quad(0<\xi<1)$$

这等式说明方程$x^3-4x^2+1=0$在开区间$(0,1)$至少存在一个根ξ.

习题 2.8

1. 证明:方程$x^3+x^2-4x+1=0$至少有一个根在$(0,1)$上.
2. 证明:方程$x=a\sin x+b(a>0,b>0)$至少有一个正根,并且它不超过$a+b$.
3. 证明:方程$x^3-3x^2-9x+1=0$在开区间$(0,1)$内有唯一实根.
4. 将四条腿一样长的椅子放在地面上,假设地面是光滑的,且椅子四条腿着地点为一正方形的四个顶点.
   证明:将此正方形中心保持不动,总可以通过转动椅子使四条腿同时着地.

3 导数与微分

微积分学包括微分学和积分学两个部分,微分学又分为一元函数微分学和多元函数微分学．本章首先从实际问题出发,引出导数和微分的概念,然后讨论它们的性质与计算．下一章主要研究导数的应用．至于多元函数微分学,将在第8章中讨论．

函数的导数和微分是一元微分学的两个基本概念．导数表示一个函数的因变量相对于自变量变化快慢的程度,即因变量关于自变量的变化率．微分表示函数在局部范围内的线性近似,与导数概念紧密相关．求导数和求微分的法则统称为微分法,是微积分的一种基本运算．

本章知识结构导图:

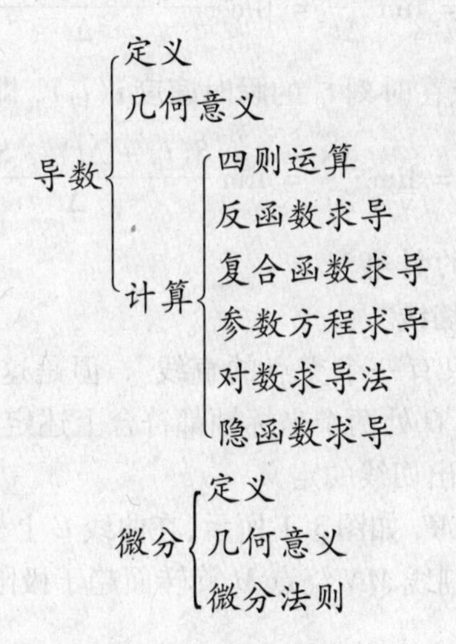

3.1 导数的概念

导数作为微分学中的最主要概念,是英国数学家牛顿(Newton)和德国数学家莱布尼茨(Leibniz)分别在研究力学与几何学过程中初步建立的．本节通过几个实例引入导数的定义,然后介绍导数的几何意义,最后讨论函数可导与连续的关系．

3.1.1 引例

3.1.1.1 变速直线运动的瞬时速度

设一质点作非匀速直线运动,从某时刻算起质点所行路程 S 与所需时间 t 满足关系式

$$S = S(t)$$

这个关系式称为质点的运动方程．求动点在时刻 t_0 的瞬时速度．

严格地说，此问题需要解决的是：

（1）给出质点在时刻 t_0 的瞬时速度的定义；

（2）提供计算瞬时速度的方法．

考虑质点从时刻 t_0 运动到另一相邻时刻 $t_0 + \Delta t$，在这段时间间隔内所走的路程

$$\Delta S = S(t_0 + \Delta t) - S(t_0)$$

于是，质点在这段时间内的平均速度是

$$\bar{v} = \frac{\Delta S}{\Delta t} = \frac{S(t_0 + \Delta t) - S(t_0)}{\Delta t}$$

由于质点运动不是匀速的，因此平均速度 $\bar{v}$ 一般来说不等于时刻 t_0 的速度．但是它可以作为时刻 t_0 的瞬时速度 $v(t_0)$ 的一个近似值，当 Δt 越小时，其近似程度就越高．因此，如果极限

$$\lim_{\Delta t \to 0}\bar{v} = \lim_{\Delta t \to 0}\frac{\Delta S}{\Delta t} = \lim_{\Delta t \to 0}\frac{S(t_0 + \Delta t) - S(t_0)}{\Delta t}$$

存在，自然将此极限定义为质点在时刻 t_0 的**瞬时速度** $v(t_0)$，即

$$v(t_0) = \lim_{\Delta t \to 0}\frac{\Delta S}{\Delta t} = \lim_{\Delta t \to 0}\frac{S(t_0 + \Delta t) - S(t_0)}{\Delta t}$$

3.1.1.2　平面曲线切线的斜率

如何定义曲线在一点处的切线？

中学定义切线为“与曲线只有一个交点的直线”．但是这样定义显然是不严格的．例如，对于抛物线 $y = x^2$，在原点 O 处两个坐标轴都符合上述定义，但实际上只有 x 轴是该抛物线在 O 点处的切线．下面给出切线的定义．

设有曲线 C 及 C 上的一点 M，如图 3.1 所示，在曲线 C 上另取一点 N，作割线 MN．当点 N 沿曲线 C 趋于点 M 时，如果割线 MN 绕点 M 旋转而趋于极限位置 MT，直线 MT 就称为曲线 C 在点 M 处的**切线**．

设点 $M(x_0, y_0)$ 是曲线 C 上的一个点，则 $y_0 = f(x_0)$．要求出曲线 C 在点 M 处的切线，只要定出切线的斜率就行了．为此，在曲线 C 上另取一点 $N(x_0 + \Delta x, y_0 + \Delta y)$，于是割线 MN 的斜率为

$$\tan\varphi = \frac{\Delta y}{\Delta x} = \frac{f(x_0 + \Delta x) - f(x_0)}{\Delta x}$$

其中 φ 为割线 MN 的倾角，$\tan\varphi$ 是曲线 C 上点 $M(x_0, y_0)$ 处切线斜率的一个近似值，当 Δx 越小时，其近似程度就越高．特别当 $\Delta x \to 0$ 时，即曲线 C 上相应的点 N 沿曲线 C 趋于点 M 时，割线 MN 趋于曲线 C 上点 M 处的切线 MT．

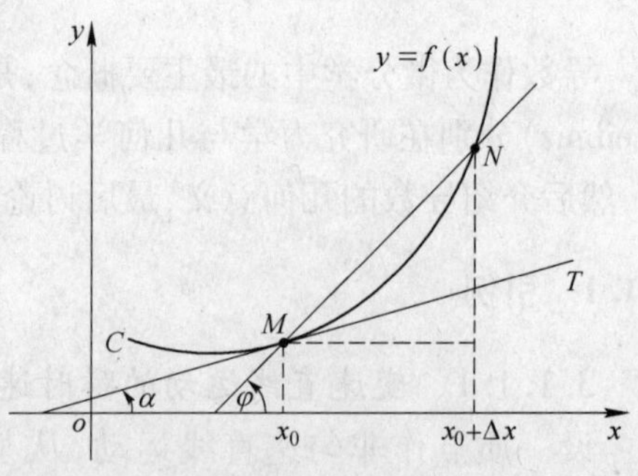

图 3.1

因此，如果极限

$$\lim_{\Delta x \to 0} \tan\varphi = \lim_{\Delta x \to 0} \frac{\Delta y}{\Delta x} = \lim_{\Delta x \to 0} \frac{f(x_0 + \Delta x) - f(x_0)}{\Delta x}$$

存在,那么称此极限为曲线 C 上点 $M(x_0, y_0)$ 处的**切线 MT 的斜率**,记为 $\tan\alpha$, 即

$$\tan\alpha = \lim_{\Delta x \to 0} \tan\varphi = \lim_{\Delta x \to 0} \frac{\Delta y}{\Delta x} = \lim_{\Delta x \to 0} \frac{f(x_0 + \Delta x) - f(x_0)}{\Delta x}$$

其中 α 是切线 MT 的倾角.

3.1.1.3 产品总成本的变化率

设某产品的总成本 C 是产量 x 的函数,即 $C = f(x)$. 当产量 x 由 x_0 变到 $x_0 + \Delta x$ 时,总成本相应的改变量为

$$\Delta C = f(x_0 + \Delta x) - f(x_0)$$

于是,总成本的平均变化率是

$$\frac{\Delta C}{\Delta x} = \frac{f(x_0 + \Delta x) - f(x_0)}{\Delta x}$$

当 Δx 越小时,其近似程度就越高. 因此,如果极限

$$\lim_{\Delta x \to 0} \frac{\Delta C}{\Delta x} = \lim_{\Delta x \to 0} \frac{f(x_0 + \Delta x) - f(x_0)}{\Delta x}$$

存在,自然将此极限值定义为产量在 x_0 时总成本的变化率. 在经济学中称为**边际成本**.

在以上讨论中,非匀速直线运动的速度是物理问题,切线的斜率是几何问题,边际成本是经济问题. 虽然它们讨论的背景不一样,但最终都归结为讨论同一形式的极限

$$\lim_{\Delta x \to 0} \frac{\Delta y}{\Delta x} = \lim_{\Delta x \to 0} \frac{f(x_0 + \Delta x) - f(x_0)}{\Delta x}$$

即当自变量的改变量 $\Delta x \to 0$ 时,函数增量 Δy 与自变量增量 Δx 之比的极限. 在实际问题中有许许多多的量都可归结为这种数学模型. 因此撇开这些量的实际意义,抓住它们在数量关系上的本质,就抽象出函数导数的概念.

3.1.2 导数的定义

3.1.2.1 函数在一点处的导数

定义 3.1.1 设函数 $y = f(x)$ 在点 x_0 的某个邻域内有定义,当自变量 x 在 x_0 处取得增量 Δx (点 $x_0 + \Delta x$ 仍在该邻域内)时,相应地函数 y 取得增量 $\Delta y = f(x_0 + \Delta x) - f(x_0)$, 如果 Δy 与 Δx 之比

$$\frac{\Delta y}{\Delta x} = \frac{f(x_0 + \Delta x) - f(x_0)}{\Delta x}$$

当 $\Delta x \to 0$ 时的极限存在,那么称函数 $y = f(x)$ 在点 x_0 处**可导**,并称此极限值为函数 $y = f(x)$ 在点 x_0 处关于自变量 x 的**导数**,记为 $f'(x_0)$, 即

$$f'(x_0) = \lim_{\Delta x \to 0} \frac{\Delta y}{\Delta x} = \lim_{\Delta x \to 0} \frac{f(x_0 + \Delta x) - f(x_0)}{\Delta x} \tag{3.1.1}$$

也可记作 $y'|_{x=x_0}$，$\left.\frac{\mathrm{d}y}{\mathrm{d}x}\right|_{x=x_0}$ 或 $\left.\frac{\mathrm{d}f(x)}{\mathrm{d}x}\right|_{x=x_0}$.

函数 $y=f(x)$ 在点 x_0 处可导，也称函数 $y=f(x)$ 在点 x_0 处具有导数或导数存在.

如果上述极限(3.1.1)不存在，那么称函数 $y=f(x)$ 在点 x_0 处**不可导**，点 x_0 为 $y=f(x)$ 的不可导点. 如果极限为 ∞，为方便起见，也往往说函数 $y=f(x)$ 在点 x_0 处的导数为无穷大.

由导数定义可知：

(1) 质点作变速直线运动在时刻 t_0 的瞬时速度为

$$v(t_0)=\lim_{\Delta t\to 0}\frac{\Delta S}{\Delta t}=\lim_{\Delta t\to 0}\frac{S(t_0+\Delta t)-S(t_0)}{\Delta t}=S'(t_0)$$

(2) 曲线 C 上点 $M(x_0,y_0)$ 处切线 MT 的斜率 $\tan\alpha$ 为

$$\tan\alpha=\lim_{\Delta x\to 0}\frac{\Delta y}{\Delta x}=\lim_{\Delta x\to 0}\frac{f(x_0+\Delta x)-f(x_0)}{\Delta x}=f'(x_0)$$

(3) 产量在 x_0 处的边际成本为

$$\lim_{\Delta x\to 0}\frac{\Delta C}{\Delta x}=\lim_{\Delta x\to 0}\frac{f(x_0+\Delta x)-f(x_0)}{\Delta x}=f'(x_0)$$

注意：

(1) $f'(x_0)$ 是函数 $y=f(x)$ 在点 x_0 处的变化率，反映了函数随自变量变化而变化的快慢程度.

(2) 用导数定义求导数一般包含三个步骤：求函数的增量 $\Delta y=f(x_0+\Delta x)-f(x_0)$；求两增量的比值 $\frac{\Delta y}{\Delta x}$；求增量比的极限，即

$$y'=\lim_{\Delta x\to 0}\frac{\Delta y}{\Delta x}$$

(3) 导数的定义式也可以取不同的形式，常见的有：

令 $\Delta x=h$，则有

$$f'(x_0)=\lim_{h\to 0}\frac{f(x_0+h)-f(x_0)}{h}\tag{3.1.2}$$

当 $x=x_0+\Delta x$，则有

$$f'(x_0)=\lim_{x\to x_0}\frac{f(x)-f(x_0)}{x-x_0}\tag{3.1.3}$$

(4) 利用复合函数的极限运算法则，导数还可定义为

$$f'(x_0)=\lim_{\Delta x\to 0}\frac{f(x_0+\alpha)-f(x_0)}{\alpha}$$

其中 α 为 $\Delta x\to 0$ 时的无穷小量.

3.2.1.2　单侧导数

与单侧极限和单侧连续类似，可以给出单侧导数的定义.

如果极限

$$\lim_{h\to 0^-}\frac{f(x_0+h)-f(x_0)}{h}$$

存在,那么称此极限值为函数 $y=f(x)$ 在点 x_0 处的**左导数**. 记作

$$f'_-(x_0)=\lim_{h\to 0^-}\frac{f(x_0+h)-f(x_0)}{h}$$

如果极限

$$\lim_{h\to 0^+}\frac{f(x_0+h)-f(x_0)}{h}$$

存在,那么称此极限值为函数 $y=f(x)$ 在点 x_0 处的**右导数**. 记作

$$f'_+(x_0)=\lim_{h\to 0^+}\frac{f(x_0+h)-f(x_0)}{h}$$

极限存在的充要条件是左右极限都存在且相等,因此导数与单侧导数有如下关系:

定理 3.1.1 若函数 $y=f(x)$ 在点 x_0 的某个邻域内有定义,则 $f'(x_0)$ 存在的充要条件是 $f'_-(x_0)$ 与 $f'_+(x_0)$ 都存在,且

$$f'_+(x_0)=f'_-(x_0)$$

例 3.1.1 求函数 $y=x^3$ 在 $x=1$ 处的导数 $f'(1)$.

解:方法 1

$$f'(1)=\lim_{\Delta x\to 0}\frac{f(1+\Delta x)-f(1)}{\Delta x}=\lim_{\Delta x\to 0}\frac{(1+\Delta x)^3-1^3}{\Delta x}=\lim_{\Delta x\to 0}[(\Delta x)^2+3\Delta x+3]=3$$

方法 2

$$f'(1)=\lim_{x\to 1}\frac{f(x)-f(1)}{x-1}=\lim_{x\to 1}\frac{x^3-1^3}{x-1}=\lim_{x\to 1}(x^2+x+1)=3$$

例 3.1.2 试证 $\lim\limits_{\Delta x\to 0}\dfrac{f(x)-f(x-\Delta x)}{\Delta x}=f'(x)$.

证:原式 $=\lim\limits_{\Delta x\to 0}\dfrac{f[x+(-\Delta x)]-f(x)}{-\Delta x}\overset{h=-\Delta x}{=}\lim\limits_{h\to 0}\dfrac{f(x+h)-f(x)}{h}=f'(x)$.

例 3.1.3 试利用导数定义求下列极限(假设极限均存在).

(1) $\lim\limits_{x\to a}\dfrac{f(2x)-f(2a)}{x-a}$;

(2) $\lim\limits_{x\to 0}\dfrac{f(x)}{x}$, 其中 $f(0)=0$.

解:(1) $\lim\limits_{x\to a}\dfrac{f(2x)-f(2a)}{x-a}=2\lim\limits_{x\to a}\dfrac{f(2x)-f(2a)}{2x-2a}\overset{t=2x}{=}2\lim\limits_{t\to 2a}\dfrac{f(t)-f(2a)}{t-2a}=2f'(2a)$;

(2) $\lim\limits_{x\to 0}\dfrac{f(x)}{x}=\lim\limits_{x\to 0}\dfrac{f(x)-0}{x}=\lim\limits_{x\to 0}\dfrac{f(x)-f(0)}{x}=f'(0)$.

例 3.1.4 讨论函数 $f(x)=|x|$ 在 $x=0$ 处的可导性.

解:$f'_-(0)=\lim\limits_{h\to 0^-}\dfrac{f(0+h)-f(0)}{h}=\lim\limits_{h\to 0^-}\dfrac{|h|}{h}=-1$

$$f'_+(0) = \lim_{h\to 0^+}\frac{f(0+h)-f(0)}{h} = \lim_{h\to 0^+}\frac{|h|}{h} = 1$$

因为 $f'_-(0) \neq f'_+(0)$，所以函数 $f(x) = |x|$ 在 $x = 0$ 处不可导.

3.1.3 导函数

如果函数 $f(x)$ 在开区间 (a,b) 内的每点处都可导，那么称函数 $f(x)$ 在开区间 (a,b) 内可导.

如果函数 $f(x)$ 在开区间 (a,b) 内可导，且 $f'_+(a)$ 及 $f'_-(b)$ 都存在，那么称 $f(x)$ 在闭区间 $[a,b]$ 上可导.

如果函数 $f(x)$ 在开区间 I 内可导，那么对于任一 $x \in I$ 都对应着 $f(x)$ 的一个确定的导数值，这样就构成了一个新的函数，这个函数叫做原来函数 $y = f(x)$ 的**导函数**，记作 y'，$f'(x)$，$\dfrac{dy}{dx}$，或 $\dfrac{df(x)}{dx}$.

在式(3.1.1)或式(3.1.2)中把 x_0 换成 x，即得导函数的定义式

$$f'(x) = \lim_{\Delta x\to 0}\frac{f(x+\Delta x)-f(x)}{\Delta x}$$

或

$$f'(x) = \lim_{h\to 0}\frac{f(x+h)-f(x)}{h}$$

注意：

(1) 在以上两式求极限过程中，h 或 Δx 是变量而 x 看作固定不变的量.

(2) $f'(x_0) = f'(x)\big|_{x=x_0}$，但 $f'(x_0) \neq (f(x_0))'$.

(3) 在不引起误会的情况下，导函数也称为导数.

例 3.1.5 求函数 $f(x) = C$ (C 为常数)的导数.

解：

$$C' = \lim_{h\to 0}\frac{f(x+h)-f(x)}{h} = \lim_{h\to 0}\frac{C-C}{h} = 0$$

例 3.1.6 求函数 $f(x) = \sin x$ 的导数.

解：

$$(\sin x)' = \lim_{h\to 0}\frac{\sin(x+h)-\sin x}{h} = \lim_{h\to 0}\frac{1}{h}\cdot 2\cos\left(x+\frac{h}{2}\right)\sin\frac{h}{2}$$

$$= \lim_{h\to 0}\cos\left(x+\frac{h}{2}\right)\cdot\frac{\sin\frac{h}{2}}{\frac{h}{2}} = \cos x$$

类似地，$(\cos x)' = -\sin x$.

例 3.1.7 求函数 $f(x) = a^x(a > 0, a \neq 1)$ 的导数.

解：

$$(a^x)' = \lim_{h\to 0}\frac{a^{x+h}-a^x}{h} = a^x\lim_{h\to 0}\frac{a^h-1}{h} = a^x\ln a$$

特别地，$(e^x)' = e^x$.

例 3.1.8 求函数 $f(x) = \log_a x(a > 0, a \neq 1)$ 的导数.

解：

$$(\log_a x)' = \lim_{h\to 0}\frac{\log_a(x+h)-\log_a x}{h}$$

$$= \lim_{h \to 0} \frac{1}{h} \log_a \frac{x+h}{x}$$

$$= \frac{1}{x} \lim_{h \to 0} \frac{\log_a\left(1+\frac{h}{x}\right)}{\frac{h}{x}}$$

$$= \frac{1}{x\ln a}$$

特别地，$(\ln x)' = \frac{1}{x}$.

例 3.1.9　求函数 $f(x) = x^n$（n 为正整数）在 $x = a$ 处的导数.

解：

$$f'(a) = \lim_{x \to a} \frac{f(x) - f(a)}{x - a}$$

$$= \lim_{x \to a} \frac{x^n - a^n}{x - a}$$

$$= \lim_{x \to a}(x^{n-1} + ax^{n-2} + \cdots + a^{n-1})$$

$$= na^{n-1}$$

把以上结果中的 a 换成 x 得 $f'(x) = nx^{n-1}$，即

$$(x^n)' = nx^{n-1} \quad (n \in \mathbf{N}^+)$$

更一般地，有

$$(x^\mu)' = \mu x^{\mu-1} \quad (\mu \in \mathbf{R})$$

例如

$$\left(\frac{1}{x}\right)' = -\frac{1}{x^2}, (\sqrt{x})' = \frac{1}{2\sqrt{x}}$$

3.1.4　导数的几何意义

根据引例的讨论，如果函数 $y = f(x)$ 在点 x_0 处可导，那么 $f'(x_0)$ 在几何上表示曲线 $y = f(x)$ 在点 $M(x_0, y_0)$ 处切线的斜率.

如果函数 $y = f(x)$ 在点 x_0 处可导，那么曲线在点 $M(x_0, y_0)$ 处切线方程为

$$y - y_0 = f'(x_0)(x - x_0)$$

特别地，当 $f'(x_0) = 0$ 时，曲线有水平切线 $y = y_0$.

过切点 $M(x_0, y_0)$ 且与切线垂直的直线称为曲线 $y = f(x)$ 在点 M 处的**法线**. 如果 $f'(x_0) \neq 0$，那么法线方程为

$$y - y_0 = -\frac{1}{f'(x_0)}(x - x_0)$$

当 $y = f(x)$ 在点 x_0 处的导数为无穷大，这时曲线 $y = f(x)$ 在点 $M(x_0, f(x_0))$ 处具有垂直于 x 轴的切线 $x = x_0$.

例 3.1.10　求曲线 $y = \sqrt{x}$ 在点 (4,2) 处切线的斜率，并写出曲线在该点处的切线方程和法线方程.

解: $y' = \frac{1}{2\sqrt{x}}$, 所求切线及法线在点 (4,2) 处的斜率分别为

$$k_1 = \frac{1}{2\sqrt{x}}\bigg|_{x=4} = \frac{1}{4},\ k_2 = -\frac{1}{k_1} = -4$$

从而所求切线方程为

$$y - 2 = \frac{1}{4}(x - 4)$$

即
$$x - 4y + 4 = 0$$

所求法线方程为

$$y - 2 = -4(x - 4)$$

即
$$4x + y - 18 = 0$$

3.1.5 函数的可导性与连续性的关系

定义函数在一点的导数时,并没有假定函数在该点连续．但是函数的可导性与连续性之间却有如下的定理:

定理 3.1.2 设函数 $y = f(x)$ 在点 x_0 处可导,则函数在该点处必连续.

证:设函数 $y = f(x)$ 在点 x_0 处可导,即极限

$$\lim_{\Delta x \to 0}\frac{\Delta y}{\Delta x} = \lim_{\Delta x \to 0}\frac{f(x_0 + \Delta x) - f(x_0)}{\Delta x} = f'(x_0)$$

存在,由具有极限的函数与无穷小的关系,则当 $\Delta x \to 0$ 时,有

$$\frac{\Delta y}{\Delta x} = f'(x_0) + \alpha \quad (\alpha \text{ 为当 } \Delta x \to 0 \text{ 时的无穷小})$$

于是 $\Delta y = f'(x_0)\Delta x + \alpha\Delta x$, 故

$$\lim_{\Delta x \to 0}\Delta y = 0$$

这就是说,函数 $y = f(x)$ 在点 x_0 处是连续的.

由此得知,函数在区间上可导的必要条件是函数在区间上连续．但是,值得注意的是,上述定理的逆定理不成立．即一个函数在某点连续却不一定在该点可导．举例说明如下.

例 3.1.11 函数 $y = \sqrt[3]{x}$ 在区间 $(-\infty, +\infty)$ 内连续,但在点 $x = 0$ 处不可导．这是因为在点 $x = 0$ 处有

$$\lim_{h \to 0}\frac{f(0 + h) - f(0)}{h} = \lim_{h \to 0}\frac{\sqrt[3]{h} - 0}{h} = +\infty$$

即函数在点 $x = 0$ 的导数为无穷大．这在图 3.2 中表现为曲线 $y = \sqrt[3]{x}$ 在原点具有垂直于 x 轴的切线 $x = 0$.

例 3.1.12 函数 $y = |x|$ 在 $(-\infty, +\infty)$ 内连续,但从例 3.1.4 中已经看到,该函数在 $x = 0$ 处不可导．如图 1.20 所示,曲线 $y = |x|$ 在原点处没有切线.

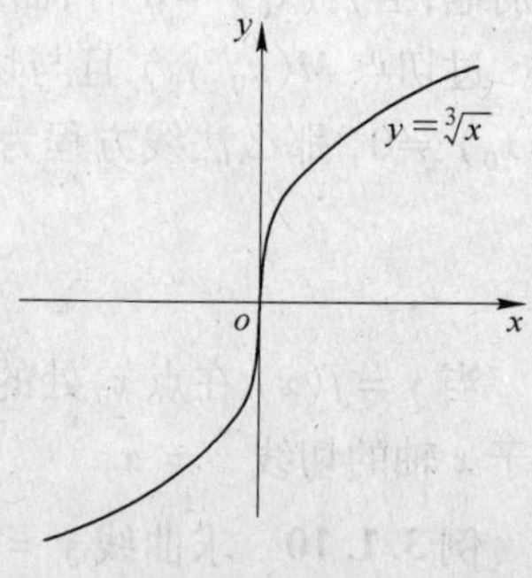

图 3.2

例 3.1.13 讨论 $f(x)=\begin{cases}x\sin\dfrac{1}{x},x\neq 0\\0,x=0\end{cases}$ 在 $x=0$ 处的连续性与可导性.

解:因为 $\lim\limits_{x\to 0}x\sin\dfrac{1}{x}=0=f(0)$,所以 $f(x)$ 在 $x=0$ 处连续. 但由于在 $x=0$ 处有,

$$\lim_{\Delta x\to 0}\frac{\Delta y}{\Delta x}=\lim_{\Delta x\to 0}\frac{(0+\Delta x)\sin\dfrac{1}{0+\Delta x}-0}{\Delta x}=\lim_{\Delta x\to 0}\sin\frac{1}{\Delta x}$$

因此 $f(x)$ 在 $x=0$ 处不可导.

注意:

(1) 求分段函数在分段点 x_0 处的导数时,一般采用导数定义进行计算. 如果分段点处左右两边的表达式不一样,就需要先讨论左导数和右导数. 若左右导数存在且相等,则函数在分段点处可导. 否则,在分段点处是不可导的.

(2) 对分段函数而言,往往可导情况的讨论又伴随连续问题,所以有时一个问题要出现四个极限形式:$f(x_0+0)$,$f(x_0-0)$,$f'_+(x_0)$,$f'_-(x_0)$. 希望读者要熟悉每一个记号的数学意义.

例 3.1.14 确定 a 和 b 的值,使 $f(x)=\begin{cases}1+\sin 2x,x\leqslant 0\\a+bx,x>0\end{cases}$ 在点 $x=0$ 处可导.

解:函数 $y=f(x)$ 在点 $x=0$ 处可导,则函数必在 $x=0$ 处连续.

首先由于 $f(0)=1$,$f(0-0)=\lim\limits_{x\to 0^-}f(x)=\lim\limits_{x\to 0^-}(1+\sin 2x)=1$,且

$$f(0+0)=\lim_{x\to 0^+}f(x)=\lim_{x\to 0^+}(a+bx)=a$$

因此,当 $f(0-0)=f(0+0)=f(0)$,即当 $a=1$ 时,保证函数 $y=f(x)$ 在点 $x=0$ 处连续.

另外,又因为

$$f'_-(0)=\lim_{\Delta x\to 0^-}\frac{f(0+\Delta x)-f(0)}{\Delta x}=\lim_{\Delta x\to 0^-}\frac{(1+\sin 2\Delta x)-1}{\Delta x}=2$$

$$f'_+(0)=\lim_{\Delta x\to 0^+}\frac{f(0+\Delta x)-f(0)}{\Delta x}=\lim_{\Delta x\to 0^+}\frac{(1+b\Delta x)-1}{\Delta x}=b$$

为了保证函数 $y=f(x)$ 在点 $x=0$ 处可导,需要

$$f'_+(0)=f'_-(0)=2=b$$

所以 $a=1$,$b=2$ 满足要求.

3.1.6 导数在其他学科中的含义——变化率

在很多实际问题中,需要讨论各种具有不同意义的变量的变化“快慢”问题. 例如人口数量的变化、气温的变化、经济的增长与衰退等问题,在数学上就是所谓函数变化率问题. 导数作为变化率起到了巨大作用. 不同学科中变化率的例子如下:

加速度——速度作为时间的函数对时间的变化率;

角速度——角度作为时间的函数对时间的变化率;

电流强度——电量作为时间的函数对时间的变化率;

线密度——质量作为长度的函数对长度的变化率;

生物种群的增长率——种群数量作为时间的函数对时间的变化率.

习题 3.1

1. 选择题.

(1) 若 $f'(0)=1$, 则极限 $\lim\limits_{h\to 0}\dfrac{f(-h)-f(0)}{3h}$ 等于(　　).

A. 1　　B. 0　　C. $-\dfrac{1}{3}$　　D. 2

(2) 设 $f(x)=\begin{cases}x^2\sin\dfrac{1}{x}, x>0\\ ax+b, x\leqslant 0\end{cases}$ 在 $x=0$ 处可导,则(　　).

A. $a=1, b=0$　　B. $a=0$, b 为任意常数

C. $a=0, b=0$　　D. $a=1$, b 为任意常数

2. 填空题.

(1) 设 $f'(x_0)$ 存在,则 $\lim\limits_{h\to 0}\dfrac{f(x_0+2h)-f(x_0)}{h}=$ ________.

(2) 设 $f'(x_0)$ 存在,则 $\lim\limits_{h\to 0}\dfrac{f(x_0-5h)-f(x_0)}{h}=$ ________.

(3) 设 $f'(x_0)$ 存在,则 $\lim\limits_{h\to 0}\dfrac{f(x_0+3h)-f(x_0-h)}{h}=$ ________.

(4) 设函数 $f(x)$ 可导,则 $\lim\limits_{\Delta x\to 0}\dfrac{f^2(x+\Delta x)-f^2(x)}{\Delta x}=$ ________.

(5) $\lim\limits_{\Delta x\to 0}\dfrac{f(x_0+k\Delta x)-f(x_0)}{\Delta x}=\dfrac{1}{3}f'(x_0)\neq 0$, 则 $k=$ ________.

(6) 设 $f'(x_0)$ 存在, a 为常数,则 $\lim\limits_{\Delta x\to 0}\dfrac{f(x_0+a\Delta x)-f(x_0-a\Delta x)}{\Delta x}=$ ________.

(7) 已知物体的运动规律为 $s=t^2$(m), 则该物体在 $t=2$s 时的速度为______(m/s).

3. 求下列函数的导数:

(1) $y=x^7$;　　(2) $y=\sqrt[4]{x^7}$;

(3) $y=x^{2.5}$;　　(4) $y=\dfrac{x^2\sqrt[9]{x^{10}}}{\sqrt[4]{x^3}}$;

(5) $y=\sqrt{x^8\sqrt{x\sqrt{x}}}$.

4. 计算题.

(1) 求曲线 $y=e^x$ 在点 $(0,1)$ 处的切线方程和法线方程.

(2) 设 $f(x)$ 在 $x=1$ 处连续,且 $\lim\limits_{x\to 1}\dfrac{f(x)}{x-1}=2$, 求 $f'(1)$.

(3) 设 $f(x)$ 在 $x=0$ 处连续,且 $\lim\limits_{x\to 0}\dfrac{f(x)}{\sqrt{1+x}-1}=2$, 求 $f'(0)$.

5. 讨论函数在 $x=0$ 处的连续性与可导性.

(1) $y=|\sin x|$;　　(2) $f(x)=\begin{cases}x^2\sin\dfrac{1}{x}, x\neq 0\\ 0, x=0\end{cases}$;

(3) $f(x)=\begin{cases}-x, x<0\\ x^2, x\geqslant 0\end{cases}$;　　(4) $f(x)=\begin{cases}\sin x, x\geqslant 0\\ x^3, x<0\end{cases}$.

3.2 微分的概念

微分是一元函数微分学中的另一个重要概念,它与导数既密切相关又有本质区别. 导数是函数在一点处的变化率,反映函数在某点变化"快慢"的程度. 而微分表示函数在局部范围内的线性近似. 在许多理论研究和实际应用中,常常会遇到这样的问题,当自变量 x 有微小变化时,求函数 $y = f(x)$ 的微小改变量

$$\Delta y = f(x_0 + \Delta x) - f(x_0)$$

一般说来,函数 $y = f(x)$ 的增量 Δy 不易求出,实际上只要求出它的具有一定精确度的近似值就够了,由此引入微分的概念.

3.2.1 微分的定义

问题:设有边长为 x 的正方形,如果边长 x 由 x_0 变到 $x_0 + \Delta x$, 问正方形的面积改变多少? 如图 3.3 所示.

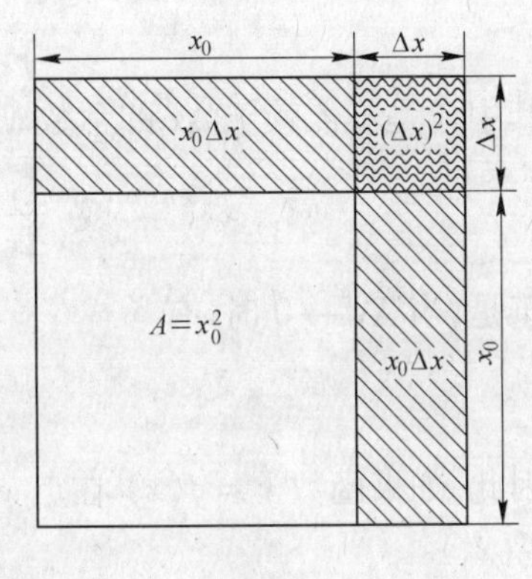

图 3.3

设正方形的面积为 A, 则 A 与 x 存在函数关系 $A = x^2$. 当自变量 x 自 x_0 取得增量 Δx, 函数 A 相应的增量为 ΔA, 则

$$\Delta A = (x_0 + \Delta x)^2 - x_0^2 = 2x_0\Delta x + (\Delta x)^2 \quad (3.2.1)$$

从式(3.2.1)可以看到, ΔA 分为两部分,第一部分 $2x_0\Delta x$ 是自变量增量 Δx 的线性函数,即图中带有砖型线的两个矩形面积之和. 第二部分 $(\Delta x)^2$ 是图中带有波纹线的小正方形的面积,当 $\Delta x \to 0$ 时,第二部分 $(\Delta x)^2$ 是 Δx 的高阶无穷小,即 $(\Delta x)^2 = o(\Delta x)$. 由此可见,当边长增量 Δx 很小时,面积的增量 ΔA 可近似地用第一部分来代替. 这时把 $2x_0\Delta x$ 称为函数 $A = x^2$ 在点 x_0 的**微分**.

对于一般函数有如下的定义.

定义 3.2.1 设函数 $y = f(x)$ 在某区间内有定义, x_0 及 $x_0 + \Delta x$ 在此区间内,如果函数的增量可表示为

$$\Delta y = f(x_0 + \Delta x) - f(x_0) = A\Delta x + o(\Delta x) \quad (3.2.2)$$

其中 A 是不依赖于 Δx 的常数,那么称函数 $y = f(x)$ 在点 x_0 是**可微的**. 且 $A\Delta x$ 叫做函数 $y = f(x)$ 在点 x_0 相应于自变量增量 Δx 的**微分**,记作 dy, 即

$$dy = A\Delta x \quad (3.2.3)$$

函数在一点处可微与可导有下述定理所示的关系.

定理 3.2.1 函数 $y = f(x)$ 在点 x_0 可微分的充要条件是函数 $y = f(x)$ 在点 x_0 可导.

证:充分性. 若函数 $y = f(x)$ 在点 x_0 处可导,即极限

$$\lim_{\Delta x \to 0} \frac{\Delta y}{\Delta x} = \lim_{\Delta x \to 0} \frac{f(x_0 + \Delta x) - f(x_0)}{\Delta x} = f'(x_0)$$

存在,由函数极限与无穷小的关系,则当 $\Delta x \to 0$ 时,上式可写成

$$\frac{\Delta y}{\Delta x} = f'(x_0) + \alpha \quad (\alpha \text{ 为当 } \Delta x \to 0 \text{ 时的无穷小}) \tag{3.2.4}$$

即

$$\Delta y = f'(x_0)\Delta x + \alpha \Delta x \tag{3.2.5}$$

而

$$\lim_{\Delta x \to 0} \frac{\alpha \Delta x}{\Delta x} = \lim_{\Delta x \to 0} \alpha = 0$$

且 $f'(x_0)$ 不依赖于 Δx，故式(3.2.5)相当于式(3.2.2)，所以函数 $y = f(x)$ 在点 x_0 处可微，且 $A = f'(x_0)$，即

$$dy = f'(x_0)\Delta x$$

必要性．设函数 $y = f(x)$ 在点 x_0 处可微，则有

$$\Delta y = A\Delta x + o(\Delta x) \tag{3.2.6}$$

其中 A 是不依赖于 Δx 的常数．式(3.2.6)两边除以 Δx，得

$$\frac{\Delta y}{\Delta x} = \frac{A\Delta x + o(\Delta x)}{\Delta x} = A + \frac{o(\Delta x)}{\Delta x}$$

于是，当 $\Delta x \to 0$ 时，有

$$A = \lim_{\Delta x \to 0} \frac{\Delta y}{\Delta x} = f'(x_0)$$

因此，如果函数 $y = f(x)$ 在点 x_0 处可微，那么函数 $y = f(x)$ 在点 x_0 处也一定可导，且 $A = f'(x_0)$．

当 $f'(x_0) \neq 0$ 时，有

$$\lim_{\Delta x \to 0} \frac{\Delta y}{dy} = \lim_{\Delta x \to 0} \frac{\Delta y}{f'(x_0)\Delta x} = \frac{1}{f'(x_0)} \lim_{\Delta x \to 0} \frac{\Delta y}{\Delta x} = 1$$

注意：

(1) 一元函数 $y = f(x)$ 在点 x_0 处可微分和可导是等价的概念．

(2) 如果函数可微，那么函数的改变量 Δy 与其微分 dy 之差是 Δx 的高阶无穷小量，即 $\Delta y - dy = o(\Delta x)$ (当 $\Delta x \to 0$ 时)．

(3) 如果 $f'(x_0) \neq 0$，那么当 $\Delta x \to 0$ 时，Δy 与 dy 是等价无穷小．因此当 Δx 很小时，$\Delta y \approx dy$．

如果函数 $f(x)$ 在区间 I 上的每点都可微，那么称函数 $f(x)$ 为区间 I 上的**可微函数**．函数 $f(x)$ 在区间 I 上的微分记作

$$dy = f'(x)\Delta x$$

特别地，如果函数 $y = f(x) = x$，那么 $dy = f'(x)\Delta x = \Delta x$，且 $dy = dx$，所以

$$dx = \Delta x$$

并称 dx 为**自变量的微分**．函数 $y = f(x)$ 在点 x 处的微分可以改记为

$$dy = f'(x)dx$$

上式表明，函数 $y = f(x)$ 在点 x 处的微分等于函数 $y = f(x)$ 在点 x 处的导数乘以自变量的微分．这样一来，函数的导数就等于函数的微分与自变量微分的商，因此，导数又称为"**微**

商".

例 3.2.1 求函数 $y = x^3$ 的微分以及当 $x = 2, \Delta x = 0.02$ 时的微分.

解:函数的微分为

$$dy = 3x^2 \Delta x$$

当 $x = 2, \Delta x = 0.02$ 时的微分为

$$dy\Big|_{\substack{x=2 \\ \Delta x=0.02}} = 0.24$$

例 3.2.2 求函数 $y = \sin x$ 的微分.

解:$(\sin x)' = \cos x$,故

$$d\sin x = \cos x dx$$

例 3.2.3 求函数 $y = e^x$ 的微分.

解:$(e^x)' = e^x$,故

$$de^x = e^x dx$$

3.2.2 微分的几何意义

在直角坐标系中,函数 $y = f(x)$ 的图形是一条曲线,如图 3.4 所示. 对于固定的 x_0,曲线上有一个确定点 $M(x_0, y_0)$,过点 M 作曲线的切线 MT,倾角为 α. 当自变量 x 有微小增量 Δx 时,得到曲线上另一点 $N(x_0 + \Delta x, y_0 + \Delta y)$,过点 N 作平行于 y 轴的直线,它与曲线 $y = f(x)$ 上点 M 的切线 MT 交于点 P,与点 M 处所作平行 x 的直线交于点 Q,由图 3.4 知

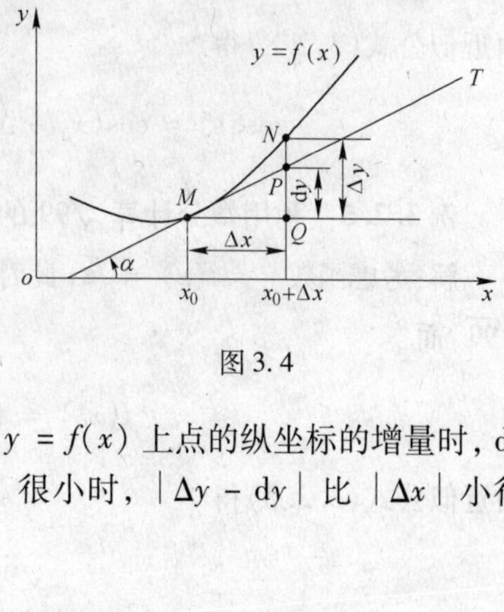

$$MQ = \Delta x$$

$$QN = \Delta y$$

$$QP = MQ \cdot \tan\alpha = \Delta x \cdot f'(x_0) = dy$$

图 3.4

由此可见,对于可微函数 $y = f(x)$ 而言,当 Δy 是曲线 $y = f(x)$ 上点的纵坐标的增量时,dy 就是曲线的切线上点的纵坐标的相应增量. 当 $|\Delta x|$ 很小时,$|\Delta y - dy|$ 比 $|\Delta x|$ 小很多. 因此在点 M 的邻近,可以用切线近似代替曲线.

3.2.3 利用微分进行近似计算

3.2.3.1 近似值的计算

在工程问题中,经常会遇到一些复杂的计算公式. 如果直接用这些公式进行计算,那是很费力的. 利用微分往往可以把一些复杂的计算公式改用简单的近似公式来代替.

如果函数 $y = f(x)$ 在点 x_0 处的导数 $f'(x_0) \neq 0$,且 Δx 很小时,有

$$\Delta y = f(x_0 + \Delta x) - f(x_0) \approx dy = f'(x_0) dx \tag{3.2.7}$$

其误差是 Δx 的高阶无穷小. 因此可用式(3.2.7)右端 $f'(x_0) dx$ 来近似计算 Δy. 式(3.2.7)也可写为

$$f(x_0 + \Delta x) \approx f(x_0) + f'(x_0) \Delta x$$

令 $x = x_0 + \Delta x$，则有表达函数值的近似公式

$$f(x) \approx f(x_0) + f'(x_0)\Delta x \tag{3.2.8}$$

特别当 $x_0 = 0$ 时，有

$$f(x) \approx f(0) + f'(0)x \tag{3.2.9}$$

由式(3.2.9)可以得到一些常用的近似公式，当 $|x|$ 充分小时，

(1) $\sqrt[n]{1+x} \approx 1 + \frac{1}{n}x$；

(2) $\sin x \approx x$（x 用弧度作单位）；

(3) $\tan x \approx x$（x 用弧度作单位）；

(4) $e^x \approx 1 + x$；

(5) $\ln(1+x) \approx x$.

例 3.2.4 利用微分计算函数 $\cos 61°$ 的近似值.

解：考虑函数 $y = f(x) = \cos x$，此时，取 $x_0 = \frac{\pi}{3}, \Delta x = \frac{\pi}{180}$，于是 $f(x_0 + \Delta x) = \cos 61°$. 而

$$f(x_0) = \cos\frac{\pi}{3},\ f'(x_0) = -\sin\frac{\pi}{3}$$

由近似公式(3.2.8)得

$$\cos 61° = \cos(x_0 + \Delta x) \approx \cos\frac{\pi}{3} - \sin\frac{\pi}{3} \cdot \frac{\pi}{180} \approx 0.4849$$

例 3.2.5 利用微分计算 $\sqrt{99}$ 的近似值.

解：考虑函数 $y = f(x) = \sqrt{x}$，此时，取 $x_0 = 100, \Delta x = -1$，于是 $f(x_0 + \Delta x) = \sqrt{100-1} = \sqrt{99}$. 而

$$f(x_0) = 10,\ f'(x_0) = \frac{1}{2 \times 10} = \frac{1}{20}$$

由近似公式(3.2.8)得

$$\sqrt{99} \approx 10 - \frac{1}{20} = 9.95$$

例 3.2.6 计算 $\sqrt{1.05}$ 的近似值.

解：因为 $\sqrt[n]{1+x} \approx 1 + \frac{1}{n}x$，所以

$$\sqrt{1.05} = \sqrt{1+0.05} \approx 1 + \frac{1}{2} \times 0.05 = 1.025$$

直接开方的结果是 $\sqrt{1.05} = 1.02470$.

3.2.3.2 误差估计

在生产实践中，经常要测量各种数据．但是有的数据不易直接测量，这时就需要通过测量其他有关数据后，根据某种公式算出所要的数据．由于测量仪器的精度、测量的条件和测

量的方法等各种因素的影响，测得的数据往往带有误差，而根据带有误差的数据计算所得的结果也会有误差，这种误差叫做**间接测量误差**.

如果某个量的精确值为 A，它的近似值为 a，那么 $|A-a|$ 叫做 a 的**绝对误差**. 而绝对误差 $|A-a|$ 与 $|a|$ 的比值 $\dfrac{|A-a|}{|a|}$ 叫做 a 的**相对误差**.

下面讨论怎样用微分来估计间接测量误差.

设有可微函数 $y=f(x)$，如果 x_0 是真值 x 的一个近似值，那么 $f(x_0)$ 是真值 $f(x)$ 的一个近似值. 记 x 的绝对误差为

$$\delta_x = |x-x_0| = |\Delta x|$$

则 y 的绝对误差为

$$\delta_y = |f(x)-f(x_0)| = |\Delta y| \approx |f'(x_0)||\Delta x| = |f'(x_0)|\delta_x$$

记 x 的相对误差为

$$\delta_x^* = \frac{|\Delta x|}{|x_0|}$$

则 y 的相对误差为

$$\delta_y^* = \frac{|\Delta y|}{|f(x_0)|} \approx \frac{|\mathrm{d}y|}{|f(x_0)|}$$

例 3.2.7　设测得一球体的直径 $D=20\text{mm}$，测量 D 的绝对误差限 $\delta_D=0.05$. 利用公式 $V=\dfrac{\pi}{6}D^3$ 计算体积时，试估计体积的绝对误差 δ_V 及相对误差 δ_V^*.

解：因为 $V=\dfrac{\pi}{6}D^3$，所以 $\mathrm{d}V=\dfrac{\pi}{2}D^2\Delta D$.

$$\delta_V = |\Delta V| \approx |\mathrm{d}V| = \frac{\pi}{2}D^2|\Delta D| = \frac{\pi}{2}D^2\delta_D \approx \frac{1}{2}\times 3.14\times 20^2\times 0.05 = 31.40\text{mm}^3$$

$$\delta_V^* = \left|\frac{\Delta V}{V}\right| \approx \left|\frac{\mathrm{d}V}{V}\right| = \left|\frac{\frac{\pi}{2}D^2\Delta D}{\frac{\pi}{6}D^3}\right| = 3\left|\frac{\Delta D}{D}\right| = 3\delta_D^* = 0.75\%$$

习题 3.2

1. 选择题.

(1) 设函数 $y=f(x)$ 在点 x_0 处可导，当自变量 x 由 x_0 增加到 $x_0+\Delta x$ 时，记 Δy 为 $f(x)$ 的增量，$\mathrm{d}y$ 为 $f(x)$ 的微分，则 $\lim\limits_{\Delta x\to 0}\dfrac{\Delta y-\mathrm{d}y}{\Delta x}$ 等于(　　).

A. -1　　B. 0　　C. 1　　D. ∞

(2) 函数 $y=x^2$ 在点 x_0 处增量与微分之差 $\Delta y-\mathrm{d}y$ 等于(　　).

A. $2x_0$　　B. $(\Delta x)^2$　　C. $2\Delta x$　　D. $(x_0)^2$

(3) 设函数 $y=f(x)$ 在点 x_0 的某邻域内有定义，且当 $x_0+\Delta x$ 在此邻域时有 $f(x_0+\Delta x)-f(x_0)=a\Delta x+b(\Delta x)^2+c(\Delta x)^3$，其中 a、b、c 为常数，则函数 $y=f(x)$ 在点 x_0 处(　　).

A. 不可微　　B. 可微且 $\mathrm{d}y=a\mathrm{d}x$

C. 可微且 $dy=(a+b)dx$　　D. 可微且 $dy=(a+b+c)dx$

2. 将适当的函数填入下列括号内,使等式成立.

(1) $d(\quad)=0$;　　(2) $d(\quad)=2dx$;

(3) $d(\quad)=xdx$;　　(4) $d(\quad)=3x^2dx$;

(5) $d(\quad)=\dfrac{dx}{2\sqrt{x}}$;　　(6) $d(\quad)=\dfrac{1}{x}dx(x>0)$;

(7) $d(\quad)=\cos x dx$;　　(8) $d(\quad)=e^x dx$.

3. 计算题.

(1) 已知 $y=x^3$, 计算在 $x=2$ 处当 Δx 分别等于 1,0.1,0.01 时的 Δy 及 dy.

(2) 已知 $y=\cos x$, 计算在 $x=\dfrac{\pi}{3}$ 处当 Δx 分别等于 $\dfrac{\pi}{180},\dfrac{\pi}{30}$ 时 dy 的值.

(3) 求 $y=x|x|$ 的导数和微分.

4. 计算下列近似值.

(1) 已知 $\ln 781\approx 6.66058$, 求 $\ln 782$ 的近似值.

(2) 利用微分计算函数 $\sin 30°30'$ 的近似值.

(3) 利用微分计算函数 $\sqrt[4]{80}$ 的近似值.

3.3 函数的微分法

求函数导数和微分的方法统称为函数的微分法.

由上节可以看到,要求微分,只要求出导数再乘以 dx 即可. 因此求微分的问题归结为求导数的问题. 那么,怎样求一个已知函数的导数就变得相当的重要. 前面根据导数的定义,求出了一些简单函数的导数. 但是,对于比较复杂的函数,用定义直接计算导数是很困难的. 本节将介绍一些求导法则和微分法则,借助这些法则和基本初等函数的导数公式,就能比较方便地求出初等函数的导数和微分.

3.3.1 函数和、差、积、商的导数与微分法则

3.3.1.1 导数的四则运算法则

定理 3.3.1 设函数 $u(x)$ 和 $v(x)$ 都在点 x 处可导,则它们的 $u(x)\pm v(x)$、$u(x)v(x)$ 及 $\dfrac{u(x)}{v(x)}(v(x)\neq 0)$ 也都在点 x 处可导,且有

(1) $[u(x)\pm v(x)]'=u'(x)\pm v'(x)$;

(2) $[u(x)v(x)]'=u'(x)v(x)+u(x)v'(x)$, 特别地, $[Cu(x)]'=Cu'(x)$ (C 为常值);

(3) $\left[\dfrac{u(x)}{v(x)}\right]'=\dfrac{u'(x)v(x)-u(x)v'(x)}{v^2(x)}(v(x)\neq 0)$, 特别地, $\left[\dfrac{1}{v(x)}\right]'=-\dfrac{v'(x)}{v^2(x)}$.

证:(1) 设 $y=u(x)\pm v(x)$, 在点 x 处自变量的改变量为 $\Delta x(\Delta x\neq 0)$, 则有

$$\lim_{\Delta x\to 0}\frac{\Delta y}{\Delta x}=\lim_{\Delta x\to 0}\frac{[u(x+\Delta x)\pm v(x+\Delta x)]-[u(x)\pm v(x)]}{\Delta x}$$

$$=\lim_{\Delta x\to 0}\left[\frac{u(x+\Delta x)-u(x)}{\Delta x}\pm\frac{v(x+\Delta x)-v(x)}{\Delta x}\right]$$

$$= u'(x) \pm v'(x)$$

即
$$y' = [u(x) \pm v(x)]' = u'(x) \pm v'(x)$$

法则(1)可以推广到任意有限个函数的情形,假定函数 $u_1(x), u_2(x), \cdots, u_n(x)$ 都在点 x 处可导,则在点 x 处有

$$(u_1(x) \pm u_2(x) \pm \cdots \pm u_n(x))' = u_1'(x) \pm u_2'(x) \pm \cdots \pm u_n'(x)$$

(2) 设 $y = u(x)v(x)$, 在点 x 处自变量的改变量是 $\Delta x(\Delta x \neq 0)$, 则有

$$\lim_{\Delta x \to 0} \frac{\Delta y}{\Delta x} = \lim_{\Delta x \to 0} \frac{u(x+\Delta x)v(x+\Delta x) - u(x)v(x)}{\Delta x}$$

$$= \lim_{\Delta x \to 0} \left[\frac{u(x+\Delta x) - u(x)}{\Delta x} \cdot v(x+\Delta x) + u(x)\frac{v(x+\Delta x) - v(x)}{\Delta x}\right]$$

由于 $v(x)$ 在点 x 处可导,因此 $v(x)$ 在点 x 处连续,故有 $\lim\limits_{\Delta x \to 0} v(x+\Delta x) = v(x)$, 即

$$\lim_{\Delta x \to 0} \frac{\Delta y}{\Delta x} = u'(x)v(x) + u(x)v'(x)$$

从而

$$y' = [u(x)v(x)]' = u'(x)v(x) + u(x)v'(x)$$

特别地,当 $v(x) = C$ (C 常数)时,由上式立刻有 $[Cu(x)]' = Cu'(x)$ 成立.

法则(2)也可以推广到任意有限个可导函数的情形,例如函数 $u_1(x)$、$u_2(x)$、$u_3(x)$ 都在点 x 处可导,则在点 x 处有

$$[u_1(x)u_2(x)u_3(x)]' = u_1'(x)u_2(x)u_3(x) + u_1(x)u_2'(x)u_3(x) + u_1(x)u_2(x)u_3'(x)$$

(3) 设 $y = \dfrac{u(x)}{v(x)}$, 在点 x 处自变量的改变量是 $\Delta x(\Delta x \neq 0)$, 则有

$$\lim_{\Delta x \to 0} \frac{\Delta y}{\Delta x} = \lim_{\Delta x \to 0} \frac{\dfrac{u(x+\Delta x)}{v(x+\Delta x)} - \dfrac{u(x)}{v(x)}}{\Delta x}$$

$$= \lim_{\Delta x \to 0} \frac{u(x+\Delta x)v(x) - u(x)v(x+\Delta x)}{v(x+\Delta x)v(x)\Delta x}$$

$$= \lim_{\Delta x \to 0} \frac{[u(x+\Delta x) - u(x)]v(x) - u(x)[v(x+\Delta x) - v(x)]}{v(x+\Delta x)v(x)\Delta x}$$

$$= \lim_{\Delta x \to 0} \frac{\dfrac{u(x+\Delta x) - u(x)}{\Delta x}v(x) - u(x)\dfrac{v(x+\Delta x) - v(x)}{\Delta x}}{v(x+\Delta x)v(x)}$$

再由 $v(x)$ 在点 x 处可导,故 $v(x)$ 在点 x 处连续,且 $v(x) \neq 0$, 即得

$$\left[\frac{u(x)}{v(x)}\right]' = \frac{u'(x)v(x) - u(x)v'(x)}{v^2(x)}$$

下面利用导数的四则运算法则,求一些初等函数的导数.

例 3.3.1 设 $f(x) = \sqrt{x^3} + 4\sin x + \cos\dfrac{\pi}{2}$, 求 $f'(\pi)$.

解：$$f'(x)=(\sqrt{x^3})'+4(\sin x)'+\left(\cos\frac{\pi}{2}\right)'=\frac{3}{2}\sqrt{x}+4\cos x+0$$

故
$$f'(\pi)=\frac{3}{2}\sqrt{\pi}-4$$

例 3.3.2 设 $y=\tan x$，求 y'.

解：$$y'=(\tan x)'=\left(\frac{\sin x}{\cos x}\right)'=\frac{(\sin x)'\cos x-\sin x(\cos x)'}{\cos^2 x}=\frac{\cos^2 x+\sin^2 x}{\cos^2 x}=\frac{1}{\cos^2 x}=\sec^2 x$$

即
$$(\tan x)'=\sec^2 x$$

例 3.3.3 设 $y=e^x(\tan x+\ln x)$，求 y'.

解：
$$\begin{aligned}y'&=(e^x)'(\tan x+\ln x)+e^x(\tan x+\ln x)'\\&=e^x(\tan x+\ln x)+e^x\left(\sec^2 x+\frac{1}{x}\right)\\&=e^x\left(\tan x+\sec^2 x+\ln x+\frac{1}{x}\right)\end{aligned}$$

例 3.3.4 设 $y=\sec x$，求 y'.

解：$$y'=(\sec x)'=\left(\frac{1}{\cos x}\right)'=\frac{(1)'\cos x-1\cdot(\cos x)'}{\cos^2 x}=\frac{\sin x}{\cos^2 x}=\sec x\tan x$$

即
$$(\sec x)'=\sec x\tan x.$$

用类似方法，还可求得余切函数及余割函数的导数公式
$$(\cot x)'=-\csc^2 x$$
$$(\csc x)'=-\csc x\cot x$$

例 3.3.5 设 $p=\dfrac{\sec\varphi}{1-\varphi}$，求 $\dfrac{dp}{d\varphi}$.

解：$$\frac{dp}{d\varphi}=\frac{(\sec\varphi)'(1-\varphi)-\sec\varphi(1-\varphi)'}{(1-\varphi)^2}=\frac{\sec\varphi\tan\varphi(1-\varphi)+\sec\varphi}{(1-\varphi)^2}$$

3.3.1.2 微分的四则运算法则

由导数的四则运算法则，可以得到微分的四则运算法则.

定理 3.3.2 设函数 $u(x)$ 和 $v(x)$ 在点 x 处可微，则它们的 $u(x)\pm v(x)$、$u(x)v(x)$ 及 $\dfrac{u(x)}{v(x)}(v(x)\neq 0)$ 也都在点 x 处可微，且有

(1) $d(u\pm v)=du\pm dv$；

(2) $d(uv)=vdu+udv$；特别地，$d(Cu)=Cdu$（C 为常值）；

(3) $d\left(\dfrac{u}{v}\right)=\dfrac{vdu-udv}{v^2}(v\neq 0)$；特别地，$d\left(\dfrac{1}{v}\right)=-\dfrac{dv}{v^2}(v\neq 0)$.

例 3.3.6 设 $y = e^{2x}\tan x$, 求 dy.

解:方法 1(**导数法**) 因为

$$y' = (e^{2x}\tan x)' = (e^{2x})'\tan x + e^{2x}(\tan x)' = 2e^{2x}\tan x + e^{2x}\sec^2 x$$

所以

$$dy = y'dx = (2e^{2x}\tan x + e^{2x}\sec^2 x)dx$$

方法 2(**微分法**)

$$dy = d(e^{2x}\tan x) = e^{2x}d\tan x + \tan x de^{2x} = e^{2x}\sec^2 x dx + 2e^{2x}\tan x dx$$
$$= (2e^{2x}\tan x + e^{2x}\sec^2 x)dx$$

3.3.2 复合函数的微分法

3.3.2.1 链式法则

定理 3.3.3 若函数 $y = f[g(x)]$ 是由 $y = f(u)$, $u = g(x)$ 复合而成,且满足

(1) $u = g(x)$ 在点 x 处可导;

(2) $y = f(u)$ 在点 u 处可导.

则复合函数 $y = f[g(x)]$ 在点 x 可导,且其导数为

$$\frac{dy}{dx} = f'(u) \cdot g'(x) \quad 或 \quad \frac{dy}{dx} = \frac{dy}{du} \cdot \frac{du}{dx} \tag{3.3.1}$$

证:由于 $y = f(u)$ 在点 u 可导,因此

$$f'(u) = \lim_{\Delta u \to 0} \frac{\Delta y}{\Delta u}$$

进而有

$$\frac{\Delta y}{\Delta u} = f'(u) + \alpha$$

即

$$\Delta y = f'(u)\Delta u + \alpha\Delta u \tag{3.3.2}$$

其中 α 是 $\Delta u \to 0$ 时的无穷小. 当 $\Delta u = 0$ 时,规定 $\alpha = 0$, 这是因为此时式(3.3.2)左端

$$\Delta y = f(u + \Delta u) - f(u) = 0$$

而式(3.3.2)右端亦为零,所以式(3.3.2)对 $\Delta u = 0$ 也成立. 再由 $u = g(x)$ 在点 x 处可导,有

$$g'(x) = \lim_{\Delta x \to 0} \frac{\Delta u}{\Delta x}$$

且有当 $\Delta x \to 0$ 时, $\Delta u \to 0$, 从而可以推知

$$\lim_{\Delta x \to 0} \alpha = \lim_{\Delta u \to 0} \alpha = 0$$

于是

$$\lim_{\Delta x \to 0} \frac{\Delta y}{\Delta x} = \lim_{\Delta x \to 0}\left[f'(u)\frac{\Delta u}{\Delta x} + \alpha\frac{\Delta u}{\Delta x}\right] = f'(u) \cdot g'(x)$$

即

$$\frac{dy}{dx} = f'(u) \cdot g'(x)$$

注意:

(1) 复合函数的导数,等于函数对中间变量的导数乘以中间变量对自变量的导数,这一

法则称为**链式法则**.

(2) 由有限个函数复合而得的复合函数,只要每个函数都可导,则其复合函数也可导,而且也有类似的求导公式. 例如,$y = f(u)$,$u = \varphi(v)$,$v = \psi(x)$ 都可导,则复合函数 $y = f\{\varphi[\psi(x)]\}$ 也可导,而且其导数为

$$\frac{dy}{dx} = \frac{dy}{du} \cdot \frac{du}{dv} \cdot \frac{dv}{dx}$$

(3) 使用链式法则求函数的导数,关键是引入中间变量 u,分清函数的复合关系. 善于将一个复杂函数分解为几个简单函数的复合,然后由外向内,逐层求导,而且从最外层的导数到最内层的导数是连乘关系.

例 3.3.7　证明 $(x^\mu)' = \mu x^{\mu-1}(\mu \in \mathbf{R}, x > 0)$.

证:设 $y = x^\mu = e^{\mu\ln x}$,则 y 可看作由 $y = e^u$,$u = \mu\ln x$ 复合而成,于是

$$\frac{dy}{dx} = \frac{dy}{du} \cdot \frac{du}{dx} = (e^u)'_u \cdot (\mu\ln x)'_x = e^u \cdot \frac{\mu}{x} = x^\mu \cdot \frac{\mu}{x} = \mu x^{\mu-1}$$

例 3.3.8　设 $y = e^{x\sin x}$,求 $\frac{dy}{dx}$.

解:$y = e^{x\sin x}$ 可看作由 $y = e^u$,$u = x\sin x$ 复合而成,故

$$\frac{dy}{dx} = \frac{dy}{du} \cdot \frac{du}{dx} = e^u \cdot (\sin x + x\cos x) = (\sin x + x\cos x)e^{x\sin x}$$

例 3.3.9　设 $y = \sin\frac{2x}{1+x^2}$,求 $\frac{dy}{dx}$.

解:$y = \sin\frac{2x}{1+x^2}$ 可看作由 $y = \sin u$,$u = \frac{2x}{1+x^2}$ 复合而成,又因为

$$\frac{dy}{du} = \cos u,\ \frac{du}{dx} = \frac{2(1+x^2) - 2x \cdot 2x}{(1+x^2)^2} = \frac{2(1-x^2)}{(1+x^2)^2}$$

所以

$$\frac{dy}{dx} = \cos u \cdot \frac{2(1-x^2)}{(1+x^2)^2} = \frac{2(1-x^2)}{(1+x^2)^2}\cos\frac{2x}{1+x^2}$$

例 3.3.10　设 $y = e^{\cos(e^x)}$,求 $\frac{dy}{dx}$.

解:$y = e^{\cos(e^x)}$ 分解为 $y = e^u$,$u = \cos v$,$v = e^x$,又因为 $\frac{dy}{du} = e^u$,$\frac{du}{dv} = -\sin v$,$\frac{dv}{dx} = e^x$,所以

$$\frac{dy}{dx} = e^u \cdot (-\sin v) \cdot e^x = -\sin e^x \cdot e^{x+\cos(e^x)} = -e^{x+\cos(e^x)}\sin e^x$$

熟练之后,不必写出中间变量,只要认清函数的复合层次,然后一步一步求导就行了.

例 3.3.11　设 $y = \ln\sin x$,求 $\frac{dy}{dx}$.

解:

$$\frac{dy}{dx} = (\ln\sin x)' = \frac{1}{\sin x}(\sin x)' = \frac{\cos x}{\sin x} = \cot x$$

例 3.3.12　设 $y = x^x$,求 y'.

解：$y = x^x = e^{\ln x^x} = e^{x\ln x}, y' = (e^{x\ln x})' = e^{x\ln x}(x\ln x)' = e^{x\ln x}(1 + \ln x) = x^x(1 + \ln x)$

例 3.3.13 求函数 $y = x^{\mu} + a^x + x^x$ 的导数.

解：

$$y' = (x^{\mu} + a^x + x^x)' = \mu x^{\mu-1} + a^x\ln a + x^x(\ln x + 1)$$

此例说明幂函数、指数函数、幂指函数的求导公式及运算法则是不同的，而如果把 x^x 的导数按幂函数或指数函数求导公式进行，显然是错误的.

例 3.3.14 已知 $f(u)$ 可导，求函数 $y = x^2 f(\sin x)$ 的导数.

解：

$$y' = (x^2)'f(\sin x) + x^2(f(\sin x))' = 2xf(\sin x) + x^2 f'(\sin x)\cos x$$

注意：求此类抽象函数的导数时，应特别注意记号表示的真实含义，在这个例子中，$(f(\sin x))'$ 表示对 x 求导，而 $f'(\sin x)$ 表示对中间变量 $\sin x$ 求导.

3.3.2.2 一阶微分形式不变性

定理 3.3.4 若函数 $y = f[g(x)]$ 是由 $y = f(u), u = g(x)$ 复合而成，且满足

(1) $u = g(x)$ 在点 x 处可微；

(2) $y = f(u)$ 在点 u 处可微.

则复合函数 $y = f[g(x)]$ 在点 x 可微，其微分为

$$dy = f'(u)du \tag{3.3.3}$$

其中 $du = g'(x)dx$.

证：由于一元函数在点 x_0 处可微和可导是等价的，因此由定理 3.3.3 可知复合函数 $y = f[g(x)]$ 在点 x 可微. 而且它的微分

$$dy = (f[g(x)])'dx = f'(u)g'(x)dx = f'(u)du$$

其中 $du = g'(x)dx$.

这个事实表明，若函数 $y = f(u)$ 在 u 处可微，无论变量 u 是自变量还是中间变量，均有

$$dy = f'(u)du$$

这一性质称为函数 $y = f(x)$ 的**一阶微分形式不变性**. 它扩充了基本初等函数微分公式应用的范围，给微分运算带来了方便.

例 3.3.15 $y = \ln(1 + e^{x^2})$，求 dy.

解：

$$\begin{aligned} dy &= d\ln(1 + e^{x^2}) \\ &= \frac{1}{1 + e^{x^2}}d(1 + e^{x^2}) \\ &= \frac{1}{1 + e^{x^2}} \cdot e^{x^2}d(x^2) \\ &= \frac{1}{1 + e^{x^2}} \cdot e^{x^2} \cdot 2xdx \\ &= \frac{2xe^{x^2}}{1 + e^{x^2}}dx \end{aligned}$$

3.3.3 反函数的微分法

定理 3.3.5 设函数 $y = f(x)$ 为 $x = \varphi(y)$ 的反函数，若 $x = \varphi(y)$ 在点 y_0 的某邻域内连续，严格单调，可导且 $\varphi'(y_0) \neq 0$，则它的反函数 $y = f(x)$ 在点 $x_0(x_0 = \varphi(y_0))$ 也可导，且有

$$f'(x_0) = \frac{1}{\varphi'(y_0)} \tag{3.3.4}$$

证:由函数 $x = \varphi(y)$ 的连续性,严格单调性,保证了它的反函数 $y = f(x)$ 在相应的区间内的存在性,连续性及严格单调性.

对于函数 $y = f(x)$,令自变量 x 在点 x_0 处取得增量 $\Delta x(\Delta x \neq 0)$,则因变量 y 在点 y_0 处取得增量 $\Delta y = f(x_0 + \Delta x) - f(x_0)$,因为反函数 $y = f(x)$ 的严格单调性,所以 $\Delta y \neq 0$. 考虑

$$\frac{\Delta y}{\Delta x} = \frac{1}{\dfrac{\Delta x}{\Delta y}}$$

由于函数 $y = f(x)$ 的连续性,因此 $\lim\limits_{\Delta x \to 0}\Delta y = 0$,从而

$$\lim_{\Delta x \to 0}\frac{\Delta y}{\Delta x} = \lim_{\Delta x \to 0}\frac{1}{\dfrac{\Delta x}{\Delta y}} = \frac{1}{\lim\limits_{\Delta x \to 0}\dfrac{\Delta x}{\Delta y}} = \frac{1}{\lim\limits_{\Delta y \to 0}\dfrac{\Delta x}{\Delta y}} = \frac{1}{\varphi'(y_0)}$$

即它的反函数 $y = f(x)$ 在点 x_0 处可导,而且

$$f'(x_0) = \frac{1}{\varphi'(y_0)}$$

简言之,反函数的导数等于直接函数导数的倒数.

注意:在利用反函数的求导法则时,注意微商概念的应用

$$\frac{dy}{dx} = \frac{1}{\dfrac{dx}{dy}}$$

例 3.3.16 证明 $(\arcsin x)' = \dfrac{1}{\sqrt{1 - x^2}}$.

证:设 $y = \arcsin x$ 是 $x = \sin y$ 的反函数. 因为函数 $x = \sin y$ 在 $\left(-\dfrac{\pi}{2},\dfrac{\pi}{2}\right)$ 内单调增加、可导,且 $x'_y = \cos y > 0$,所以,由公式(3.3.4),在对应区间 $(-1,1)$ 内有

$$y' = (\arcsin x)' = \frac{1}{x'_y} = \frac{1}{\cos y} = \frac{1}{\sqrt{1 - \sin^2 y}} = \frac{1}{\sqrt{1 - x^2}},\ x \in (-1,1)$$

类似地可证
$$(\arccos x)' = -\frac{1}{\sqrt{1 - x^2}}$$

例 3.3.17 证明 $(\arctan x)' = \dfrac{1}{1 + x^2}$.

证:设 $y = \arctan x$,由于其反函数 $x = \tan y$ 在 $\left(-\dfrac{\pi}{2},\dfrac{\pi}{2}\right)$ 内单调、可导,且

$$x'_y = \sec^2 y \neq 0$$

因此,由公式(3.3.4),在相应区间 $I_x = (-\infty, +\infty)$ 内,

$$y'_x = (\arctan x)' = \frac{1}{x'_y} = \frac{1}{\sec^2 y} = \frac{1}{1 + \tan^2 y} = \frac{1}{1 + x^2}$$

类似地可证
$$(\text{arccot}\,x)' = -\frac{1}{1 + x^2}$$

3.3.4 初等函数的微分

到此为止,已经求出了所有基本初等函数的导数. 因为初等函数是基本初等函数和常

数 C 经过有限次的四则运算和有限次的复合而构成的函数,所以利用四则运算微分法则、复合函数微分法则以及基本初等函数的微分公式就可以求出任何初等函数的导数和微分.

现在把前面得到的微分法则和基本初等函数的微分公式列于表中,以备查阅.

(1) 基本初等函数微分公式见下表:

函 数	导数公式	微分公式
$y = C$	$C' = 0$	$d(C) = 0$
$y = x^{\mu}$	$(x^{\mu})' = \mu x^{\mu-1}$	$d(x^{\mu}) = \mu x^{\mu-1}dx$
$y = \sin x$	$(\sin x)' = \cos x$	$d(\sin x) = \cos x dx$
$y = \cos x$	$(\cos x)' = -\sin x$	$d(\cos x) = -\sin x dx$
$y = \tan x$	$(\tan x)' = \sec^2 x$	$d(\tan x) = \sec^2 x dx$
$y = \cot x$	$(\cot x)' = -\csc^2 x$	$d(\cot x) = -\csc^2 x dx$
$y = \sec x$	$(\sec x)' = \sec x \tan x$	$d(\sec x) = \sec x \tan x dx$
$y = \csc x$	$(\csc x)' = -\csc x \cot x$	$d(\csc x) = -\csc x \cot x dx$
$y = a^x$	$(a^x)' = a^x \ln a$	$d(a^x) = a^x \ln a dx$
$y = e^x$	$(e^x)' = e^x$	$d(e^x) = e^x dx$
$y = \log_a x$	$(\log_a x)' = \frac{1}{x\ln a}$	$d(\log_a x) = \frac{1}{x\ln a}dx$
$y = \ln x$	$(\ln x)' = \frac{1}{x}$	$d(\ln x) = \frac{1}{x}dx$
$y = \arcsin x$	$(\arcsin x)' = \frac{1}{\sqrt{1-x^2}}$	$d(\arcsin x) = \frac{1}{\sqrt{1-x^2}}dx$
$y = \arccos x$	$(\arccos x)' = -\frac{1}{\sqrt{1-x^2}}$	$d(\arccos x) = -\frac{1}{\sqrt{1-x^2}}dx$
$y = \arctan x$	$(\arctan x)' = \frac{1}{1+x^2}$	$d(\arctan x) = \frac{1}{1+x^2}dx$
$y = \text{arccot} x$	$(\text{arccot} x)' = -\frac{1}{1+x^2}$	$d(\text{arccot} x) = -\frac{1}{1+x^2}dx$
$y = \text{sh} x$	$(\text{sh} x)' = \text{ch} x$	$d(\text{sh} x) = \text{ch} x dx$
$y = \text{ch} x$	$(\text{ch} x)' = \text{sh} x$	$d(\text{ch} x) = \text{sh} x dx$
$y = \text{th} x$	$(\text{th} x)' = \frac{1}{\text{ch}^2 x}$	$d(\text{th} x) = \frac{1}{\text{ch}^2 x}dx$

(2)基本微分法则见下表:

函 数	导数法则	微分法则
$u(x) \pm v(x)$	$(u(x) \pm v(x))' = u'(x) \pm v'(x)$	$d(u \pm v) = du \pm dv$
$u(x)v(x)$	$(u(x)v(x))' = u'(x)v(x) + u(x)v'(x)$	$d(uv) = vdu + udv$
Cu	$(Cu)' = Cu'$	$d(Cu) = Cdu$

续表

函　数	导 数 法 则	微 分 法 则
$\frac{u(x)}{v(x)}$	$\left(\frac{u(x)}{v(x)}\right)'=\frac{u'(x)v(x)-u(x)v'(x)}{v^2(x)}(v(x)\neq 0)$	$\mathrm{d}\left(\frac{u}{v}\right)=\frac{v\mathrm{d}u-u\mathrm{d}v}{v^2}(v\neq 0)$
$\frac{1}{v(x)}$	$\left(\frac{1}{v(x)}\right)'=-\frac{v'(x)}{v^2(x)}(v(x)\neq 0)$	$\mathrm{d}\left(\frac{1}{v}\right)=-\frac{\mathrm{d}v}{v^2}(v\neq 0)$
直接函数：$x=f(y)$ 反函数：$y=f^{-1}(x)$	$(f^{-1}(x))'=\frac{1}{f'(y)}$	$\frac{\mathrm{d}y}{\mathrm{d}x}=\frac{1}{\frac{\mathrm{d}x}{\mathrm{d}y}}$
复合函数：$y=f(u)$ $u=g(x)$	$\frac{\mathrm{d}y}{\mathrm{d}x}=f'(u)\cdot g'(x)$ 或 $\frac{\mathrm{d}y}{\mathrm{d}x}=\frac{\mathrm{d}y}{\mathrm{d}u}\cdot\frac{\mathrm{d}u}{\mathrm{d}x}$	一阶微分形式不变性 $\mathrm{d}y=f'(x)\mathrm{d}x$ （x 是自变量或是中间变量）

在所有的求导法则中，复合函数的链式法则和一阶微分形式不变性是最基本最重要的，这不仅是因为应用中经常碰到的函数是复合函数，而且这个法则也是后面介绍的其他微分法的基础．所以，应当熟练而准确的应用它．下面再举几个例子．

例 3.3.18　求函数 $y=\sin\ln(2x)$ 的导数．

解：方法 1

$$y'=(\sin\ln(2x))'=\cos\ln(2x)\cdot(\ln(2x))'=\cos\ln(2x)\cdot\frac{1}{2x}\cdot(2x)'$$

$$=\cos\ln(2x)\cdot\frac{1}{2x}\cdot 2=\frac{\cos\ln(2x)}{x}$$

方法 2　因为

$$\mathrm{d}y=\mathrm{d}(\sin\ln(2x))=\cos\ln(2x)\mathrm{d}(\ln(2x))=\cos\ln(2x)\frac{1}{2x}\mathrm{d}(2x)=\cos\ln(2x)\frac{1}{x}\mathrm{d}x$$

所以

$$y'=\frac{\cos\ln(2x)}{x}$$

例 3.3.19　下列等式左端的括号中添入适当的函数，使等式成立．

(1) $\mathrm{d}(\quad)=(\mathrm{e}^x+\frac{1}{\sqrt{x}})\mathrm{d}x$；　　(2) $\mathrm{d}(\quad)=\cos\omega t\mathrm{d}t$；

(3) $\mathrm{d}(\quad)=\frac{1}{1+x^2}\mathrm{d}x$；　　(4) $\mathrm{d}(\quad)=\mathrm{e}^{3x}\mathrm{d}x$.

解：(1) $\mathrm{d}(\mathrm{e}^x+2\sqrt{x}+C)=\left(\mathrm{e}^x+\frac{1}{\sqrt{x}}\right)\mathrm{d}x$，其中 C 是任意常数．

(2) $\mathrm{d}\left(\frac{1}{\omega}\sin\omega t+C\right)=\cos\omega t\mathrm{d}t$，其中 C 是任意常数．

(3) $\mathrm{d}(\arctan x+C)=\frac{1}{1+x^2}\mathrm{d}x$，其中 C 是任意常数．

（4）$\mathrm{d}\left(\frac{1}{3}\mathrm{e}^{3x}+C\right)=\mathrm{e}^{3x}\mathrm{d}x$，其中 C 是任意常数．

习题 3.3

1. 填空题．

（1）$y=\sin x\cdot\tan x$，则 $y'=$ ________．

（2）$y=\sec x\cdot\cot x\cdot\ln x$，则 $y'=$ ________．

（3）$y=\mathrm{e}^{2x}+2^{x}+7$，则 $y'=$ ________．

（4）$y=\frac{1}{x\ln x}$，则 $y'=$ ________．

（5）$y=\sqrt{a^2-x^2}$，则 $y'=$ ________．

（6）$y=\ln\tan\frac{x}{2}$，则 $y'=$ ________．

（7）$\mathrm{d}\left(\frac{uv}{\sqrt{u^2+v^2}}\right)=$ ________．

（8）设 $y=\mathrm{e}^{x}(x^2-3x+1)$，则 $\left.\frac{\mathrm{d}y}{\mathrm{d}x}\right|_{x=0}=$ ________．

（9）设 $f(x)=\mathrm{e}^{\tan kx}$，则 $f'(x)=$ ________，若 $f'\left(\frac{\pi}{4}\right)=\mathrm{e}$，则 $k=$ ________．

（10）设 $y=\sin x-\cos x$，则 $\left.\frac{\mathrm{d}y}{\mathrm{d}x}\right|_{x=\frac{\pi}{6}}=$ ________．

（11）设 $\rho=\varphi\sin\varphi+\frac{1}{2}\cos\varphi$，则 $\left.\frac{\mathrm{d}\rho}{\mathrm{d}\varphi}\right|_{\varphi=\frac{\pi}{4}}=$ ________．

（12）设 $y=\frac{3}{5-x}+\frac{x^2}{5}$，则 $\left.\frac{\mathrm{d}y}{\mathrm{d}x}\right|_{x=0}=$ ________．

（13）抛物线 $y=ax^2+bx+c$ 在点 ________ 处有水平切线．

（14）曲线 $y=x-\frac{1}{x}$ 与 x 轴交点处的切线方程为 ________．

（15）曲线 $y=\frac{1}{x}$ 过点 $(-3,1)$ 的切线方程为 ________．

2. 求下列函数的导数和微分（其中 a、b、c 为常数）．

（1）$y=\frac{4}{x^5}+\frac{7}{x^4}-\frac{2}{x}+27$；

（2）$y=\frac{x^5}{a}+\frac{b}{x}-\frac{c}{a}$；

（3）$y=\sqrt[3]{x}+\sqrt{x}+\frac{1}{\sqrt{x}}+\frac{1}{\sqrt{5}}$；

（4）$y=\frac{ax^3+bx^2+c}{(a+b)x}$；

（5）$y=\frac{x^2+1}{3(x^2-1)}+(x^2-1)(1-x^2)$；

（6）$y=x^2\ln x$；

（7）$y=5x^3-2^x+3\mathrm{e}^x$；

（8）$y=\frac{1-\sqrt{x}}{1+\sqrt{x}}$；

（9）$y=(1+ax^b)(1+bx^a)$；

（10）$y=\frac{1-x^3}{\sqrt{x}}$；

（11）$y=x^2(\cos x+\sqrt{x})$；

（12）$y=\cos(4-3x)$；

（13）$y=\mathrm{e}^{-3x^2}$；

（14）$y=\tan(x^2)$；

（15）$y=\frac{1}{\sqrt{1-x^2}}$；

（16）$y=\sqrt[3]{x}\sin x+a^x\mathrm{e}^x$；

(17) $y = x\log_2 x + \ln 2$; (18) $y = \sin x\cos x + 2\tan x + \sec x$;

(19) $y = x^2\ln x\cos x$; (20) $y = \dfrac{1+\sin x}{1+\cos x}$;

(21) $y = \ln\sqrt{1+x^2}$; (22) $y = \ln^3(2x+1)$;

(23) $y = \ln(\ln^2(\ln 3x))$; (24) $y = (\sin mx)^n \cdot (\cos nx)^{-m}$;

(25) $y = \ln(\sec x + \tan x)$; (26) $y = \ln(\csc x - \cot x)$;

(27) $y = \ln\sqrt{x} + \sqrt{\ln x}$; (28) $y = \ln\tan\dfrac{x}{2}$;

(29) $y = \ln\ln x$; (30) $y = \sec^2\dfrac{x}{a} + \csc^2\dfrac{x}{a}$;

(31) $y = \ln(x + \sqrt{a^2+x^2})$; (32) $y = 10^{x\tan 2x}$.

3. 已知 $f(u)$、$g(u)$ 可导,求下列抽象函数的导数和微分.

(1) $y = f(x^2)$; (2) $y = f(\sin^2 x) + f(\cos^2 x)$;

(3) $y = \ln f(x)$; (4) $y = e^{f(x)}$.

3.4 隐函数及由参数方程确定的函数的导数

3.4.1 隐函数求导

函数 $y = f(x)$ 表示两个变量 x 与 y 之间的对应关系,这个对应关系可以用各种不同方式表达. 前面讨论的函数,例如 $y = \sin x, u = \ln x^2 + e^x + \arccos x$ 等,这种以自变量 x 的解析式表示的函数 $y = f(x)$ 叫做**显函数**. 然而有很多函数,变量 x, y 的函数关系是由一个方程 $F(x,y) = 0$ 所确定,这样的函数称为**隐函数**. 一般地,如果变量 x 与 y 满足一个方程 $F(x, y) = 0$, 在一定条件下,当 x 取某区间内的任一值时,相应地总有满足这方程的唯一的 y 值存在,那么就说方程在该区间内确定了一个隐函数. 例如方程 $x^2 + y^2 + 1 = 0$ 不能确定一个隐函数. 对于较简单的隐函数,可将其显化,例如

$$x + y^3 + \sin x = 0$$

其显化函数为 $y = \sqrt[3]{-\sin x - x}$. 而有些隐函数,将其显化是非常困难的,甚至是不可能的. 但在实际问题中,有时需要计算隐函数的导数,因此,需要寻求隐函数的求导法. 利用隐函数的求导法,不管隐函数能否显化,都能直接由方程算出它所确定的隐函数的导数.

隐函数求导法的基本思想是: 方程两端同时对自变量 x 求导,凡遇到含有因变量 y 的项时,首先视 $y = y(x)$ 为 x 的函数,即把 y 视为中间变量,接着利用复合函数求导法则求之,最后从所得等式中求出 y'. 下面通过具体例子来说明这种方法.

例 3.4.1 求由方程 $y^3 + 2xy - x^2 + y + e^y - e^x = 0$ 所确定的隐函数 $y = f(x)$ 在 $x = 0$ 处的导数 $y'|_{x=0}$.

解: 方程两边同时对 x 求导数,得

$$3y^2\frac{dy}{dx} + \left(2x\frac{dy}{dx} + 2y\right) - 2x + \frac{dy}{dx} + e^y\frac{dy}{dx} - e^x = 0$$

由此得

$$y' = \frac{e^x + 2x - 2y}{3y^2 + e^y + 2x + 1}$$

因为当 $x=0$ 时,从原方程得 $y=0$, 所以

$$y'\big|_{x=0}=\frac{e^x+2x-2y}{3y^2+e^y+2x+1}\bigg|_{\substack{x=0\\y=0}}=\frac{1}{2}$$

例 3.4.2 求由方程 $y\sin x-\cos(x-y)=0$ 所确定的隐函数 $y=f(x)$ 的导数 y'.

解:方法 1 方程两边同时对 x 求导数,得

$$\frac{d}{dx}(y\sin x-\cos(x-y))=0$$

即
$$y'\sin x+y\cos x+\sin(x-y)\cdot(1-y')=0$$

由此得
$$y'=\frac{y\cos x+\sin(x-y)}{\sin(x-y)-\sin x}$$

方法 2 方程两边同时求微分

$$d(y\sin x-\cos(x-y))=0$$

利用微分法则和一阶微分形式不变性,得

$$\sin x dy+y\cos x dx+\sin(x-y)(dx-dy)=0$$

从而
$$dy=\frac{y\cos x+\sin(x-y)}{\sin(x-y)-\sin x}dx$$

由此得
$$y'=\frac{y\cos x+\sin(x-y)}{\sin(x-y)-\sin x}$$

例 3.4.3 求椭圆 $\frac{x^2}{16}+\frac{y^2}{9}=1$ 在 $\left(2,\frac{3}{2}\sqrt{3}\right)$ 处的切线方程.

解:椭圆方程的两边同时对 x 求导,得

$$\frac{x}{8}+\frac{2}{9}y\cdot y'=0$$

从而 $y'=-\frac{9x}{16y}$. 当 $x=2$ 时, $y=\frac{3}{2}\sqrt{3}$, 代入上式得所求切线的斜率

$$k=y'\big|_{x=2}=-\frac{\sqrt{3}}{4}$$

于是所求的切线方程为

$$y-\frac{3}{2}\sqrt{3}=-\frac{\sqrt{3}}{4}(x-2)$$

即
$$\sqrt{3}x+4y-8\sqrt{3}=0$$

3.4.2 对数求导法

对数求导法就是利用对数的性质来简化导数计算的方法.

对数求导法的基本思想是:先在函数的两边取对数,然后在等式两边同时对自变量 x 求导,利用复合函数求导法则,最后从所得等式中求出 y'. 对数求导法适用于求幂指函数 $y=(u(x))^{v(x)}$ 的导数及多因子之积和商函数的导数.

例 3.4.4 求曲线 $(1+x)^y=(1+y)^x$ 在 $(1,1)$ 处的切线方程.

解：为了求这个函数的导数，可以先在两边取对数，得

$$y\ln(1+x)=x\ln(1+y)$$

上式两边对 x 求导，注意到 $y=y(x)$，得

$$y\frac{1}{1+x}+\ln(1+x)y'=\ln(1+y)+y'x\frac{1}{1+y}$$

于是 $k=y'\Big|_{\substack{x=1\\y=1}}=1$，从而所求的切线方程为

$$y-1=x-1$$

即

$$y=x$$

例 3.4.5 求 $y=(u(x))^{v(x)}\ (u(x)>0)$ 的导数.

解：方法 1 先在两边取对数，得

$$\ln y=v(x)\cdot\ln(u(x))$$

再在上式两边对 x 求导，得

$$\frac{1}{y}y'=v'(x)\cdot\ln(u(x))+v(x)\cdot\frac{1}{u(x)}u'(x)$$

于是

$$y'=y\left(v'(x)\cdot\ln(u(x))+v(x)\cdot\frac{1}{u(x)}u'(x)\right)=u^v\left(v'\ln u+\frac{vu'}{u}\right)$$

方法 2 首先把幂指函数表示成复合函数的情形，然后利用复合函数求导法则进行计算.

$$y=(u(x))^{v(x)}=e^{v(x)\ln u(x)}$$

利用复合函数的链式法则，得

$$\begin{aligned}y'&=e^{v(x)\ln u(x)}(v(x)\ln u(x))'\\&=(u(x))^{v(x)}\left(v'(x)\cdot\ln(u(x))+v(x)\cdot\frac{1}{u(x)}u'(x)\right)\\&=u^v\left(v'\ln u+\frac{vu'}{u}\right)\end{aligned}$$

例 3.4.6 求函数 $y=\sqrt{\dfrac{(x-1)(x-2)}{(x-3)(x-4)}}$ 的导数.

解：函数的定义域为 $D=(-\infty,1]\cup[2,3)\cup(4,+\infty)$. 当 $x\in(-\infty,1)\cup(2,3)\cup(4,+\infty)$ 时，有

$$\ln y=\frac{1}{2}(\ln|x-1|+\ln|x-2|-\ln|x-3|-\ln|x-4|)$$

上式两边对 x 求导，得

$$\frac{1}{y}y'=\frac{1}{2}\left(\frac{1}{|x-1|}+\frac{1}{|x-2|}-\frac{1}{|x-3|}-\frac{1}{|x-4|}\right)$$

故 $$y'=\frac{1}{2}\sqrt{\frac{(x-1)(x-2)}{(x-3)(x-4)}}\left(\frac{1}{|x-1|}+\frac{1}{|x-2|}-\frac{1}{|x-3|}-\frac{1}{|x-4|}\right)$$

3.4.3 参数方程确定的函数的导数

如果变量 x 与 y 的函数关系是由参数方程

$$\begin{cases} x = \varphi(t) \\ y = \psi(t) \end{cases} \tag{3.4.1}$$

所确定,那么称此函数关系所表达的函数为**由参数方程所确定的函数**.

在实际问题中,需要计算由参数方程(3.4.1)所确定的函数的导数. 但从参数方程(3.4.1)中消去参数 t 有时会有困难. 因此,希望有一种方法能直接由参数方程(3.4.1)算出它所确定的函数的导数 $\frac{\mathrm{d}y}{\mathrm{d}x}$.

在式(3.4.1)中,如果函数 $x = \varphi(t)$ 具有单调连续的反函数 $t = \varphi^{-1}(x)$, 那么方程

$$\begin{cases} x = \varphi(t) \\ y = \psi(t) \end{cases}$$

可以这样来理解, y 是 t 的函数,由 $x = \varphi(t)$ 确定了 t 是 x 的函数 $t = \varphi^{-1}(x)$, 因此参数方程(3.4.1)构成了一个以 t 为中间变量, x 为最终变量的复合函数 $y = \psi(\varphi^{-1}(x))$.

假设函数 $x = \varphi(t)$ 与 $y = \psi(t)$ 都可导,而且 $\varphi'(t) \neq 0$. 于是根据复合函数的求导法则和反函数的求导法则,就有

$$\frac{\mathrm{d}y}{\mathrm{d}x} = \frac{\mathrm{d}y}{\mathrm{d}t} \cdot \frac{\mathrm{d}t}{\mathrm{d}x} = \frac{\mathrm{d}y}{\mathrm{d}t} \cdot \frac{1}{\frac{\mathrm{d}x}{\mathrm{d}t}} = \frac{\psi'(t)}{\varphi'(t)}$$

即

$$\frac{\mathrm{d}y}{\mathrm{d}x} = \frac{\psi'(t)}{\varphi'(t)}$$

上式也可写成

$$\frac{\mathrm{d}y}{\mathrm{d}x} = \frac{\frac{\mathrm{d}y}{\mathrm{d}t}}{\frac{\mathrm{d}x}{\mathrm{d}t}}$$

例 3.4.7 设 $\begin{cases} x = \mathrm{e}^{2t} - 1 \\ y = t^3 + 1 \end{cases}$, 求 $\frac{\mathrm{d}y}{\mathrm{d}x}$.

解:

$$\frac{\mathrm{d}y}{\mathrm{d}x} = \frac{\frac{\mathrm{d}y}{\mathrm{d}t}}{\frac{\mathrm{d}x}{\mathrm{d}t}} = \frac{3t^2}{2\mathrm{e}^{2t}} = \frac{3}{2}t^2\mathrm{e}^{-2t}$$

例 3.4.8 求椭圆 $\begin{cases} x = a\cos t \\ y = b\sin t \end{cases}$ 在相应于 $t = \frac{\pi}{4}$ 点处的切线方程.

解: $\frac{\mathrm{d}y}{\mathrm{d}x} = \frac{(b\sin t)'}{(a\cos t)'} = \frac{b\cos t}{-a\sin t} = -\frac{b}{a}\cot t$. 于是所求切线斜率为 $\left.\frac{\mathrm{d}y}{\mathrm{d}x}\right|_{t=\frac{\pi}{4}} = -\frac{b}{a}$, 又因为切点的坐标为 $x_0 = a\cos\frac{\pi}{4} = a\frac{\sqrt{2}}{2}$, $y_0 = b\sin\frac{\pi}{4} = b\frac{\sqrt{2}}{2}$, 所以切线方程为

$$y - b\frac{\sqrt{2}}{2} = -\frac{b}{a}\left(x - a\frac{\sqrt{2}}{2}\right)$$

即
$$bx + ay - \sqrt{2}ab = 0$$

例 3.4.9 设 $y = y(x)$ 是由方程组 $\begin{cases} x = t^2 - 2t - 3 \\ y - e^y \sin t - 1 = 0 \end{cases}$ 所确定的函数,求 $\dfrac{dy}{dx}$.

解:方程组的两边同时对变量 t 求导,得

$$\begin{cases} \dfrac{dx}{dt} = 2t - 2 \\ \dfrac{dy}{dt} - e^y \cos t - e^y \sin t \dfrac{dy}{dt} = 0 \end{cases}$$

故
$$\frac{dy}{dt} = \frac{e^y \cos t}{1 - e^y \sin t}$$

从而
$$\frac{dy}{dx} = \frac{\dfrac{dy}{dt}}{\dfrac{dx}{dt}} = \frac{e^y \cos t}{2(t-1)(1 - e^y \sin t)}$$

在平面上选定一点,称为**极点**(或**原点**),并记为 o. 然后画一条从 o 点出发的射线(**极轴**),该射线通常画成水平并指向右方,并在射线上规定单位长度. 对平面上每个点 M 可用两个有序的数对 (ρ,θ) 来确定它的位置,其中 ρ 为原点 o 到点 M 的距离, θ 为从初始射线(极轴)到射线 $\overrightarrow{oM}$ 的有向角,称为**极角**,如图 3.5 所示. 有序数对 (ρ,θ) 称为点 M 的**极坐标**,这样建立的坐标系称为**极坐标系**. 像在三角函数中那样,逆时针方向测得的 θ 为正角,而顺时针测得的 θ 为负角.

取极点 o 为坐标原点,取极轴 ρ 为 x 轴的正半轴,建立平面直角坐标系,如图 3.6 所示. 在直角坐标系下,平面内的点 M 的直角坐标为 (x,y), 点 M 所对应的极坐标为 (ρ,θ), 这里 ρ,θ 的变化范围为

$$0 \leqslant \rho < +\infty, \ 0 \leqslant \theta \leqslant 2\pi$$

如图 3.6 所示,点 M 的直角坐标和极坐标有如下关系式

$$\begin{cases} x = \rho\cos\theta \\ y = \rho\sin\theta \end{cases} \quad 或 \quad \begin{cases} \rho = \sqrt{x^2 + y^2} \\ \tan\theta = \dfrac{y}{x} \end{cases}$$

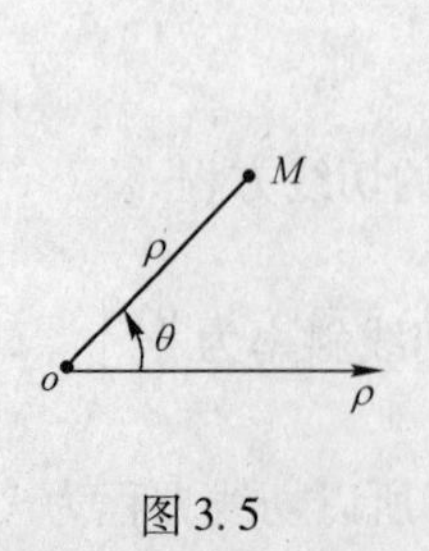

图 3.5

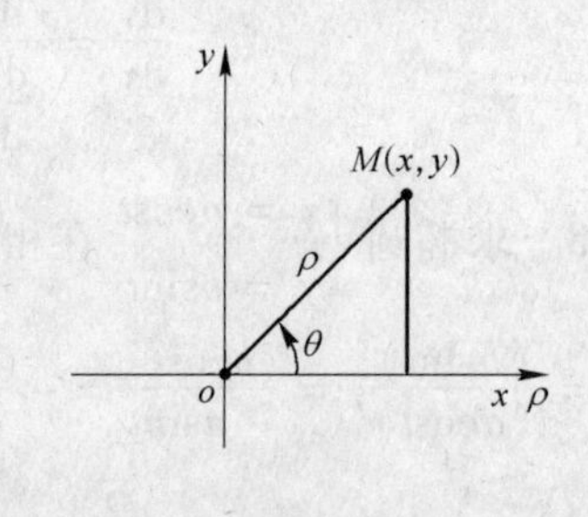

图 3.6

对有些平面曲线,它的方程在极坐标系下表示比在直角坐标系下表示更简单,描图也比较方便. 用极坐标表示曲线的方程称为**极坐标方程**,通常 ρ 表示为自变量 θ 的函数.

例如,圆 $x^2+y^2=a^2$ 对应的极坐标方程为 $\rho=a$.

如图 3.7 所示,圆 $(x-a)^2+y^2=a^2$ 对应的极坐标方程为 $\rho=2a\cos\theta$.

如图 3.8 所示,圆 $(y-a)^2+x^2=a^2$ 对应的极坐标方程为 $\rho=2a\sin\theta$.

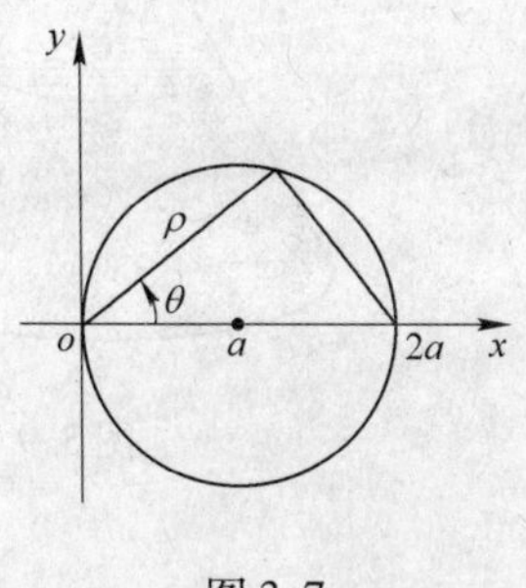

图 3.7

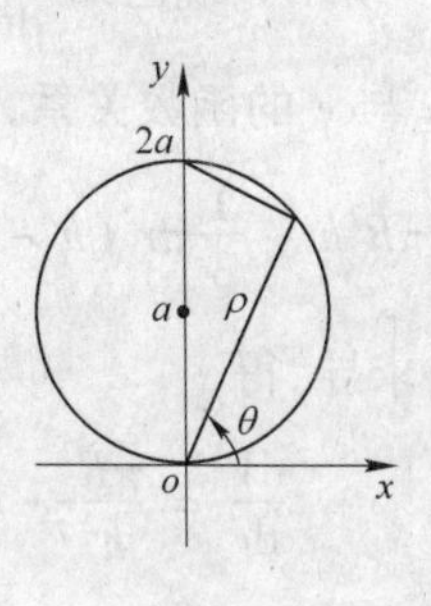

图 3.8

例 3.4.10　求由极坐标方程 $\rho=a(1+\cos\theta)$ 所确定的函数 $y=y(x)$ 的导数 $\frac{dy}{dx}$.

解:由直角坐标和极坐标的关系

$$\begin{cases}x=\rho\cos\theta\\y=\rho\sin\theta\end{cases}$$

可得以 θ 为参数的方程

$$\begin{cases}x=a(1+\cos\theta)\cos\theta\\y=a(1+\cos\theta)\sin\theta\end{cases}$$

于是
$$\frac{dy}{dx}=\frac{\frac{dy}{d\theta}}{\frac{dx}{d\theta}}=\frac{\cos\theta+\cos2\theta}{-\sin\theta-\sin2\theta}=-\cot\frac{3\theta}{2}$$

3.4.4　相关变化率

如果圆的半径 r 随时间 t 变化而变化,那么圆的周长 L 和面积 S 也随时间 t 变化而变化,并且

$$\frac{dL}{dt}=2\pi\frac{dr}{dt},\ \frac{dS}{dt}=2\pi r\frac{dr}{dt}$$

于是 $\frac{dL}{dt}$、$\frac{dS}{dt}$ 与 $\frac{dr}{dt}$ 是相互关联的变化率.

设 $x=x(t)$ 及 $y=y(t)$ 都是 t 的可导函数,而变量 x 与 y 之间存在某种关系,从而变化率 $\frac{dx}{dt}$ 与 $\frac{dy}{dt}$ 之间也存在一定关系. 这种相互依赖的变化率称为**相关变化率**. 相关变化率问题就是研究这两个变化率之间的关系,以便从其中一个变化率求出另一个变化率. 处理这类问题的方法是先建立 x 与 y 的关系式 $F(x,y)=0$,然后对 t 求导,即可求得两个变化率的关系.

例 3.4.11　有一底半径为 R cm,高为 h cm 的圆锥容器,今以 $25\text{cm}^3/\text{s}$ 自顶部向容器内

注水,试求当容器内水位等于锥高的一半时水面上升的速度.

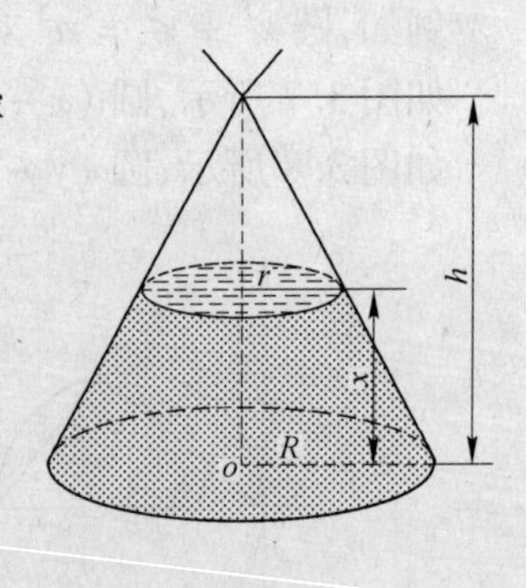

图 3.9

解:设时刻 t 容器内水面高度为 x, 水的体积为 V, 水面半径为 r, 如图 3.9 所示. 现已知 $\frac{dV}{dt}=25$, 要求 $x=\frac{h}{2}$ 时的 $\frac{dx}{dt}$.

先建立 x 与 V 的函数关系,由圆锥体的体积公式,得

$$V=\frac{1}{3}\pi R^2h-\frac{1}{3}\pi r^2(h-x)=\frac{\pi R^2}{3h^2}[h^3-(h-x)^3]$$

上式两边对 t 求导,得

$$\frac{dV}{dt}=\frac{\pi R^2}{h^2}\cdot(h-x)^2\cdot\frac{dx}{dt}$$

将 $\frac{dV}{dt}=25, x=\frac{h}{2}$ 代入得到 $\frac{dx}{dt}=\frac{100}{\pi R^2}$(cm/s), 即求当容器内水位等于锥高的一半时水面上升的速度为 $\frac{100}{\pi R^2}$(cm/s).

习题 3.4

1. 填空题.

(1) 设 $y=y(x)$ 是由 $y^2-2xy+9=0$ 所确定的隐函数,则 $dy=$ ________.

(2) 曲线 $x^{\frac{2}{3}}+y^{\frac{2}{3}}=a^{\frac{2}{3}}$ 在点 $\left(\frac{\sqrt{2}}{4}a,\frac{\sqrt{2}}{4}a\right)$ 处的切线斜率为________.

(3) 已知 $\begin{cases}x=e^t\sin t\\y=e^t\cos t\end{cases}$, 则 $\frac{dy}{dx}=$ ________.

(4) 曲线 $\begin{cases}x=\frac{3at}{1+t^2}\\y=\frac{3at^2}{1+t^2}\end{cases}$ 在 $t=2$ 处的切线方程为________.

(5) 曲线 $\begin{cases}x=\sin t\\y=\cos 2t\end{cases}$ 在 $t=\frac{\pi}{4}$ 处的法线方程为________.

(6) 设 $y=y(x)$ 是由 $e^{xy}+\ln\frac{y}{x+1}=0$ 所确定,则 $y'(0)=$ ________.

(7) 设 $y=y(x)$ 由 $e^{xy}+y^3-3x=0$ 所确定,则 $\left.\frac{dy}{dx}\right|_{x=0}=$ ________.

(8) 设 $y=y(x)$ 由 $\ln(x^2+y)=x^3y+\sin x$ 所确定,则 $\left.\frac{dy}{dx}\right|_{x=0}=$ ________.

(9) 设 $y=y(x)$ 由 $\tan y=x+y$ 所确定,则 $dy=$ ________.

(10) 设 $y=y(x)$ 由 $2y-x=(x-y)\ln(x-y)$ 所确定,则 $dy=$ ________.

(11) 设 $y=y(x)$ 由 $2^{xy}=x+y$ 所确定,则 $dy\big|_{x=0}=$ ________.

2. 求由下列方程所确定的隐函数的导数 $\frac{dy}{dx}$ 和微分 dy.

(1) $x^3+y^3-3axy=0$;　　(2) $y=1-xe^y$;

(3) $xy=e^{x+y}$;　　(4) $\arctan\frac{y}{x}=\ln\sqrt{x^2+y^2}$;

(5) $yf(x)+x^2f(y)=x^2$;　　(6) $e^{x+y}+\cos(xy)=0$;

(7) $e^x + \sin(x^2 + y^2) - xy^2 = 0$;　　(8) $x = y^y$.

3. 利用对数求导法求下列函数的导数.

(1) $y = x^x$;　　(2) $y = \left(\dfrac{x}{1+x}\right)^x$;

(3) $y = (\sin x)^{\cos x}$;　　(4) $y = e^x + e^{ex} + e^{x^e}$;

(5) $y = x^{x^x}$;　　(6) $y = (\tan x)^{\sin x} + x^x$;

(7) $y = \sqrt[5]{\dfrac{x-5}{\sqrt[5]{x^2+2}}}$;　　(8) $y = \dfrac{\sqrt{x+2}(3-x)^4}{(x+1)^5}$.

4. 求下列参数方程所确定的函数的导数 $\dfrac{dy}{dx}$.

(1) $\begin{cases} x = \theta(1 - \sin\theta) \\ y = \theta\cos\theta \end{cases}$;　　(2) $\begin{cases} x = 3e^{-t} \\ y = 2e^t \end{cases}$;

(3) $\begin{cases} x = f'(t) \\ y = tf'(t) - f(t) \end{cases}$;　　(4) $\begin{cases} x = \ln(1+t^2) + 1 \\ y = 2\arctan t - (1+t)^2 \end{cases}$.

5. 已知曲线的极坐标方程为 $r = 1 - \cos\theta$, 求该曲线上对应于 $\theta = \dfrac{\pi}{6}$ 处的切线与法线的直角坐标方程.

6. 水注入深 8m、上顶直径 8m 的正圆锥形容器中,其速率为每分钟 $4m^3$. 问当水深为 5m 时,其表面上升的速率为多少?

7. 一气球从离开观察员 500m 处离地面铅直上升,其速度为 140m/min. 问当气球高度为 500m 时,观察员视线的仰角增加率是多少?

3.5 高阶导数与高阶微分

3.5.1 高阶导数

根据 3.1.1 引例知道,物体作变速直线运动,其在 t 时刻的速度 $v(t)$ 是位移函数 $S(t)$ 的导数,即 $v(t) = S'(t)$. 而加速度 $a(t)$ 又是速度函数 $v(t)$ 对时间 t 的变化率,即速度 $v(t)$ 对时间 t 的导数,故

$$a = \frac{dv}{dt} = \frac{d}{dt}\left(\frac{dS}{dt}\right) \quad 或 \quad a = (S')' = S''$$

这种导数的导数 $\dfrac{d}{dt}\left(\dfrac{dS}{dt}\right)$ 或 S'' 叫做 S 对 t 的二阶导数. 一般地,高阶导数的定义如下.

定义 3.5.1 如果函数 $y = f(x)$ 的导函数 $y' = f'(x)$ 可导,那么把 $f'(x)$ 的导数叫做函数 $y = f(x)$ 的**二阶导数**,记作 y'', $f''(x)$ 或 $\dfrac{d^2y}{dx^2}$, 即

$$y'' = (y')', f''(x) = (f'(x))' \quad 或 \quad \frac{d^2y}{dx^2} = \frac{d}{dx}\left(\frac{dy}{dx}\right)$$

同样,把函数 $y = f(x)$ 的二阶导数的导数叫做**三阶导数**,三阶导数的导数叫做**四阶导数**, …, 一般地, $n-1$ 阶导数的导数叫做 $\boldsymbol{n}$ **阶导数**,分别记作

$$y''', y^{(4)}, \cdots, y^{(n)}$$

或

$$\frac{d^3y}{dx^3}, \frac{d^4y}{dx^4}, \cdots, \frac{d^ny}{dx^n}$$

函数 $y = f(x)$ 的二阶及二阶以上的导数统称为它的**高阶导数**. 为了统一术语起见,将导数 $y' = f'(x)$ 称为函数 $y = f(x)$ 的**一阶导数**,而将函数 $y = f(x)$ 本身称为**零阶导数**. 记作

$$f^{(0)}(x) = f(x)$$

由此可见,求函数 $y = f(x)$ 的高阶导数并不需要新的方法,只要利用基本求导公式和导数的运算法则,对函数逐次地连续求导即可. 其难点是在于如何求出高阶导数的一般表达式.

例 3.5.1　$y = f(x) = \arctan x$, 求 $f''(0)$, $f'''(0)$.

解: $y' = f'(x) = \dfrac{1}{1+x^2}$, $y'' = f''(x) = \dfrac{-2x}{(1+x^2)^2}$, $y''' = f'''(x) = \dfrac{2(3x^2-1)}{(1+x^2)^3}$

由此可知

$$y''\big|_{x=0} = f''(0) = \frac{-2x}{(1+x^2)^2}\bigg|_{x=0} = 0, y'''\big|_{x=0} = f'''(0) = \frac{2(3x^2-1)}{(1+x^2)^3}\bigg|_{x=0} = -2$$

例 3.5.2　设 $y(x) = x^2 f(\sin x)$, 求 y''.

解:利用逐阶求导法,

$$y'(x) = 2xf(\sin x) + x^2 f'(\sin x)\cos x$$

$$y''(x) = 2f(\sin x) + 4xf'(\sin x)\cos x - x^2 f'(\sin x)\sin x + x^2\cos^2 x f''(\sin x)$$

例 3.5.3　证明下列基本初等函数的 n 阶导数公式.

(1) $(e^x)^{(n)} = e^x$;　　(2) $(\sin x)^{(n)} = \sin\left(x + n\cdot\dfrac{\pi}{2}\right)$;

(3) $(\cos x)^{(n)} = \cos\left(x + n\cdot\dfrac{\pi}{2}\right)$;　　(4) $(x^\alpha)^{(n)} = \alpha(\alpha-1)\cdots(\alpha-n+1)x^{\alpha-n}$;

(5) $[\ln(1+x)]^{(n)} = (-1)^{n-1}\dfrac{(n-1)!}{(1+x)^n}$.

证:(1) $y = e^x$, $y' = e^x$, $y'' = e^x$, $y''' = e^x$, 依此类推,可得

$$y^{(n)} = e^x (n = 1,2,3,\cdots)$$

即

$$(e^x)^{(n)} = e^x (n = 1,2,3,\cdots) \tag{3.5.1}$$

(2)

$$y = \sin x$$

$$y' = \cos x = \sin\left(x + \frac{\pi}{2}\right)$$

$$y'' = \cos\left(x + \frac{\pi}{2}\right) = \sin\left(x + \frac{\pi}{2} + \frac{\pi}{2}\right) = \sin\left(x + 2\cdot\frac{\pi}{2}\right)$$

$$y''' = \cos\left(x + 2\cdot\frac{\pi}{2}\right) = \sin\left(x + 2\cdot\frac{\pi}{2} + \frac{\pi}{2}\right) = \sin\left(x + 3\cdot\frac{\pi}{2}\right)$$

$$y^{(4)} = \cos\left(x + 3\cdot\frac{\pi}{2}\right) = \sin\left(x + 4\cdot\frac{\pi}{2}\right)$$

依此类推,可得 $$y^{(n)} = \sin\left(x + n \cdot \frac{\pi}{2}\right)$$

即 $$(\sin x)^{(n)} = \sin\left(x + n \cdot \frac{\pi}{2}\right) \tag{3.5.2}$$

(3) $y = \cos x$

$$y' = -\sin x = \cos\left(x + \frac{\pi}{2}\right)$$

$$y'' = -\sin\left(x + \frac{\pi}{2}\right) = \cos\left(x + \frac{\pi}{2} + \frac{\pi}{2}\right) = \cos\left(x + 2 \cdot \frac{\pi}{2}\right)$$

$$y''' = -\sin\left(x + 2 \cdot \frac{\pi}{2}\right) = \cos\left(x + 2 \cdot \frac{\pi}{2} + \frac{\pi}{2}\right) = \cos\left(x + 3 \cdot \frac{\pi}{2}\right)$$

$$y^{(4)} = -\sin\left(x + 3 \cdot \frac{\pi}{2}\right) = \cos\left(x + 4 \cdot \frac{\pi}{2}\right)$$

依此类推,可得 $$y^{(n)} = \cos\left(x + n \cdot \frac{\pi}{2}\right)$$

即 $$(\cos x)^{(n)} = \cos\left(x + n \cdot \frac{\pi}{2}\right) \tag{3.5.3}$$

(4) 令 $y = x^\alpha$, 要证 $(x^\alpha)^{(n)} = \alpha(\alpha - 1)\cdots(\alpha - n + 1)x^{\alpha - n}$.

$y' = (x^\alpha)' = \alpha x^{\alpha-1}, y'' = (x^\alpha)'' = \alpha(\alpha - 1)x^{\alpha-2}, y''' = (x^\alpha)''' = \alpha(\alpha - 1)(\alpha - 2)x^{\alpha-3}$

依此类推,可得

$$(x^\alpha)^{(n)} = \alpha(\alpha - 1)\cdots(\alpha - n + 1)x^{\alpha - n} \tag{3.5.4}$$

(5) $y = \ln(1 + x)$, $y' = \dfrac{1}{1 + x}$, $y'' = -\dfrac{1}{(1 + x)^2}$, $y''' = (-1)^2 \dfrac{1 \cdot 2}{(1 + x)^3}$, $y^{(4)} = (-1)^3 \dfrac{1 \cdot 2 \cdot 3}{(1 + x)^4}$.

依此类推,可得

$$[\ln(1 + x)]^{(n)} = (-1)^{n-1} \frac{(n - 1)!}{(1 + x)^n} \tag{3.5.5}$$

由式(3.5.4),容易得到以下公式:

1) 当 $\alpha = m$ (正整数)时,

$$(x^m)^{(n)} = \begin{cases} m(m - 1)\cdots(m - n + 1)x^{m-n}, & m > n \\ m!, & m = n \\ 0, & m < n \end{cases}$$

2) 当 $\alpha = -1$ 时,有

$$\left(\frac{1}{x}\right)^{(n)} = (-1)^n \frac{n!}{x^{n+1}} \quad (x \neq 0) \tag{3.5.6}$$

$$\left(\frac{1}{1 + x}\right)^{(n)} = (-1)^n \frac{n!}{(1 + x)^{n+1}} \quad (x \neq -1) \tag{3.5.7}$$

$$\left(\frac{1}{1 - x}\right)^{(n)} = \frac{n!}{(1 - x)^{n+1}} \quad (x \neq 1) \tag{3.5.8}$$

3.5.2 高阶求导法则

定理 3.5.1 如果函数 $u=u(x)$ 及 $v=v(x)$ 都在点 x 处具有 n 阶导数,那么函数 $u(x)\pm v(x)$,$u(x)v(x)$ 也在点 x 处具有 n 阶导数,并且有

(1) 线性性质

$$(\alpha u(x)\pm\beta v(x))^{(n)}=\alpha u^{(n)}(x)\pm\beta v^{(n)}(x),\ \alpha,\beta\in\mathbf{R} \tag{3.5.9}$$

(2) 莱布尼茨公式

$$(uv)^{(n)}=\sum_{k=0}^{n}C_n^k u^{(n-k)}v^{(k)} \tag{3.5.10}$$

其中 $C_n^k=\dfrac{n!}{k!(n-k)!}(k=0,1,2,\cdots)$.

这个定理可用数学归纳法证明,此处证明从略.

莱布尼茨公式可以借助牛顿二项式定理

$$(u+v)^n=\sum_{k=0}^{n}C_n^k u^{n-k}v^k=u^n v^0+nu^{n-1}v^1+\frac{n(n-1)}{2!}u^{n-2}v^2+\cdots+u^0v^n$$

进行记忆. 不过注意的是需要把牛顿二项式定理两边的 k 次幂换成 k 阶导数,左边的 $u+v$ 换成 uv, 这样就得到莱布尼茨公式.

求函数的高阶导数时,可以直接按定义逐阶求出指定函数的高阶导数,也可以利用已知函数的高阶导数公式和高阶导数性质,通过微分的四则运算法则,变量代换,恒等变形等方法,间接求出指定函数的高阶导数.

例 3.5.4 $y=\dfrac{1}{x^2-1}$, 求 $y^{(100)}$.

解:因为

$$y=\frac{1}{x^2-1}=\frac{1}{2}\left(\frac{1}{x-1}-\frac{1}{x+1}\right)$$

利用式(3.5.7)、式(3.5.8)和式(3.5.9),所以得

$$y^{(100)}=\frac{1}{2}\left(\frac{100!}{(x-1)^{101}}-\frac{100!}{(x+1)^{101}}\right)$$

例 3.5.5 $y=\sin^6x+\cos^6x$, 求 $y^{(n)}$.

解:因为

$$\begin{aligned}y&=(\sin^2x)^3+(\cos^2x)^3\\&=\sin^4x-\sin^2x\cos^2x+\cos^4x\\&=(\sin^2x+\cos^2x)^2-3\sin^2x\cos^2x\\&=1-\frac{3}{4}\sin^2 2x\\&=\frac{5}{8}+\frac{3}{8}\cos4x\end{aligned}$$

所以

$$y^{(n)}=\frac{3}{8}\cdot4^n\cos\left(4x+n\frac{\pi}{2}\right)$$

例 3.5.6 $y=x^3\sin x$, 求 $y^{(100)}$.

解:由于 $(x^3)'=3x^2,(x^3)''=6x,(x^3)'''=6,(x^3)^{(3+k)}=0(k=1,2,\cdots,97)$, 应用莱布尼茨公式(3.5.10),得

$$
\begin{aligned}
y^{(100)} &= (x^3\sin x)^{(100)} = \sum_{k=0}^{100} C_n^k(\sin x)^{(n-k)}(x^3)^{(k)} \\
&= C_{100}^0(\sin x)^{(100)}(x^3)^{(0)} + C_{100}^1(\sin x)^{(99)}(x^3)^{(1)} + \\
&\quad C_{100}^2(\sin x)^{(98)}(x^3)^{(2)} + C_{100}^3(\sin x)^{(97)}(x^3)^{(3)} \\
&= x^3\sin x - 300x^2\cos x - 300\times 99x\sin x + 100\times 99\times 98\cos x
\end{aligned}
$$

例 3.5.7 求由方程 $x - y + \frac{1}{2}\sin y = 0$ 所确定的隐函数 $y = f(x)$ 的二阶导数 $\frac{\mathrm{d}^2y}{\mathrm{d}x^2}$.

解:这是一个隐函数求高阶导数的问题. 采用隐函数求导法,先在方程两边对 x 求导,得

$$1 - \frac{\mathrm{d}y}{\mathrm{d}x} + \frac{1}{2}\cos y \cdot \frac{\mathrm{d}y}{\mathrm{d}x} = 0$$

于是

$$\frac{\mathrm{d}y}{\mathrm{d}x} = \frac{2}{2-\cos y} \tag{3.5.11}$$

为了求出隐函数的二阶导数,将上式(3.5.11)两边同时再对 x 求导,注意到 y 是 x 的函数,而且 $y' = f'(x)$ 也是 x 的函数,得

$$\frac{\mathrm{d}^2y}{\mathrm{d}x^2} = \frac{-2\sin y\cdot\frac{\mathrm{d}y}{\mathrm{d}x}}{(2-\cos y)^2}$$

将 $\frac{\mathrm{d}y}{\mathrm{d}x} = \frac{2}{2-\cos y}$ 代入上式,得

$$\frac{\mathrm{d}^2y}{\mathrm{d}x^2} = \frac{-4\sin y}{(2-\cos y)^3}$$

定理 3.5.2 设函数 $y = y(x)(x\in D_x)$ 是由参数方程

$$\begin{cases} x = \varphi(t) \\ y = \psi(t) \end{cases}, t \in D_t$$

所确定. 若函数 $\varphi(t)$,$\psi(t)$ 在区间 D_t 上二阶可导,且 $\varphi'(t) > 0$ (或 $\varphi'(t) < 0$),则函数 $y = y(x)$ 在区间 D_x 上关于 x 二阶可导,且

$$\frac{\mathrm{d}^2y}{\mathrm{d}x^2} = \frac{\psi''(t)\varphi'(t) - \psi'(t)\varphi''(t)}{\varphi'^3(t)}$$

证:由条件知,函数 $\varphi'(t)$ 单调且可导,从而存在可导的反函数 $t = \varphi^{-1}(x)$; 又因为 $\varphi(t)$,$\psi(t)$ 在区间 D_t 上二阶可导,所以函数 $y = y(x)$ 在区间 D_x 上关于 x 二阶可导.

利用由参数方程所确定的函数的导数公式得

$$\frac{\mathrm{d}y}{\mathrm{d}x} = \frac{\psi'(t)}{\varphi'(t)}$$

而上式所表示的导函数是一个以 x 为自变量的复合函数,它可以看作由 $\frac{\mathrm{d}y}{\mathrm{d}x} = \frac{\psi'(t)}{\varphi'(t)}$ 及 $t = \varphi^{-1}(x)$ 复合而成,其中 t 是中间变量. 利用复合函数的链式法则,得

$$\frac{\mathrm{d}^2y}{\mathrm{d}x^2} = \frac{\mathrm{d}}{\mathrm{d}x}\left(\frac{\mathrm{d}y}{\mathrm{d}x}\right) = \frac{\mathrm{d}}{\mathrm{d}t}\left(\frac{\psi'(t)}{\varphi'(t)}\right)\frac{\mathrm{d}t}{\mathrm{d}x} = \frac{\psi''(t)\varphi'(t) - \psi'(t)\varphi''(t)}{\varphi'^2(t)}\cdot\frac{1}{\varphi'(t)}$$

$$= \frac{\psi''(t)\varphi'(t) - \psi'(t)\varphi''(t)}{\varphi'^3(t)}$$

例 3.5.8 计算由摆线的参数方程 $\begin{cases} x = a(t - \sin t) \\ y = a(1 - \cos t) \end{cases}$ 所确定的函数 $y = f(x)$ 的二阶导数 $\frac{d^2y}{dx^2}$.

解: $\frac{dy}{dx} = \frac{y'(t)}{x'(t)} = \frac{[a(1 - \cos t)]'}{[a(t - \sin t)]'} = \frac{a\sin t}{a(1 - \cos t)} = \frac{\sin t}{1 - \cos t} = \cot\frac{t}{2}$ ($t \neq 2n\pi$, n 为整数)

$$\frac{d^2y}{dx^2} = \frac{d}{dx}\left(\frac{dy}{dx}\right) = \frac{d}{dt}\left(\cot\frac{t}{2}\right)\cdot\frac{dt}{dx} = -\frac{1}{2\sin^2\frac{t}{2}}\cdot\frac{1}{a(1 - \cos t)} = -\frac{1}{a(1 - \cos t)^2}$$

其中 $t \neq 2n\pi$, n 为整数.

3.5.3 高阶微分

如果函数 $y = f(x)$ 在区间 I 上可导,那么其微分为

$$dy = f'(x)dx$$

其中变量 x 和 dx 是相互独立的. 现把一阶微分只看作是自变量 x 的函数. 若函数 $y = f(x)$ 在区间 I 上二阶可导,则称函数 $y = f(x)$ 在区间 I 上是可微分两次的,且 $dy = f'(x)dx$ 的微分为

$$d(dy) = d(f'(x)dx) = d(f'(x))\cdot dx = f''(x)dx\cdot dx = f''(x)(dx)^2 = f''(x)dx^2$$

称它为函数 $y = f(x)$ 在区间 I 上关于自变量的 x 的**二阶微分**,记作 d^2y, 即

$$d^2y = d(dy) = f''(x)dx^2$$

同样,如果函数 $y = f(x)$ 在区间 I 上三阶可导,那么函数 $y = f(x)$ 在区间 I 上就有**三阶微分**,而且三阶微分是二阶微分的微分,记作 d^3y, 即

$$d^3y = d(d^2y) = f'''(x)dx^3$$

一般地,如果函数 $y = f(x)$ 在区间 I 上 n 阶可导,那么函数 $y = f(x)$ 在区间 I 上就有 ***n* 阶微分**,而且 n 阶微分是 $n - 1$ 阶微分的微分,记作 d^ny, 即

$$d^ny = d(d^{n-1}y) = f^{(n)}(x)dx^n$$

函数 $y = f(x)$ 的二阶及二阶以上的微分统称为它的**高阶微分**.

由此可见,函数 $y = f(x)$ 关于自变量的 n 阶导数 $f^{(n)}(x)$ 可以表示为函数 y 关于自变量 x 的 n 阶微分 d^ny 与自变量 x 的微分 dx 的 n 次方 dx^n 之比,即

$$f^{(n)}(x) = \frac{d^ny}{dx^n}$$

注意:这里 d^ny 表示函数 y 关于自变量 x 的 n 阶微分, dx^n 表示自变量 x 微分 dx 的 n 次方,即 $(dx)^n = dx^n$. 而对于 $d(x^n)$, 则表示 x^n 的一阶微分.

一阶微分具有形式不变性,对于高阶微分来说已不具有这样的性质了. 以二阶微分为例. 设函数 $y = f(x)$, 当 x 为自变量时,由二阶微分定义,得到

$$d^2y = d(dy) = f''(x)dx^2$$

但当 $y = f(x), x = \varphi(t)$ 时，此时 x 为中间变量．根据一阶微分形式不变性，有 $dy = f'(x)dx$，这里 $dx = \varphi'(t)dt$ 是自变量 t 的函数．于是 y 对自变量 t 的二阶微分应是

$$d^2y = d(dy) = d(f'(x)dx) = d(f'(x)) \cdot dx + f'(x)d(dx) = f''(x)dx^2 + f'(x)d^2x$$

显然多了一项 $f'(x)d^2x$．这就说明，只有一阶微分才有微分形式不变性，高阶微分不具有此特性．

习题 3.5

1. 填空题．

(1) $y = 3x^2 + e^{2x} + \ln x$，则 $f''(x) =$ ________．

(2) $y = \dfrac{e^x}{x}$，则 $f''(x) =$ ________．

(3) $y = y(x)$ 是由方程 $e^y + xy = e$ 所确定的隐函数，则 $y''(0) =$ ________．

(4) 若 $y = y(x)$ 由方程 $e^{xy} + y^3 - 3x = 0$ 所确定，则 $\left.\dfrac{d^2y}{dx^2}\right|_{x=0} =$ ________．

2. 求下列函数指定阶的导数．

(1) 设 $y = y(x)$ 由方程 $x - y + \dfrac{1}{2}\sin y = 0$ 所确定，求 $\dfrac{d^2y}{dx^2}$．

(2) 设 $y = y(x)$ 由方程 $y = \tan(x + y)$ 所确定，求 $\dfrac{d^2y}{dx^2}$．

(3) 设 $y = y(x)$ 由方程 $y = f(x + y)$ 所确定，且 $f'(x) \neq 1$，求 $\dfrac{d^2y}{dx^2}$．

(4) 设 $y = y(x)$ 由方程 $xe^{f(y)} = e^y$ 所确定，且 $f'(1) \neq 1$，求 $\dfrac{d^2y}{dx^2}$．

(5) 设 $\begin{cases} x = \ln(1 + t^2) + 1 \\ y = 2\arctan t - (1 + t)^2 \end{cases}$，求 $\dfrac{d^2y}{dx^2}$．

(6) 设 $\begin{cases} x = \ln(1 + t^2) \\ y = t - \arctan t \end{cases}$，求 $\dfrac{d^3y}{dx^3}$．

(7) 设 $\begin{cases} x = f'(t) \\ y = tf'(t) - f(t) \end{cases}$，求 $\dfrac{d^2y}{dx^2}$．

(8) 设函数 $y = y(x)$ 由方程组 $\begin{cases} x = t^2 + 2t \\ t^2 - y + \varepsilon\sin y = 1 (0 < \varepsilon < 1) \end{cases}$ 确定，求 $\dfrac{d^2y}{dx^2}$．

(9) $y = x^2\sin 2x$，求 $y^{(50)}$．

3. 设 $f''(x)$ 存在，求下列函数的二阶导数 $\dfrac{d^2y}{dx^2}$．

(1) $y = f(e^{-x})$；

(2) $y = \ln(f(x))$；

(3) $y = f(\ln x)$．

4. 求下列函数 n 阶导数的一般表达式．

(1) $f(x) = \dfrac{1 - x}{1 + x}$；

(2) $f(x) = \sin^2 x$；

(3) $y = \dfrac{1}{x^2 - 3x + 2}$；

(4) $y = x\ln x$．

4 中值定理与导数的应用

在引入导数后，讨论了导数的求法，本章将应用导数来研究函数及曲线的某些性质，并解决一些实际问题.

本章知识结构导图：

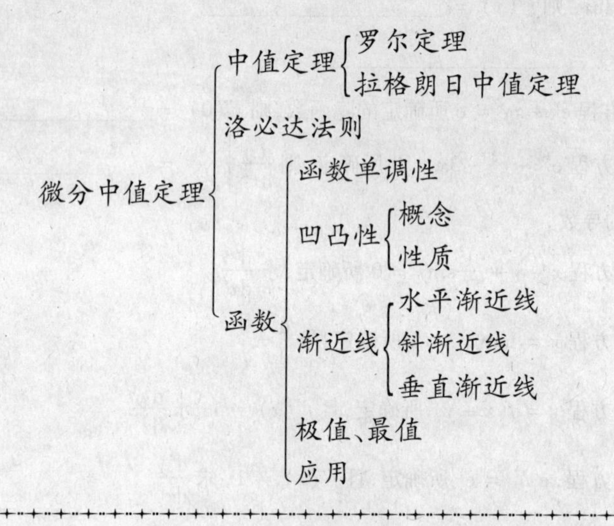

4.1 中值定理

中值定理揭示了函数在某区间的整体性质与该区间内某一点的导数之间的关系，因而称中值定理. 中值定理是运用微分学知识解决实际问题的理论基础. 本节先讲罗尔(Rolle)定理，然后根据它推出拉格朗日(Lagrange)中值定理.

4.1.1 罗尔定理

定理 4.1.1(罗尔定理) 如果函数 $f(x)$ 满足

(1) 在闭区间 $[a,b]$ 上连续；

(2) 在开区间 (a,b) 内可导；

(3) 在区间端点的函数值相等，即 $f(a)=f(b)$.

那么在 (a,b) 内至少存在一点 $\xi(a<\xi<b)$，使得 $f'(\xi)=0$.

证：因为函数在闭区间 $[a,b]$ 上连续，因此它在 $[a,b]$ 上必能取得最大值 M 和最小值 m. 下面分两种情况来证明.

(1) 如果 $M=m$，则 $f(x)$ 在闭区间 $[a,b]$ 上必为常数，$f(x)\equiv M$，于是对任意 $x\in(a,b)$ 都有 $f'(x)=0$. 因而可以任取一点 $\xi\in(a,b)$，使得 $f'(\xi)=0$.

(2) 如果 $M > m$，由于 $f(a) = f(b)$，因此数 M 与 m 中至少有一个不等于端点的函数值 $f(a)$，不妨设 $M \neq f(a)$. 也就是说，在 (a,b) 内至少有一点 ξ，使得 $f(\xi) = M$. 下面证明 $f'(\xi) = 0$.

由于 $f(\xi) = M$ 是最大值，因此自变量增量 Δx 不论是大于 0 还是小于 0，都有

$$f(\xi + \Delta x) - f(\xi) \leqslant 0,\ \xi + \Delta x \in (a,b)$$

当 $\Delta x > 0$ 时，$\dfrac{f(\xi + \Delta x) - f(\xi)}{\Delta x} \leqslant 0$. 由函数在区间 (a,b) 内可导及导数定义有

$$f'(\xi) = \lim_{\Delta x \to 0^+} \frac{f(\xi + \Delta x) - f(\xi)}{\Delta x} \leqslant 0$$

当 $\Delta x < 0$ 时，$\dfrac{f(\xi + \Delta x) - f(\xi)}{\Delta x} \geqslant 0$，于是

$$f'(\xi) = \lim_{\Delta x \to 0^-} \frac{f(\xi + \Delta x) - f(\xi)}{\Delta x} \geqslant 0$$

因此必有 $f'(\xi) = 0$.

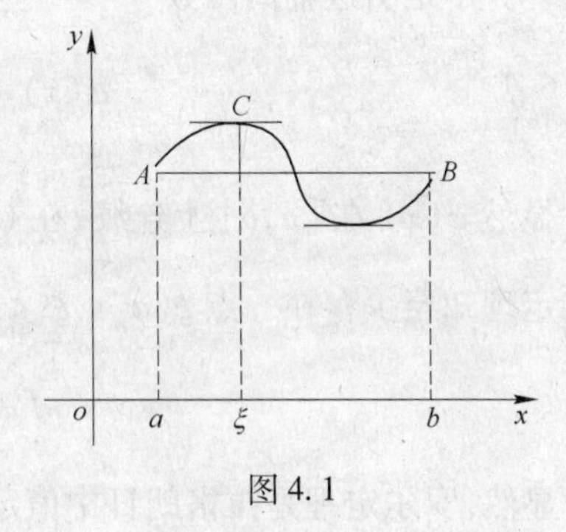

图 4.1

罗尔定理的几何意义：如果连续光滑曲线 $y=f(x)$ 在点 $A(a, f(a))$，$B(b, f(b))$ 的纵坐标相等，那么在弧 $\overset{\frown}{AB}$ 上至少有一点 $C(\xi, f(\xi))$，使得曲线在 $C(\xi, f(\xi))$ 的切线平行于 x 轴，如图 4.1 所示.

注意：罗尔定理的三个条件缺一不可，例如图 4.2(a)、(b)、(c) 都不存在 ξ，使得 $f'(\xi) = 0$.

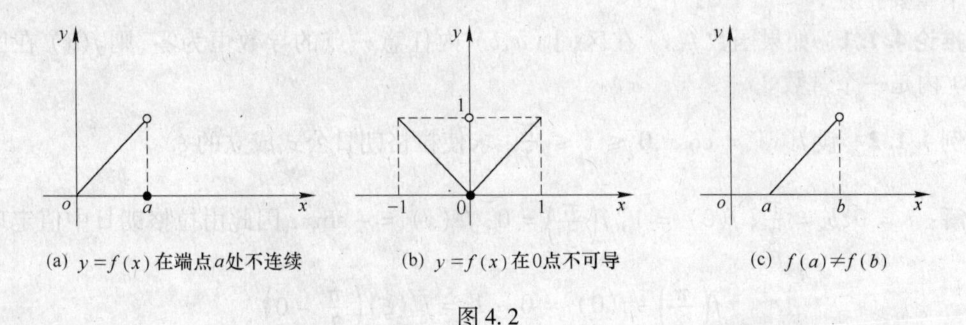

(a) $y=f(x)$ 在端点 a 处不连续　(b) $y=f(x)$ 在 0 点不可导　(c) $f(a) \neq f(b)$

图 4.2

例 4.1.1 设函数 $f(x)$ 在闭区间 $[a,b]$ 上连续，在开区间 (a,b) 内可导，且导数恒不为零. 又 $f(a) \cdot f(b) < 0$. 证明方程 $f(x) = 0$ 在开区间 (a,b) 内有且仅有一个实根.

证：由于函数 $f(x)$ 在闭区间 $[a,b]$ 上连续，$f(a) \cdot f(b) < 0$，由零点定理（定理 2.8.3）可知，至少存在一点 $x_0 \in (a,b)$，使得 $f(x_0) = 0$.

再证实根仅有一个. 反证法，假设还有一个 $x_1 \in (a,b)$ 且 $x_0 \neq x_1$，使得 $f(x_1) = 0$. 则由罗尔定理知必存在一点 $\xi \in (x_0, x_1)$（或 (x_1, x_0)）$\subset (a,b)$，使得 $f'(\xi) = 0$，这与已知导数恒不为零矛盾. 因此方程 $f(x) = 0$ 在开区间 (a,b) 内有且仅有一个实根.

4.1.2 拉格朗日中值定理

罗尔定理的条件(3) $f(a) = f(b)$，很多函数不能满足，从而限制了罗尔定理的应用.

现将其取消,而保持前两个条件不变,即得到拉格朗日中值定理.

定理 4.1.2(**拉格朗日中值定理**)　如果函数 $f(x)$ 满足

(1) 在闭区间 $[a,b]$ 上连续;

(2) 在开区间 (a,b) 内可导.

那么在 (a,b) 内至少存在一点 $\xi(a<\xi<b)$, 使得

$$f'(\xi)=\frac{f(b)-f(a)}{b-a}$$

或
$$f(b)-f(a)=f'(\xi)(b-a)$$

证:从罗尔定理与拉格朗日中值定理之间的关系,自然想到利用罗尔定理来证明拉格朗日中值定理. 函数 $f(x)$ 不一定具有 $f(a)=f(b)$ 这个条件,为此构造一个与 $f(x)$ 有密切关系的函数 $\varphi(x)$, 且有 $\varphi(a)=\varphi(b)$, 然后对 $\varphi(x)$ 使用罗尔定理,再把对 $\varphi(x)$ 的结论转移到 $f(x)$. 于是引进辅助函数

$$\varphi(x)=f(x)-\frac{f(b)-f(a)}{b-a}x$$

显然 $\varphi(x)$ 在 $[a,b]$ 上连续,在 (a,b) 内可导,且有 $\varphi(a)=\dfrac{bf(a)-af(b)}{b-a}=\varphi(b)$, 由罗尔定理知至少存在一点 $\xi(a<\xi<b)$, 使得 $\varphi'(\xi)=0$, 即

$$f'(\xi)=\frac{f(b)-f(a)}{b-a}$$

显然,罗尔定理是拉格朗日中值定理的特殊情形,此时 $f(a)=f(b)$. 拉格朗日中值定理有如下重要推论.

推论 4.1.1　如果函数 $f(x)$ 在区间 (a,b) 内任意一点的导数恒为零,则 $f(x)$ 在区间 (a,b) 内是一个常数.

例 4.1.2　设 $f(x)=\cos x, 0\leqslant x\leqslant\dfrac{\pi}{2}$, 求使拉格朗日公式成立的 ξ.

解: $a=0, b=\dfrac{\pi}{2}$; $f(0)=1, f\left(\dfrac{\pi}{2}\right)=0, f'(x)=-\sin x$, 因此由拉格朗日中值定理有

$$f\left(\frac{\pi}{2}\right)-f(0)=0-1=f'(\xi)\left(\frac{\pi}{2}-0\right)$$

因此得
$$f'(\xi)=-\sin\xi=-\frac{2}{\pi}$$

即

$$\xi=\arcsin\frac{2}{\pi}$$

例 4.1.3　证明不等式 $\arctan x_2-\arctan x_1\leqslant x_2-x_1(x_2>x_1)$.

证:设 $f(x)=\arctan x$, 则 $f(x)$ 在 $[x_1,x_2]$ 上满足拉格朗日中值定理的条件,因此有

$$\arctan x_2-\arctan x_1=\frac{1}{1+\xi^2}(x_2-x_1),\ \xi\in(x_1,x_2)$$

又 $\dfrac{1}{1+\xi^2} \leqslant 1$，所以

$$\arctan x_2 - \arctan x_1 \leqslant x_2 - x_1$$

习题 4.1

1. 验证罗尔定理对函数 $f(x) = x^3 - 6x^2 + 11x - 6$ 在区间 $[2,3]$ 上的正确性.
2. 对函数 $f(x) = \sin x$ 在区间 $\left[0, \dfrac{\pi}{2}\right]$ 上验证拉格朗日中值定理的正确性.
3. 若 $x \in [0,1]$，证明 $x^3 + x - 1 = 0$ 仅有一个根.
4. 用拉格朗日中值定理证明下列不等式.
   (1) $|\arctan x - \arctan y| \leqslant |x - y|$；
   (2) $e^x > 1 + x (x \neq 0)$.
5. 用拉格朗日中值定理证明 $\arcsin x + \arccos x = \dfrac{\pi}{2}$.
6. 若对任意的 x, y 总有 $|f(x) - f(y)| \leqslant (x-y)^2$，那么函数 $f(x)$ 一定是常数.
7. 证明：若 $a_0 + \dfrac{a_1}{2} + \dfrac{a_2}{3} + \cdots + \dfrac{a_n}{n+1} = 0$，则对于 $[0,1]$ 内某个 x 必有 $a_0 + a_1x + a_2x^2 + \cdots + a_nx^n = 0$.

4.2 洛必达法则

根据之前学过的关于极限的性质及运算法则，若 $\lim\limits_{x\to x_0} f(x) = A$，$\lim\limits_{x\to x_0} g(x) = B (B \neq 0)$，则

$$\lim_{x\to x_0} \frac{f(x)}{g(x)} = \frac{\lim\limits_{x\to x_0} f(x)}{\lim\limits_{x\to x_0} g(x)} = \frac{A}{B}$$

但是，若 $x \to x_0$ 时，$f(x)$，$g(x)$ 同时为零或者无穷大的时候，该分式的极限是否存在？若存在，极限的四则运算法则也不能使用了，也就是

$$\lim_{x\to x_0} \frac{f(x)}{g(x)} \neq \frac{\lim\limits_{x\to x_0} f(x)}{\lim\limits_{x\to x_0} g(x)} \neq \frac{A}{B}$$

这节我们就讨论这种特殊类型的极限的求法，即两个无穷小量的比，记为 $\dfrac{0}{0}$（或两个无穷大量的比，记为 $\dfrac{\infty}{\infty}$）. 在这里我们称 $\dfrac{0}{0}$ 型和 $\dfrac{\infty}{\infty}$ 型的极限为未定式.

注意：此处的 $\dfrac{0}{0}$ 或 $\dfrac{\infty}{\infty}$，仅是一种形式上的表示，并不是说 0 可以做分母，也没有意味着“商的极限等于极限的商”.

未定式的极限是一种较难处理的极限，而洛必达法则是计算未定式的有效的、强有力的工具.

定理 4.2.1 设函数 $f(x)$，$g(x)$ 满足

(1) $\lim\limits_{x\to a} f(x) = \lim\limits_{x\to a} g(x) = 0$；

（2）在点 a 的某个去心邻域内，$f(x)$，$g(x)$ 可导，且 $g'(x)\neq 0$；

（3）$\lim\limits_{x\to a}\dfrac{f'(x)}{g'(x)}=A$（或 ∞）.

那么 $\lim\limits_{x\to a}\dfrac{f(x)}{g(x)}=\lim\limits_{x\to a}\dfrac{f'(x)}{g'(x)}=A$（或 ∞）.

证明略.

这种在一定条件下通过分子分母分别求导再求极限来确定未定式的值的方法称为洛必达法则．定理4.2.1说明：当 $\lim\limits_{x\to x_0}\dfrac{f'(x)}{g'(x)}$ 存在时，$\lim\limits_{x\to x_0}\dfrac{f(x)}{g(x)}$ 也存在且两者相等；当 $\lim\limits_{x\to x_0}\dfrac{f'(x)}{g'(x)}$ 为无穷大时，$\lim\limits_{x\to x_0}\dfrac{f(x)}{g(x)}$ 也是无穷大．如果 $\lim\limits_{x\to x_0}\dfrac{f'(x)}{g'(x)}$ 还是 $\dfrac{0}{0}$ 型未定式，而这时 $f'(x)$，$g'(x)$ 满足定理中 $f(x)$，$g(x)$ 所要满足的条件，则可以继续应用洛必达法则，即

$$\lim_{x\to x_0}\frac{f(x)}{g(x)}=\lim_{x\to x_0}\frac{f'(x)}{g'(x)}=\lim_{x\to x_0}\frac{f''(x)}{g''(x)}$$

一般地，只要条件允许，那么洛必达法则可以反复使用，直到求出所要的极限为止．如果极限 $\lim\limits_{x\to x_0}\dfrac{f'(x)}{g'(x)}$ 不存在，则洛必达法则失效，但极限 $\lim\limits_{x\to x_0}\dfrac{f(x)}{g(x)}$ 仍然可能存在，这时需要用其他方法来求未定式 $\lim\limits_{x\to x_0}\dfrac{f(x)}{g(x)}$ 的极限.

例4.2.1　求极限 $\lim\limits_{x\to 0}\dfrac{x-\sin x}{x^3}$.

解：这是 $\dfrac{0}{0}$ 型，由洛必达法则，得

$$\lim_{x\to 0}\frac{x-\sin x}{x^3}=\lim_{x\to 0}\frac{1-\cos x}{3x^2}=\lim_{x\to 0}\frac{\sin x}{6x}=\lim_{x\to 0}\frac{\cos x}{6}=\frac{1}{6}$$

例4.2.2　求 $\lim\limits_{x\to 0}\dfrac{e^x-1}{x^3-3x}$.

解：

$$\lim_{x\to 0}\frac{e^x-1}{x^3-3x}=\lim_{x\to 0}\frac{e^x}{3x^2-3}=-\frac{1}{3}$$

注意：这里 $\lim\limits_{x\to 0}\dfrac{e^x}{3x^2-3}$ 已经不是未定式，因此不能再应用洛必达法则求极限．此题也可以用等价无穷小来替换，这样有时可以使计算简化.

$$\lim_{x\to 0}\frac{e^x-1}{x^3-3x}=\lim_{x\to 0}\frac{x}{x^3-3x}=\lim_{x\to 0}\frac{1}{3x^2-3}=-\frac{1}{3}$$

例4.2.3　求 $\lim\limits_{x\to 0}\dfrac{1-\dfrac{\sin x}{x}}{1-\cos x}$.

解：

$$\lim_{x\to 0}\frac{1-\dfrac{\sin x}{x}}{1-\cos x}=\lim_{x\to 0}\frac{-\dfrac{x\cos x-\sin x}{x^2}}{\sin x}=\lim_{x\to 0}\frac{\sin x-x\cos x}{x^2\sin x}$$

$$= \lim_{x \to 0} \frac{\sin x - x\cos x}{x^3} = \lim_{x \to 0} \frac{\cos x - \cos x + x\sin x}{3x^2}$$

$$= \lim_{x \to 0} \frac{x\sin x}{3x^2} = \frac{1}{3}$$

例 4.2.3 中应用了等价无穷小的替换：即当 $x \to 0$ 时，$x^2\sin x \sim x^3$.

例 4.2.4 求极限 $\lim\limits_{x \to 1} \dfrac{\ln x}{(x-1)^2}$.

解：

$$\lim_{x \to 1} \frac{\ln x}{(x-1)^2} = \lim_{x \to 1} \frac{\frac{1}{x}}{2(x-1)} = \lim_{x \to 1} \frac{1}{2x(x-1)} = \infty$$

例 4.2.5 验证极限 $\lim\limits_{x \to 0} \dfrac{x^2\sin\frac{1}{x}}{\sin x}$ 存在，但不能使用洛必达法则求出.

解：

$$0 \leqslant \lim_{x \to 0} \left| \frac{x^2\sin\frac{1}{x}}{\sin x} \right| \leqslant \lim_{x \to 0} \left| \frac{x^2}{\sin x} \right| = \lim_{x \to 0} \left(\left| \frac{x}{\sin x} \right| \cdot |x| \right) = 0$$

如果直接使用洛必达法则，那么将得到

$$\lim_{x \to 0} \frac{x^2\sin\frac{1}{x}}{\sin x} = \lim_{x \to 0} \frac{2x\sin\frac{1}{x} - \cos\frac{1}{x}}{\cos x}$$

但等式右端的极限不存在．出现这种情况的原因是定理 4.2.1 中的条件(3)不成立．此题的另解

$$\lim_{x \to 0} \frac{x^2\sin\frac{1}{x}}{\sin x} = \lim_{x \to 0} x\sin\frac{1}{x} \cdot \frac{1}{\frac{\sin x}{x}} = \lim_{x \to 0} x\sin\frac{1}{x} \cdot \lim_{x \to 0} \frac{1}{\frac{\sin x}{x}} = 0$$

对于 $x \to \infty$ 时的 $\dfrac{0}{0}$ 型未定式，以及对于 $x \to a$ 或 $x \to \infty$ 时的 $\dfrac{\infty}{\infty}$ 型未定式，也有相应的洛必达法则.

例 4.2.6 求 $\lim\limits_{x \to +\infty} \dfrac{\frac{\pi}{2} - \arctan x}{\frac{1}{x}}$.

解：当 $x \to +\infty$ 时，此题属于 $\dfrac{0}{0}$ 型，应用洛必达法则有

$$\lim_{x \to +\infty} \frac{\frac{\pi}{2} - \arctan x}{\frac{1}{x}} = \lim_{x \to +\infty} \frac{-\frac{1}{1+x^2}}{-\frac{1}{x^2}} = \lim_{x \to +\infty} \frac{x^2}{1+x^2} = 1$$

例 4.2.7 求 $\lim\limits_{x \to +\infty} \dfrac{\ln x}{x^n} (n > 0)$.

解:当 $x \to +\infty$ 时,此题属于 $\frac{\infty}{\infty}$ 型,应用洛必达法则有

$$\lim_{x\to+\infty}\frac{\ln x}{x^n}=\lim_{x\to+\infty}\frac{\frac{1}{x}}{nx^{n-1}}=\lim_{x\to+\infty}\frac{1}{nx^n}=0$$

例 4.2.8 求 $\lim\limits_{x\to+\infty}\frac{x^n}{e^{\lambda x}}$($n$ 是正整数且 $\lambda>0$).

解:当 $x\to+\infty$ 时,此题属于 $\frac{\infty}{\infty}$ 型,连续应用洛必达法则 n 次有

$$\lim_{x\to+\infty}\frac{x^n}{e^{\lambda x}}=\lim_{x\to+\infty}\frac{nx^{n-1}}{\lambda e^{\lambda x}}=\lim_{x\to+\infty}\frac{n(n-1)x^{n-2}}{\lambda^2 e^{\lambda x}}=\cdots=\lim_{x\to+\infty}\frac{n!}{\lambda^n e^{\lambda x}}=0$$

例 4.2.7 中的 n 可以换成任意正实数 $\mu>0$, 结论也是成立的. 例 4.2.7, 例 4.2.8 说明,当 $x\to+\infty$ 时, 对数函数 $\ln x$, 幂函数 $x^\mu(\mu>0)$ 及指数函数 $e^{\lambda x}(\lambda>0)$ 均趋于无穷大, 但它们趋于无穷大的“快慢”是不一样的, 其中指数函数最快, 幂函数次之, 对数函数最慢.

洛必达法则不但可以求 $\frac{0}{0}$ 型和 $\frac{\infty}{\infty}$ 型未定式, 同时也可以用来计算 $0\cdot\infty$, $\infty-\infty$, 0^0, ∞^0, 1^∞ 等型的未定式的极限. 用洛必达法则计算这些类型的未定式,只要经过适当的变换, 将它们化为 $\frac{0}{0}$ 型或 $\frac{\infty}{\infty}$ 型未定式, 再利用洛必达法则或其他的一些方法求极限(**注意**:明确未定式极限的种类).

例 4.2.9 求 $\lim\limits_{x\to1}\left(\frac{1}{1-x}-\frac{1}{\ln x}\right)$.

解:这是 $\infty-\infty$ 型未定式,通过通分有

$$\lim_{x\to1}\left(\frac{1}{1-x}-\frac{1}{\ln x}\right)=\lim_{x\to1}\frac{\ln x-(1-x)}{(1-x)\ln x}=\lim_{x\to1}\frac{\ln x+x-1}{(1-x)\ln x}$$

化为了 $\frac{0}{0}$ 型,应用洛必达法则有

$$\lim_{x\to1}\left(\frac{1}{1-x}-\frac{1}{\ln x}\right)=\lim_{x\to1}\frac{\frac{1}{x}+1}{\frac{1}{x}-1-\ln x}=\infty$$

例 4.2.10 求 $\lim\limits_{x\to0^+}x^x$.

解:这是 0^0 型未定式,把 x^x 改写成 $x^x=e^{\ln x^x}=e^{x\ln x}$. 由于

$$\lim_{x\to0^+}x^x=\lim_{x\to0^+}e^{x\ln x}=e^{\lim\limits_{x\to0^+}x\ln x}$$

因此只需计算 $\lim\limits_{x\to0^+}x\ln x$, 此时为 $0\cdot\infty$ 型,化为 $\frac{0}{0}$ 型或 $\frac{\infty}{\infty}$ 型.

$$\lim_{x\to0^+}x\ln x=\lim_{x\to0^+}\frac{\ln x}{\frac{1}{x}}=\lim_{x\to0^+}\frac{\frac{1}{x}}{-\frac{1}{x^2}}=\lim_{x\to0^+}(-x)=0$$

所以

$$\lim_{x\to0^+}x^x = e^{\lim\limits_{x\to0^+}x\ln x} = e^0 = 1$$

对形如上式这样的问题,大多数都是先采用取指数的方法,然后往熟悉的 $\frac{0}{0}$ 型或 $\frac{\infty}{\infty}$ 型上面转化,然后利用洛必达法则或者其他的性质来求极限.

例 4.2.11　求 $\lim\limits_{x\to0}x^2e^{\frac{1}{x^2}}$.

解:这是 $0\cdot\infty$ 型未定式的极限.

$$\lim_{x\to0}x^2e^{\frac{1}{x^2}} = \lim_{x\to0}\frac{e^{\frac{1}{x^2}}}{\frac{1}{x^2}} \overset{t=\frac{1}{x^2}}{=} \lim_{t\to\infty}\frac{e^t}{t} = \lim_{t\to\infty}e^t = \infty$$

例 4.2.12　求 $\lim\limits_{x\to+\infty}x^{\frac{1}{x}}$.

解:这是 ∞^0 型未定式的极限,由例 4.2.10 可采取类似的方法,

$$\lim_{x\to+\infty}x^{\frac{1}{x}} = \lim_{x\to+\infty}e^{\ln x^{\frac{1}{x}}} = \lim_{x\to+\infty}e^{\frac{1}{x}\ln x} = e^{\lim\limits_{x\to+\infty}\frac{1}{x}\ln x} = e^{\lim\limits_{x\to+\infty}\frac{1}{x}} = e^0 = 1$$

例 4.2.13　求极限 $\lim\limits_{x\to e}(\ln x)^{\frac{1}{1-\ln x}}$.

解:这是 1^∞ 型的未定式,由例 4.2.10 可采用相似的方法,

$$\lim_{x\to e}(\ln x)^{\frac{1}{1-\ln x}} = \lim_{x\to e}(\ln x)^{\frac{1}{1-\ln x}} = e^{\lim\limits_{x\to e}\frac{\ln(\ln x)}{1-\ln x}}$$

而

$$\lim_{x\to e}\frac{\ln(\ln x)}{1-\ln x} = \lim_{x\to e}\frac{\frac{1}{x\ln x}}{-\frac{1}{x}} = \lim_{x\to e}\left(-\frac{1}{\ln x}\right) = -1$$

所以 $\lim\limits_{x\to e}(\ln x)^{\frac{1}{1-\ln x}} = e^{-1}$.

本节虽然指出洛必达法则是求极限常用的有效的方法,但不是万能的方法,要灵活运用.

习题 4.2

1. 求下列极限:

(1) $\lim\limits_{x\to0}\frac{\ln(1+x)}{x}$;　　(2) $\lim\limits_{x\to0}\frac{e^x-e^{-x}}{\tan x}$;

(3) $\lim\limits_{x\to\frac{\pi}{2}}\frac{\ln\sin x}{(\pi-2x)^2}$;　　(4) $\lim\limits_{x\to0^+}\left(\ln\frac{1}{x}\right)^x$;

(5) $\lim\limits_{x\to a}\frac{x^m-a^m}{x^n-a^n}$;　　(6) $\lim\limits_{x\to0^+}\frac{\ln\cot x}{\ln x}$;

(7) $\lim\limits_{x\to0}\frac{x-\arctan x}{\sin^3x}$;　　(8) $\lim\limits_{x\to0}\left(\frac{1}{x^2}-\frac{1}{\tan^2x}\right)$;

(9) $\lim\limits_{x\to0}\left(\frac{\tan x}{x}\right)^{\frac{1}{x^2}}$;　　(10) $\lim\limits_{x\to0}\frac{x\cot x-1}{x^2}$;

(11) $\lim\limits_{x \to 0}\left(\dfrac{\sin x}{x}\right)^{\frac{1}{1-\cos x}}$；　　(12) $\lim\limits_{x \to 0}\left(\dfrac{\arcsin x}{x}\right)^{\frac{1}{1-\cos x}}$；

(13) $\lim\limits_{x \to 0}\left(\dfrac{1}{x} - \dfrac{1}{e^x - 1}\right)$；　　(14) $\lim\limits_{x \to 0}\dfrac{e^{-\frac{1}{x^2}}}{x^{100}}$；

(15) $\lim\limits_{n \to \infty} n^{-2} e^n$；　　(16) $\lim\limits_{x \to 0^+} x^{\sin x}$；

(17) $\lim\limits_{x \to \frac{\pi}{4}} (\tan x)^{\tan 2x}$；　　(18) $\lim\limits_{x \to 0}\dfrac{\tan x - x}{x - \sin x}$.

2. 试证明：当 $x \to 0$ 时，$x + \ln(1-x)$ 与 $-\dfrac{x^2}{2}$ 是等价无穷小.

3. 设 $f(x) = \begin{cases} \dfrac{\cos 2x - \cos 3x}{x^2}, x \neq 0 \\ a, x = 0 \end{cases}$，问当 a 为何值时，$f(x)$ 在点 $x = 0$ 处连续.

4. 设 $f(x) = \begin{cases} \dfrac{g(x)}{x}, x \neq 0 \\ 0, x = 0 \end{cases}$，以及 $g(0) = g'(0) = 0$ 和 $g''(0) = 17$，求 $f'(0)$.

5. 验证极限 $\lim\limits_{x \to \infty}\dfrac{x + \sin x}{x}$ 存在，但是不能使用洛必达法则得出.

4.3　函数的单调性与凹凸性的判别方法

函数的单调性是函数的一个很重要的性质. 本节将利用微分中值定理研究函数的单调性，曲线的凹凸性、拐点、渐近线等性质.

4.3.1　函数单调性的判别方法

第1章介绍函数在区间上单调的概念，用定义来判定函数的单调性，对于一些简单的函数来说比较有效，但是对于一些稍微复杂的函数有时是不方便的. 这一节将介绍利用函数的导数判定函数单调性的方法.

定理 4.3.1（**函数单调性判定定理**）　设函数 $f(x)$ 在 $[a,b]$ 上连续，在 (a,b) 内可导，

(1) 如果在 (a,b) 内 $f'(x) > 0$，那么函数 $f(x)$ 在 (a,b) 上单调增加；

(2) 如果在 (a,b) 内 $f'(x) < 0$，那么函数 $f(x)$ 在 (a,b) 上单调减少.

证：在区间 $[a,b]$ 任取两点 x_1, x_2，不妨设 $x_1 < x_2$. 由定理 4.3.1 的条件知函数 $f(x)$ 在区间 $[x_1, x_2]$ 上连续，在区间 (x_1, x_2) 内可导，根据拉格朗日中值定理，存在 $\xi \in (x_1, x_2)$，使得

$$f(x_2) - f(x_1) = f'(\xi)(x_2 - x_1)(x_1 < \xi < x_2) \tag{4.3.1}$$

(1) 如果在 (a,b) 内 $f'(x) > 0$，则 $f'(\xi) > 0$，由式(4.3.1)得 $f(x_2) > f(x_1)$，所以函数 $f(x)$ 在 (a,b) 上单调增加.

(2) 如果在 (a,b) 内 $f'(x) < 0$，则 $f'(\xi) < 0$，由式(4.3.1)得 $f(x_2) < f(x_1)$，所以函数 $f(x)$ 在 (a,b) 上单调减少.

注意：

(1) 如果在区间 (a,b) 内 $f'(x) \geqslant 0$（或 $f'(x) \leqslant 0$），等号仅在有限多个点处成立，则函数 $f(x)$ 在 $[a,b]$ 上单调增加(减少).

(2) 判别法中的开区间可以换成其他各种区间(包括无限区间)结论也成立.

若 $f'(x_0)=0$, 则称点 x_0 为函数 $f(x)$ 的驻点或稳定点.

例 4.3.1　判定函数 $y=2x+\cos x$ 在 $[-\pi,\pi]$ 上的单调性.

解:函数在 $[-\pi,\pi]$ 上连续,在 $(-\pi,\pi)$ 内,

$$y'=2-\sin x>0$$

因此由函数单调性判定定理知函数 $y=2x+\cos x$ 在 $[-\pi,\pi]$ 上单调增加.

例 4.3.2　讨论函数 $y=e^x-x-1$ 的单调性.

解:函数 $y=e^x-x-1$ 的定义域为 $(-\infty,+\infty)$,在定义域内连续、可导,且

$$y'=e^x-1$$

由于在 $(-\infty,0)$ 内 $y'<0$, 所以函数 $y=e^x-x-1$ 在 $(-\infty,0]$ 上单调减少;在 $(0,+\infty)$ 内 $y'>0$, 所以函数 $y=e^x-x-1$ 在 $[0,+\infty)$ 上单调增加.

从这个例题可以看到,单调增加和单调减少的分界点是导数为零的点. 导数为零的点可以用来划分函数的定义区间,使得函数在各个部分区间内单调. 如果函数在某些点处不可导,那么划分函数定义区间的分点还应包括这些导数不存在的点.

例 4.3.3　确定函数 $y=1+\sqrt[3]{x^2}$ 的单调性.

解:函数 $y=1+\sqrt[3]{x^2}$ 在定义区间 $(-\infty,+\infty)$ 上连续,当 $x=0$ 时,导数不存在;当 $x\neq 0$ 时,

$$y'=\frac{2}{3\sqrt[3]{x}}$$

这样导数不存在的点 $x=0$ 将定义区间分成 $(-\infty,0]$ 和 $[0,+\infty)$. 在 $(-\infty,0)$ 内 $y'<0$, 所以函数 $y=1+\sqrt[3]{x^2}$ 在 $(-\infty,0]$ 上单调减少;在 $(0,+\infty)$ 内 $y'>0$, 所以函数 $y=1+\sqrt[3]{x^2}$ 在 $[0,+\infty)$ 上单调增加.

例 4.3.4　讨论函数 $f(x)=3\sqrt[3]{x}\left(1-\frac{x}{4}\right)$ 的单调性.

解:函数 $f(x)$ 的定义域为 $(-\infty,\infty)$.

$$f'(x)=\begin{cases}\frac{1-x}{\sqrt[3]{x^2}}, & x\neq 0\\ \text{不存在}, & x=0\end{cases}$$

由 $f'(x)=0$ 得到驻点 $x=1$. 列表讨论见表 4.1.

表 4.1

x	$(-\infty,0)$	$(0,1)$	$(1,\infty)$
$f'(x)$	+	+	−
$f(x)$	↗	↗	↘

因此,函数 $f(x)$ 在区间 $(-\infty,1]$ 上单调递增,在区间 $[1,+\infty)$ 上单调递减.

4.3.2 函数的凹凸性及其判别法

在研究函数图形的变化情况时，应用导数可以判别它的上升（单调增加）或下降（单调减少）趋势，但是还不能完全反映它的全部变化规律．如图4.3所示，函数 $y=f(x)$ 在区间 (a,b) 内虽然一直是上升的，但是却有不同的弯曲情况．从左往右，曲线先是向上弯曲，通过 P 点后，扭转了弯曲的方向，向下弯曲．而且从图4.3明显地看出，曲线向上弯曲的弧段总是位于这段弧上任意一点的切线的上方，曲线向下弯曲的弧段总是位于这段弧上任意一点的切线的下方．据此，有如下定义：

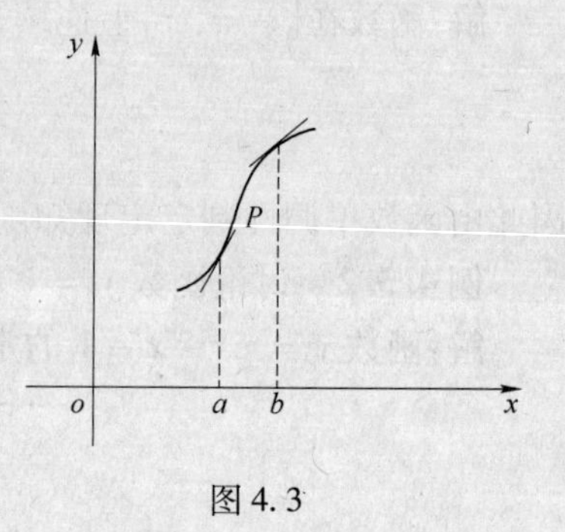

图4.3

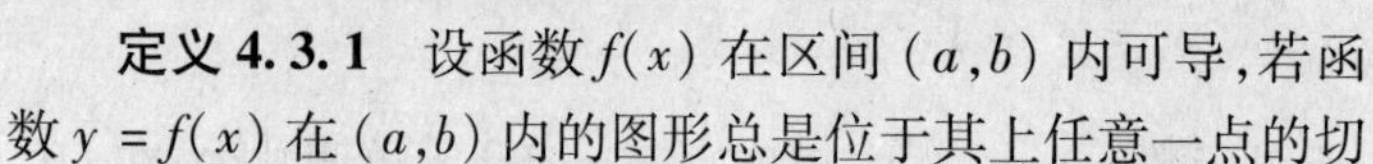

定义 4.3.1 设函数 $f(x)$ 在区间 (a,b) 内可导，若函数 $y=f(x)$ 在 (a,b) 内的图形总是位于其上任意一点的切线上方，则称曲线 $y=f(x)$ 在 (a,b) 内是凹的，称区间 (a,b) 为该曲线的凹区间；若函数 $y=f(x)$ 在区间 (a,b) 内的图形总位于其上任意一点的切线下方，则称曲线 $y=f(x)$ 在 (a,b) 内是凸的，称区间 (a,b) 为该曲线的凸区间．

设曲线弧 $\overset{\frown}{AB}$ 的方程为 $y=f(x)$，$a\leqslant x\leqslant b$，如图4.4(a)、(b)所示．

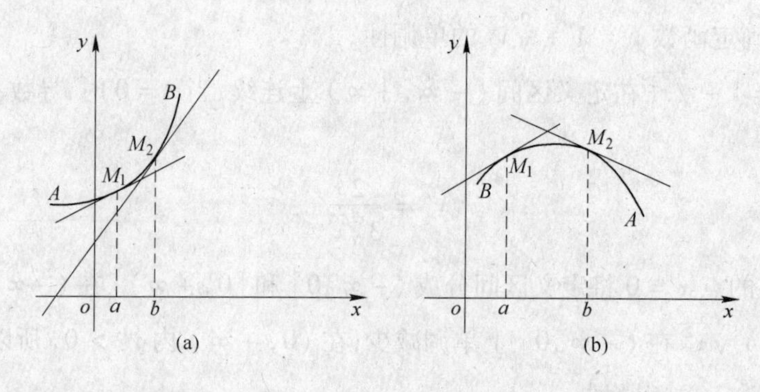

图4.4

从图4.4可以看到：在凹弧（见图4.4(a)）上各点处的切线的斜率是随着 x 的增加而增加的，这说明 $f'(x)$ 为单调增函数；而凸弧（见图4.4(b)）上各点处的切线的斜率是随着 x 的增加而减少的，这说明 $f'(x)$ 为单调减函数．由于 $f'(x)$ 的单调性可以通过导数 $f''(x)$ 来判定，这就有如下通过二阶导数的符号来判定曲线弧的凹凸性定理．

定理 4.3.2 设 $f(x)$ 在 $[a,b]$ 上连续，在 (a,b) 内具有二阶导数，那么

(1) 如果 $x\in(a,b)$ 时，恒有 $f''(x)>0$，则曲线 $f(x)$ 在 (a,b) 内是凹的；

(2) 如果 $x\in(a,b)$ 时，恒有 $f''(x)<0$，则曲线 $f(x)$ 在 (a,b) 内是凸的．

首先对曲线是凹的情况给出证明．

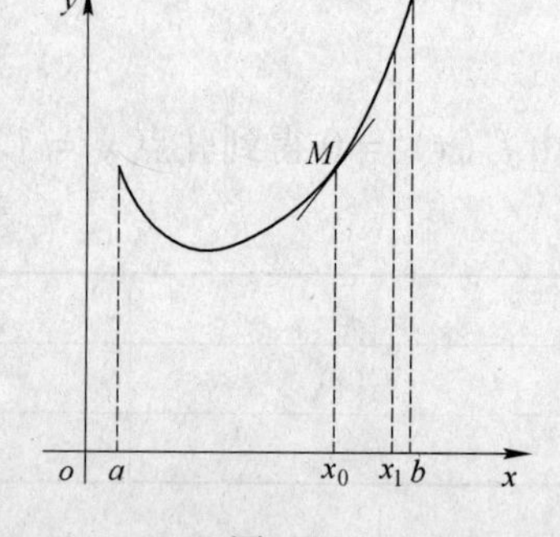

图4.5

证：如图4.5所示，任选 $x_0\in(a,b)$，过点 $M(x_0,f(x_0))$

作曲线 $y = f(x)$ 的切线,其方程为

$$y = f(x_0) + f'(x_0)(x - x_0)$$

若记 $l(x) = f(x_0) + f'(x_0)(x - x_0)$, 则该切线方程可写为 $y = l(x)$.

任取 $x_1 \in (a,b)$, 且 $x_1 \neq x_0$.

(1) 当 $x_1 > x_0$ 时,

$$\begin{aligned} f(x_1) - l(x_1) &= f(x_1) - [f(x_0) + f'(x_0)(x_1 - x_0)] \\ &= f(x_1) - f(x_0) - f'(x_0)(x_1 - x_0) \end{aligned}$$

对于上式由拉格朗日中值定理,有:

$$\begin{aligned} f(x_1) - l(x_1) &= f'(\xi)(x_1 - x_0) - f'(x_0)(x_1 - x_0) \quad (x_0 < \xi < x_1) \\ &= [f'(\xi) - f'(x_0)](x_1 - x_0) \\ &= f''(\eta)(\xi - x_0)(x_1 - x_0) \quad (x_0 < \eta < \xi) \end{aligned}$$

由于 $f''(\eta) > 0, \xi > x_0, x_1 > x_0$, 故得 $f(x_1) > l(x_1)$

(2) 当 $x_1 < x_0$ 时,同理可证得: $f(x_1) > l(x_1)$.

此时证明了曲线 $y = f(x)$ 在任一点的切线都在曲线的下方,即曲线在 (a,b) 内是凹的.

同理可以证得对于曲线是凸的时候结论成立的条件.

定义 4.3.2 设曲线 $y = f(x)$ 在点 $(x_0, f(x_0))$ 处有穿过曲线的切线,且在切点两侧近旁曲线分别是凹的和凸的,这时称点 $(x_0, f(x_0))$ 为曲线 $y = f(x)$ 的拐点.

由定义可知,拐点正是凹曲线和凸曲线的分界点.

例如 $(0,0)$ 是 $y = x^3$ 的拐点.

定理 4.3.3 如果曲线 $y = f(x)$ 在点 x_0 处二阶可导,且点 $(x_0, f(x_0))$ 是曲线 $y = f(x)$ 的拐点,则有 $f''(x_0) = 0$.

注意:对于在点 x_0 处二阶可导的函数 $f(x)$ 而言, $f''(x_0) = 0$ 是 $(x_0, f(x_0))$ 为曲线 $y = f(x)$ 拐点的必要条件,不是充分条件. 例如: $f(x) = x^4, f''(x) = 12x^2, f''(0) = 0$.

显然, $(0,0)$ 不是曲线 $y = x^4$ 的拐点,曲线 $y = x^4$ 在 $(-\infty, \infty)$ 上是凸的.

有了拐点的定义后,如何来求曲线的拐点呢? 由于 $f''(x)$ 的符号可以判定曲线的凹凸性,如果 $f''(x)$ 在 x_0 的左右两侧邻域内分别保持确定的符号并且左右两侧异号,那么点 $(x_0, f(x_0))$ 就是一个拐点. 因此拐点处 $f''(x) = 0$ 或 $f''(x)$ 不存在.

例 4.3.5 求曲线 $y = x^4 - 2x^3 + 2$ 的凹凸性区间与拐点.

解:求导数

$$y' = 4x^3 - 6x^2$$

$$y'' = 12x^2 - 12x = 12x(x - 1)$$

令 $y'' = 0$, 得 $x_1 = 0, x_2 = 1$.

下面列表说明曲线 $y = x^4 - 2x^3 + 2$ 的凹凸性区间与拐点,如表 4.2 所示.

表 4.2

x	$(-\infty, 0)$	0	$(0,1)$	1	$(1, +\infty)$
y''	+	0	−	0	+
y	凹	1(拐点)	凸	0(拐点)	凹

可见,曲线在区间 $(-\infty,0)$ 与 $(1,+\infty)$ 上是凹的,在区间 $(0,1)$ 上是凸的. 曲线的拐点是 $(0,1)$,$(1,0)$.

还有两种情况需要说明:

(1) 在点 x_0 处一阶导数存在而二阶导数不存在时,如果在点 x_0 左右邻域二阶导数存在且符号相反,则 $(x_0,f(x_0))$ 是拐点,如果符号相同则不是拐点.

(2) 在点 x_0 处函数连续,而一、二阶导数都不存在,如果在点 x_0 左右邻域二阶导数存在且符号相反,则 $(x_0,f(x_0))$ 是拐点,如果符号相同则不是拐点.

例 4.3.6　求曲线 $y=(x-2)^{\frac{5}{3}}$ 的凹凸性区间与拐点.

解:求导数

$$y'=\frac{5}{3}(x-2)^{\frac{2}{3}},\ y''=\frac{10}{9}(x-2)^{-\frac{1}{3}}$$

当 $x=2$ 时,$y'=0$,y'' 不存在,列表如表 4.3 所示.

表 4.3

x	$(-\infty,2)$	2	$(2,+\infty)$
y''	−	不存在	+
y	凸	0(拐点)	凹

因此,曲线在区间 $(-\infty,2)$ 上是凸的,在区间 $(2,+\infty)$ 上是凹的,拐点是 $(2,0)$.

4.3.3　曲线的渐近线

之前我们学过双曲线的渐近线,可以知道,曲线的渐近线描述对应函数的某种极限状态,它能辅助我们更好地研究函数的性态.

定义 4.3.3　如果曲线 C 上的动点 P 沿着曲线无限地远离原点时,点 P 与某定直线 L 的距离为零,则称此直线 L 为曲线 C 的渐近线.

渐近线的种类有三种:垂直渐近线、水平渐近线和斜渐近线.

4.3.3.1　垂直渐近线

如果函数 $y=f(x)$ 在点 x_0 处间断,且 $\lim\limits_{x\to x_0}f(x)=\infty$ (或 $\lim\limits_{x\to x_0^+}f(x)=\infty$, $\lim\limits_{x\to x_0^-}f(x)=\infty$),则直线 $x=x_0$ 是一条垂直渐近线.

例 4.3.7　求曲线 $y=\dfrac{1+e^{-2x}}{1-e^{-x^2}}$ 的垂直渐近线.

解:曲线 $y=\dfrac{1+e^{-2x}}{1-e^{-x^2}}$ 的定义域为 $(-\infty,0)\cup(0,\infty)$,因为

$$\lim_{x\to 0}\frac{1+e^{-2x}}{1-e^{-x^2}}=\infty$$

于是,由渐近线的定义知,直线 $x=0$ 是曲线 $y=\dfrac{1+e^{-2x}}{1-e^{-x^2}}$ 的垂直渐近线.

4.3.3.2　水平渐近线

如果 $\lim\limits_{x\to+\infty}f(x)=b$ (或 $\lim\limits_{x\to-\infty}f(x)=b$, $\lim\limits_{x\to\infty}f(x)=b$),则直线 $y=b$ 是曲线 $y=f(x)$ 的

水平渐近线．

例 4.3.8　求曲线 $y = \arctan x$ 的水平渐近线．

解：因为 $\lim\limits_{x\to-\infty}\arctan x = -\frac{\pi}{2}, \lim\limits_{x\to+\infty}\arctan x = \frac{\pi}{2}$. 于是，直线 $y = -\frac{\pi}{2}$ 与 $y = \frac{\pi}{2}$ 都是曲线 $y = \arctan x$ 的水平渐近线．

4.3.3.3　斜渐近线

设曲线 $y = f(x)$，若存在直线 $y = ax + b\ (a \neq 0)$，使得 $\lim\limits_{x\to-\infty}[f(x) - (ax+b)] = 0$ 或 $\lim\limits_{x\to+\infty}[f(x) - (ax+b)] = 0$ 成立，则称直线 $y = ax + b$ 为曲线 $y = f(x)$ 的斜渐近线．

若曲线 $y = f(x)$ 有斜渐近线 $y = ax + b$，那么如何确定 a, b 呢？

我们只考虑 $x\to+\infty$ 的情况（$x\to-\infty$ 及 $x\to\infty$ 的情况类似）. 由于 $\lim\limits_{x\to+\infty}[f(x) - (ax + b)] = 0$，从而 $\lim\limits_{x\to+\infty}[f(x) - ax] = b$（极限的四则运算）.

又由于当 $x\to+\infty$ 时，$f(x) - ax$ 的极限存在，所以

$$\lim_{x\to+\infty}\frac{f(x) - ax}{x} = \lim_{x\to+\infty}\left(\frac{f(x)}{x} - a\right) = 0$$

即 $\lim\limits_{x\to+\infty}\frac{f(x)}{x} = a$. 进而我们可以求出 b 的值，所以直线 $y = ax + b$ 就可以确定出来．

例 4.3.9　求曲线 $y = \frac{x^2}{2x-1}$ 的斜渐近线．

解：因为

$$a = \lim_{x\to\infty}\frac{f(x)}{x} = \lim_{x\to\infty}\frac{x^2}{x(2x-1)} = \frac{1}{2}$$

$$b = \lim_{x\to\infty}[f(x) - ax] = \lim_{x\to\infty}\left(\frac{x^2}{2x-1} - \frac{1}{2}x\right) = \lim_{x\to\infty}\frac{x}{2(2x-1)} = \frac{1}{4}$$

于是，所求的斜渐近线为 $y = \frac{1}{2}x + \frac{1}{4}$.

习题 4.3

1. 确定函数 $y = \frac{\sqrt{x}}{100+x}$ 的单调区间．
2. 求函数 $y = x^4 - 2x^2 - 5$ 的单调区间．
3. 求函数 $y = \frac{(x-3)^2}{4(x-1)}$ 的单调区间．
4. 证明：若 $x > 0$，证明 $x^2 + \ln(1+x)^2 > 2x$.
5. 求证：当 $0 < x_1 < x_2 < \frac{\pi}{2}$ 时，$\frac{\tan x_2}{\tan x_1} > \frac{x_2}{x_1}$.
6. 试证方程 $e^x = 1 + x$ 只有一个实根．
7. 求下列函数图形的拐点及凹或凸的区间：

(1) $y = x^3 - 5x^2 + 3x + 5$；　　(2) $y = xe^x$；

(3) $y = \ln(1 + x^2)$；　　(4) $y = e^{-x}$；

(5) $y = \dfrac{2x}{1 + x^2}$.

8. 判定下列曲线的凹凸性.

(1) $y = 2x - x^2$;　　(2) $y = x\arctan x$.

9. 证明:曲线 $y = \dfrac{x-1}{x^2+1}$ 有三个拐点,且这三个拐点位于同一直线上.

10. 设对于所有的 x 都有 $f'(x) > g'(x)$, 且 $f(a) = g(a)$. 证明:当 $x > a$ 时, $f(x) > g(x)$; 当 $x < a$ 时, $f(x) < g(x)$.

11. 求下列曲线的渐近线.

(1) $y = \dfrac{(x-3)^2}{4(x-1)}$;　　(2) $y = \dfrac{1}{x-2} + 1$;

(3) $y = \dfrac{x}{(x+1)(x-1)}$;　　(4) $y = \dfrac{x^2-1}{x}$.

4.4　函数的极值与最值

4.4.1　函数的极值

上一节的例 4.3.2 函数 $y = e^x - x - 1$ 在 $(-\infty, 0]$ 上单调减少,在 $[0, +\infty)$ 上单调增加. 这说明当 x 从点 $x = 0$ 的左侧邻域变到右侧邻域时,函数 $y = e^x - x - 1$ 由单调减少变为单调增加,即 $x = 0$ 是函数由减少变为增加的转折点,因此有如下定义.

设函数 $f(x)$ 在点 x_0 的某个邻域内有定义,对于该邻域内异于 x_0 的点 x, 都有 $f(x) < f(x_0)$, 则称 $f(x_0)$ 为函数 $f(x)$ 的极大值,点 x_0 称为函数 $f(x)$ 的极大值点;如果都有 $f(x) > f(x_0)$, 则称 $f(x_0)$ 为函数 $f(x)$ 的极小值,点 x_0 称为函数 $f(x)$ 的极小值点. 极大值,极小值统称为极值. 极大值点,极小值点统称为极值点.

极值是一个局部性的概念,它只是与极值点邻近的所有点的函数值相比较而言,并不意味着它在函数的整个定义域内最大或最小,如图 4.6 所示.

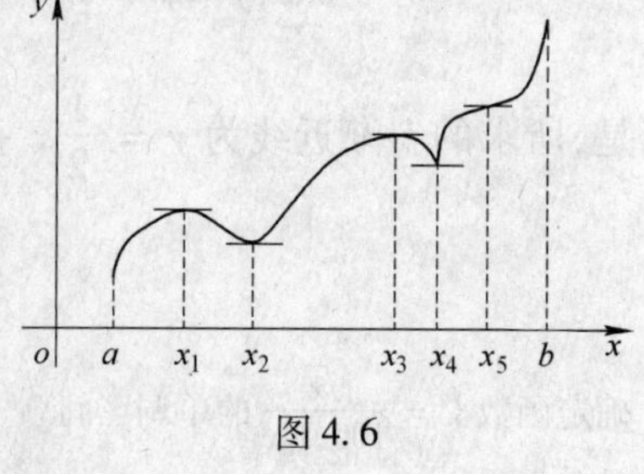

图 4.6

函数 $f(x)$ 在点 x_1 和 x_3 处取得极大值,在点 x_2 和 x_4 处取得极小值. 这些极大(小)值并不是函数在定义区间上的最大(小)值. 而且曲线在函数的极值点处所对应的切线是水平的. 反之,曲线在某点的切线是水平的,并不意味着这点就是曲线的极值点. 如图 4.6 中,曲线在点 x_5 的切线是水平的但它不是极值点.

在上述几何直观的基础上,给出判别函数极值的定理如下.

定理 4.4.1(必要条件)　如果函数 $f(x)$ 在点 x_0 处有极值 $f(x_0)$, 且 $f'(x_0)$ 存在,则 $f'(x_0) = 0$.

证:不妨设 $f(x_0)$ 为极大值,则存在 x_0 的某邻域,在此邻域内总有 $f(x_0) > f(x_0 + \Delta x)$. 于是

$$\frac{f(x_0 + \Delta x) - f(x_0)}{\Delta x} > 0 \quad (\Delta x < 0)$$

$$\frac{f(x_0+\Delta x)-f(x_0)}{\Delta x}<0\quad(\Delta x>0)$$

因此,根据已知 $f'(x_0)$ 存在,所以有

$$f'(x_0)=f'_-(x_0)=\lim_{\Delta x\to 0^-}\frac{f(x_0+\Delta x)-f(x_0)}{\Delta x}\geqslant 0$$

$$f'(x_0)=f'_+(x_0)=\lim_{\Delta x\to 0^+}\frac{f(x_0+\Delta x)-f(x_0)}{\Delta x}\leqslant 0$$

所以 $f'(x_0)=0$.

同理可证极小值的情形.

说明:

(1) 定理表明 $f'(x_0)=0$ 是点 x_0 为极值点的必要条件,不是充分条件.例如 $y=x^3$,$f'(0)=0$,但在 $x=0$ 点并没有极值.

使 $f'(x)=0$ 的点称为函数的驻点.驻点可能是函数的极值点,也可能不是函数的极值点.

(2) 定理 4.4.1 是对函数在极值点 x_0 处可导而言的.导数不存在的点也可能是极值点.如 4.3 节中的例 4.3.3 中函数 $y=1+\sqrt[3]{x^2}$,$f'(0)$ 不存在,但在 $x=0$ 取得极小值.因此函数极值点一定是函数的驻点或导数不存在的点,但是驻点或导数不存在的点不一定是函数的极值点.

下面给出函数取得极值的充分条件,也是判别极值的方法.

定理 4.4.2(第一充分条件)　设函数 $f(x)$ 在点 x_0 的一个邻域内可导且 $f'(x_0)=0$.

(1) 如果当 x 取 x_0 的左侧邻域内的值时,$f'(x)>0$;当 x 取 x_0 的右侧邻域内的值时,$f'(x)<0$,那么函数 $f(x)$ 在点 x_0 处取得极大值.

(2) 如果当 x 取 x_0 的左侧邻域内的值时,$f'(x)<0$;当 x 取 x_0 的右侧邻域内的值时,$f'(x)>0$,那么函数 $f(x)$ 在点 x_0 处取得极小值.

证:(1) 根据函数单调性的判别法,函数 $f(x)$ 在点 x_0 的左侧邻域是增加的;在 x_0 的右侧邻域是减少的,因此 $f(x_0)$ 是 $f(x)$ 的一个极大值.

同理可证(2).

定理 4.4.2 也可以简单地这样叙述:当点 x 在点 x_0 的邻域渐增地经过 x_0 时,如果 $f'(x)$ 的符号由正变负,那么 $f(x)$ 在点 x_0 处取得极大值;如果 $f'(x)$ 的符号由负变正,那么 $f(x)$ 在点 x_0 处取得极小值.显然,当 x 在 x_0 的邻域渐增地经过 x_0 时,如果 $f'(x)$ 的符号不变,那么 $f(x)$ 在点 x_0 处没有极值.

由定理 4.4.2 知,如果函数 $f(x)$ 在所讨论的区间内可导,则可以按如下步骤来求 $f(x)$ 的极值点和极值.

(1) 求出导数 $f'(x)$;

(2) 求出 $f'(x)$ 的全部驻点;

(3) 考察 $f'(x)$ 在每个驻点左、右邻域的符号,按定理 4.4.2 确定驻点是否为极值点;

(4) 求出各个极值点处的函数值.

另外,如果函数 $f(x)$ 在所讨论的区间内有个别点不可导,在求极值时,也要考察在不可导点的邻域内的 $f'(x)$ 变化情况.从而确定导数不存在的点是否为极值点.此时定理 4.4.2

中的方法仍然成立.

例 4.4.1　求出函数 $f(x) = x^3 - 3x^2 - 9x + 5$ 的极值.

解:

$$f'(x) = 3x^2 - 6x - 9 = 3(x+1)(x-3)$$

令 $f'(x) = 3(x+1)(x-3) = 0$ 得到驻点 $x_1 = -1, x_2 = 3$. 这两个点将定义区间 $(-\infty, +\infty)$ 分成三部分,列表如表 4.4 所示.

表 4.4

x	$(-\infty, -1)$	-1	$(-1,3)$	3	$(3, +\infty)$
$f'(x)$	+	0	−	0	+
$f(x)$	↗	极大值 10	↘	极小值 −22	↗

由表 4.4 知,函数 $f(x) = x^3 - 3x^2 - 9x + 5$ 的极大值为 $f(-1) = 10$, 极小值为 $f(3) = -22$.

例 4.4.2　求函数 $f(x) = x - \frac{3}{2}x^{\frac{2}{3}}$ 的单调区间和极值.

解:求导数 $f'(x) = 1 - x^{-\frac{1}{3}}$.

当 $x = 1$ 时, $f'(x) = 0$; 当 $x = 0$ 时, $f'(x)$ 不存在. 因此,函数只可能在这两点取得极值,列表如表 4.5 所示.

表 4.5

x	$(-\infty, 0)$	0	$(0,1)$	1	$(1, +\infty)$
$f'(x)$	+	不存在	−	0	+
$f(x)$	↗	极大值 0	↘	极小值 $-\frac{1}{2}$	↗

由表 4.5 可见,函数 $f(x)$ 在区间 $(-\infty, 0)$、$(1, +\infty)$ 单调增加,在区间 $(0,1)$ 单调减少;在点 $x = 0$ 处有极大值 $f(0) = 0$, 在点 $x = 1$ 处有极小值 $f(1) = -\frac{1}{2}$.

当函数在驻点的二阶导数存在时,有如下的极值判别定理.

定理 4.4.3(第二充分条件)　设 $f'(x_0) = 0$, $f''(x_0)$ 存在,

(1) 如果 $f''(x_0) > 0$, 则 $f(x_0)$ 为 $f(x)$ 的极小值;

(2) 如果 $f''(x_0) < 0$, 则 $f(x_0)$ 为 $f(x)$ 的极大值.

证:(1) 由导数定义, $f'(x_0) = 0$, $f''(x_0) > 0$ 得

$$f''(x_0) = \lim_{x \to x_0} \frac{f'(x) - f'(x_0)}{x - x_0} = \lim_{x \to x_0} \frac{f'(x)}{x - x_0} > 0$$

因此根据极限的性质,存在点 x_0 的某个邻域,在该邻域内有

$$\frac{f'(x)}{x - x_0} > 0 \quad (x \neq x_0)$$

所以当 $x < x_0$ 时, $f'(x) < 0$; 当 $x > x_0$ 时, $f'(x) > 0$. 由定理 4.4.2 知 $f(x_0)$ 为极小值.

同理可证(2).

例 4.4.3　求函数 $f(x) = x^3 - 3x$ 的极值.

解:

$$f'(x) = 3x^2 - 3 = 3(x+1)(x-1)$$

$$f''(x) = 6x$$

令 $f'(x) = 3(x+1)(x-1) = 0$, 得 $x = \pm 1$, 由于

(1) $f''(-1) = -6 < 0$, 因此 $f(-1) = 2$ 为极大值;

(2) $f''(1) = 6 > 0$, 因此 $f(1) = -2$ 为极小值.

注意:当 $f'(x_0) = f''(x_0) = 0$ 时,定理4.4.3失效,此时需要用定理4.4.2来判别. 例如 $y = x^3, f'(0) = f''(0) = 0$, 但在 $x = 0$ 点并没有极值. 又如 $y = x^4, f'(0) = f''(0) = 0$, 但点 $x = 0$ 是极小值点.

4.4.2 最大值、最小值与极值的应用问题

在生产活动中,常常遇到这样一类问题:在一定的条件下,怎样使"产品最多"、"用料最少"、"效率最高"等等,这类问题有时可归结为求某一函数的最大值和最小值问题. 函数的最大值和最小值与极大值、极小值一般是不同的.

设函数 $f(x)$ 在 $[a,b]$ 上连续,则一定在 $[a,b]$ 取得最大值和最小值. 如果 $f(x_0)$ 是函数 $f(x)$ 在 (a,b) 内的极大值(或极小值),指的是在点 x_0 的某个邻域内,对于该邻域内异于 x_0 的点 x, 都有

$$f(x) < f(x_0) \quad (\text{或} f(x) > f(x_0))$$

而如果 $f(x_0)$ 为函数 $f(x)$ 的最大值(或最小值),则是指 $x_0 \in [a,b]$, 对所有的 $x \in [a,b]$ 有

$$f(x) \leqslant f(x_0) \quad (\text{或} f(x) \geqslant f(x_0))$$

可见极值是局部的概念,最值是全局的概念. 最值是函数在所考察的区间上全部函数值中的最大(小)者,而极值只是函数在极值点的某个邻域内的最大值或最小值.

一般来说,连续函数 $f(x)$ 在 $[a,b]$ 上的最大值与最小值,可以由区间端点函数值 $f(a)$、$f(b)$ 与区间内使 $f'(x) = 0$ 及 $f'(x)$ 不存在的点的函数值相比较,其中最大的就是函数在 $[a,b]$ 上的最大值,最小的就是函数在 $[a,b]$ 上的最小值. 但下面两种情况特殊:

(1) 如果函数 $f(x)$ 在 $[a,b]$ 上单调增加,则 $f(a)$ 是 $f(x)$ 在 $[a,b]$ 上的最小值, $f(b)$ 是 $f(x)$ 在 $[a,b]$ 上的最大值. 即单调函数的最值在端点处取得.

(2) 如果函数在区间 (a,b) 内有且仅有一个极大值,而没有极小值,则此极大值就是函数在 $[a,b]$ 上的最大值;同样,如果函数在区间 (a,b) 内有且仅有一个极小值,而没有极大值,则此极小值就是函数在 $[a,b]$ 上的最小值. 很多求最大值或最小值的实际问题,都属于这种类型.

求函数 $f(x)$ 在区间 $[a,b]$ 上的最大值和最小值的方法归纳如下:

(1) 求出函数 $f(x)$ 在区间 (a,b) 内的所有的驻点和不可导点(假设这些点的个数是有限的): $x_1, x_2, \cdots, x_n$.

(2) 算出 $f(x_1), f(x_2), \cdots, f(x_n)$ 及区间 $[a,b]$ 端点的函数值 $f(a), f(b)$.

(3) 比较 $f(a), f(x_1), f(x_2), \cdots, f(x_n), f(b)$ 的大小,其中最大者和最小者分别就是函数 $f(x)$ 在闭区间 $[a,b]$ 上的最大值和最小值.

例 4.4.4 某工厂生产某产品,月产量为 x (单位:t),总成本(单位:万元)为 $C(x) =$

$300+\frac{1}{12}x^3-5x^2+170x$. 每吨产品的价格为134万元,并设所生产的产品可以全部售出. 问月产量多少才能使利润最大?

解:生产 x 吨时,总收入为 $R(x)=134x$.

利润为

$$L(x)=R(x)-C(x)$$

$$=134x-\left(300+\frac{1}{12}x^3-5x^2+170x\right)$$

$$=-\frac{1}{12}x^3+5x^2-36x-300$$

$$L'(x)=-\frac{1}{4}x^2+10x-36=-\frac{1}{4}(x-36)(x-4)$$

令 $L'(x)=0$, 得驻点 $x_1=4, x_2=36$.

又 $L''(x)=-\frac{1}{2}x+10, L''(4)=8>0, L''(36)=-8<0$.

故 $L(x)$ 在 $x=4$ 处取得极小值,在 $x=36$ 处取得极大值 $L(36)=996$.

又因为 $x\geqslant 0$, $L(x)$ 才有意义,而 $L(0)=-300$, 且当 $x>36$ 时, $L'(x)<0$, 即当 $x>36$ 时, $L(x)$ 单调减少,故 $L(36)=996$ 就是 $L(x)$ 的最大值. 所以当月产量为36吨时,可得到最大利润为996万元.

例 4.4.5　要做一个体积为 V 的圆柱形罐头筒,怎样才能使所用材料最省?

解:要使所用材料最省,就是要使罐头筒的总面积最小. 设罐头筒的底半径为 r, 高为 h, 则它的侧面积为 $2\pi rh$, 底面积为 πr^2, 因此总面积为 $S=2\pi r^2+2\pi rh$.

又体积为 V, 因此有 $h=\frac{V}{\pi r^2}$, 所以

$$S=2\pi r^2+\frac{2V}{r}\quad(0<r<+\infty)$$

$$S'=4\pi r-\frac{2V}{r^2}, S''=4\pi+\frac{4V}{r^3}$$

解 $S'=4\pi r-\frac{2V}{r^2}=0$ 得 $r=\sqrt[3]{\frac{V}{2\pi}}$, 由于 π, V, r 都是正数,因此 $S''>0$. 所以 S 在点 $r=\sqrt[3]{\frac{V}{2\pi}}$ 处为极小值,也是最小值. 这时相应的高为

$$h=\frac{V}{\pi r^2}=\frac{V}{\pi\left(\sqrt[3]{\frac{V}{2\pi}}\right)^2}=2r$$

因此,当所做罐头筒的高和底面直径相等时,所用材料最省.

例 4.4.6　求函数 $y=2x^3+3x^2-12x+14$ 在 $[-3,4]$ 上的最大值与最小值.

解:　　$y'=6x^2+6x-12=6(x+2)(x-1)$

解方程 $y' = 6(x+2)(x-1) = 0$，得 $x_1 = -2, x_2 = 1$.

由于 $y(-3) = 23, y(-2) = 34, y(1) = 7, y(4) = 142$，比较可得函数 $y = 2x^3 + 3x^2 - 12x + 14$ 在 $[-3,4]$ 上的最大值 $y(4) = 142$，最小值 $y(1) = 7$.

4.4.3 函数图形的描绘

以前，我们利用描点法来绘制函数的图像，但是描点法有缺陷．现在我们掌握了函数的单调性、极值、最值、凹凸性、拐点以及函数的奇偶性等知识，从而可以比较准确地描绘函数的图像．

一般来说，描绘函数 $y = f(x)$ 的图像可以按下列步骤进行：

(1) 确定函数的定义域；

(2) 判定函数 $y = f(x)$ 的奇偶性和周期性；

(3) 求出 $f'(x) = 0, f''(x) = 0$ 的根及 $f(x)$ 不可导点，列表讨论函数的单调区间、极值点及曲线的凹凸区间、拐点；

(4) 考察渐近线；

(5) 适当选取一些辅助点，如曲线与坐标轴的交点等；

(6) 综合以上讨论结果画出函数图像．

例 4.4.7 作函数 $y = f(x) = \frac{1}{\sqrt{2\pi}}\mathrm{e}^{-\frac{x^2}{2}}$ 的图像．

解：(1) $y = f(x)$ 的定义域为 $(-\infty, \infty)$.

(2) 对称性：由于 $f(-x) = f(x)$，故函数 $y = f(x)$ 为偶函数，其图像关于 y 轴对称．

(3) 单调性、极值、最值、凹凸性、拐点．

$$f'(x) = -\frac{x}{\sqrt{2\pi}}\mathrm{e}^{-\frac{x^2}{2}},\quad f''(x) = \frac{(x+1)(x-1)}{\sqrt{2\pi}}\mathrm{e}^{-\frac{x^2}{2}}$$

令 $f'(x) = 0$，得 $x_1 = 0$. 令 $f''(x) = 0$，得 $x_2 = -1, x_3 = 1$.

列表讨论如表 4.6 所示．

表 4.6

x	$(-\infty,-1)$	-1	$(-1,0)$	0	$(0,1)$	1	$(1,+\infty)$
$f'(x)$	+		+	0	−		−
$f''(x)$	+	0	−	−	−	0	+
$y=f(x)$	↗凸	拐点	↗凹	极大	↘凹	拐点	↘凸

由表 4.6 可见：

(1) 函数 $y = f(x)$ 在区间 $(-\infty, 0)$ 上单调增加，在 $(0, \infty)$ 上单调减少；在点 $x = 0$ 处取得极大值 $f(0) = \frac{1}{\sqrt{2\pi}}$.

(2) 曲线 $y = f(x)$ 在 $(-\infty, -1)$ 上是凸的，在 $(-1,1)$ 上是凹的，在 $(1, +\infty)$ 上也是凸的，故点 $\left(-1, \frac{1}{\sqrt{2\pi\mathrm{e}}}\right)$ 及 $\left(1, \frac{1}{\sqrt{2\pi\mathrm{e}}}\right)$ 是拐点．

（3）渐近线，由于 $\lim\limits_{x\to\infty}f(x)=\lim\limits_{x\to\infty}\frac{1}{\sqrt{2\pi}}e^{-\frac{x^2}{2}}=0$，所以 $y=0$ 是曲线的水平渐近线．

（4）做出函数的图形，如图 4.7 所示．

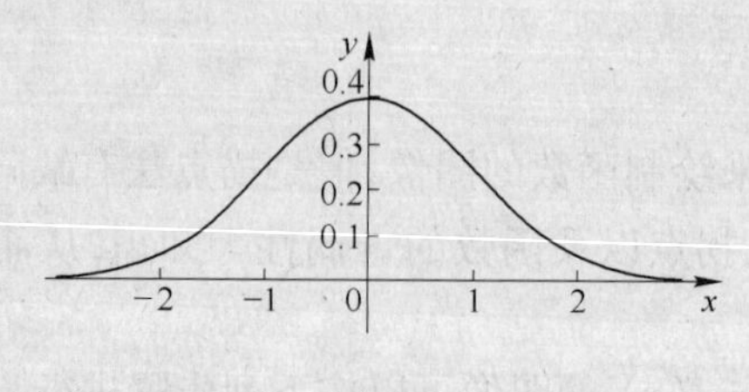

图 4.7

习题 4.4

1. 求下列函数的极值：

（1）$y=x^4-2x^2+5$；　　（2）$y=e^x\sin x$；

（3）$y=x^2-\frac{54}{x}$；　　（4）$y=2x-\ln(4x)^2$；

（5）$y=x^2e^{-x}$；　　（6）$y=(x-1)\sqrt[3]{x^2}$.

2. 当 a 为何值时，函数 $f(x)=a\sin x+\frac{1}{3}\sin 3x$ 在 $x=\frac{\pi}{3}$ 处取得极值？并求出该极值．

3. 求下列函数在所给区间上的最大值与最小值．

（1）当 $x\geqslant 0$ 时，求函数 $y=\frac{x}{1+x^2}$ 的最大值、最小值；

（2）当 $|x|\leqslant 10$ 时，求函数 $y=|x^2-3x+2|$ 的最大值、最小值；

（3）当 $0\leqslant x\leqslant 4$ 时，求函数 $y=x+\sqrt{x}$ 的最大值、最小值．

4. 求函数 $y=x+\frac{x}{x^2-1}$ 的单调区间、极值、凹凸区间、拐点、渐近线，并做出函数的图形．

5. 证明下面的不等式：

（1）当 $x>-1$ 时，$e^x-1\geqslant\ln(1+x)$；

（2）当 $x>0$ 时，$e^x\geqslant xe$.

6. 将半径为 r 的圆铁片，剪去一个扇形，问中心角 α 为多大时，才能使余下部分围成的圆锥形容器的容积最大？

7. 生产某种产品，每小时的生产成本由两部分组成，一是固定成本，每小时 α 元，另一部分与生产速度的立方成正比（比例系数为 k），现要完成总产量为 Q 的任务，问应如何安排生产速度使总生产成本最省？

8. 要做一个圆锥形漏斗，其母线长 20cm，要使其体积最大，问其高应为多少？

9. 在曲线 $y=a^2-x^2$ 的第一象限部分上求一点 $M_0(x_0,y_0)$，使过该点的切线与两坐标轴所围成的三角形的面积最小．

4.5　导数的应用

在许多经济管理与应用问题中，常需要解决投入最小、产出最多、成本最低、利润最大、效益最好的问题，数学上称这样的问题为最优化问题．这些问题都可以归结为求函数在某个区间上的最大值和最小值问题．求解最优化问题的关键步骤如下：

(1) 全面考虑问题，确认优化哪个量或函数，即适当选取自变量与因变量；

(2) 如果可能，画出草图描述变量间的关系，在草图上清楚地标出变量；

(3) 设法用上述确认的变量表示要优化的函数，如有必要，在公式中保留一个变量而消去其他变量，确认此变量的变化区域；

(4) 求出所有局部极值点，计算这些点和端点（如果存在的话）的函数值，以求出最大值和最小值．

还要指出，实际问题中，往往根据问题的性质就可以判定可导函数 $f(x)$ 确有最大值和最小值，而且一定在定义区间内部取得．这时如果 $f(x)$ 在定义区间内部只有一个驻点 x_0，那么不必讨论 $f(x_0)$ 是不是极值，就可以判定 $f(x_0)$ 是最大值或最小值．

4.5.1 经济学中几种常见的函数

4.5.1.1 成本函数

总成本 C 是指生产一定数量的产品所需的全部经济资源的投入（如劳动力、原料、设备等）的价格或费用总额．它由固定成本 C_0 和可变成本 C_1 组成．

平均成本 $\overline{C}$ 是生产一定数量产品，平均每单位产品的成本．

设产品的数量为 q，则总成本函数 C 及平均成本函数 $\overline{C}$ 分别可表示为

$$C = C_0 + C_1(q),\ \overline{C} = \frac{C(q)}{q} = \frac{C_0}{q} + \frac{C_1(q)}{q}$$

显然，成本函数 $C = C(q)$ 是单调增加的函数．

4.5.1.2 需求函数

“需求”是指在一定价格的条件下，消费者愿意购买并且有能力购买的商品量．

市场对某种商品的需求量 q 除与其价格有关外，还涉及其他因素，如消费者的收入、其他同类商品的价格等．如果在某段时间内这些因素可以看作不变，则需求量 q 为该商品单价 p 的函数，称为需求函数，记为 $q = f(p)$．

一般来说，当商品提价时，需求量会减少；而当商品降价时，需求量会增加．因此需求函数是单调减少的函数．若其反函数存在，将其反函数记作 $p = p(q)$，亦称其为需求函数．

4.5.1.3 供给函数

“供给”是指在一定价格的条件下，生产者愿意出售并且可供出售的商品量．

与需求函数的情况类似，某商品由于价格不同，生产此种商品的厂商（卖主）对市场提供的总供给量（简称商品的供给量）将不同．商品的供给量 q 也是价格 p 的函数，称为供给函数，记为 $q = \varphi(p)$．

若商品价格高，则刺激生产，商品供给就多，故函数 $\varphi(p)$ 是单调增加的函数．

4.5.1.4 收益函数

总收益 R 是生产者销售一定量产品所得的全部收入．

在经济学中常把价格 p 和需求量 q 的乘积 pq 称为该需求量和价格下所得的总收益，即总收益函数可表示为 $R = pq$.

4.5.1.5　利润函数

设 L 为总利润，q 为商品数量，则总利润 = 总收益 - 总成本，即

$$L(q) = R(q) - C(q)$$

4.5.2　导数在经济中的概念

导数在经济中就是边际概念．边际概念的建立，把导数引入了经济学，使得经济学研究的对象从常量进入变量，这在经济学发展史上具有重要意义．

一般地，在经济学中，若函数 $y = f(x)$ 可导，则其导函数也称为**边际函数**．$y = f(x)$ 在点 $x = x_0$ 处的导数 $f'(x_0)$ 称为 $f(x)$ 在点 $x = x_0$ 处的变化率，也称为 $f(x)$ 在 $x = x_0$ 处的边际函数值，它表示在点 $x = x_0$ 处的变化速度．

我们分别称 $C'(q)$、$R'(q)$ 和 $L'(q)$ 为边际成本、边际收益和边际利润．

例 4.5.1　某产品的可变成本函数为 $\frac{1}{2}q^2 + 3q$，需求函数为 $q = 100 - 5p$，其中 q 为需求量，p 为产品的价格．已知生产 10 件产品时的平均成本为 48 元/件，试求使利润最大的销售价．

解：设总成本函数为 $C(q)$，则

$$C(q) = \frac{1}{2}q^2 + 3q + C_0$$

其中，C_0 为固定成本．

又 10 件产品时的平均成本为 48 元/件，即

$$\frac{C(10)}{10} = 48$$

解得固定成本 $C_0 = 400$，从而

$$C(q) = \frac{1}{2}q^2 + 3q + 400$$

总收益函数为

$$R(p) = 100p - 5p^2$$

总利润函数为

$$\pi(p) = 100p - 5p^2 - \frac{1}{2}(100 - 5p)^2 - 3(100 - 5p) - 400$$

$$\pi'(p) = 615 - 35p$$

令 $\pi'(p) = 0$，得 $p \approx 17.57$(元)．又 $\pi''(p) = -35 < 0$，故当价格 p 为 17.57 元时利润最大．

例 4.5.2　某商品平均成本 $\overline{C}$(单位：元/kg)为产量 q(单位：kg)的函数，$\overline{C}(q) = \frac{100}{q} + 2$．该产品的单位售价为 p（单位：元），需求函数为 $q = 800 - 100p$．求边际成本与边际收入．

解：总成本为

$$C(q) = \overline{C}(q) \cdot q = 100 + 2q$$

总收入为

$$R = pq = q \cdot \frac{800 - q}{100} = 8q - \frac{q^2}{100}$$

于是可得边际成本为

$$C'(q) = 2$$

边际收入为

$$R'(q) = 8 - \frac{q}{50}$$

企业的经营决策主要取决于成本支出与收入，企业家最关心的当然是利润与成本的最优化．如何使得总成本最低、总利润最大等，这些都归结于寻求经济函数的最优解，归结为求函数的最大值或最小值问题．

例 4.5.3　某产品每日生产 x（单位：台）的总成本函数（单位：万元）为

$$C(x) = \frac{1}{5}x^2 + 4x + 20$$

求：(1)平均成本最小时的日产量；

(2)最小平均成本．

解：根据题意，日产量为 x 台时，每台的平均成本为：

$$\overline{C}(x) = \frac{C(x)}{x} = \frac{\frac{1}{5}x^2 + 4x + 20}{x} = \frac{1}{5}x + \frac{20}{x} + 4 \quad (x > 0)$$

$$\overline{C}'(x) = \frac{1}{5} - \frac{20}{x^2} = \frac{1}{5x^2}(x - 10)(x + 10)$$

令 $\overline{C}'(x) = 0$，得 $x_1 = 10, x_2 = -10$（舍去）．
易知，$x = 10$ 时，$\overline{C}(x)$ 有最小值 $\overline{C}(10) = 8$（万元／台）．
因此，生产 10 台时，有最小平均成本，此时最小平均成本为 8 万元/台．
另外，计算日产量为 $x = 10$ 时的边际成本，也得到相同的数值：

$$C'(10) = \left(\frac{2}{5}x + 4\right)\bigg|_{x=10} = 8$$

看到这个结果，有人会想这是巧合还是真的会有关系呢？这不是巧合．这恰是边际成本与平均成本之间的一个重要关系——最小成本原理，即在平均成本最低点处必有平均成本等于边际成本．

习题 4.5

1. 某厂每批生产的某种商品 x 单位的费用为 $C(x) = 5x + 200$（元），得到的收益是 $R(x) = 10x - 0.01x^2$（元）．问每批生产多少单位时才能使利润最大？

2. 某车间一天内生产商品 q 个单位，总成本函数为：$C(q) = \frac{q^2}{4} + 12q + 400$，问日产量 q 为多少时，平均成本最低？求此时的平均成本与边际成本．

5 不定积分

在前面的内容中,我们讨论了已知一个函数的情况下如何求这个函数的导数的问题.但是,在许多研究领域中,常常会遇到相反的问题,也就是在已知函数导数的情况下,要我们求出这个函数的解析式.这是微积分学的基本问题之一——求解不定积分问题,也是本章要着重讨论的问题.

本章知识结构导图:

- 不定积分及其应用
  - 不定积分概念
  - 性质
  - 计算
    - 第一换元积分法
    - 第二换元积分法
    - 分部积分法

5.1 不定积分的概念及性质

5.1.1 不定积分的定义

例 5.1.1 如果已知物体的运动方程为 $s = s(t)$, 则此物体的速度 v 是距离 s 对时间 t 的导数;反过来,如果已知物体运动的速度 v 是时间 t 的函数 $v = v(t)$, 求物体的运动方程 $s = s(t)$, 使它的导数 $s'(t)$ 等于已知函数 $v(t)$, 这就是一个求解不定积分的问题.

定义 5.1.1 如果在开区间 I 内,可导函数 $F(x)$ 的导函数为 $f(x)$, 即当 $x \in I$ 时,

$$F'(x) = f(x) \quad 或 \quad dF(x) = f(x)dx$$

那么函数 $F(x)$ 称为函数 $f(x)$ 在区间 I 内的原函数.

例 5.1.2 在区间$(-\infty, +\infty)$内, $(\ln x)' = \frac{1}{x}$, 因此,当 $x > 0$ 时, $\ln x$ 是 $\frac{1}{x}$ 的原函数.

例 5.1.3 在区间$(-\infty, +\infty)$内, $(x^4)' = 4x^3$, 因此 $F(x) = x^4$ 是 $4x^3$ 的原函数,同理 $x^4 + 1, x^4 - \sqrt{5}$ 也是 $4x^3$ 的原函数.

由定义可以看到,原函数与导函数是一对相反相成的概念,并且已知函数的原函数不止一个.那么在某个区间 I 内,一个函数具备什么条件时,它在这个区间才有原函数呢?下面我们给出一个关于函数原函数存在的条件定理.

定理 5.1.1 如果函数 $f(x)$ 在开区间 I 内连续,那么在 I 内存在可导函数 $F(x)$, 使 $F'(x) = f(x), x \in I$.

简单地说,就是连续函数一定有原函数.由于初等函数在其定义域内都是连续的,因此初等函数在其定义区间上都有原函数.

说明:(1) 如果$f(x)$在区间I内有原函数,即存在某函数$F(x)$,当$x\in I$时,有$F'(x)=f(x)$,那么对任何常数C,也有

$$[F(x)+C]'=f(x)$$

即$F(x)+C$也是$f(x)$的原函数.也就是说如果$f(x)$有原函数,则它有无限多个原函数.

(2) 在区间I内,如果$F(x)$是$f(x)$的一个原函数,那么$F(x)$和$f(x)$的其他原函数有什么关系?

设$G(x)$是$f(x)$的另一个原函数,即当$x\in I$时,

$$G'(x)=F'(x)=f(x)$$

于是

$$[G(x)-F(x)]'=G'(x)-F'(x)=0$$

从而有

$$G(x)-F(x)=C$$

这表明$G(x)$与$F(x)$只差一个常数,因此$f(x)$的全体原函数可以表示为$F(x)+C$(其中C是任意常数).

定义 5.1.2 函数$f(x)$的全体原函数称为$f(x)$的不定积分,记作$\int f(x)\mathrm{d}x$.

如果$F(x)$是$f(x)$的一个原函数,则由定义有

$$\int f(x)\mathrm{d}x=F(x)+C$$

其中$\int$(拉长的s)称为积分号,x称为积分变量,$f(x)$称为被积函数,$f(x)\mathrm{d}x$称为积分表达式.求已知函数的不定积分,就归结为求出它的一个原函数再加上任意常数C.

例 5.1.4 求$\int x^2\mathrm{d}x$.

解:因为$\left(\frac{1}{3}x^3\right)'=x^2$,所以$\int x^3\mathrm{d}x=\frac{1}{3}x^3+C$.

例 5.1.5 求$\int\frac{1}{x}\mathrm{d}x$.

解:当$x>0$时,$(\ln x)'=\frac{1}{x}$,所以$\int\frac{1}{x}\mathrm{d}x=\ln x+C$.

当$x<0$时,$(\ln -x)'=\frac{1}{-x}\cdot(-1)=\frac{1}{x}$,所以$\int\frac{1}{x}\mathrm{d}x=\ln(-x)+C$.

合并上面两式,可以得到

$$\int\frac{1}{x}\mathrm{d}x=\ln|x|+C$$

例 5.1.6 求经过点(1,2)且其切线斜率为$3x^2$的曲线方程.

解:设所求曲线方程为$y=F(x)$,由题意曲线上任一点切线斜率为$3x^2$,

$$\frac{dy}{dx} = 3x^2$$

即 $F(x)$ 是 $3x^2$ 的一个原函数，由 $\int 3x^2 dx = x^3 + C$ 得曲线方程 $y = x^3 + C$，代入点(1,2)得 $C = 1$，所以 $y = x^3 + 1$ 是所求曲线.

5.1.2 不定积分的性质

性质 5.1.1 不定积分与求导或微分互为逆运算.

(1) $[\int f(x) dx]' = f(x)$ 或 $d[\int f(x) dx] = f(x) dx$.

(2) $\int F'(x) dx = F(x) + C$ 或 $\int dF(x) = F(x) + C$.

即不定积分的导数(微分)等于被积函数(或被积表达式)，一个函数的导数的不定积分与这个函数相差一个任意常数.

性质 5.1.2 两个函数和(差)的不定积分等于这两个函数的不定积分的和(差). 即

$$\int [f(x) \pm g(x)] dx = \int f(x) dx \pm \int g(x) dx$$

这个公式可以推广到任意有限多个函数和(差)的情况.

性质 5.1.3 不为零的常数因子可以提到积分号外面.

$$\int kf(x) dx = k\int f(x) dx \quad (k \neq 0)$$

5.1.3 基本积分表

(1) $\int 0 dx = C$ (C 为常数)；

(2) $\int x^{\mu} dx = \frac{1}{\mu + 1} x^{\mu+1} + C$ $(\mu \neq -1)$；

(3) $\int \frac{1}{x} dx = \ln|x| + C$；

(4) $\int \sin x dx = -\cos x + C$；

(5) $\int \cos x dx = \sin x + C$；

(6) $\int \sec^2 x dx = \tan x + C$；

(7) $\int \csc^2 x dx = -\cot x + C$；

(8) $\int \frac{1}{\sqrt{1 - x^2}} dx = \arcsin x + C$；

(9) $\int \frac{1}{1 + x^2} dx = \arctan x + C$；

(10) $\int a^x dx = \frac{1}{\ln a} a^x + C$ $(a > 0, a \neq 1)$；

(11) $\int e^x dx = e^x + C$.

以上所列的不定积分表是由基本导数公式经逆运算得到,它们是求不定积分的基础,必须熟记,在应用公式时有时需要对被积函数作适当的变形.

例 5.1.7 求 $\int \frac{dx}{x\sqrt{x}}$.

解:
$$\int \frac{dx}{x\sqrt{x}} = \int x^{-\frac{3}{2}} dx = \frac{1}{-\frac{3}{2}+1} x^{-\frac{3}{2}+1} + C = -2x^{-\frac{1}{2}} + C = -\frac{2}{\sqrt{x}} + C$$

例 5.1.8 求 $\int x e^{x^2} dx$.

解:
$$\int x e^{x^2} dx = \frac{1}{2}\int e^{x^2} d(x^2) = \frac{1}{2} e^{x^2} + C$$

例 5.1.9 求 $\int \cos^2 \frac{x}{2} dx$.

解:
$$\int \cos^2 \frac{x}{2} dx = \int \frac{1+\cos x}{2} dx = \frac{1}{2}\int dx + \frac{1}{2}\int \cos x dx = \frac{x}{2} + \frac{1}{2}\sin x + C$$

说明:对三角函数作适当的恒等变换也是求不定积分常用的方法,要求同学们熟练掌握积化和差、和差化积、倍角公式、万能公式等三角变换.

例 5.1.10 求 $\int \frac{1+x+x^2}{x(1+x^2)} dx$.

解:
$$\int \frac{1+x+x^2}{x(1+x^2)} dx = \int \frac{x+(1+x^2)}{x(1+x^2)} dx = \int \left(\frac{1}{1+x^2} + \frac{1}{x}\right) dx = \arctan x + \ln|x| + C$$

说明:当被积函数是多项式有理式时,对被积函数拆项,可以使求解不定积分的过程更加清晰简便.

例 5.1.11 求 $\int \frac{x^2-1}{x^2+1} dx$.

解:
$$\int \frac{x^2-1}{x^2+1} dx = \int \frac{x^2+1-2}{x^2+1} dx = \int \left(1 - \frac{2}{x^2+1}\right) dx = x - 2\arctan x + C$$

习题 5.1

1. 解下列问题:

(1) 已知函数 $y=f(x)$ 的导数等于 x^3+2x-5,且 $x=2$ 时 $y=5$,求这个函数.

(2) 已知在曲线上任一点切线的斜率为 $x+3$,并且曲线经过点(1,2),求此曲线的方程.

2. 求下列不定积分:

(1) $\int (2+x-4x^2) dx$; (2) $\int (4^{-x}+x^3-x) dx$;

(3) $\int \left(\sqrt[3]{5x} - \frac{1}{2\sqrt{x}}\right) dx$; (4) $\int \sqrt{x}(x^2-3x) dx$;

(5) $\int \frac{x^3}{x^3-3x^2+1} dx$; (6) $\int \frac{(2t-3)^3}{t} dt$;

(7) $\int \frac{x^2-2\sqrt{x^3}-3}{\sqrt[3]{x}} dx$; (8) $\int 3\left(\cos^2 \frac{u}{2} + 1\right) du$;

(9) $\int \frac{e^{3t}+1}{e^t+1}dt$; (10) $\int \frac{6^x+3^x}{2^x}dx$;

(11) $\int \frac{1}{1-\sin x}dx$; (12) $\int \frac{x\cos^2 x}{\cos 2x+1}dx$;

(13) $\int 3^x 2^{3x}dx$; (14) $\int \cot^2 t dt$;

(15) $\int \tan 3t dt$; (16) $\int \frac{\sqrt{1-x^2}}{\sqrt{1-x^4}}dx$.

3. 已知 $\int f(t+1)dt = te^{t+1}+C$，求 $f(t)$.

4. 若 $f(x)$ 的一个原函数是 $\tan x$，求 $\int f'(x)dx$.

5. 已知 $f(x)=k\tan 3x$ 的一个原函数是 $\ln\cos 3x$，求常数 k.

6. 设 $f(x)=\begin{cases} x^3-\sin x & x\leqslant 0 \\ e^x & x>0 \end{cases}$，求 $f(x)$ 的不定积分.

7. 证明函数 $\arcsin(2x-1)+3$，$\arccos(1-2x)-1$，$2(\arcsin\sqrt{x}+1)$ 及 $2\arctan\sqrt{\frac{-x}{x-1}}$ 都是 $\frac{1}{\sqrt{x(1-x)}}$ 的原函数.

5.2 不定积分的换元法

5.2.1 第一换元积分法

利用基本积分表和不定积分的运算性质，可以求出一些简单函数的不定积分，但这是远远不够的，对于常见的复合函数不定积分如 $\int xe^{x^2}dx$，$\int \sin\frac{x}{3}dx$，$\int \frac{1}{x+5}dx$ 等就不容易求了，本节介绍一种最常见的积分法——第一换元积分法.

在讲述方法之前，我们先来看一个简单的例题.

例 5.2.1 求 $\int xe^{x^2}dx$.

被积函数 xe^{x^2} 是一个复合函数，我们将上式做一个简单的恒等变形，令 $u=x^2$，于是

$$\int xe^{x^2}dx = \frac{1}{2}\int 2xe^{x^2}dx = \frac{1}{2}\int e^{x^2}dx^2 = \frac{1}{2}\int e^u du = \frac{1}{2}e^u = \frac{1}{2}e^{x^2}$$

由这个例子，我们可以得到第一换元积分法.

如果要求的积分具有以下特征：

$$\int f(\varphi(x))\varphi'(x)dx \quad 或 \quad \int f(\varphi(x))d\varphi(x)$$

则设 $u=\varphi(x)$，如果 $f(u)$、$\varphi(x)$、$\varphi'(x)$ 都是连续函数，于是上式变为

$$\int f(u)du = F(u)+C = F(\varphi(x))+C$$

其中 $F(x)$ 是 $f(x)$ 的原函数.

由上述思想再看例 5.2.1,其中 $\varphi(x)=x^2,\varphi'(x)=2x$.

例 5.2.2 求 $\int \sin 2x \mathrm{d}x$.

解:被积函数 $\sin 2x$ 是一个复合函数,令 $u=2x$,则 $\sin 2x=\sin u,\mathrm{d}u=2\mathrm{d}x$,于是

$$\int \sin 2x \mathrm{d}x = \int \sin 2x \cdot \frac{1}{2}\mathrm{d}2x = \int \sin u \cdot \frac{1}{2}\mathrm{d}u = \frac{1}{2}\int \sin u \mathrm{d}u = \frac{1}{2}(-\cos u)+C$$

$$= -\frac{1}{2}\cos 2x + C$$

例 5.2.3 求 $\int \frac{1}{4+3x}\mathrm{d}x$.

解:令 $u=4+3x,u'=3$,则

$$\frac{1}{4+3x} = \frac{1}{3}\frac{1}{4+3x}\cdot 3 = \frac{1}{3}\frac{1}{4+3x}\cdot(4+3x)' = \frac{1}{3}\frac{1}{u}\cdot u'$$

因此

$$\int \frac{1}{4+3x}\mathrm{d}x = \frac{1}{3}\int \frac{1}{4+3x}(4+3x)'\mathrm{d}x = \frac{1}{3}\int \frac{1}{4+3x}\mathrm{d}(4+3x)$$

$$= \frac{1}{3}\int \frac{1}{u}\mathrm{d}u = \frac{1}{3}\ln|u| + C$$

$$= \frac{1}{3}\ln|4+3x| + C$$

一般地,对于积分 $\int f(ax+b)\mathrm{d}x$,可作变换 $u=ax+b$,则

$$\int f(ax+b)\mathrm{d}x = \frac{1}{a}\int f(ax+b)\mathrm{d}(ax+b) = \frac{1}{a}\left[\int f(u)\mathrm{d}u\right]\bigg|_{u=ax+b}$$

例 5.2.4 求 $\int \tan x \mathrm{d}x$.

解:利用三角恒等式将被积函数变形,然后再选择变量代换.

$$\int \tan x \mathrm{d}x = \int \frac{\sin x}{\cos x}\mathrm{d}x = \int \frac{(-\cos x)'}{\cos x}\mathrm{d}x = -\int \frac{1}{\cos x}\mathrm{d}\cos x$$

$$= -\int \frac{1}{u}\mathrm{d}u = -\ln|u| + C$$

$$= -\ln|\cos x| + C$$

熟练以后,可以不写中间变量 u. 如例 5.2.4

$$\int \tan x \mathrm{d}x = -\int \frac{1}{\cos x}\mathrm{d}\cos x = -\ln|\cos x| + C$$

例 5.2.5 求 $\int x\sqrt{1-x^2}\mathrm{d}x$.

解:$\int x\sqrt{1-x^2}\mathrm{d}x = \frac{1}{2}\int (1-x^2)^{\frac{1}{2}}\mathrm{d}(x^2) = -\frac{1}{2}\int (1-x^2)^{\frac{1}{2}}\mathrm{d}(1-x^2)$

$$= -\frac{1}{3}(1-x^2)^{\frac{3}{2}} + C$$

例 5.2.6 求 $\int \frac{e^{3\sqrt{x}}}{\sqrt{x}}dx$.

解: $\int \frac{e^{3\sqrt{x}}}{\sqrt{x}}dx = 2\int \frac{e^{3\sqrt{x}}}{2\sqrt{x}}dx = 2\int e^{3\sqrt{x}}d\sqrt{x} = \frac{2}{3}\int e^{3\sqrt{x}}d(3\sqrt{x}) = \frac{2}{3}e^{3\sqrt{x}} + C$

例 5.2.7 求 $\int \frac{dx}{1+e^x}$.

解:方法 1 $\int \frac{dx}{1+e^x} = \int \frac{dx}{e^x(e^{-x}+1)} = \int \frac{e^{-x}dx}{e^{-x}+1} = -\int \frac{d(e^{-x}+1)}{e^{-x}+1}$

$$= -\ln(e^{-x}+1) + C$$

方法 2 $\int \frac{dx}{1+e^x} = \int \frac{(1+e^x)-e^x}{1+e^x}dx = \int\left(1-\frac{e^x}{1+e^x}\right)dx = x - \int \frac{de^x}{1+e^x}$

$$= x - \int \frac{d(1+e^x)}{1+e^x} = x - \ln(1+e^x) + C$$

从以上几个例子可以看出,使用第一换元积分法的关键是设法把被积函数表达式 $f(x)dx$ 凑成 $g(\varphi(x))\varphi'(x)dx = g(\varphi(x))d\varphi(x)$ 的形式,因此,第一换元积分法又称**“凑微分法”**.

“凑微分法”常用的微分公式有:

(1) $dx = \frac{1}{a}d(ax+b)$ (a,b 为常数且 $a \neq 0$);

(2) $xdx = \frac{1}{2}d(x^2)$;

(3) $\frac{1}{x}dx = d\ln|x|$;

(4) $\frac{1}{x^2}dx = -d\left(\frac{1}{x}\right)$;

(5) $\frac{1}{\sqrt{x}}dx = 2d\sqrt{x}$;

(6) $e^x dx = de^x$;

(7) $\sin x dx = -d(\cos x)$;

(8) $\cos x dx = d\sin x$;

(9) $\sec^2 x dx = d\tan x$;

(10) $\csc^2 x dx = -d\cot x$;

(11) $\frac{1}{1+x^2}dx = d\arctan x$.

5.2.2 第二换元积分法

如果不定积分用直接积分法或第一换元积分法都不易求得,但作变量代换 $x=\psi(t)$ 后,所得到的关于新积分变量 t 的不定积分容易求得,则也可求得不定积分 $\int f(x)dx$,这是第二换元积分法.

例 5.2.8 求$\int \frac{1}{1+\sqrt{x}}dx$.

解:令$\sqrt{x}=t$,则$x=t^2$,$dx=2tdt$,于是

$$\int \frac{1}{1+\sqrt{x}}dx = 2\int \frac{t}{1+t}dt$$
$$= 2\int \frac{1+t-1}{1+t}dt$$
$$= 2\left[\int dt - \int \frac{dt}{1+t}\right]$$
$$= 2[t - \ln|1+t|] + C$$
$$= 2[\sqrt{x} - \ln(1+\sqrt{x})] + C$$

以上这个例子就是第二换元积分法的一个应用.它的具体思想如下:

定理 5.2.1(第二换元积分法) 设$f(x)$连续,又$x=\psi(t)$的导数$\psi'(t)$也连续,且$\psi'(t)\neq 0$,则有换元公式

$$\int f(x)dx = \int f(\psi(t))\cdot\psi'(t)dt = F(t) + C = F(\psi^{-1}(t)) + C$$

证明略.

需要注意的是,由于$x=\psi(t)$,因此$dx=\psi'(t)dt$,不要忘记$\psi'(t)$这一项.

例 5.2.9 求$\int \frac{dx}{\sqrt{x}(1+\sqrt[3]{x})}$.

解:令$x=t^6$,则$dx=6t^5dt$,且$t=\sqrt[6]{x}$,于是

$$\int \frac{dx}{\sqrt{x}(1+\sqrt[3]{x})} = \int \frac{6t^5dt}{t^3(1+t^2)}$$
$$= 6\int \frac{t^2}{1+t^2}dt$$
$$= 6\int \frac{t^2+1-1}{1+t^2}dt$$
$$= 6\int\left(1 - \frac{1}{1+t^2}\right)dt$$
$$= 6(t - \arctan t) + C$$
$$= 6(\sqrt[6]{x} - \arctan\sqrt[6]{x}) + C$$

一般地,被积函数含有根式$\sqrt[n]{ax+b}$(根号内为一次函数)时,可作变量代换$\sqrt[n]{ax+b}=t$.当根号内不是一次函数时,变量代换行不通.

例 5.2.10 求$\int \sqrt{a^2-x^2}dx\ (a>0)$.

分析:如果令$\sqrt{a^2-x^2}=t$,则$x=\pm\sqrt{a^2-t^2}$,$dx=\pm\frac{1}{2}\frac{-2t}{\sqrt{a^2-t^2}}dt$,代入原不定积分,得

$\int \sqrt{a^2-x^2}dx = \pm\int \frac{-t^2}{\sqrt{a^2-t^2}}dt$,根号没去掉.

解:利用三角恒等式 $\sin^2 t+\cos^2 t=1$,令 $x=a\sin t\left(0\leqslant t\leqslant\frac{\pi}{2}\right)$,则

$$\sqrt{a^2-x^2}=\sqrt{a^2-a^2\sin^2 t}=\sqrt{a^2(1-\sin^2 t)}=a\cos t,\ \mathrm{d}x=a\cos t\mathrm{d}t,$$

于是

$$\begin{aligned}\int\sqrt{a^2-x^2}\mathrm{d}x&=\int a\cos t\cdot a\cos t\mathrm{d}t\\&=a^2\int\cos^2 t\mathrm{d}t\\&=a^2\int\frac{1+\cos 2t}{2}\mathrm{d}t\\&=\frac{a^2}{2}\int\mathrm{d}t+\frac{a^2}{2}\int\cos 2t\mathrm{d}t\\&=\frac{a^2}{2}t+\frac{a^2}{4}\int\cos 2t\mathrm{d}(2t)\\&=\frac{a^2}{2}t+\frac{a^2}{4}\sin 2t+C\\&=\frac{a^2}{2}(t+\sin t\cos t)+C\end{aligned}$$

由于 $x=a\sin t\left(0\leqslant t\leqslant\frac{\pi}{2}\right)$,所以

$$\sin t=\frac{x}{a},\quad t=\arcsin\frac{x}{a},\quad \cos t=\sqrt{1-\sin^2 t}=\sqrt{1-\left(\frac{x}{a}\right)^2}=\frac{\sqrt{a^2-x^2}}{a}$$

于是

$$\begin{aligned}\int\sqrt{a^2-x^2}\mathrm{d}x&=\frac{a^2}{2}\arcsin\frac{x}{a}+\frac{a^2}{2}\cdot\frac{x}{a}\cdot\frac{\sqrt{a^2-x^2}}{a}+C\\&=\frac{a^2}{2}\arcsin\frac{x}{a}+\frac{1}{2}x\sqrt{a^2-x^2}+C\end{aligned}$$

注意:“$0\leqslant t\leqslant\frac{\pi}{2}$”也可省略不写,默认取第一象限的角即可.

例 5.2.11 求 $\int\frac{\mathrm{d}x}{\sqrt{a^2+x^2}}(a>0)$.

解:利用三角恒等式 $1+\tan^2 t=\sec^2 t$,令 $x=a\tan t,\ -\frac{\pi}{2}<t<\frac{\pi}{2}$,

$$\sqrt{a^2+x^2}=\sqrt{a^2+a^2\tan^2 t}=a\sec t,\quad \mathrm{d}x=a\sec^2 t\mathrm{d}t$$

于是

$$\int\frac{\mathrm{d}x}{\sqrt{a^2+x^2}}=\int\frac{a\sec^2 t}{a\sec t}\mathrm{d}t=\int\sec t\mathrm{d}t=\ln|\sec t+\tan t|+C_1$$

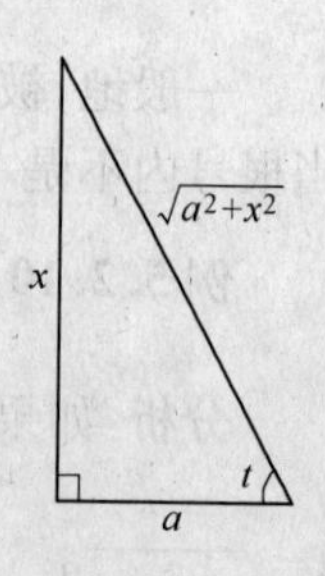

图 5.1

作图 5.1 所示的直角三角形,辅助分析,可得:

$$\sec t=\frac{斜边}{邻边}=\frac{\sqrt{a^2+x^2}}{a},\quad \tan t=\frac{对边}{邻边}=\frac{x}{a}$$

于是

$$\begin{aligned}\int\frac{dx}{\sqrt{a^2+x^2}}&=\ln\left|\frac{x}{a}+\frac{\sqrt{a^2+x^2}}{a}\right|+C_1\\&=\ln\left|\frac{x+\sqrt{a^2+x^2}}{a}\right|+C_1\\&=\ln(x+\sqrt{a^2+x^2})+C\end{aligned}$$

其中 $C=C_1-\ln a$.

一般地,被积函数含有根式且根式内是二次函数时,可作三角换元. 例如 $\sqrt{a^2-x^2}$、$\sqrt{a^2+x^2}$和$\sqrt{x^2-a^2}$分别可作代换 $x=a\sin t$、$x=a\tan t$ 和 $x=a\sec t$ 消去根式. 用三角换元求出原函数后,利用辅助直角三角形来回代原变量比较方便.

例 5.2.12 求 $\int\frac{dx}{x^2+2x+5}$.

解: $\int\frac{dx}{x^2+2x+5}=\int\frac{d(x+1)}{(x+1)^2+2^2}=\int\frac{d\frac{x+1}{4}}{\frac{(x+1)^2}{2^2}+1}=\frac{1}{2}\int\frac{d\frac{x+1}{2}}{\frac{(x+1)^2}{2^2}+1}$

$$=\frac{1}{2}\arctan\frac{x+1}{2}+C$$

在本节的例题中,有几个结果通常也当做公式使用. 我们把它们添加到第一节的基本积分表中(其中常数 $a>0$).

(12) $\int\tan x dx=-\ln|\cos x|+C$;

(13) $\int\cot dx=\ln|\sin x|+C$;

(14) $\int\sec x dx=\ln|\sec x+\tan x|+C$;

(15) $\int\csc x dx=\ln|\csc x-\cot x|+C$;

(16) $\int\frac{dx}{a^2+x^2}=\frac{1}{a}\arctan\frac{x}{a}+C$;

(17) $\int\frac{dx}{\sqrt{a^2-x^2}}=\frac{1}{a}\arcsin\frac{x}{a}+C$;

(18) $\int\frac{dx}{\sqrt{a^2+x^2}}=\ln(x+\sqrt{x^2+a^2})+C$;

(19) $\int\frac{dx}{\sqrt{x^2-a^2}}=\ln(x+\sqrt{x^2-a^2})+C$.

例如,利用公式(18)可以直接得到

$$\int \frac{dx}{\sqrt{4x^2+9}} = \frac{1}{2}\int \frac{d(2x)}{\sqrt{(2x)^2+3^2}} = \frac{1}{2}\ln(2x+\sqrt{4x^2+9})+C$$

习题 5.2

1. 求下列不定积分:

(1) $\int(1-2x)^{\frac{3}{2}}dx$;　　(2) $\int \frac{dv}{\sqrt{2-5v}}$;

(3) $\int 2^x a^{3x}dx$;　　(4) $\int \cos^3 x dx$;

(5) $\int \frac{2x-7}{2-7x+x^2}dx$;　　(6) $\int u^2\sqrt{2u^3-1}\,du$;

(7) $\int \frac{e^{\frac{1}{2x}}-1}{3x^2}dx$;　　(8) $\int \frac{x}{\sqrt[3]{(x^2-1)^2}}dx$;

(9) $\int \frac{(\ln x-1)^2}{x}dx$;　　(10) $\int \sin 3t\cos 2t dt$;

(11) $\int \frac{\ln\tan x}{\cos x\sin x}dx$;　　(12) $\int \frac{e^x}{e^x+1}dx$;

(13) $\int \frac{dx}{4-9x^2}$;　　(14) $\int \frac{1}{x^2}\cos\frac{1}{x}dx$;

(15) $\int e^{\cos x}\sin x dx$;　　(16) $\int \frac{1+\cos t}{t+\sin t}dt$;

(17) $\int \frac{3^{2\arccos x}}{\sqrt{1-x^2}}dx$;　　(18) $\int \frac{x}{1+x^2}dx$;

(19) $\int \frac{1}{x\ln x\ln(\ln x)}dx$;　　(20) $\int \frac{\tan(3x+1)}{\cos^2(3x+1)}dx$.

2. 求下列不定积分(a 是常数):

(1) $\int \sqrt[5]{2x-a}\,dx$;　　(2) $\int x^2\sqrt{x-3}\,dx$;

(3) $\int \frac{dx}{x\sqrt{x^2-1}}$;　　(4) $\int \frac{dx}{\sqrt[3]{x}+\sqrt[5]{x^2}}$.

3. 若已知 $\int f(x)dx = F(x)+C$, 求 $\int \frac{f'(\ln x)}{x\sqrt{f(\ln x)}}dx$.

5.3 分部积分法

前面在复合函数微分法的基础上,得到了换元积分法;现在利用两个函数乘积的微分法,来推导另一种求不定积分的基本方法——分部积分法.

设 $u=u(x)$, $v=v(x)$ 具有连续导数,已知两个函数乘积的导数公式为

$$(uv)' = uv' + u'v$$

移项得

$$uv' = (uv)' - u'v$$

对上式两边求不定积分得

$$\int uv'dx = uv - \int u'vdx \tag{5.3.1}$$

公式(5.3.1)称为分部积分公式,主要用于计算 $\int uv'\mathrm{d}x$ 较困难,而计算 $\int u'v\mathrm{d}x$ 较容易的不定积分的计算.由于 $u=u(x),v=v(x)$,它们都是关于 x 的函数,为方便起见,公式(5.3.1)也可以写成

$$\int u\mathrm{d}v = uv - \int v\mathrm{d}u$$

实际上,分部积分法的第一步还是凑微分(第一换元),只是在凑微分后,利用导数链式法则,将一个积分变为两块,一块是函数乘积 uv,另一块是 $\int v\mathrm{d}u$,然后对 $\int v\mathrm{d}u$ 进行求解.

例 5.3.1 求 $\int x\mathrm{e}^x\mathrm{d}x$.

解:设 $u=x,v'=\mathrm{e}^x$,则 $u'=1,v=\mathrm{e}^x$

$$\int x\mathrm{e}^x\mathrm{d}x = \int x\mathrm{d}\mathrm{e}^x = x\mathrm{e}^x - \int \mathrm{e}^x\mathrm{d}x = x\mathrm{e}^x - \mathrm{e}^x + C$$

若换一种凑微分的方式:

$$\int x\mathrm{e}^x\mathrm{d}x = \frac{1}{2}\int \mathrm{e}^x\mathrm{d}x^2 = \frac{1}{2}(x^2\mathrm{e}^x - \int x^2\mathrm{d}\mathrm{e}^x) = \frac{1}{2}x^2\mathrm{e}^x - \int x^2\mathrm{e}^x\mathrm{d}x$$

上式右端的积分比原积分更难求出,继续应用分部积分法只会使不定积分越变越复杂.由此可见,在利用分部积分法时,适当选取 u 和 v' 是非常关键的,选取 u 和 v' 的两个原则:

(1) v 容易求出;

(2) $\int v\mathrm{d}u$ 要比 $\int u\mathrm{d}v$ 容易求出.

例 5.3.2 求 $\int x\sin x\mathrm{d}x$.

解:设 $u=x,v'=\sin x$,则 $u'=1,v=-\cos x$

$$\int x\sin x\mathrm{d}x = -\int x\mathrm{d}\cos x = -x\cos x + \int \cos x\mathrm{d}x = -x\cos x + \sin x + C$$

例 5.3.3 计算 $\int x^2\cos x\mathrm{d}x$.

解:

$$\begin{aligned}\int x^2\cos x\mathrm{d}x &= \int x^2\mathrm{d}\sin x \\ &= x^2\sin x - \int \sin x\mathrm{d}x^2 \\ &= x^2\sin x - 2\int x\sin x\mathrm{d}x \\ &= x^2\sin x + 2\int x\mathrm{d}\cos x \\ &= x^2\sin x + 2(x\cos x - \int \cos x\mathrm{d}x) \\ &= x^2\sin x + 2x\cos x - 2\sin x + C\end{aligned}$$

上面的例子说明,如果被积函数是幂函数与三角函数或幂函数与指数函数的乘积,就可以考虑用分部积分法计算,并且令幂函数为 u.这样,每用一次分部积分公式就可以使幂函数降幂一次,从而化简不定积分.这里假定幂指数是正整数.

例 5.3.4 求不定积分 $\int \arcsin x \mathrm{d}x$.

解:

$$\begin{aligned}\int \arcsin x \mathrm{d}x &= x\arcsin x - \int x \mathrm{d}(\arcsin x) \\ &= x\arcsin x - \int x \frac{\mathrm{d}x}{\sqrt{1-x^2}} \\ &= x\arcsin x - \frac{1}{2}\int \frac{\mathrm{d}(x^2)}{\sqrt{1-x^2}} \\ &= x\arcsin x + \frac{1}{2}\int \frac{\mathrm{d}(1-x^2)}{\sqrt{1-x^2}} \\ &= x\arcsin x + \int \mathrm{d}\sqrt{1-x^2} \\ &= x\arcsin x + \sqrt{1-x^2} + C\end{aligned}$$

例 5.3.5 求 $\int x\arctan x \mathrm{d}x$.

解:

$$\begin{aligned}\int x\arctan x \mathrm{d}x &= \frac{1}{2}\int \arctan x \mathrm{d}x^2 \\ &= \frac{1}{2}(x^2\arctan x - \int x^2 \mathrm{d}\arctan x) \\ &= \frac{1}{2}(x^2\arctan x - \int \frac{x^2}{1+x^2}\mathrm{d}x) \\ &= \frac{1}{2}\left[x^2\arctan x - \int\left(1 - \frac{1}{1+x^2}\right)\mathrm{d}x\right] \\ &= \frac{1}{2}(x^2\arctan x - x + \arctan x) + C \\ &= \frac{1}{2}(x^2+1)\arctan x - \frac{x}{2} + C\end{aligned}$$

例 5.3.6 求 $\int x\ln x \mathrm{d}x$.

解:

$$\begin{aligned}\int x\ln x \mathrm{d}x &= \frac{1}{2}\int \ln x \mathrm{d}x^2 \\ &= \frac{1}{2}(x^2\ln x - \int x^2 \mathrm{d}\ln x) \\ &= \frac{1}{2}(x^2\ln x - \int x \mathrm{d}x) \\ &= \frac{1}{2}\left(x^2\ln x - \frac{x^2}{2}\right) + C \\ &= \frac{x^2\ln x}{2} - \frac{x^2}{4} + C\end{aligned}$$

例 5.3.4 ~ 例 5.3.6 说明:如果被积函数是幂函数与反三角函数乘积或幂函数与对数函数的乘积,就可以考虑用分部积分法求不定积分,并且令反三角函数或对数函数为 u.

例 5.3.7 计算 $\int e^x \sin x \mathrm{d}x$.

解:

$$\begin{aligned}\int e^x\sin x dx &= \int \sin x de^x \\ &= e^x\sin x - \int e^x d\sin x \\ &= e^x\sin x - \int e^x\cos x dx \\ &= e^x\sin x - \int \cos x de^x \\ &= e^x\sin x - (e^x\cos x - \int e^x d\cos x) \\ &= e^x\sin x - (e^x\cos x + \int e^x\sin x dx) \\ &= e^x(\sin x - \cos x) - \int e^x\sin x dx\end{aligned}$$

移项,得

$$2\int e^x\sin x dx = e^x(\sin x - \cos x) + C_1$$

从而

$$\int e^x\sin x dx = \frac{1}{2}e^x(\sin x - \cos x) + C$$

其中 $C = \frac{C_1}{2}$.

如果被积函数是指数函数和正弦(或余弦)函数的乘积,考虑用分部积分法.经过两次分部积分后会出现原来的积分,通过合并同类项即可求得不定积分.

说明:在积分过程中,往往要兼用换元法与分部积分法,这样可以简化积分.可以先换元再分部积分,也可以先分部积分再应用换元法.

例 5.3.8 计算不定积分 $\int \sin\sqrt{x}dx$.

解:令 $\sqrt{x}=t$,则 $x=t^2$,$dx=2tdt$,于是

$$\begin{aligned}\int \sin\sqrt{x}dx &= \int \sin t\cdot 2tdt = 2\int t\sin tdt = -2\int td\cos t \\ &= -2(t\cos t - \int \cos tdt) \\ &= -2(t\cos t - \sin t) + C \\ &= -2(\sqrt{x}\cos\sqrt{x} - \sin\sqrt{x}) + C\end{aligned}$$

习题 5.3

1. 求下列不定积分:

(1) $\int 2\ln(x^2-1)dx$;　　(2) $\int \arccos x dx$;

(3) $\int x^2e^x dx$;　　(4) $\int x\sin 2x dx$;

(5) $\int \frac{\ln x}{3x^2}dx$;　　(6) $\int xe^{-x}dx$;

(7) $\int e^x \cos x dx$;　　(8) $\int e^{\sqrt[3]{x}} dx$;

(9) $\int \sin(\ln x) dx$;　　(10) $\int \frac{\ln\cos x}{1-\sin^2 x} dx$;

(11) $\int x^3 \cos x dx$;　　(12) $\int x^3 \tan x dx$;

(13) $\int \sin\sqrt{x} dx$;　　(14) $\int x\ln x dx$;

(15) $\int \ln^3 x dx$;　　(16) $\int \frac{\ln\ln x - x}{x} dx$.

2. 设$f(\sin^2 x) = \frac{x}{\sin x}$,求$\int \frac{\sqrt{x}}{\sqrt{1-x}} f(x) dx$.

3. 已知$f(x)$的一个原函数是$\cos x$,求$\int xf'(x) dx$.

6 定积分及其应用

本章讨论的是积分学的另一个重要概念——定积分，很多问题如平面图形面积、曲线弧长、变力所作的功等都可以归结为定积分问题. 本章由曲边梯形的面积引出定积分的概念，然后讨论定积分的性质、计算方法以及与不定积分的联系，最后介绍定积分的几何应用.

本章知识结构导图：

- 定积分及其应用
  - 定积分概念
  - 性质
  - 微积分基本公式
    - 变上限积分
    - 牛顿—莱布尼茨公式
    - 原函数
  - 计算
    - 换元法
    - 分部积分法
    - 应用

6.1 定积分的概念

在初等数学中，我们已经学习了怎样计算矩形、圆形、梯形等图形的面积，但是对于任意曲线所围成的平面面积就不会计算了. 我们先来讨论下最简单的情况——曲边梯形的面积.

设 $y=f(x)$ 在区间 $[a,b]$ 上非负、连续. 由直线 $x=a, x=b$ 及 x 轴所围成的图形 $AabB$ 叫做曲边梯形，如图 6.1 所示.

下面讨论如何计算它的面积.

如果曲线 $y=f(x)$ 在 $[a,b]$ 上是常数，则曲边梯形就是一个矩形，可以用面积公式矩形面积 = 底 × 高来计算，但是现在的问题是曲边梯形在底边上各点处的高 $f(x)$ 在区间 $[a,b]$ 上是变动的，因此它的面积不能用矩形公式来计算. 然而由于曲边梯形的高 $f(x)$ 在区间 $[a,b]$ 上是连续变化的，在一个很小的区间内它的变化很小，近似于不变. 因此可将 $[a,b]$ 分成很多的小区间，在每一个小区间上，用 $f(x)$ 某一点处的值来近似代替这个小区间上的窄曲边梯形的高. 应用矩形公式算出这些窄矩形面积，即是相应的窄曲边梯形面积的近似值，于是所有窄矩形面积之和就是曲边梯形面积的近似值.

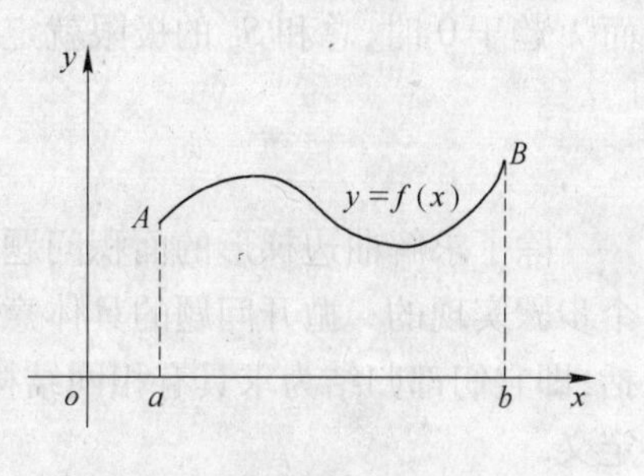

图 6.1

显然,区间$[a,b]$分得越细,每个区间的长度就越小,所有窄矩形面积之和就越接近于曲边梯形的面积.将区间$[a,b]$无限细分,使每个小区间的长度无限趋于零,这时我们就把所有窄矩形面积之和的极限值理解为曲边梯形的面积.步骤如下:

(1)分割:用任意一组分点 $a=x_0<x_1<x_2<\cdots<x_n=b$

将区间$[a,b]$分成 n 个小区间

$$[x_0,x_1],[x_1,x_2],\cdots,[x_{n-1},x_n]$$

这些小区间的长度分别为

$$\Delta x_1 = x_1 - x_0,\ \Delta x_2 = x_2 - x_1,\ \cdots,\ \Delta x_n = x_n - x_{n-1}$$

过每个分点 $x_i(i=1,2,\cdots,n)$ 作 x 轴的垂线,把曲边梯形 $AabB$ 分成 n 个小曲边梯形,如图6.2所示.

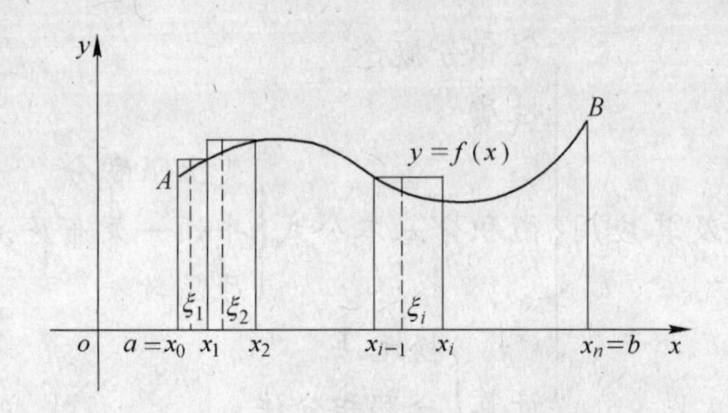

图 6.2

用 S 表示曲边梯形 $AabB$ 的面积,ΔS_i 表示第 i 个小曲边梯形的面积,则有

$$S = \Delta S_1 + \Delta S_2 + \cdots + \Delta S_n = \sum_{i=1}^{n} \Delta S_i$$

(2)作和:在每个小区间$[x_{i-1},x_i]$$(i=1,2,\cdots,n)$内任取一点 $\xi_i(x_{i-1}\leqslant\xi_i\leqslant x_i)$,过点 ξ_i 作 x 轴的垂线与曲边梯形交于点 $P_i(\xi_i,f(\xi_i))$,以 Δx_i 为底、$f(\xi_i)$为高作矩形,取这个矩形的面积$f(\xi_i)\Delta x_i$ 作为 ΔS_i 的近似值,即

$$\Delta S_i \approx f(\xi_i)\Delta x_i \quad (i = 1,2,\cdots,n)$$

作和 $S_n=f(\xi_1)\Delta x_1+f(\xi_2)\Delta x_2+\cdots+f(\xi_n)\Delta x_n=\sum\limits_{i=1}^{n} f(\xi_i)\Delta x_i$,则 S_n 是 S 的一个近似值.

(3)取极限:令 $\lambda=\max\limits_{i}\{\Delta x_i\}$ 表示所有小区间中最大区间的长度,当分点数 n 无限增大而 λ 趋于0时,总和 S_n 的极限就定义为曲边梯形 $AabB$ 的面积 S,即

$$S = \lim_{\lambda\to 0}\sum_{i=1}^{n} f(\xi_i)\Delta x_i$$

除了求解曲边梯形的面积问题,物理上求解变速直线运动的路程问题也是通过以上三个步骤实现的.抛开问题的具体意义,抓住这些问题数量关系上共同的本质与特性加以概括,即它们都归结为求具有相同结构的一种特定和的极限,这样我们就可以抽象出定积分的定义.

定义 6.1.1 设函数$f(x)$在区间$[a,b]$上有界,任意插入一组分点 $a=x_0<x_1<x_2<\cdots<$

$x_n=b$ 将区间$[a,b]$分成 n 个小区间$[x_0,x_1],[x_1,x_2],\cdots,[x_{n-1},x_n]$,这些小区间的长度分别为 $\Delta x_1=x_1-x_0,\Delta x_2=x_2-x_1,\cdots,\Delta x_n=x_n-x_{n-1}$,在每个小区间$[x_{i-1},x_i]\ (i=1,2,\cdots,n)$上任取一点 $\xi_i\ (x_{i-1}\leqslant\xi_i\leqslant x_i)$,作函数值$f(\xi_i)$与小区间长度 Δx_i 的乘积$f(\xi_i)\Delta x_i\ (i=1,2,\cdots,n)$,并作和

$$S_n=f(\xi_1)\Delta x_1+f(\xi_2)\Delta x_2+\cdots+f(\xi_n)\Delta x_n=\sum_{i=1}^{n}f(\xi_i)\Delta x_i$$

令 $\lambda=\max\limits_i\{\Delta x_i\}$为所有小区间中最大区间的长度,如果当 n 无限增大,而 λ 趋于0时,总和 S_n 的极限存在,且此极限与$[a,b]$的分法以及 ξ_i 的取法无关.则称函数$f(x)$在区间$[a,b]$上是可积的,并将此极限称为函数$f(x)$在区间$[a,b]$上的定积分,记为 $\int_a^b f(x)\mathrm{d}x$,即

$$\int_a^b f(x)\mathrm{d}x=\lim_{\lambda\to 0}\sum_{i=1}^{n}f(\xi_i)\Delta x_i$$

其中$f(x)$称为被积函数,$f(x)\mathrm{d}x$ 称为被积表达式,x 称为积分变量,$[a,b]$称为积分区间,a 称为积分下限,b 称为积分上限,和 $\sum\limits_{i=1}^{n}f(\xi_i)\Delta x_i$ 通常称为$f(x)$的积分和.如果$f(x)$在区间$[a,b]$上的定积分存在,则称$f(x)$在$[a,b]$上可积.

按定义,前面曲边梯形的面积是曲线方程 $y=f(x)$在区间$[a,b]$上的定积分,即

$$S=\int_a^b f(x)\mathrm{d}x\quad(f(x)\geqslant 0)$$

注意:当积分和式 $\sum\limits_{i=1}^{n}f(\xi_i)\Delta x_i$ 的极限存在时,此极限是个数值,仅与被积函数$f(x)$及积分区间$[a,b]$有关,与积分变量用什么字母表示无关,即有

$$\int_a^b f(x)\mathrm{d}x=\int_a^b f(t)\mathrm{d}t$$

(1)当 $a=b$ 时,$\int_a^b f(x)\mathrm{d}x=0$;

(2)当 $a>b$ 时,$\int_a^b f(x)\mathrm{d}x=-\int_b^a f(x)\mathrm{d}x$.

定积分的几何意义.在区间$[a,b]$上$f(x)\geqslant 0$,由前面的讨论知定积分在几何上表示由曲线$f(x)$,直线 $x=a,x=b$ 及 x 轴所围成的曲边梯形的面积,如图6.3所示.

如果在$[a,b]$上 $f(x)\leqslant 0$,则 $\int_a^b f(x)\mathrm{d}x\leqslant 0$,这时 $\int_a^b f(x)\mathrm{d}x$ 表示由曲线$f(x)$,直线 $x=a,x=b$ 及 x 轴所围成曲边梯形的面积的负值,如图6.4所示.如果在$[a,b]$上$f(x)$的值有正有负,则函数的图形某些部分在 x 轴的上方,某些部分在 x 轴的下方,如图6.5所示.因此定积分 $\int_a^b f(x)\mathrm{d}x$ 的几何意义是介于 x 轴,函数 $f(x)$的图形及直线 $x=a,x=b$ 之间的各部分面积的代数和.

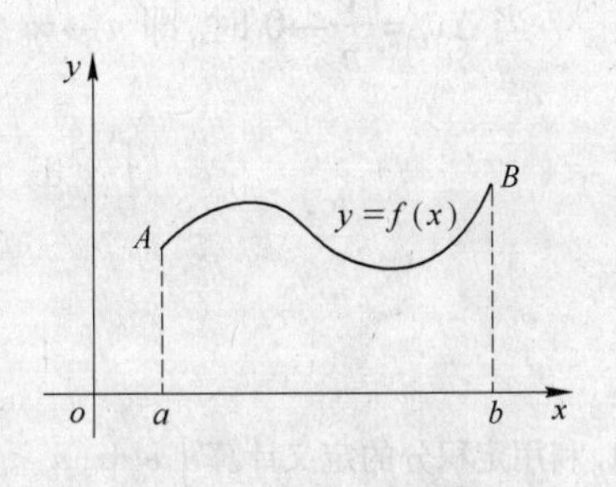

图6.3

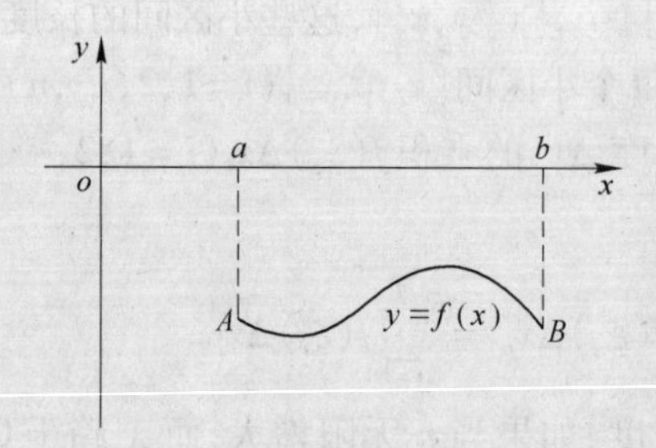

图 6.4

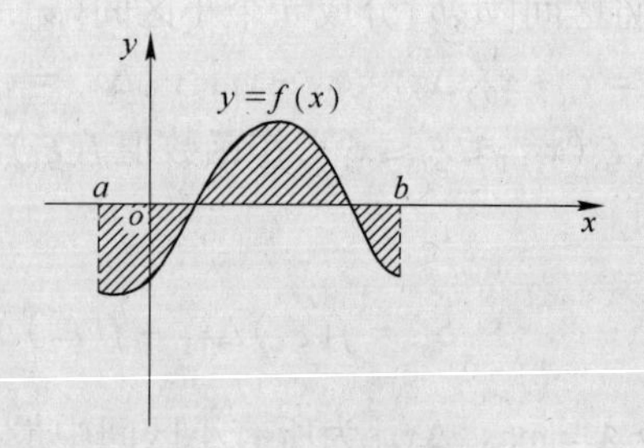

图 6.5

然而对于定积分,并不是所有的函数$f(x)$在区间$[a,b]$上都是可积的,那么$f(x)$在区间$[a,b]$满足什么条件才可积呢？我们给出如下两个定理,这里不再给出证明.

定理 6.1.1 设$f(x)$在区间$[a,b]$上连续,则$f(x)$在区间$[a,b]$上可积.

定理 6.1.2 设$f(x)$在区间$[a,b]$上有界,且只有有限个间断点,则$f(x)$在区间$[a,b]$上可积.

例 6.1.1 应用定义计算定积分$\int_0^1 x^2\mathrm{d}x$.

解:由于$f(x)=x^2$ 在区间$[0,1]$上连续,因而是可积的. 又定积分的值与区间$[0,1]$的分法及点ξ_i的取法无关. 因此为方便计算,不妨将区间$[0,1]$分成n等份,这样每个小区间$[x_{i-1},x_i]$的长度为$\Delta x_i=\frac{1}{n}$,分点为$x_i=\frac{1}{n}$,此外将ξ_i取在小区间$[x_{i-1},x_i]$的右端点(也可以取为左端点)$\xi_i=x_i$.

作和

$$\begin{aligned}\sum_{i=1}^{n}f(\xi_i)\Delta x_i &= \sum_{i=1}^{n}\xi_i^2\Delta x_i = \sum_{i=1}^{n}x_i^2\Delta x_i\\ &=\sum_{i=1}^{n}\left(\frac{i}{n}\right)^2\cdot\frac{1}{n}=\frac{1}{n^3}\sum_{i=1}^{n}i^2\\ &=\frac{1}{n^3}(1^2+2^2+\cdots+n^2)\\ &=\frac{1}{n^3}\frac{n(n+1)(2n+1)}{6}\end{aligned}$$

当$\Delta x_i=\frac{1}{n}\to 0$时,即$n\to\infty$,上式右端的极限为$\frac{1}{3}$,因此所要计算的积分值为

$$\int_0^1 x^2\mathrm{d}x=\lim_{n\to\infty}\frac{1}{n^3}\frac{n(n+1)(2n+1)}{6}=\frac{1}{3}$$

习题 6.1

1. 利用定积分的定义计算$\int_a^b \mathrm{e}^x\mathrm{d}x(a<b)$.

2. 利用定积分的几何意义,说明下列等式:

(1) $\int_{-1}^{1} x^2 dx = \frac{2}{3}$;　　(2) $\int_{-R}^{0} \sqrt{4R^2 - x^2} dx = \pi R^2$;

(3) $\int_{-\pi}^{\pi} \cos x dx = 0$;　　(4) $\int_{0}^{2} 3x dx = 6$;

(5) $\int_{-\frac{\pi}{4}}^{\frac{\pi}{4}} \tan x dx = 0$;　　(6) $\int_{0}^{1} e^x dx = e - 1$.

6.2 定积分的基本性质

由定积分的定义及极限的运算法则与性质,可得到定积分的几个性质. 在下面的讨论中,总假设函数在所讨论的区间上都是可积的.

性质 6.2.1 函数和(差)的定积分等于定积分的和(差),即

$$\int_a^b [f(x) \pm g(x)] dx = \int_a^b f(x) dx \pm \int_a^b g(x) dx$$

证:
$$\begin{aligned}\int_a^b [f(x) \pm g(x)] dx &= \lim_{\lambda \to 0} \sum_{i=1}^{n} [f(\xi_i) \pm g(\xi_i)] \Delta x_i \\ &= \lim_{\lambda \to 0} \sum_{i=1}^{n} f(\xi_i) \Delta x_i \pm \lim_{\lambda \to 0} \sum_{i=1}^{n} g(\xi_i) \Delta x_i \\ &= \int_a^b f(x) dx \pm \int_a^b g(x) dx\end{aligned}$$

这个性质可以推广到任意有限多个函数和(差)的情况.

性质 6.2.2 被积函数的常数因子可以提到积分号外面,即

$$\int_a^b kf(x) dx = k\int_a^b f(x) dx$$

这是由于 $\int_a^b kf(x) dx = \lim\limits_{\Delta x \to 0} k \sum_{i=1}^{n} f(\xi_i) \Delta x_i = k \lim\limits_{\Delta x \to 0} \sum_{i=1}^{n} f(\xi_i) \Delta x_i = k\int_a^b f(x) dx$.

性质 6.2.3 如果积分区间 $[a,b]$ 被点 c 分成两个小区间 $[a,c]$、$[c,b]$,则

$$\int_a^b f(x) dx = \int_a^c f(x) dx + \int_c^b f(x) dx$$

证:因为函数 $f(x)$ 在区间 $[a,b]$ 上可积,积分存在与 $[a,b]$ 的分法无关,因此在分区间 $[a,b]$ 时,总使 c 是个分点,那么 $[a,b]$ 上的积分和等于 $[a,c]$ 上的积分和加上 $[c,b]$ 上的积分和,记为

$$\sum_{[a,b]} f(\xi_i) \Delta x_i = \sum_{[a,c]} f(\xi_i) \Delta x_i + \sum_{[c,b]} f(\xi_i) \Delta x_i$$

当 $\lambda \to 0$ 时,上式两端同时取极限,即得

$$\int_a^b f(x) dx = \int_a^c f(x) dx + \int_c^b f(x) dx$$

当 c 不介于 a,b 之间时,结论也成立. 例如当 $a < b < c$ 时,这时只要 $f(x)$ 在区间 $[a,c]$ 上可积,由于

$$\int_a^c f(x) dx = \int_a^b f(x) dx + \int_b^c f(x) dx = \int_a^b f(x) dx - \int_c^b f(x) dx$$

移项得

$$\int_a^b f(x)\mathrm{d}x = \int_a^c f(x)\mathrm{d}x + \int_c^b f(x)\mathrm{d}x$$

性质6.2.4 如果在区间$[a,b]$上$f(x)=1$,则

$$\int_a^b \mathrm{d}x = b - a$$

这是由于$\int_a^b \mathrm{d}x = \lim\limits_{\Delta x \to \infty} \sum\limits_{i=1}^{n} \Delta x_i = b - a$.

性质6.2.5 如果在区间$[a,b]$上恒有$f(x) \leqslant g(x)$,则

$$\int_a^b f(x)\mathrm{d}x \leqslant \int_a^b g(x)\mathrm{d}x \quad (a < b)$$

证:$\int_a^b g(x)\mathrm{d}x - \int_a^b f(x)\mathrm{d}x = \int_a^b [g(x) - f(x)]\mathrm{d}x = \lim\limits_{\lambda \to 0} \sum\limits_{i=1}^{n} [g(\xi_i) - f(\xi_i)]\Delta x_i$

由于$g(\xi_i) - f(\xi_i) \geqslant 0, \Delta x_i \geqslant 0$,所以它非负,因此

$$\int_a^b f(x)\mathrm{d}x \leqslant \int_a^b g(x)\mathrm{d}x$$

性质6.2.6 如果函数$f(x)$区间$[a,b]$上的最大值与最小值分别为M与m,则

$$m(b-a) \leqslant \int_a^b f(x)\mathrm{d}x \leqslant M(b-a)$$

证:因为$m \leqslant f(x) \leqslant M$,所以由性质6.2.5有

$$\int_a^b m\mathrm{d}x \leqslant \int_a^b f(x)\mathrm{d}x \leqslant \int_a^b M\mathrm{d}x$$

再由性质6.2.2和性质6.2.4即得所要证的不等式.

它的几何意义为由曲线$y=f(x)$,直线$x=a, x=b$与x轴所围成的曲边梯形面积介于以区间$[a,b]$为底,以最小纵坐标m为高的矩形面积及最大纵坐标M为高的矩形面积之间.

性质6.2.7(积分中值定理) 如果函数$f(x)$在区间$[a,b]$上连续,则在$[a,b]$内至少有一点ξ使得下式成立:

$$\int_a^b f(x)\mathrm{d}x = f(\xi)(b-a) \quad (a \leqslant \xi \leqslant b)$$

证:将性质6.2.6中的不等式$m(b-a) \leqslant \int_a^b f(x)\mathrm{d}x \leqslant M(b-a)$两端同除以$b-a$,得

$$m \leqslant \frac{1}{b-a}\int_a^b f(x)\mathrm{d}x \leqslant M$$

这说明确定的数值$\frac{1}{b-a}\int_a^b f(x)\mathrm{d}x$介于函数$f(x)$的最大值$M$与最小值$m$之间.根据闭区间上连续函数的介值定理,知至少存在一点$\xi \in (a,b)$,使得

$$\frac{1}{b-a}\int_a^b f(x)\mathrm{d}x = f(\xi)$$

因此有

$$\int_a^b f(x)\,dx = f(\xi)(b-a)$$

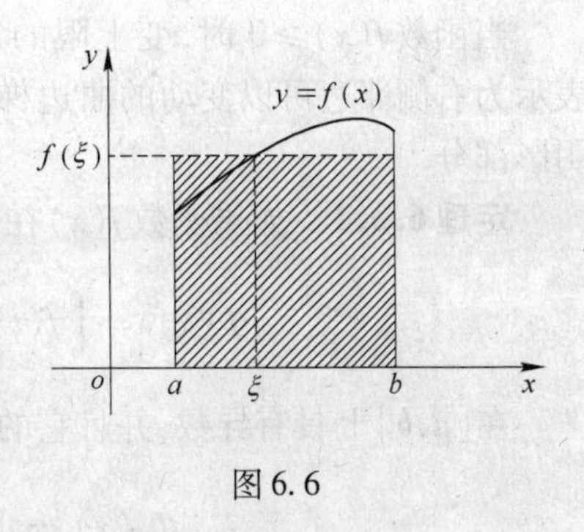

图 6.6

积分中值定理的几何意义是:曲线 $y=f(x)$,直线 $x=a$、$x=b$ 与 x 轴所围成的曲边梯形面积等于以区间 $[a,b]$ 为底,以这个区间内的某一点处曲线 $f(x)$ 的纵坐标 $f(\xi)$ 为高的矩形的面积,如图 6.6 所示. 当 $b<a$ 时,积分中值公式也是成立的. $\frac{1}{b-a}\int_a^b f(x)\,dx$ 称为函数 $f(x)$ 在区间 $[a,b]$ 上的平均值.

习题 6.2

1. 不计算积分,比较下列各组积分值的大小:

(1) $\int_0^1 x^2\,dx, \int_0^1 x^3\,dx$; (2) $\int_0^{\frac{\pi}{2}} x\,dx, \int_0^{\frac{\pi}{2}} \sin(2x)\,dx$;

(3) $\int_0^1 e^{2x}\,dx, \int_0^1 e^{x^2}\,dx$; (4) $\int_0^{\frac{\pi}{2}} \frac{\tan x}{x}\,dx, \int_0^{\frac{\pi}{2}} \frac{x}{\tan x}\,dx$.

2. 利用定积分性质 6.2.6 估计下列积分值:

(1) $\int_0^1 (e^x-1)\,dx$; (2) $\int_1^2 (1+x-4x^3)\,dx$;

(3) $\int_{-1}^2 \ln(2+x)\,dx$; (4) $\int_0^{\sqrt{3}} x\arctan x\,dx$;

(5) $\int_1^3 \frac{1}{1+x^2}\,dx$; (6) $\int_0^{\frac{\pi}{2}} (1+\sin^2 x)\,dx$.

6.3 微积分基本公式

应用定积分定义计算积分值一般是很困难的,从上节课的例子可以看到,被积函数虽然是简单的二次幂函数,但直接用定义来计算它的定积分并不容易. 如果 $f(x)$ 是其他复杂的函数,其难度就更大了,因此我们必须寻求计算定积分的简便方法. 本节要讨论的内容就是利用求不定积分原函数的方法求解定积分的值.

首先我们来介绍一下积分上限函数的概念. 定积分作为积分和的极限,只由被积函数所表示的规律及积分区间所确定,因此定积分是一个与被积函数及上下限有关的常数. 如果被积函数的积分下限已给定,定积分的数值就只由积分上限来确定. 即对于每一个上限,通过定积分就有唯一确定的一个数值与之对应. 因此如果把定积分上限看作一个自变量 x,则定积分 $\int_a^x f(t)\,dt$ 就定义了 x 的一个函数.

定义 6.3.1 设函数 $f(x)$ 在 $[a,b]$ 上可积,则对于任意 $x\in[a,b]$, $f(x)$ 在 $[a,x]$ 上也可积,称 $\int_a^x f(t)\,dt$ 为 $f(x)$ 的变上限的定积分,记作 $\Phi(x)$,即

$$\Phi(x) = \int_a^x f(t)\,dt,\ x\in[a,b]$$

当函数$f(x)\geqslant 0$时,变上限的定积分$\Phi(x)$在几何上表示为右侧邻边可以变动的曲边梯形面积,如图6.7中的阴影部分.

定理6.3.1 如果函数$f(x)$在$[a,b]$上连续,则函数

$$\Phi(x) = \int_a^x f(t)\,dt$$

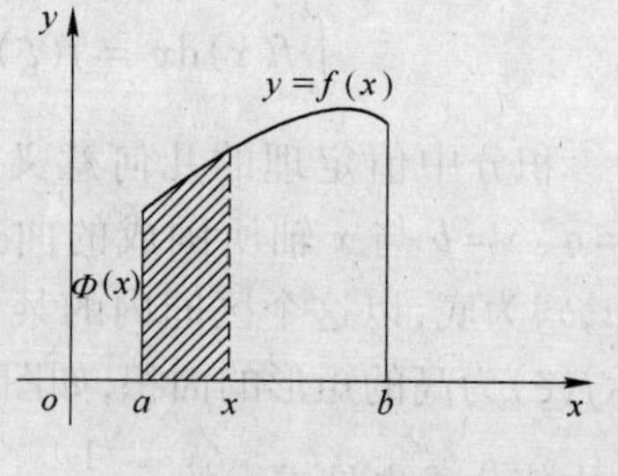

图6.7

在$[a,b]$上具有导数,并且它的导数是

$$\Phi'(x) = \left[\int_a^x f(t)\,dt\right]' = f(x),\ x \in [a,b] \tag{6.3.1}$$

证:当上限由x变到$x+\Delta x$时,假设$\Delta x>0$,$\Phi(x)$在$x+\Delta x$处的函数值为

$$\Phi(x+\Delta x) = \int_a^{x+\Delta x} f(t)\,dt$$

由此得函数的增量

$$\begin{aligned}\Delta\Phi &= \Phi(x+\Delta x) - \Phi(x)\\ &= \int_a^{x+\Delta x} f(t)\,dt - \int_a^x f(t)\,dt\\ &= \int_a^x f(t)\,dt + \int_x^{x+\Delta x} f(t)\,dt - \int_a^x f(t)\,dt\\ &= \int_x^{x+\Delta x} f(t)\,dt\end{aligned}$$

应用积分中值定理,有等式

$$\Delta\Phi(x) = f(\xi)\Delta x,\ x \leqslant \xi \leqslant x+\Delta x$$

上式两端除以Δx,得

$$\frac{\Delta\Phi(x)}{\Delta x} = f(\xi)$$

由于函数$f(x)$在$[a,b]$上连续,而$\Delta x\to 0$时,$\xi\to x$,因此

$$\lim_{\Delta x\to 0}\frac{\Delta\Phi(x)}{\Delta x} = \lim_{\Delta x\to 0} f(\xi) = \lim_{\xi\to x} f(\xi) = f(x)$$

即

$$\Phi'(x) = \left[\int_a^x f(t)\,dt\right]' = f(x)$$

同理可证$\Delta x<0$时也成立.

这个定理说明:连续函数$f(x)$取变上限的定积分然后求导,其结果就是$f(x)$本身,也就是说$\Phi(x)$是连续函数$f(x)$的一个原函数.于是我们可以得到如下的原函数存在定理.

定理6.3.2 如果函数$f(x)$在$[a,b]$上连续,则函数$\Phi(x) = \int_a^x f(t)\,dt$就是$f(x)$在$[a,b]$上的一个原函数.

上述定理一方面肯定了连续函数的原函数是存在的,另一方面也提供了在定积分与原

函数之间建立联系的可能性. 这样就为利用不定积分公式求解定积分提供了途径.

例 6.3.1 求 $\int_0^x e^{2t}dt$ 的导数.

解:
$$\left[\int_0^x e^{2t}dt\right]' = e^{2x}$$

例 6.3.2 求 $\int_x^1 \sin^2 t dt$ 的导数

解:
$$\left[\int_x^1 \sin^2 t dt\right]' = \left[-\int_1^x \sin^2 t dt\right]' = -\sin^2 x$$

例 6.3.3 求 $\int_0^{x^2} e^t dt$ 的导数.

解: 这里 $\int_0^{x^2} e^t dt$ 是 x^2 的函数,因而是 x 的复合函数,令 $u=x^2$,则有
$$\Phi(u) = \int_0^u e^t dt, \quad u = x^2$$

由复合函数求导公式有
$$\frac{d}{dx}[\Phi(u)] = \Phi'(u)\frac{du}{dx} = \Phi'(u)\cdot 2x = 2xe^{x^2}$$

定理 6.3.3 如果函数 $f(x)$ 在 $[a,b]$ 上连续,且 $F(x)$ 是函数 $f(x)$ 的一个原函数,则
$$\int_a^b f(x)dx = F(b) - F(a) \tag{6.3.2}$$

证: 已知函数 $F(x)$ 是 $f(x)$ 的一个原函数,又根据定理 6.3.2 有,积分上限 x 的函数
$$\Phi(x) = \int_a^x f(t)dt$$
也是 $f(x)$ 的一个原函数. 于是这两个函数的差是一个常数 C. 即
$$F(x) - \Phi(x) = C \quad (a \leqslant x \leqslant b)$$
当 $x=a$ 时,$F(a)-\Phi(a)=C$.
而 $\Phi(a)=0$,这样 $F(a)=C$,于是 $\Phi(x)=F(x)-F(a)$,即
$$\int_a^x f(t)dt = F(x) - F(a)$$
令 $x=b$,再将积分变量 t 改写成 x,于是有
$$\int_a^b f(x)dx = F(b) - F(a)$$
为方便起见,以后将 $F(b)-F(a)$ 记成 $F(x)\big|_a^b$,即
$$\int_a^b f(x)dx = F(b) - F(a) = F(x)\big|_a^b$$

公式(6.3.2)叫做**牛顿-莱布尼茨(Newton-Leibniz)**公式,也叫**微积分基本公式**. 这个公式揭示了定积分与被积函数的原函数之间的联系,它说明要求一个已知函数 $f(x)$ 在 $[a,b]$ 上的定积分,只要求出 $f(x)$ 在 $[a,b]$ 上的一个原函数 $F(x)$,并计算 $F(x)$ 在区间 $[a,b]$ 上的增量即可. 而求解原函数时,我们可以利用不定积分公式,这样就使得定积分的计算简化了.

例 6.3.4 计算$\int_0^1 x^2\mathrm{d}x$.

解:
$$\int_0^1 x^2\mathrm{d}x = \frac{x^3}{3}\Big|_0^1 = \frac{1}{3} - 0 = \frac{1}{3}$$

例 6.3.5 计算$\int_1^8 \frac{1}{x}\mathrm{d}x$.

解:
$$\int_1^8 \frac{1}{x}\mathrm{d}x = \ln x\Big|_1^8 = \ln 8 - \ln 1 = 3\ln 2$$

例 6.3.6 设$f(x)=\begin{cases}2x+1, -2<x<2\\1+x^2, 2\leqslant x\leqslant 4\end{cases}$,求 k 的值,使得$\int_k^3 f(x)\mathrm{d}x = \frac{40}{3}$.

解:由定积分的可加性

$$\begin{aligned}\int_k^3 f(x)\mathrm{d}x &= \int_k^2 (2x+1)\mathrm{d}x + \int_2^3 (1+x^2)\mathrm{d}x\\&=(x^2+x)\Big|_k^2 + \left(\frac{x^3}{3}+x\right)\Big|_2^3\\&=6-(k^2+k)+\frac{22}{3}\end{aligned}$$

即有$\frac{40}{3}=6-(k^2+k)+\frac{22}{3}$,得 $k^2+k=0$,解得 $k=0,k=1$.

例 6.3.7 计算由正弦曲线 $y=\sin x$ 在$\left[0,\frac{\pi}{2}\right]$上与直线 $x=\frac{\pi}{2}$,x 轴围成的面积.

解:曲边梯形的面积

$$S = \int_0^{\frac{\pi}{2}} \sin x\mathrm{d}x = (-\cos x)\Big|_0^{\frac{\pi}{2}} = -\cos\frac{\pi}{2} - (-\cos 0) = 1$$

习题 6.3

1. 求下列函数的导数:

(1) $F(x) = \int_{-1}^{x}\sqrt{2-t}\,\mathrm{d}t$;　　(2) $F(x) = \int_x^1 2t\mathrm{e}^{-t}\mathrm{d}t$;

(3) $F(x) = \int_0^{x^2}\frac{t}{\sqrt{1+t}}\mathrm{d}t$;　　(4) $F(x) = \int_x^{x^2}\mathrm{e}^{2t}\mathrm{d}t$;

(5) $F(x) = \int_0^{\sqrt{x^3}}\sin t\mathrm{d}t$;　　(6) $F(x) = \int_{\frac{1}{x}}^{1}\frac{\mathrm{e}^t-1}{t^2}\mathrm{d}t$.

2. 计算下列积分:

(1) $\int_1^3 (x^3+3x-5)\mathrm{d}x$;　　(2) $\int_1^9 \frac{\mathrm{d}x}{\sqrt[2]{x}}$;

(3) $\int_{-1}^1 (x+2)^3\mathrm{d}x$;　　(4) $\int_0^3 \frac{2x^2+3x-5}{x-1}\mathrm{d}x$;

(5) $\int_{-3}^2 3|x|\mathrm{d}x$;　　(6) $\int_0^1 \frac{\mathrm{d}x}{\sqrt{4-x^2}}$;

(7) $\int_1^2 \left(\mathrm{e}^x+\frac{2}{x}\right)\mathrm{d}x$;　　(8) $\int_0^{\frac{\pi}{4}}\cos(2x)\mathrm{d}x$;

(9) $\int_0^2 f(x)\mathrm{d}x$,其中 $f(x) = \begin{cases} x+1, & x \leqslant 1 \\ \mathrm{e}^x, & x > 1 \end{cases}$.

3. 求下列极限:

(1) $\lim\limits_{x\to 0}\dfrac{\int_0^x \sin^2 t\mathrm{d}t}{x^2}$;　　(2) $\lim\limits_{x\to 0}\dfrac{\int_{-x}^0 \arctan t\mathrm{d}t}{x^2}$;

(3) $\lim\limits_{x\to\infty}\dfrac{\mathrm{e}^{-x^2}}{x}\int_0^x t^2\mathrm{e}^{t^2}t\mathrm{d}t$;　　(4) $\lim\limits_{x\to\frac{\pi}{2}}\dfrac{\int_{\frac{\pi}{2}}^x t^2\sin t\mathrm{d}t}{x-\frac{\pi}{2}}$;

(5) $\lim\limits_{x\to 0}\dfrac{\left(\int_0^x \mathrm{e}^{t^2}\mathrm{d}t\right)^2}{\int_0^x t\mathrm{e}^{t^2}\mathrm{d}t}$;　　(6) $\lim\limits_{x\to 0}\dfrac{\int_0^{\sin x}\sqrt{1+t^2}\mathrm{d}t}{x}$.

4. 求函数 $F(x) = \int_0^x (t^3 - 2t + 1)\mathrm{d}t$ 在$[0,2]$上的最大值与最小值.

5. 求由 $\int_0^y \mathrm{e}^t\mathrm{d}t + \int_0^x \sin t\mathrm{d}t = 0$ 确定的隐函数 y 对 x 的导数.

6.4　定积分的换元法与分部积分法

通过上节课的学习我们知道,计算定积分 $\int_a^b f(x)\mathrm{d}x$ 的简便方法是把其转化为求 $f(x)$ 的原函数的增量. 在前一章中,我们利用还原积分法和分部积分法结合不定积分公式可以求出一些被积函数的原函数. 因此,本节课中,我们将讨论如何用这两种方法求解定积分.

6.4.1　定积分的换元法

在一定条件下,也可以用换元法来计算定积分.

定理 6.4.1　设 $f(x)$ 在区间$[a,b]$上连续,令 $x=\varphi(t)$,如果

(1) 函数 $x=\varphi(t)$ 在区间$[\alpha,\beta]$上是单值的且具有连续导数;

(2) 当 t 在区间$[\alpha,\beta]$变化时,$x=\varphi(t)$ 的值在$[a,b]$上变化,且 $\varphi(\alpha)=a$,$\varphi(\beta)=b$;

则有

$$\int_a^b f(x)\mathrm{d}x = \int_\alpha^\beta f(\varphi(t))\varphi'(t)\mathrm{d}t \tag{6.4.1}$$

利用牛顿—莱布尼茨公式可以证明这个定理,这里略.

公式(6.4.1)对于 $a>b$ 也适用,从左到右使用公式,相当于不定积分的第二类换元法;从右到左使用公式,相当于不定积分的第一类换元法. 计算定积分时,在作变量替换的同时,可以相应地替换积分上、下限,而不必代回原来的变量,因此就比较简单.

例 6.4.1　计算 $\int_0^4 \dfrac{\mathrm{d}x}{1+\sqrt{x}}$.

解:令 $t=\sqrt{x}$,则 $x=t^2$,$\mathrm{d}x=2t\mathrm{d}t$,且当 $x=0$ 时,$t=0$;当 $x=4$ 时,$t=2$. 所以

$$\int_0^4 \frac{\mathrm{d}x}{1+\sqrt{x}} = \int_0^2 \frac{2t\mathrm{d}t}{1+t}$$

$$=2\int_0^2 \frac{(t+1-1)\mathrm{d}t}{1+t}$$

$$=2\int_0^2\left(1-\frac{1}{1+t}\right)\mathrm{d}t$$

$$=2[t-\ln(1+t)]\big|_0^2$$

$$=2(2-\ln 3)$$

例 6.4.2　计算 $\int_0^a \sqrt{a^2-x^2}\mathrm{d}x(a>0)$.

解:令 $x=a\sin t, \mathrm{d}x=a\cos t\mathrm{d}t$,则当 $x=0$ 时,$t=0$;当 $x=a$ 时,$t=\frac{\pi}{2}$. 所以

$$\int_0^a \sqrt{a^2-x^2}\mathrm{d}x=\int_0^{\frac{\pi}{2}} a\cos t\cdot a\cos t\mathrm{d}t$$

$$=a^2\int_0^{\frac{\pi}{2}}\frac{1+\cos 2t}{2}\mathrm{d}t$$

$$=\frac{a^2}{2}\left(t+\frac{\sin 2t}{2}\right)\Bigg|_0^{\frac{\pi}{2}}$$

$$=\frac{\pi a^2}{4}$$

在区间$[0,a]$上,曲线 $y=\sqrt{a^2-x^2}$是圆周 $x^2+y^2=a^2$ 的$\frac{1}{4}$,所以半径为 a 的圆面积是所求定积分的 4 倍,即$4\cdot\frac{\pi a^2}{4}=\pi a^2$.

换元公式也可以反过来使用,即

$$\int_\alpha^\beta f(\varphi(x))\varphi'(x)\mathrm{d}x=\int_a^b f(t)\mathrm{d}t$$

例 6.4.3　计算 $\int_0^{\frac{\pi}{2}}\cos^3 x\sin x\mathrm{d}x$.

解:令 $t=\cos x$,则 $\mathrm{d}t=-\sin x\mathrm{d}x$,当 $x=0$ 时,$t=1$;$x=\frac{\pi}{2}$时,$t=0$. 所以

$$\int_0^{\frac{\pi}{2}}\cos^3 x\sin x\mathrm{d}x=-\int_1^0 t^3\mathrm{d}t=\int_0^1 t^3\mathrm{d}t=\frac{t^4}{4}\Bigg|_0^1=\frac{1}{4}$$

例 6.4.4　可以不写出新变量 t,那么定积分的上、下限就不用改变.

$$\int_0^{\frac{\pi}{2}}\cos^3 x\sin x\mathrm{d}x=-\int_0^{\frac{\pi}{2}}\cos^3 x\mathrm{d}\cos x=-\frac{\cos^4 x}{4}\Bigg|_0^{\frac{\pi}{2}}=\frac{1}{4}$$

例 6.4.5　计算 $\int_0^1 x\mathrm{e}^{x^2}\mathrm{d}x$.

解:
$$\int_0^1 x\mathrm{e}^{x^2}\mathrm{d}x=\frac{1}{2}\int_0^1\mathrm{e}^{x^2}\mathrm{d}x^2=\frac{1}{2}\mathrm{e}^{x^2}\big|_0^1=\frac{1}{2}(\mathrm{e}-1)$$

例 6.4.6　证明

(1)若$f(x)$在$[-a,a]$上连续且为偶函数,则 $\int_{-a}^a f(x)\mathrm{d}x=2\int_0^a f(x)\mathrm{d}x$;

(2)若$f(x)$在$[-a,a]$上连续且为奇函数,则 $\int_{-a}^a f(x)\mathrm{d}x=0$.

证:(1)若$f(x)$在$[-a,a]$上是偶函数,则$f(-x)=f(x)$,则

$$\int_{-a}^{a}f(x)\,\mathrm{d}x=\int_{-a}^{0}f(x)\,\mathrm{d}x+\int_{0}^{a}f(x)\,\mathrm{d}x$$

对上式右端第一个积分作变量替换$x=-t,\mathrm{d}x=-\mathrm{d}t$,则当$x=-a$时,$t=a$;当$x=0$时,$t=0$,于是

$$\int_{-a}^{0}f(x)\,\mathrm{d}x=\int_{a}^{0}f(-t)\,\mathrm{d}(-t)=-\int_{a}^{0}f(t)\,\mathrm{d}t=\int_{0}^{a}f(t)\,\mathrm{d}t$$

所以

$$\int_{-a}^{a}f(x)\,\mathrm{d}x=\int_{0}^{a}f(t)\,\mathrm{d}t+\int_{0}^{a}f(x)\,\mathrm{d}x=2\int_{0}^{a}f(x)\,\mathrm{d}x$$

(2)若$f(x)$在$[-a,a]$上是奇函数,则$f(-x)=-f(x)$,则

$$\int_{-a}^{a}f(x)\,\mathrm{d}x=\int_{-a}^{0}f(x)\,\mathrm{d}x+\int_{0}^{a}f(x)\,\mathrm{d}x$$

对上式右端第一个积分作变量替换$x=-t,\mathrm{d}x=-\mathrm{d}t$,则当$x=-a$时,$t=a$;当$x=0$时,$t=0$,于是

$$\int_{-a}^{0}f(x)\,\mathrm{d}x=\int_{a}^{0}f(-t)\,\mathrm{d}(-t)=\int_{a}^{0}f(t)\,\mathrm{d}t=-\int_{0}^{a}f(t)\,\mathrm{d}t$$

所以

$$\int_{-a}^{a}f(x)\,\mathrm{d}x=-\int_{0}^{a}f(t)\,\mathrm{d}t+\int_{0}^{a}f(x)\,\mathrm{d}x=0$$

例 6.4.7　计算$\int_{-1}^{1}(x^3-2x+2)\,\mathrm{d}x$.

解:
$$\int_{-1}^{1}(x^3-2x+2)\,\mathrm{d}x=\int_{-1}^{1}(x^3-2x)\,\mathrm{d}x+\int_{-1}^{1}2\,\mathrm{d}x=2\int_{-1}^{1}\mathrm{d}x=4$$

6.4.2　定积分的分部积分法

设函数$u=u(x)$与$v=v(x)$在区间$[a,b]$上有连续导数,则$(uv)'=u'v+uv'$,即$uv'=(uv)'-u'v$,等式两端在$[a,b]$上取定积分,

$$\int_{a}^{b}uv'\,\mathrm{d}x=uv\big|_{a}^{b}-\int_{a}^{b}u'v\,\mathrm{d}x \tag{6.4.2}$$

即

$$\int_{a}^{b}u\,\mathrm{d}v=uv\big|_{a}^{b}-\int_{a}^{b}v\,\mathrm{d}u \tag{6.4.3}$$

式(6.4.2)及式(6.4.3)就是定积分的分部积分公式.

例 6.4.8　计算$\int_{1}^{4}\ln x\,\mathrm{d}x$.

解:令$u=\ln x,\mathrm{d}v=\mathrm{d}x$,则$\mathrm{d}u=\frac{1}{x}\mathrm{d}x,v=x$,所以

$$\int_{1}^{4}\ln x\,\mathrm{d}x=x\ln x\big|_{1}^{4}-\int_{1}^{4}x\cdot\frac{1}{x}\mathrm{d}x=4\ln 4-\int_{1}^{4}1\,\mathrm{d}x=8\ln 2-3$$

例 6.4.9　计算$\int_{0}^{1}\mathrm{e}^{\sqrt{x}}\,\mathrm{d}x$.

解:先用换元法,令$\sqrt{x}=t$,则 $\mathrm{d}x=2t\mathrm{d}t$,且当 $x=0$ 时,$t=0$;当 $x=1$ 时,$t=1$. 所以

$$\int_0^1 \mathrm{e}^{\sqrt{x}}\mathrm{d}x = 2\int_0^1 \mathrm{e}^t t\mathrm{d}t$$

再用分部积分法计算上式

$$2\int_0^1 \mathrm{e}^t t\mathrm{d}t = 2\int_0^1 t\mathrm{d}\mathrm{e}^t = 2\left(t\mathrm{e}^t\big|_0^1 - \int_0^1 \mathrm{e}^t\mathrm{d}t\right) = 2(\mathrm{e}-\mathrm{e}^t\big|_0^1) = 2$$

熟练以后,可以不写出 $u=u(x)$ 与 $v=v(x)$,见下例.

例 6.4.10　计算 $\int_0^1 x\arctan x\mathrm{d}x$.

解:
$$\begin{aligned}\int_0^1 x\arctan x\mathrm{d}x &= \frac{1}{2}\int_0^1 \arctan x\mathrm{d}x^2\\ &= \frac{1}{2}\arctan x\cdot x^2\big|_0^1 - \frac{1}{2}\int_0^1 \frac{x^2}{1+x^2}\mathrm{d}x\\ &= \frac{1}{2}\cdot\frac{\pi}{4} - \frac{1}{2}\int_0^1\left(1-\frac{1}{1+x^2}\right)\mathrm{d}x\\ &= \frac{\pi}{8} - \frac{1}{2}(x-\arctan x)\big|_0^1\\ &= \frac{\pi}{8} - \frac{1}{2}\left(1-\frac{\pi}{4}\right)\\ &= \frac{\pi}{4} - \frac{1}{2}\end{aligned}$$

习题 6.4

1. 计算下列各积分:

(1) $\int_0^4 \frac{\mathrm{d}t}{2+\sqrt{t}}$;　(2) $\int_0^3 \frac{\sqrt{u+1}}{u}\mathrm{d}u$;

(3) $\int_0^{\ln 5} \sqrt{\mathrm{e}^x-1}\,\mathrm{d}x$;　(4) $\int_0^{\pi} \sqrt{1+\cos 2z}\,\mathrm{d}z$;

(5) $\int_0^{\frac{\pi}{2}} \cos x\sin 2x\mathrm{d}x$;　(6) $\int_1^{\mathrm{e}} \frac{\mathrm{d}x}{\sqrt{1+\ln x}}$;

(7) $\int_{-1}^1 t\mathrm{e}^{-\frac{t^2}{2}}\mathrm{d}t$;　(8) $\int_0^{\pi}\left(2+\cos\frac{\theta}{2}\right)\mathrm{d}\theta$.

2. 利用函数奇偶性计算下列积分:

(1) $\int_{-1}^1 \frac{\mathrm{d}x}{1+x^2}$;　(2) $\int_{-2}^2 x\cos x\mathrm{d}x$;

(3) $\int_{-1}^1 \sqrt{1-x^2}\,\mathrm{d}x$;　(4) $\int_{-1}^1 \frac{x^3\tan^2 x}{x^2-3}\mathrm{d}x$.

3. 计算下列积分:

(1) $\int_1^3 x\ln(x-1)\mathrm{d}x$;　(2) $\int_0^1 \mathrm{e}^x\cos x\mathrm{d}x$;

(3) $\int_{-1}^1 x\mathrm{e}^{2x}\mathrm{d}x$;　(4) $\int_1^{\mathrm{e}^2} \frac{\ln x}{x}\mathrm{d}x$;

(5) $\int_{\frac{1}{3}}^1 \mathrm{e}^{\sqrt{3x-1}}\mathrm{d}x$;　(6) $\int_0^1 x\arctan x\mathrm{d}x$;

(7) $\int_0^{\frac{\pi^2}{4}} \sin\sqrt{x}\,dx$；　　　　(8) $\int_{-\frac{\pi}{2}}^{\frac{\pi}{2}} (x + x^2\sin x)\,dx$.

4. 求函数 $I(x) = \int_1^{2x} \frac{\ln t}{t^2}dt$ 在区间 $[e, e^2]$ 上的最大值.

5. 若 $f(x)$ 是连续的奇函数，证明 $\int_0^x f(t)\,dt$ 是偶函数；若 $f(x)$ 是连续的偶函数，证明 $\int_0^x f(t)\,dt$ 是奇函数.

6.5　定积分的应用

在定积分概念的引入时，曾计算过曲边梯形的面积，即如果函数 $y = f(x) \geqslant 0$ 在区间 $[a, b]$ 上连续，则定积分 $\int_a^b f(x)\,dx$ 的几何意义是由曲线 $y = f(x)$、直线 $x = a$、$x = b$ 与 x 轴围成的曲边梯形的面积.

由定积分的几何意义知，当 $y = f(x) < 0$ 时，由曲线 $y = f(x)$、直线 $x = a$、$x = b$ 与 x 轴围成的曲边梯形的面积的相反数，

$$S = -\int_a^b f(x)\,dx$$

如果在 $[a, b]$ 上总有 $0 \leqslant g(x) \leqslant f(x)$，则曲线 $f(x)$ 与 $g(x)$ 所夹的面积 S（见图 6.8）为

$$S = \int_a^b f(x)\,dx - \int_a^b g(x)\,dx \quad 或 \quad S = \int_a^b [f(x) - g(x)]\,dx$$

例 6.5.1　求椭圆 $\frac{x^2}{a^2} + \frac{y^2}{b^2} = 1$ 的面积.

解：如图 6.9 所示，椭圆是关于坐标轴对称的，因此整个椭圆的面积是第一象限内面积的 4 倍，所以

$$S = 4\int_0^a y\,dx = 4\int_0^a \frac{b}{a}\sqrt{a^2 - x^2}\,dx$$

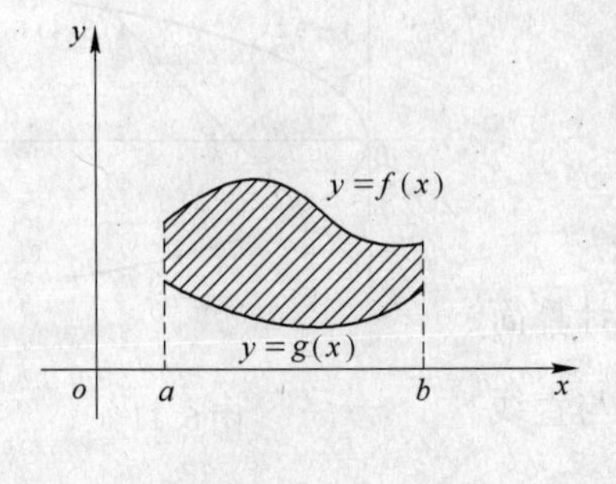

图 6.8

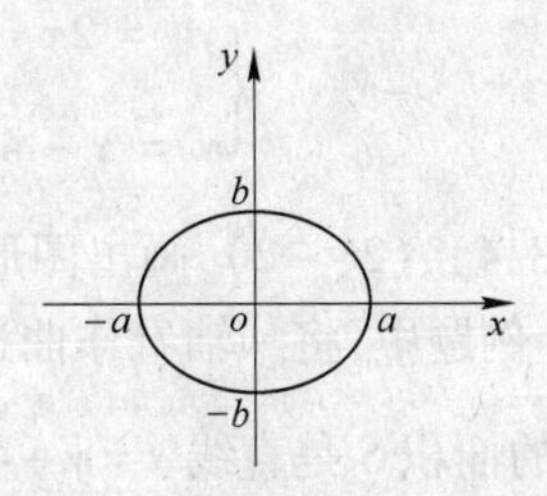

图 6.9

利用换元法可计算令 $x = a\sin t$，$dx = a\cos t\,dt$，则当 $x = 0$ 时，$t = 0$；当 $x = a$ 时，$t = \frac{\pi}{2}$，所以

$$\int_0^a \sqrt{a^2 - x^2}\,dx = \int_0^{\frac{\pi}{2}} a\cos t \cdot a\cos t\,dt$$

$$= a^2\int_0^{\frac{\pi}{2}} \frac{1 + \cos 2t}{2}dt$$

$$= \frac{a^2}{2}\left(t + \frac{\sin 2t}{2}\right)\Bigg|_0^{\frac{\pi}{2}}$$

$$= \frac{\pi a^2}{4}$$

因此 $S = 4\,\frac{b}{a}\cdot\frac{\pi a^2}{4} = \pi ab$.

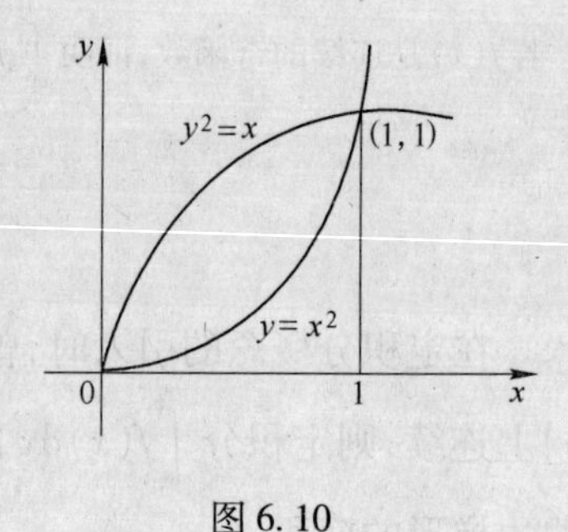

图 6.10

例 6.5.2　计算由两条抛物线 $y^2 = x, y = x^2$ 所围成的图形(见图 6.10)的面积.

解:为了确定图形的范围,先求出这两条抛物线的交点,即解方程组

$$\begin{cases} y^2 = x \\ y = x^2 \end{cases}$$

得两条抛物线的交点为(0,0)及(1,1). 变量 x 的变化范围为$[0,1]$,且 $f(x) = \sqrt{x} \geqslant g(x) = x^2$,因此两条抛物线所夹面积为

$$S = \int_0^1 [f(x) - g(x)]\,\mathrm{d}x$$

$$= \int_0^1 (\sqrt{x} - x^2)\,\mathrm{d}x$$

$$= \left(\frac{2}{3}x^{\frac{3}{2}} - \frac{x^3}{3}\right)\Bigg|_0^1$$

$$= \frac{2}{3} - \frac{1}{3} = \frac{1}{3}$$

例 6.5.3　求抛物线 $y^2 = 2x$ 与直线 $y = x - 4$ 所围成的图形的面积.

解:先求出这两条曲线的交点,即解方程组

$$\begin{cases} y^2 = 2x \\ y = x - 4 \end{cases}$$

得到交点(8,4),(2,-2),画出图形,如图 6.11 所示.

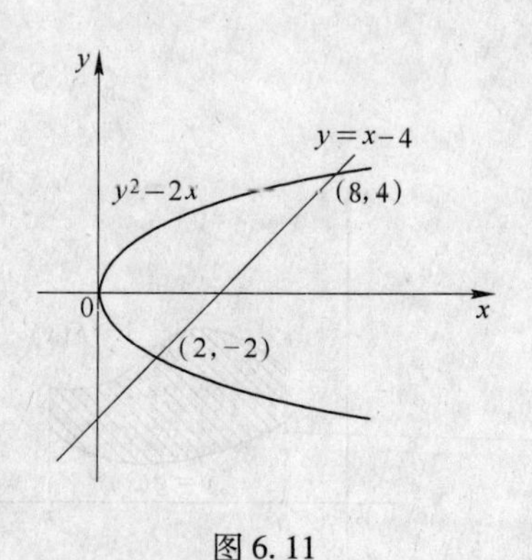

图 6.11

在这个例题中,将 y 轴看作曲边梯形的底,可使计算简便. 即所求的面积 S 是直线 $x = y + 4$ 和抛物线 $x = \frac{y^2}{2}$ 与直线 $y = -2$、$y = 4$ 所围成的面积之差,即

$$S = \int_{-2}^{4}\left(y + 4 - \frac{y^2}{2}\right)\mathrm{d}y$$

$$= \left(\frac{y^2}{2} + 4y - \frac{y^3}{6}\right)\Bigg|_{-2}^{4}$$

$$= 18$$

也可以将 x 轴看作曲边梯形的底,这时当 $x \in [0,2]$,函数值由 $-\sqrt{2x}$ 变化到 $\sqrt{2x}$;当

$x\in[2,8]$,函数值由 $x-4$ 变化到 $\sqrt{2x}$,因此

$$S=\int_0^2[\sqrt{2x}-(-\sqrt{2x})]\mathrm{d}x+\int_2^8[\sqrt{2x}-(x-4)]\mathrm{d}x$$

$$=2\int_0^2\sqrt{2x}\mathrm{d}x+\int_2^8(\sqrt{2x}-x+4)\mathrm{d}x$$

$$=(2\sqrt{2}x^{\frac{3}{2}})\Big|_0^2+\left(\sqrt{2}\,\frac{2}{3}x^{\frac{3}{2}}-\frac{x^2}{2}+4x\right)\Big|_2^8$$

$$=18$$

由这个例子可以看出,恰当地选取积分变量可使计算简单.

习题 6.5

1. 求下列各题中平面图形的面积:

(1)曲线 $y=a-2x^2(a>0)$ 与 x 轴所围成的图形;

(2)曲线 $y=x^3$ 在区间[1,2]上的曲边梯形;

(3)曲线 $y=x^2$ 与 $y^2=x$ 所围成的图形;

(4)在区间 $\left[0,\frac{\pi}{2}\right]$ 上,曲线 $y=\sin x$ 与 $x=0,y=1$ 所围成的图形;

(5)曲线 $y=x^3-3x+2$ 与 $x=1,x=-1$ 所围成的图形.

2. 求 $c(c>0)$ 的值,使两曲线 $y=x$ 与 $y=cx^3$ 所围成的图形的面积为2.

3. 过曲线 $y=x^2(0\leqslant x\leqslant 1)$ 上一点 A 作一条平行于 x 轴的直线,使之与直线 $x=1$ 及 y 轴所围成的两块图形面积相等,求 A 点坐标.

7 空间解析几何与向量代数

解析几何的基本思想就是用代数的方法来研究几何，由平面解析几何中可以通过坐标把平面上的点与一对有序的数相对应起来，可知空间解析几何也可以按照类似的方法建立起来. 本章先引进向量以及它的线性运算，并通过向量来建立空间坐标系，然后利用坐标讨论向量的运算，并介绍空间解析几何的相关内容.

本章知识结构导图：

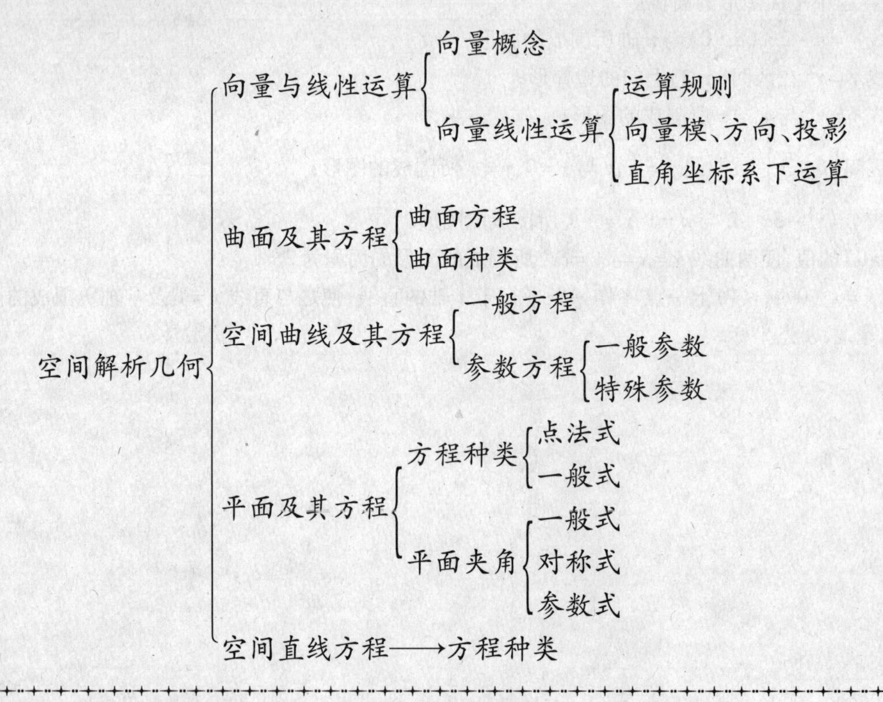

7.1 向量及其线性运算

7.1.1 向量概念

向量：在研究力学、物理学以及其他应用科学时，常会遇到这样一类量，它们既有大小，又有方向，例如力、力矩、位移、速度、加速度等，这一类量叫做向量.

在数学上，用一条有方向的线段（称为有向线段）来表示向量. 有向线段的长度表示向量的大小，有向线段的方向表示向量的方向.

向量的符号：以 A 为起点、B 为终点的有向线段所表示的向量记作$\overrightarrow{AB}$. 向量可用粗体字母表示,也可用上加箭头书写体字母表示,例如,$\boldsymbol{a}$、$\boldsymbol{r}$、$\boldsymbol{v}$、$\boldsymbol{F}$ 或$\vec{a}$、$\vec{r}$、$\vec{v}$、$\vec{F}$.

自由向量:由于一切向量的共性是它们都有大小和方向,所以在数学上我们只研究与起点无关的向量,并称这种向量为自由向量,简称向量. 因此,如果向量 $\boldsymbol{a}$ 和 $\boldsymbol{b}$ 的大小相等,且方向相同,则说向量 $\boldsymbol{a}$ 和 $\boldsymbol{b}$ 是相等的,记为 $\boldsymbol{a}=\boldsymbol{b}$. 相等的向量经过平移后可以完全重合.

向量的模:向量的大小叫做向量的模. 向量 $\boldsymbol{a}$、$\vec{a}$、$\overrightarrow{AB}$的模分别记为 $|\boldsymbol{a}|$、$|\vec{a}|$、$|\overrightarrow{AB}|$.

单位向量:模等于 1 的向量叫做单位向量.

零向量:模等于 0 的向量叫做零向量,记作 $\boldsymbol{0}$ 或 $\vec{0}$. 零向量的起点与终点重合,它的方向可以看作是任意的.

向量的平行:两个非零向量如果它们的方向相同或相反,就称这两个向量平行. 向量 $\boldsymbol{a}$ 与 $\boldsymbol{b}$ 平行,记作 $\boldsymbol{a}/\!/\boldsymbol{b}$. 认为零向量与任何向量都平行.

当两个平行向量的起点放在同一点时,它们的终点和公共的起点在一条直线上. 因此,两向量平行又称两向量共线.

类似还有共面的概念. 设有 $k(k\geqslant 3)$ 个向量,当把它们的起点放在同一点时,如果 k 个终点和公共起点在一个平面上,就称这 k 个向量共面.

7.1.2 向量的线性运算

7.1.2.1 向量的加法

向量的加法:设有两个向量 $\boldsymbol{a}$ 与 $\boldsymbol{b}$,平移向量使 $\boldsymbol{b}$ 的起点与 $\boldsymbol{a}$ 的终点重合,此时从 $\boldsymbol{a}$ 的起点到 $\boldsymbol{b}$ 的终点的向量 $\boldsymbol{c}$ 称为向量 $\boldsymbol{a}$ 与 $\boldsymbol{b}$ 的和,记作 $\boldsymbol{a}+\boldsymbol{b}$,即 $\boldsymbol{c}=\boldsymbol{a}+\boldsymbol{b}$.

三角形法则:上述作出两向量之和的方法叫做向量加法的三角形法则.

平行四边形法则:如图 7.1 所示,当向量 $\boldsymbol{a}$ 与 $\boldsymbol{b}$ 不平行时,平移向量使 $\boldsymbol{a}$ 与 $\boldsymbol{b}$ 的起点重合,以 $\boldsymbol{a}$、$\boldsymbol{b}$ 为邻边作一平行四边形,从公共起点到对角的向量等于向量 $\boldsymbol{a}$ 与 $\boldsymbol{b}$ 的和 $\boldsymbol{a}+\boldsymbol{b}$.

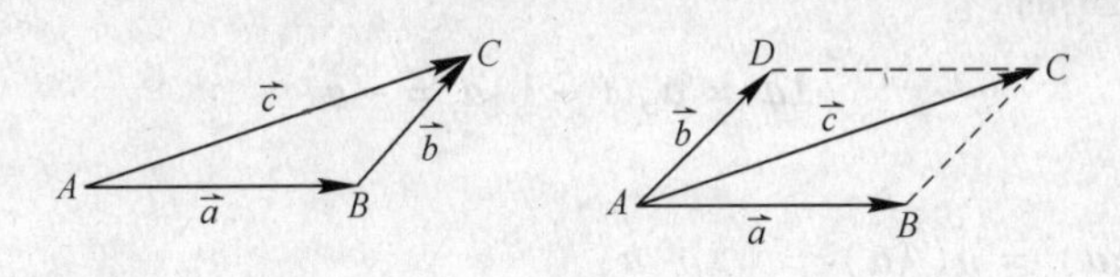

图 7.1

向量的加法运算规律:

(1)交换律 $\boldsymbol{a}+\boldsymbol{b}=\boldsymbol{b}+\boldsymbol{a}$;

(2)结合律$(\boldsymbol{a}+\boldsymbol{b})+\boldsymbol{c}=\boldsymbol{a}+(\boldsymbol{b}+\boldsymbol{c})$.

由于向量的加法符合交换律与结合律,故 n 个向量 $\boldsymbol{a}_1,\boldsymbol{a}_2,\cdots,\boldsymbol{a}_n(n\geqslant 3)$ 相加可写成 $\boldsymbol{a}_1+\boldsymbol{a}_2+\cdots+\boldsymbol{a}_n$,并按向量相加的三角形法则,可得 n 个向量相加的法则如下:使前一向量的终点作为次一向量的起点,相继作向量 $\boldsymbol{a}_1,\boldsymbol{a}_2,\cdots,\boldsymbol{a}_n$,再以第一向量的起点为起点,最后一向量的终点为终点作一向量,这个向量即为所求的和.

负向量:设 $\boldsymbol{a}$ 为一向量,与 $\boldsymbol{a}$ 的模相同而方向相反的向量叫做 $\boldsymbol{a}$ 的负向量,记为 $-\boldsymbol{a}$.

向量的减法:我们规定两个向量 $\boldsymbol{b}$ 与 $\boldsymbol{a}$ 的差为 $\boldsymbol{b}-\boldsymbol{a}=\boldsymbol{b}+(-\boldsymbol{a})$. 即把向量 $-\boldsymbol{a}$ 加到向量 $\boldsymbol{b}$ 上,便得 $\boldsymbol{b}$ 与 $\boldsymbol{a}$ 的差 $\boldsymbol{b}-\boldsymbol{a}$,如图 7.2 所示.

特别地，当 $\boldsymbol{b}=\boldsymbol{a}$ 时，有 $\boldsymbol{a}-\boldsymbol{a}=\boldsymbol{a}+(-\boldsymbol{a})=\boldsymbol{0}$.

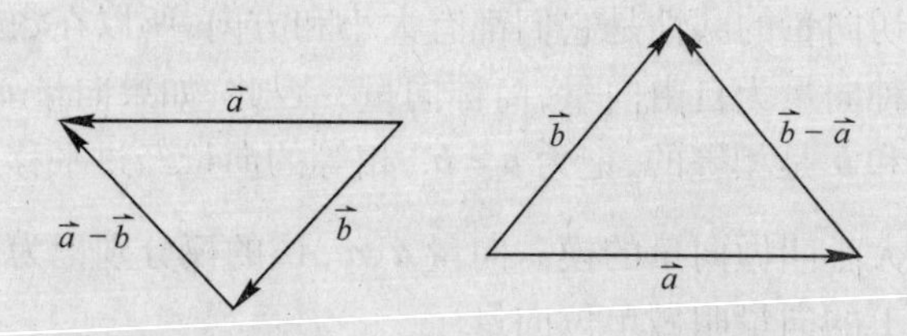

图 7.2

显然，任给向量 $\overrightarrow{AB}$ 及点 O，有

$$\overrightarrow{AB}=\overrightarrow{AO}+\overrightarrow{OB}=\overrightarrow{OB}-\overrightarrow{OA}$$

因此，若把向量 $\boldsymbol{a}$ 与 $\boldsymbol{b}$ 移到同一起点 O，则从 $\boldsymbol{a}$ 的终点 A 向 $\boldsymbol{b}$ 的终点 B 所引向量 $\overrightarrow{AB}$ 便是向量 $\boldsymbol{b}$ 与 $\boldsymbol{a}$ 的差 $\boldsymbol{b}-\boldsymbol{a}$.

三角不等式：由三角形两边之和大于第三边的原理，有

$$|\boldsymbol{a}+\boldsymbol{b}|\leqslant|\boldsymbol{a}|+|\boldsymbol{b}| \quad \text{及} \quad |\boldsymbol{a}-\boldsymbol{b}|\leqslant|\boldsymbol{a}|+|\boldsymbol{b}|$$

其中等号在 $\boldsymbol{b}$ 与 $\boldsymbol{a}$ 同向或反向时成立.

7.1.2.2　向量与数的乘法

向量与数的乘法的定义：

向量 $\boldsymbol{a}$ 与实数 λ 的乘积记作 $\lambda\boldsymbol{a}$，规定 $\lambda\boldsymbol{a}$ 是一个向量，它的模 $|\lambda\boldsymbol{a}|=|\lambda||\boldsymbol{a}|$，它的方向当 $\lambda>0$ 时与 $\boldsymbol{a}$ 相同，当 $\lambda<0$ 时与 $\boldsymbol{a}$ 相反.

当 $\lambda=0$ 时，$|\lambda\boldsymbol{a}|=0$，即 $\lambda\boldsymbol{a}$ 为零向量，这时它的方向可以是任意的.

特别地，当 $\lambda=\pm1$ 时，有

$$1\boldsymbol{a}=\boldsymbol{a},\ (-1)\boldsymbol{a}=-\boldsymbol{a}$$

运算规律：

(1)结合律 $\lambda(\mu\boldsymbol{a})=\mu(\lambda\boldsymbol{a})=(\lambda\mu)\boldsymbol{a}$；

(2)分配律 $(\lambda+\mu)\boldsymbol{a}=\lambda\boldsymbol{a}+\mu\boldsymbol{a}$，$\lambda(\boldsymbol{a}+\boldsymbol{b})=\lambda\boldsymbol{a}+\lambda\boldsymbol{b}$.

例 7.1.1　在平行四边形 $ABCD$ 中，如图 7.3 所示，设 $\overrightarrow{AB}=\boldsymbol{a}$，$\overrightarrow{AD}=\boldsymbol{b}$. 试用 $\boldsymbol{a}$ 和 $\boldsymbol{b}$ 表示向量 $\overrightarrow{MA}$、$\overrightarrow{MB}$、$\overrightarrow{MC}$、$\overrightarrow{MD}$，其中 M 是平行四边形对角线的交点.

解：由于平行四边形的对角线互相平分，所以

$$\boldsymbol{a}+\boldsymbol{b}=\overrightarrow{AC}=2\overrightarrow{AM}$$

即
$$-(\boldsymbol{a}+\boldsymbol{b})=2\overrightarrow{MA}$$

于是
$$\overrightarrow{MA}=-\frac{1}{2}(\boldsymbol{a}+\boldsymbol{b})$$

因为 $\overrightarrow{MC}=-\overrightarrow{MA}$，所以 $\overrightarrow{MC}=\dfrac{1}{2}(\boldsymbol{a}+\boldsymbol{b})$.

又因 $-\boldsymbol{a}+\boldsymbol{b}=\overrightarrow{BD}=2\overrightarrow{MD}$，所以$\overrightarrow{MD}=\frac{1}{2}(\boldsymbol{b}-\boldsymbol{a})$.

由于 $\overrightarrow{MB}=-\overrightarrow{MD}$，所以 $\overrightarrow{MB}=\frac{1}{2}(\boldsymbol{a}-\boldsymbol{b})$.

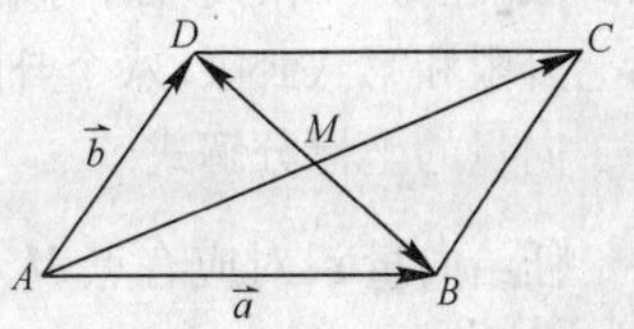

向量的单位化：

设 $\boldsymbol{a}\neq\boldsymbol{0}$，则向量$\frac{\boldsymbol{a}}{|\boldsymbol{a}|}$是与 $\boldsymbol{a}$ 同方向的单位向量，记为 $\boldsymbol{e}_a$. 于是 $\boldsymbol{a}=|\boldsymbol{a}|\boldsymbol{e}_a$.

图 7.3

定理 7.1.1 设向量 $\boldsymbol{a}\neq\boldsymbol{0}$，那么，向量 $\boldsymbol{b}$ 平行于 $\boldsymbol{a}$ 的充分必要条件是：存在唯一的实数 λ，使 $\boldsymbol{b}=\lambda\boldsymbol{a}$.

证：条件的充分性是显然的，下面证明条件的必要性.

设 $\boldsymbol{b}/\!/\boldsymbol{a}$. 取 $|\lambda|=\frac{|\boldsymbol{b}|}{|\boldsymbol{a}|}$，当 $\boldsymbol{b}$ 与 $\boldsymbol{a}$ 同向时 λ 取正值，当 $\boldsymbol{b}$ 与 $\boldsymbol{a}$ 反向时 λ 取负值，即 $\boldsymbol{b}=\lambda\boldsymbol{a}$. 这是因为此时 $\boldsymbol{b}$ 与 $\lambda\boldsymbol{a}$ 同向，且

$$|\lambda\boldsymbol{a}|=|\lambda||\boldsymbol{a}|=\frac{|\boldsymbol{b}|}{|\boldsymbol{a}|}|\boldsymbol{a}|=|\boldsymbol{b}|$$

再证明数 λ 的唯一性. 设 $\boldsymbol{b}=\lambda\boldsymbol{a}$，又设 $\boldsymbol{b}=\mu\boldsymbol{a}$，两式相减，便得

$$(\lambda-\mu)\boldsymbol{a}=\boldsymbol{0}$$

即

$$|\lambda-\mu||\boldsymbol{a}|=0$$

因 $|\boldsymbol{a}|\neq0$，故 $|\lambda-\mu|=0$，即 $\lambda=\mu$.

给定一个点及一个单位向量就确定了一条数轴. 设点 o 及单位向量 $\boldsymbol{i}$ 确定了数轴 ox，对于轴上任一点 P，对应一个向量 $\overrightarrow{oP}$，由 $\overrightarrow{oP}/\!/\boldsymbol{i}$，根据定理 7.1.1，必有唯一的实数 x，使 $\overrightarrow{oP}=x\boldsymbol{i}$（实数 x 叫做轴上有向线段 $\overrightarrow{oP}$ 的值），并知 $\overrightarrow{oP}$ 与实数 x 一一对应. 于是

$$\text{点 } P\longleftrightarrow\text{向量}\overrightarrow{oP}=x\boldsymbol{i}\longleftrightarrow\text{实数 } x$$

从而轴上的点 P 与实数 x 有一一对应的关系. 据此，定义实数 x 为轴上点 P 的坐标.

由此可知，轴上点 P 的坐标为 x 的充分必要条件是 $\overrightarrow{oP}=x\boldsymbol{i}$.

7.1.3 空间直角坐标系

在空间取定一点 o 和三个两两垂直的单位向量 $\boldsymbol{i}$、$\boldsymbol{j}$、$\boldsymbol{k}$，就确定了三条都以 o 为原点的两两垂直的数轴，依次记为 x 轴（横轴）、y 轴（纵轴）、z 轴（竖轴），统称为坐标轴. 它们构成一个空间直角坐标系，称为 $oxyz$ 坐标系.

注意：

(1)通常三个数轴应具有相同的长度单位；

(2)通常把 x 轴和 y 轴配置在水平面上，而 z 轴则是铅垂线；

(3)数轴的正向通常符合右手规则.

在空间直角坐标系中，任意两个坐标轴可以确定一个平面，这种平面称为**坐标面**.

x 轴及 y 轴所确定的坐标面叫做 xoy 面，另两个坐标面是 yoz 面和 zox 面.

三个坐标面把空间分成八个部分，每一部分叫做**卦限**，含有三个正半轴的卦限叫做第一

卦限，它位于 xoy 面的上方. 在 xoy 面的上方，按逆时针方向排列着第二卦限、第三卦限和第四卦限. 在 xoy 面的下方，与第一卦限对应的是第五卦限，按逆时针方向还排列着第六卦限、第七卦限和第八卦限. 八个卦限分别用字母Ⅰ、Ⅱ、Ⅲ、Ⅳ、Ⅴ、Ⅵ、Ⅶ、Ⅷ表示.

向量的坐标分解式:

任给向量 $\boldsymbol{r}$，对应有点 M，使 $\overrightarrow{oM} = \boldsymbol{r}$. 以 oM 为对角线、三条坐标轴为棱作长方体，有

$$\boldsymbol{r} = \overrightarrow{oM} = \overrightarrow{oP} + \overrightarrow{PN} + \overrightarrow{NM} = \overrightarrow{oP} + \overrightarrow{oQ} + \overrightarrow{oR}$$

设 $\overrightarrow{oP} = x\boldsymbol{i}$, $\overrightarrow{oQ} = y\boldsymbol{j}$, $\overrightarrow{oR} = z\boldsymbol{k}$, 则 $\boldsymbol{r} = \overrightarrow{oM} = x\boldsymbol{i} + y\boldsymbol{j} + z\boldsymbol{k}$.

上式称为向量 $\boldsymbol{r}$ 的坐标分解式，$x\boldsymbol{i}$、$y\boldsymbol{j}$、$z\boldsymbol{k}$ 称为向量 $\boldsymbol{r}$ 沿三个坐标轴方向的分向量.

显然，给定向量 $\boldsymbol{r}$，就确定了点 M 及 $\overrightarrow{oP} = x\boldsymbol{i}$, $\overrightarrow{oQ} = y\boldsymbol{j}$, $\overrightarrow{oR} = z\boldsymbol{k}$ 三个分向量，进而确定了 x、y、z 三个有序数；反之，给定三个有序数 x、y、z 也就确定了向量 $\boldsymbol{r}$ 与点 M. 于是点 M、向量 $\boldsymbol{r}$ 与三个有序 x、y、z 之间有一一对应的关系，

$$M \longleftrightarrow \boldsymbol{r} = \overrightarrow{oM} = x\boldsymbol{i} + y\boldsymbol{j} + z\boldsymbol{k} \longleftrightarrow (x,y,z)$$

据此给出以下定义.

定义 7.1.1 有序数 x、y、z 称为向量 $\boldsymbol{r}$（在坐标系 $oxyz$）中的坐标，记作 $\boldsymbol{r} = (x,y,z)$；有序数 x、y、z 也称为点 M（在坐标系 $oxyz$）的坐标，记为 $M(x,y,z)$.

向量 $\boldsymbol{r} = \overrightarrow{oM}$ 称为点 M 关于原点 o 的向径. 上述定义表明，一个点与该点的向径有相同的坐标. 记号 (x,y,z) 既表示点 M，又表示向量 $\overrightarrow{oM}$.

坐标面上和坐标轴上的点，其坐标各有一定的特征. 例如：点 M 在 yoz 面上，则 $x=0$；同样，在 zox 面上的点，$y=0$；在 xoy 面上的点，$z=0$. 如果点 M 在 x 轴上，则 $y=z=0$；同样在 y 轴上，有 $z=x=0$；在 z 轴上的点，有 $x=y=0$. 如果点 M 为原点，则 $x=y=z=0$.

7.1.4 利用坐标作向量的线性运算

设
$$\boldsymbol{a} = (a_x, a_y, a_z), \boldsymbol{b} = (b_x, b_y, b_z)$$

即
$$\boldsymbol{a} = a_x\boldsymbol{i} + a_y\boldsymbol{j} + a_z\boldsymbol{k}, \boldsymbol{b} = b_x\boldsymbol{i} + b_y\boldsymbol{j} + b_z\boldsymbol{k}$$

则
$$\begin{aligned}
\boldsymbol{a} + \boldsymbol{b} &= (a_x\boldsymbol{i} + a_y\boldsymbol{j} + a_z\boldsymbol{k}) + (b_x\boldsymbol{i} + b_y\boldsymbol{j} + b_z\boldsymbol{k}) \\
&= (a_x + b_x)\boldsymbol{i} + (a_y + b_y)\boldsymbol{j} + (a_z + b_z)\boldsymbol{k} \\
&= (a_x + b_x, a_y + b_y, a_z + b_z) \\
\boldsymbol{a} - \boldsymbol{b} &= (a_x\boldsymbol{i} + a_y\boldsymbol{j} + a_z\boldsymbol{k}) - (b_x\boldsymbol{i} + b_y\boldsymbol{j} + b_z\boldsymbol{k}) \\
&= (a_x - b_x)\boldsymbol{i} + (a_y - b_y)\boldsymbol{j} + (a_z - b_z)\boldsymbol{k} \\
&= (a_x - b_x, a_y - b_y, a_z - b_z) \\
\lambda\boldsymbol{a} &= \lambda(a_x\boldsymbol{i} + a_y\boldsymbol{j} + a_z\boldsymbol{k}) \\
&= (\lambda a_x)\boldsymbol{i} + (\lambda a_y)\boldsymbol{j} + (\lambda a_z)\boldsymbol{k} \\
&= (\lambda a_x, \lambda a_y, \lambda a_z)
\end{aligned}$$

利用向量的坐标判断两个向量的平行：设 $\boldsymbol{a}=(a_x,a_y,a_z)\neq 0$，$\boldsymbol{b}=(b_x,b_y,b_z)$，向量 $\boldsymbol{b}/\!/\boldsymbol{a}\Leftrightarrow\boldsymbol{b}=\lambda\boldsymbol{a}$，即 $\boldsymbol{b}/\!/\boldsymbol{a}\Leftrightarrow(b_x,b_y,b_z)=\lambda(a_x,a_y,a_z)$，于是 $\frac{b_x}{a_x}=\frac{b_y}{a_y}=\frac{b_z}{a_z}$.

例 7.1.2 求解以向量为未知元的线性方程组 $\begin{cases}5x-3y=\boldsymbol{a}\\3x-2y=\boldsymbol{b}\end{cases}$，其中 $\boldsymbol{a}=(2,1,2)$，$\boldsymbol{b}=(-1,1,-2)$.

解：如同解二元一次线性方程组，可得

$$\boldsymbol{x}=2\boldsymbol{a}-3\boldsymbol{b},\ \boldsymbol{y}=3\boldsymbol{a}-5\boldsymbol{b}$$

以 $\boldsymbol{a}$、$\boldsymbol{b}$ 的坐标表示式代入，即得

$$\boldsymbol{x}=2(2,1,2)-3(-1,1,-2)=(7,-1,10)$$

$$\boldsymbol{y}=3(2,1,2)-5(-1,1,-2)=(11,-2,16)$$

例 7.1.3 已知两点 $A(x_1,y_1,z_1)$ 和 $B(x_2,y_2,z_2)$ 以及实数 $\lambda\neq-1$，在直线 AB 上求一点 M，使 $\overrightarrow{AM}=\lambda\overrightarrow{MB}$.

解：由于 $\overrightarrow{AM}=\overrightarrow{OM}-\overrightarrow{OA}$，$\overrightarrow{MB}=\overrightarrow{OB}-\overrightarrow{OM}$，因此

$$\overrightarrow{OM}-\overrightarrow{OA}=\lambda(\overrightarrow{OB}-\overrightarrow{OM})$$

从而

$$\overrightarrow{OM}=\frac{1}{1+\lambda}(\overrightarrow{OA}+\lambda\overrightarrow{OB})=\left(\frac{x_1+\lambda x_2}{1+\lambda},\frac{y_1+\lambda y_2}{1+\lambda},\frac{z_1+\lambda z_2}{1+\lambda}\right)$$

这就是点 M 的坐标.

另解，设所求点为 $M(x,y,z)$，则 $\overrightarrow{AM}=(x-x_1,y-y_1,z-z_1)$，$\overrightarrow{MB}=(x_2-x,y_2-y,z_2-z)$. 依题意有 $\overrightarrow{AM}=\lambda\overrightarrow{MB}$，即

$$(x-x_1,y-y_1,z-z_1)=\lambda(x_2-x,y_2-y,z_2-z)$$

$$(x,y,z)-(x_1,y_1,z_1)=\lambda(x_2,y_2,z_2)-\lambda(x,y,z)$$

$$(x,y,z)=\frac{1}{1+\lambda}(x_1+\lambda x_2,y_1+\lambda y_2,z_1+\lambda z_2)$$

$$x=\frac{x_1+\lambda x_2}{1+\lambda},\ y=\frac{y_1+\lambda y_2}{1+\lambda},\ z=\frac{z_1+\lambda z_2}{1+\lambda}$$

点 M 叫做有向线段 $\overrightarrow{AB}$ 的定比分点. 当 $\lambda=1$，点 M 为有向线段 $\overrightarrow{AB}$ 的中点，其坐标为 $x=\frac{x_1+x_2}{2}$，$y=\frac{y_1+y_2}{2}$，$z=\frac{z_1+z_2}{2}$.

7.1.5 向量的模、方向角、投影

7.1.5.1 向量的模与两点间的距离公式

设向量 $\boldsymbol{r}=(x,y,z)$，作 $\overrightarrow{OM}=\boldsymbol{r}$，则 $\boldsymbol{r}=\overrightarrow{OM}=\overrightarrow{OP}+\overrightarrow{OQ}+\overrightarrow{OR}$，按勾股定理可得

$$|\boldsymbol{r}| = |OM| = \sqrt{|OP|^2 + |OQ|^2 + |OR|^2}$$

设$\overrightarrow{OP} = x\boldsymbol{i}$、$\overrightarrow{OQ} = y\boldsymbol{j}$、$\overrightarrow{OR} = z\boldsymbol{k}$，有$|OP| = |x|$、$|OQ| = |y|$、$|OR| = |z|$，于是得向量模的坐标表示式$|\boldsymbol{r}| = \sqrt{x^2 + y^2 + z^2}$.

设有点$A(x_1, y_1, z_1)$、$B(x_2, y_2, z_2)$，则

$$\overrightarrow{AB} = \overrightarrow{OB} - \overrightarrow{OA} = (x_2, y_2, z_2) - (x_1, y_1, z_1) = (x_2 - x_1, y_2 - y_1, z_2 - z_1)$$

于是点A与点B间的距离为

$$|AB| = |\overrightarrow{AB}| = \sqrt{(x_2 - x_1)^2 + (y_2 - y_1)^2 + (z_2 - z_1)^2}$$

例 7.1.4 求证以$M_1(4,3,1)$、$M_2(7,1,2)$、$M_3(5,2,3)$三点为顶点的三角形是一个等腰三角形.

解:因为

$$|M_1M_2|^2 = (7-4)^2 + (1-3)^2 + (2-1)^2 = 14$$
$$|M_2M_3|^2 = (5-7)^2 + (2-1)^2 + (3-2)^2 = 6$$
$$|M_1M_3|^2 = (5-4)^2 + (2-3)^2 + (3-1)^2 = 6$$

所以$|M_2M_3| = |M_1M_3|$，即$\triangle M_1M_2M_3$为等腰三角形.

例 7.1.5 在z轴上求与两点$A(-4,1,7)$和$B(3,5,-2)$等距离的点.

解:设所求的点为$M(0,0,z)$，依题意有$|MA|^2 = |MB|^2$，即

$$(0+4)^2 + (0-1)^2 + (z-7)^2 = (3-0)^2 + (5-0)^2 + (-2-z)^2$$

解之得$z = \frac{14}{9}$，所以，所求的点为$M\left(0,0,\frac{14}{9}\right)$.

例 7.1.6 已知两点$A(4,0,5)$和$B(7,1,3)$，求与$\overrightarrow{AB}$方向相同的单位向量$\boldsymbol{e}$.

解:因为$\overrightarrow{AB} = (7,1,3) - (4,0,5) = (3,1,-2)$，

$$|\overrightarrow{AB}| = \sqrt{3^2 + 1^2 + (-2)^2} = \sqrt{14}$$

所以

$$\boldsymbol{e} = \frac{\overrightarrow{AB}}{|\overrightarrow{AB}|} = \frac{1}{\sqrt{14}}(3,1,-2)$$

7.1.5.2 方向角与方向余弦

当把两个非零向量$\boldsymbol{a}$与$\boldsymbol{b}$的起点放到同一点时，两个向量之间不超过π的夹角称为向量$\boldsymbol{a}$与$\boldsymbol{b}$的夹角，记作$(\widehat{\boldsymbol{a},\boldsymbol{b}})$或$(\widehat{\boldsymbol{b},\boldsymbol{a}})$. 如果向量$\boldsymbol{a}$与$\boldsymbol{b}$中有一个是零向量，规定它们的夹角可以在0与$\pi$之间任意取值.

类似地，可以规定向量与一轴的夹角或空间两轴的夹角.

非零向量$\boldsymbol{r}$与三条坐标轴的夹角α、β、γ称为向量$\boldsymbol{r}$的方向角.

向量的方向余弦:设$\boldsymbol{r} = (x, y, z)$，则

$$x = |r|\cos\alpha,\ y = |r|\cos\beta,\ z = |r|\cos\gamma$$

$\cos\alpha$、$\cos\beta$、$\cos\gamma$称为向量$\boldsymbol{r}$的方向余弦.

$$\cos\alpha = \frac{x}{|\boldsymbol{r}|},\ \cos\beta = \frac{y}{|\boldsymbol{r}|},\ \cos\gamma = \frac{z}{|\boldsymbol{r}|}$$

从而
$$(\cos\alpha,\cos\beta,\cos\gamma)=\frac{1}{|\boldsymbol{r}|}\boldsymbol{r}=\boldsymbol{e}_r$$

上式表明,以向量 $\boldsymbol{r}$ 的方向余弦为坐标的向量就是与 $\boldsymbol{r}$ 同方向的单位向量 $\boldsymbol{e}_r$. 因此
$$\cos^2\alpha+\cos^2\beta+\cos^2\gamma=1$$

例 7.1.7 设已知两点 $A(2,2,\sqrt{2})$ 和 $B(1,3,0)$,计算向量 $\overrightarrow{AB}$ 的模、方向余弦和方向角.

解:
$$\overrightarrow{AB}=(1-2,3-2,0-\sqrt{2})=(-1,1,-\sqrt{2})$$
$$|\overrightarrow{AB}|=\sqrt{(-1)^2+1^2+(-\sqrt{2})^2}=2$$
$$\cos\alpha=-\frac{1}{2},\ \cos\beta=\frac{1}{2},\ \cos\gamma=-\frac{\sqrt{2}}{2}$$
$$\alpha=\frac{2\pi}{3},\ \beta=\frac{\pi}{3},\ \gamma=\frac{3\pi}{4}$$

7.1.5.3 向量在轴上的投影

设点 o 及单位向量 $\boldsymbol{e}$ 确定 u 轴.

任给向量 $\boldsymbol{r}$,作 $\overrightarrow{oM}=\boldsymbol{r}$, 再过点 M 作与 u 轴垂直的平面交 u 轴于点 M'(点 M'叫作点 M 在 u 轴上的投影),则向量 $\overrightarrow{oM'}$ 称为向量 $\boldsymbol{r}$ 在 u 轴上的分向量. 设 $\overrightarrow{oM'}=\lambda\boldsymbol{e}$, 则数 λ 称为向量 $\boldsymbol{r}$ 在 u 轴上的投影,记作 $\mathrm{Prj}_u\boldsymbol{r}$ 或$(\boldsymbol{r})_u$.

按此定义,向量 $\boldsymbol{a}$ 在直角坐标系 $oxyz$ 中的坐标 a_x,a_y,a_z 就是 $\boldsymbol{a}$ 在三条坐标轴上的投影,即
$$a_x=\mathrm{Prj}_x\boldsymbol{a},a_y=\mathrm{Prj}_y\boldsymbol{a},a_z=\mathrm{Prj}_z\boldsymbol{a}$$

投影的性质:

性质 7.1.1 $(\boldsymbol{a})_u=|\boldsymbol{a}|\cos\varphi$(即 $\mathrm{Prj}_u\boldsymbol{a}=|\boldsymbol{a}|\cos\varphi$),其中 φ 为向量与 u 轴的夹角.

性质 7.1.2 $(\boldsymbol{a}+\boldsymbol{b})_u=(\boldsymbol{a})_u+(\boldsymbol{b})_u$(即 $\mathrm{Prj}_u(\boldsymbol{a}+\boldsymbol{b})=\mathrm{Prj}_u\boldsymbol{a}+\mathrm{Prj}_u\boldsymbol{b}$).

性质 7.1.3 $(\lambda\boldsymbol{a})_u=\lambda(\boldsymbol{a})_u$(即 $\mathrm{Prj}_u(\lambda\boldsymbol{a})=\lambda\mathrm{Prj}_u\boldsymbol{a}$).

习题 7.1

1. 设 $\boldsymbol{u}=\boldsymbol{a}-\boldsymbol{b}+2\boldsymbol{c},\boldsymbol{v}=-\boldsymbol{a}+3\boldsymbol{b}-\boldsymbol{c}$,试用 $\boldsymbol{a}$、$\boldsymbol{b}$、$\boldsymbol{c}$ 表示 $2\boldsymbol{u}-3\boldsymbol{v}$.
2. 求向量 $\boldsymbol{a}=\boldsymbol{i}+\sqrt{2}\boldsymbol{j}+\boldsymbol{k}$ 与三个坐标轴间的夹角.
3. 设点 A 位于第一卦象,向径 $\overrightarrow{oA}$ 与 x 轴、y 轴的夹角依次为 $\frac{\pi}{3}$ 和 $\frac{\pi}{4}$, 且 $|\overrightarrow{oA}|=6$, 求点 A 的坐标.
4. 设一向量 $\boldsymbol{r}$ 的模是 4,它与投影轴的夹角是 $30°$,求此向量在该轴上的投影.
5. 已知两点 $M_1(2,2,\sqrt{2})$ 和 $M_2(1,3,0)$, 计算向量 $\overrightarrow{M_1M_2}$ 的模、方向余弦和方向角.
6. 设某一向量与 x 轴, y 轴, z 轴的夹角分别为 α,β,γ, 已知 $\alpha=\frac{3\pi}{4},\beta=\frac{\pi}{3}$, 求 γ.
7. 已知两点 $M_1(0,2,3)$, $M_2(1,-2,4)$, 试用坐标表示式表示向量 $\overrightarrow{M_1M_2}$ 与 $-2\overrightarrow{M_1M_2}$.
8. 用向量方法证明:对角线互相平分的四边形是平行四边形.
9. 已知两点 $A(3,2,-1)$, $B(7,-2,3)$, 在线段 AB 上有一点 M, 且 $\overrightarrow{AM}=2\overrightarrow{MB}$, 求向量 $\overrightarrow{OM}$.

7.2 数量积与向量积

7.2.1 两向量的数量积

数量积的物理背景:设一物体在常力 $\boldsymbol{F}$ 作用下沿直线从点 M_1 移动到点 M_2. 以 $\boldsymbol{s}$ 表示位移 $\overrightarrow{M_1M_2}$. 由物理学知道,力 $\boldsymbol{F}$ 所作的功为

$$W = |\boldsymbol{F}||\boldsymbol{s}|\cos\theta$$

其中 θ 为 $\boldsymbol{F}$ 与 $\boldsymbol{s}$ 的夹角.

数量积:对于两个向量 $\boldsymbol{a}$ 和 $\boldsymbol{b}$,它们的模 $|\boldsymbol{a}|$、$|\boldsymbol{b}|$ 及它们的夹角 θ 的余弦的乘积称为向量 $\boldsymbol{a}$ 和 $\boldsymbol{b}$ 的数量积,记作 $\boldsymbol{a}\cdot\boldsymbol{b}$,即

$$\boldsymbol{a}\cdot\boldsymbol{b} = |\boldsymbol{a}||\boldsymbol{b}|\cos\theta$$

数量积与投影:

由于 $|\boldsymbol{b}|\cos\theta = |\boldsymbol{b}|\cos(\widehat{\boldsymbol{a},\boldsymbol{b}})$,当 $\boldsymbol{a}\neq\boldsymbol{0}$ 时,$|\boldsymbol{b}|\cos(\widehat{\boldsymbol{a},\boldsymbol{b}})$ 是向量 $\boldsymbol{b}$ 在向量 $\boldsymbol{a}$ 的方向上的投影,于是 $\boldsymbol{a}\cdot\boldsymbol{b} = |\boldsymbol{a}|\mathrm{Prj}_{\boldsymbol{a}}\boldsymbol{b}$.

同理,当 $\boldsymbol{b}\neq\boldsymbol{0}$ 时,$\boldsymbol{a}\cdot\boldsymbol{b} = |\boldsymbol{b}|\mathrm{Prj}_{\boldsymbol{b}}\boldsymbol{a}$.

数量积的性质:

(1) $\boldsymbol{a}\cdot\boldsymbol{a} = |\boldsymbol{a}|^2$.

(2) 对于两个非零向量 $\boldsymbol{a}$、$\boldsymbol{b}$,如果 $\boldsymbol{a}\cdot\boldsymbol{b}=0$,则 $\boldsymbol{a}\perp\boldsymbol{b}$;反之,如果 $\boldsymbol{a}\perp\boldsymbol{b}$,则 $\boldsymbol{a}\cdot\boldsymbol{b}=0$.

如果认为零向量与任何向量都垂直,则 $\boldsymbol{a}\perp\boldsymbol{b}\Leftrightarrow\boldsymbol{a}\cdot\boldsymbol{b}=0$.

数量积的运算律:

(1) 交换律:$\boldsymbol{a}\cdot\boldsymbol{b}=\boldsymbol{b}\cdot\boldsymbol{a}$.

(2) 分配律:$(\boldsymbol{a}+\boldsymbol{b})\cdot\boldsymbol{c}=\boldsymbol{a}\cdot\boldsymbol{c}+\boldsymbol{b}\cdot\boldsymbol{c}$.

(3) $(\lambda\boldsymbol{a})\cdot\boldsymbol{b}=\boldsymbol{a}\cdot(\lambda\boldsymbol{b})=\lambda(\boldsymbol{a}\cdot\boldsymbol{b})$,$(\lambda\boldsymbol{a})\cdot(\mu\boldsymbol{b})=\lambda\mu(\boldsymbol{a}\cdot\boldsymbol{b})$,$\lambda$、$\mu$ 为数.

分配律 $(\boldsymbol{a}+\boldsymbol{b})\cdot\boldsymbol{c}=\boldsymbol{a}\cdot\boldsymbol{c}+\boldsymbol{b}\cdot\boldsymbol{c}$ 的证明:

因为当 $\boldsymbol{c}=\boldsymbol{0}$ 时,上式显然成立;

当 $\boldsymbol{c}\neq\boldsymbol{0}$ 时,有

$$\begin{aligned}(\boldsymbol{a}+\boldsymbol{b})\cdot\boldsymbol{c} &= |\boldsymbol{c}|\mathrm{Prj}_{\boldsymbol{c}}(\boldsymbol{a}+\boldsymbol{b}) \\ &= |\boldsymbol{c}|(\mathrm{Prj}_{\boldsymbol{c}}\boldsymbol{a}+\mathrm{Prj}_{\boldsymbol{c}}\boldsymbol{b}) \\ &= |\boldsymbol{c}|\mathrm{Prj}_{\boldsymbol{c}}\boldsymbol{a}+|\boldsymbol{c}|\mathrm{Prj}_{\boldsymbol{c}}\boldsymbol{b} \\ &= \boldsymbol{a}\cdot\boldsymbol{c}+\boldsymbol{b}\cdot\boldsymbol{c}.\end{aligned}$$

例 7.2.1 试用向量证明三角形的余弦定理.

证:设在 $\triangle ABC$ 中,$\angle BCA=\theta$(见图 7.4),$|BC|=a$,$|CA|=b$,$|AB|=c$,要证 $c^2=a^2+b^2-2ab\cos\theta$.

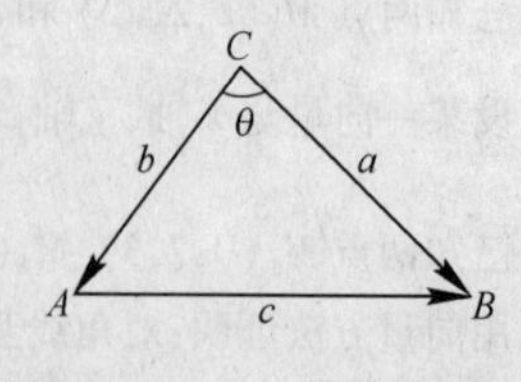

图 7.4

记 $\overrightarrow{CB}=\boldsymbol{a}$,$\overrightarrow{CA}=\boldsymbol{b}$,$\overrightarrow{AB}=\boldsymbol{c}$,则有

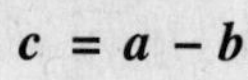

$$\boldsymbol{c}=\boldsymbol{a}-\boldsymbol{b}$$

从而 $|\boldsymbol{c}|^2=\boldsymbol{c}\cdot\boldsymbol{c}=(\boldsymbol{a}-\boldsymbol{b})(\boldsymbol{a}-\boldsymbol{b})=\boldsymbol{a}\cdot\boldsymbol{a}+\boldsymbol{b}\cdot\boldsymbol{b}-2\boldsymbol{a}\cdot\boldsymbol{b}=|\boldsymbol{a}|^2+|\boldsymbol{b}|^2-2|\boldsymbol{a}||\boldsymbol{b}|\cos(\widehat{\boldsymbol{a},\boldsymbol{b}})$,即

$$c^2=a^2+b^2-2ab\cos\theta$$

数量积的坐标表示:

设 $\boldsymbol{a}=(a_x,a_y,a_z)$,$\boldsymbol{b}=(b_x,b_y,b_z)$,则

$$\boldsymbol{a}\cdot\boldsymbol{b}=a_xb_x+a_yb_y+a_zb_z$$

提示:按数量积的运算规律可得

$$\begin{aligned}\boldsymbol{a}\cdot\boldsymbol{b}&=(a_x\boldsymbol{i}+a_y\boldsymbol{j}+a_z\boldsymbol{k})\cdot(b_x\boldsymbol{i}+b_y\boldsymbol{j}+b_z\boldsymbol{k})\\&=a_xb_x\boldsymbol{i}\cdot\boldsymbol{i}+a_xb_y\boldsymbol{i}\cdot\boldsymbol{j}+a_xb_z\boldsymbol{i}\cdot\boldsymbol{k}+\\&\quad a_yb_x\boldsymbol{j}\cdot\boldsymbol{i}+a_yb_y\boldsymbol{j}\cdot\boldsymbol{j}+a_yb_z\boldsymbol{j}\cdot\boldsymbol{k}+\\&\quad a_zb_x\boldsymbol{k}\cdot\boldsymbol{i}+a_zb_y\boldsymbol{k}\cdot\boldsymbol{j}+a_zb_z\boldsymbol{k}\cdot\boldsymbol{k}\\&=a_xb_x+a_yb_y+a_zb_z\end{aligned}$$

两向量夹角余弦的坐标表示:

设 $\theta=(\widehat{\boldsymbol{a},\boldsymbol{b}})$,则当 $\boldsymbol{a}\neq\boldsymbol{0}$、$\boldsymbol{b}\neq\boldsymbol{0}$ 时,有

$$\cos\theta=\frac{\boldsymbol{a}\cdot\boldsymbol{b}}{|\boldsymbol{a}||\boldsymbol{b}|}=\frac{a_xb_x+a_yb_y+a_zb_z}{\sqrt{a_x^2+a_y^2+a_z^2}\sqrt{b_x^2+b_y^2+b_z^2}}$$

提示:$\boldsymbol{a}\cdot\boldsymbol{b}=|\boldsymbol{a}||\boldsymbol{b}|\cos\theta$.

例 7.2.2 已知三点 $M(1,1,1)$、$A(2,2,1)$ 和 $B(2,1,2)$,求 $\angle AMB$.

解:从 M 到 A 的向量记为 $\boldsymbol{a}$,从 M 到 B 的向量记为 $\boldsymbol{b}$,则 $\angle AMB$ 就是向量 $\boldsymbol{a}$ 与 $\boldsymbol{b}$ 的夹角.

$$\boldsymbol{a}=\{1,1,0\},\ \boldsymbol{b}=\{1,0,1\}$$

因为

$$\boldsymbol{a}\cdot\boldsymbol{b}=1\times1+1\times0+0\times1=1$$

$$|\boldsymbol{a}|=\sqrt{1^2+1^2+0^2}=\sqrt{2}$$

$$|\boldsymbol{b}|=\sqrt{1^2+0^2+1^2}=\sqrt{2}$$

所以
$$\cos\angle AMB=\frac{\boldsymbol{a}\cdot\boldsymbol{b}}{|\boldsymbol{a}||\boldsymbol{b}|}=\frac{1}{\sqrt{2}\cdot\sqrt{2}}=\frac{1}{2}$$

从而
$$\angle AMB=\frac{\pi}{3}$$

7.2.2 两向量的向量积

在研究物体转动问题时,不但要考虑物体所受的力,还要分析这些力所产生的力矩.

设 O 为一根杠杆 L 的支点.有一个力 $\boldsymbol{F}$ 作用于这根杠杆上 P 点处.$\boldsymbol{F}$ 与 $\overrightarrow{OP}$ 的夹角为 θ.由力学规定,力 $\boldsymbol{F}$ 对支点 O 的力矩是一向量 $\boldsymbol{M}$,它的模

$$|\boldsymbol{M}|=|\overrightarrow{OP}||\boldsymbol{F}|\sin\theta$$

而 $\boldsymbol{M}$ 的方向垂直于 $\overrightarrow{OP}$ 与 $\boldsymbol{F}$ 所决定的平面，$\boldsymbol{M}$ 的指向是按右手规则从 $\overrightarrow{OP}$ 以不超过 π 的角转向 $\boldsymbol{F}$ 来确定的.

向量积：设向量 $\boldsymbol{c}$ 是由两个向量 $\boldsymbol{a}$ 与 $\boldsymbol{b}$ 按下列方式定出.

$\boldsymbol{c}$ 的模 $|\boldsymbol{c}| = |\boldsymbol{a}||\boldsymbol{b}|\sin\theta$，其中 θ 为 $\boldsymbol{a}$ 与 $\boldsymbol{b}$ 间的夹角；

$\boldsymbol{c}$ 的方向垂直于 $\boldsymbol{a}$ 与 $\boldsymbol{b}$ 所决定的平面，$\boldsymbol{c}$ 的指向按右手规则从 $\boldsymbol{a}$ 转向 $\boldsymbol{b}$ 来确定.

那么，向量 $\boldsymbol{c}$ 叫做向量 $\boldsymbol{a}$ 与 $\boldsymbol{b}$ 的向量积，记作 $\boldsymbol{a}\times\boldsymbol{b}$，即

$$\boldsymbol{c} = \boldsymbol{a}\times\boldsymbol{b}$$

根据向量积的定义，力矩 $\boldsymbol{M}$ 等于 $\overrightarrow{OP}$ 与 $\boldsymbol{F}$ 的向量积，即

$$\boldsymbol{M} = \overrightarrow{OP}\times\boldsymbol{F}$$

向量积的性质：

(1) $\boldsymbol{a}\times\boldsymbol{a} = \boldsymbol{0}$；

(2) 对于两个非零向量 $\boldsymbol{a}$、$\boldsymbol{b}$，如果 $\boldsymbol{a}\times\boldsymbol{b} = \boldsymbol{0}$，则 $\boldsymbol{a}/\!/\boldsymbol{b}$；反之，如果 $\boldsymbol{a}/\!/\boldsymbol{b}$，则 $\boldsymbol{a}\times\boldsymbol{b} = \boldsymbol{0}$.

如果认为零向量与任何向量都平行，则 $\boldsymbol{a}/\!/\boldsymbol{b} \Leftrightarrow \boldsymbol{a}\times\boldsymbol{b} = \boldsymbol{0}$.

数量积的运算律：

(1) 交换律：$\boldsymbol{a}\times\boldsymbol{b} = -\boldsymbol{b}\times\boldsymbol{a}$.

(2) 分配律：$(\boldsymbol{a}+\boldsymbol{b})\times\boldsymbol{c} = \boldsymbol{a}\times\boldsymbol{c}+\boldsymbol{b}\times\boldsymbol{c}$.

(3) $(\lambda\boldsymbol{a})\times\boldsymbol{b} = \boldsymbol{a}\times(\lambda\boldsymbol{b}) = \lambda(\boldsymbol{a}\times\boldsymbol{b})$　(λ 为实数).

数量积的坐标表示：

设 $\boldsymbol{a} = a_x\boldsymbol{i}+a_y\boldsymbol{j}+a_z\boldsymbol{k}$，$\boldsymbol{b} = b_x\boldsymbol{i}+b_y\boldsymbol{j}+b_z\boldsymbol{k}$. 按向量积的运算规律可得

$$\begin{aligned}\boldsymbol{a}\times\boldsymbol{b} &= (a_x\boldsymbol{i}+a_y\boldsymbol{j}+a_z\boldsymbol{k})\times(b_x\boldsymbol{i}+b_y\boldsymbol{j}+b_z\boldsymbol{k})\\ &= a_xb_x\boldsymbol{i}\times\boldsymbol{i}+a_xb_y\boldsymbol{i}\times\boldsymbol{j}+a_xb_z\boldsymbol{i}\times\boldsymbol{k}+\\ &\quad a_yb_x\boldsymbol{j}\times\boldsymbol{i}+a_yb_y\boldsymbol{j}\times\boldsymbol{j}+a_yb_z\boldsymbol{j}\times\boldsymbol{k}+\\ &\quad a_zb_x\boldsymbol{k}\times\boldsymbol{i}+a_zb_y\boldsymbol{k}\times\boldsymbol{j}+a_zb_z\boldsymbol{k}\times\boldsymbol{k}\end{aligned}$$

由于 $\boldsymbol{i}\times\boldsymbol{i} = \boldsymbol{j}\times\boldsymbol{j} = \boldsymbol{k}\times\boldsymbol{k} = \boldsymbol{0}$，$\boldsymbol{i}\times\boldsymbol{j} = \boldsymbol{k}$，$\boldsymbol{j}\times\boldsymbol{k} = \boldsymbol{i}$，$\boldsymbol{k}\times\boldsymbol{i} = \boldsymbol{j}$，所以

$$\boldsymbol{a}\times\boldsymbol{b} = (a_yb_z-a_zb_y)\boldsymbol{i}+(a_zb_x-a_xb_z)\boldsymbol{j}+(a_xb_y-a_yb_x)\boldsymbol{k}.$$

为了帮助记忆，利用三阶行列式符号，上式可写成

$$\boldsymbol{a}\times\boldsymbol{b} = \begin{vmatrix}\boldsymbol{i} & \boldsymbol{j} & \boldsymbol{k}\\ a_x & a_y & a_z\\ b_x & b_y & b_z\end{vmatrix} = a_yb_z\boldsymbol{i}+a_zb_x\boldsymbol{j}+a_xb_y\boldsymbol{k}-a_yb_x\boldsymbol{k}-a_xb_z\boldsymbol{j}-a_zb_y\boldsymbol{i}$$

$$= (a_yb_z-a_zb_y)\boldsymbol{i}+(a_zb_x-a_xb_z)\boldsymbol{j}+(a_xb_y-a_yb_x)\boldsymbol{k}$$

例 7.2.3　设 $\boldsymbol{a} = (2,1,-1)$，$\boldsymbol{b} = (1,-1,2)$，计算 $\boldsymbol{a}\times\boldsymbol{b}$.

解：
$$\boldsymbol{a}\times\boldsymbol{b} = \begin{vmatrix}\boldsymbol{i} & \boldsymbol{j} & \boldsymbol{k}\\ 2 & 1 & -1\\ 1 & -1 & 2\end{vmatrix} = 2\boldsymbol{i}-\boldsymbol{j}-2\boldsymbol{k}-\boldsymbol{k}-4\boldsymbol{j}-\boldsymbol{i} = \boldsymbol{i}-5\boldsymbol{j}-3\boldsymbol{k}$$

例 7.2.4　已知 $\triangle ABC$ 的顶点分别是 $A(1,2,3)$、$B(3,4,5)$、$C(2,4,7)$，求 $\triangle ABC$ 的

面积.

解:根据向量积的定义,可知$\triangle ABC$的面积

$$S_{\triangle ABC}=\frac{1}{2}|\overrightarrow{AB}||\overrightarrow{AC}|\sin\angle A=\frac{1}{2}|\overrightarrow{AB}\times\overrightarrow{AC}|$$

由于$\overrightarrow{AB}=(2,2,2)$,$\overrightarrow{AC}=(1,2,4)$,因此

$$\overrightarrow{AB}\times\overrightarrow{AC}=\begin{vmatrix}\boldsymbol{i}&\boldsymbol{j}&\boldsymbol{k}\\2&2&2\\1&2&4\end{vmatrix}=4\boldsymbol{i}-6\boldsymbol{j}+2\boldsymbol{k}$$

于是
$$S_{\triangle ABC}=\frac{1}{2}|4\boldsymbol{i}-6\boldsymbol{j}+2\boldsymbol{k}|=\frac{1}{2}\sqrt{4^2+(-6)^2+2^2}=\sqrt{14}$$

例 7.2.5 设刚体以等角速度$\boldsymbol{\omega}$绕l轴旋转,计算刚体上一点M的线速度.

解:刚体绕l轴旋转时,我们可以用l轴上的一个向量$\boldsymbol{\omega}$表示角速度,它的大小等于角速度的大小. 它的方向由右手规则定出:即以右手握住l轴,当右手的四个手指的转向与刚体的旋转方向一致时,大拇指的指向就是$\boldsymbol{\omega}$的方向.

设点M到旋转轴l的距离为a,再在l轴上任取一点O作向量$\boldsymbol{r}=\overrightarrow{OM}$,并以$\theta$表示$\boldsymbol{\omega}$与$\boldsymbol{r}$的夹角,那么

$$a=|\boldsymbol{r}|\sin\theta$$

设线速度为$\boldsymbol{v}$,那么由物理学上线速度与角速度间的关系可知,$\boldsymbol{v}$的大小为

$$|\boldsymbol{v}|=|\boldsymbol{\omega}|a=|\boldsymbol{\omega}||\boldsymbol{r}|\sin\theta$$

$\boldsymbol{v}$的方向垂直于通过M点与l轴的平面,即$\boldsymbol{v}$垂直于$\boldsymbol{\omega}$与$\boldsymbol{r}$,又$\boldsymbol{v}$的指向是使$\boldsymbol{\omega}$、$\boldsymbol{r}$、$\boldsymbol{v}$符合右手规则. 因此有

$$\boldsymbol{v}=\boldsymbol{\omega}\times\boldsymbol{r}$$

习题 7.2

1. 已知三角形三顶点的坐标是$A(-1,2,3)$、$B(1,1,1)$、$C(0,0,5)$,证明$\triangle ABC$是直角三角形,并求$\angle B$.
2. 证明两向量$\boldsymbol{a}=(3,2,1)$,$\boldsymbol{b}=(2,-3,0)$互相垂直.
3. 设已给向量$\boldsymbol{a}=3\boldsymbol{i}+3\boldsymbol{j}+4\boldsymbol{k}$,$\boldsymbol{b}=\boldsymbol{i}-3\boldsymbol{j}+4\boldsymbol{k}$,求:

(1) $\boldsymbol{a}\cdot\boldsymbol{b}$;

(2) $5\boldsymbol{a}\cdot6\boldsymbol{b}$;

(3) $5\boldsymbol{a}\cdot\boldsymbol{i},\frac{3}{4}\boldsymbol{a}\cdot\boldsymbol{j},7\boldsymbol{a}\cdot\boldsymbol{k}$.

4. 求同时垂直于向量$\boldsymbol{a}=2\boldsymbol{i}+2\boldsymbol{j}+\boldsymbol{k}$,$\boldsymbol{b}=4\boldsymbol{i}+5\boldsymbol{j}+3\boldsymbol{k}$的单位向量.
5. 已知空间三点$A(1,2,3)$、$B(2,-4,6)$、$C(-3,4,-5)$,求:

(1) $\triangle ABC$的面积;

(2) $\triangle ABC$的AB边上的高.

6. 已知向量$\boldsymbol{a}=2\boldsymbol{i}-5\boldsymbol{j}+\boldsymbol{k}$,$\boldsymbol{b}=\boldsymbol{i}-2\boldsymbol{j}+4\boldsymbol{k}$,$\boldsymbol{c}=3\boldsymbol{i}-5\boldsymbol{k}$,计算下列各式:

(1) $(\boldsymbol{a}\cdot\boldsymbol{b})\boldsymbol{c}-(\boldsymbol{a}\cdot2\boldsymbol{c})\cdot3\boldsymbol{b}$; (2) $(4\boldsymbol{a}+\boldsymbol{b})\times(\boldsymbol{b}+2\boldsymbol{c})$;

（3）$(\boldsymbol{a}\times 2\boldsymbol{b})\cdot 3\boldsymbol{c}$；　　（4）$(\boldsymbol{a}\cdot\frac{3}{4}\boldsymbol{b})\times\boldsymbol{c}$.

7.3　曲面及其方程

7.3.1　曲面方程的概念

在空间解析几何中,任何曲面都可以看作点的几何轨迹.在这样的意义下,如果曲面 S 与三元方程

$$F(x,y,z)=0$$

有下述关系：

（1）曲面 S 上任一点的坐标都满足方程 $F(x,y,z)=0$；

（2）不在曲面 S 上的点的坐标都不满足方程 $F(x,y,z)=0$.

那么,方程 $F(x,y,z)=0$ 就叫做曲面 S 的方程,而曲面 S 就叫做方程 $F(x,y,z)=0$ 的图形.

常见的曲面方程.

例 7.3.1　建立球心在点 $M_0(x_0,y_0,z_0)$、半径为 R 的球面的方程.

解:设 $M(x,y,z)$ 是球面上的任一点,那么

$$|M_0M|=R$$

即
$$\sqrt{(x-x_0)^2+(y-y_0)^2+(z-z_0)^2}=R$$

或
$$(x-x_0)^2+(y-y_0)^2+(z-z_0)^2=R^2$$

这就是球面上点的坐标所满足的方程.而不在球面上的点的坐标都不满足这个方程.所以

$$(x-x_0)^2+(y-y_0)^2+(z-z_0)^2=R^2$$

就是球心在点 $M_0(x_0,y_0,z_0)$、半径为 R 的球面方程.

特殊地,球心在原点 $O(0,0,0)$、半径为 R 的球面方程为

$$x^2+y^2+z^2=R^2$$

例 7.3.2　设有点 $A(1,2,3)$ 和 $B(2,-1,4)$,求线段 AB 的垂直平分面的方程.

解:由题意知道,所求的平面就是与 A 和 B 等距离的点的几何轨迹.设 $M(x,y,z)$ 为所求平面上的任一点,则有

$$|AM|=|BM|$$

即
$$\sqrt{(x-1)^2+(y-2)^2+(z-3)^2}=\sqrt{(x-2)^2+(y+1)^2+(z-4)^2}$$

等式两边平方,然后化简得

$$2x-6y+2z-7=0$$

这就是所求平面上点的坐标所满足的方程,而不在此平面上的点的坐标都不满足这个方程,所以这个方程就是所求平面的方程.

研究曲面的两个基本问题：

（1）已知一曲面作为点的几何轨迹时,建立该曲面的方程;

(2)已知坐标 x、y 和 z 间的一个方程时,研究此方程所表示的曲面形状.

例 7.3.3 方程 $x^2+y^2+z^2-2x+4y=0$ 表示怎样的曲面?

解:通过配方,原方程可以改写成

$$(x-1)^2+(y+2)^2+z^2=5$$

这是一个球面方程,球心在点 $M_0(1,-2,0)$、半径为 $R=\sqrt{5}$.

一般地,设有三元二次方程

$$Ax^2+Ay^2+Az^2+Dx+Ey+Fz+G=0$$

这个方程的特点是缺 xy、yz、zx 各项,而且平方项系数相同,只要将方程经过配方就可以化成方程

$$(x-x_0)^2+(y-y_0)^2+(z-z_0)^2=R^2$$

的形式,它的图形就是一个球面.

7.3.2 旋转曲面

以一条平面曲线绕其平面上的一条直线旋转一周所成的曲面叫做旋转曲面,这条定直线叫做旋转曲面的轴.

设在 yoz 坐标面上有一已知曲线 C,它的方程为

$$f(y,z)=0$$

把这曲线绕 z 轴旋转一周,就得到一个以 z 轴为轴的旋转曲面.它的方程可以求得如下:

设 $M(x,y,z)$ 为曲面上任一点,它是曲线 C 上点 $M_1(0,y_1,z_1)$ 绕 z 轴旋转而得到的.因此有如下关系等式

$$f(y_1,z_1)=0, z=z_1, |y_1|=\sqrt{x^2+y^2}$$

从而得

$$f(\pm\sqrt{x^2+y^2},z)=0$$

这就是所求旋转曲面的方程.

在曲线 C 的方程 $f(y,z)=0$ 中将 y 改成 $\pm\sqrt{x^2+y^2}$,便得曲线 C 绕 z 轴旋转所成的旋转曲面的方程 $f(\pm\sqrt{x^2+y^2},z)=0$.

同理,曲线 C 绕 y 轴旋转所成的旋转曲面的方程为

$$f(y,\pm\sqrt{x^2+z^2})=0$$

例 7.3.4 直线 L 绕另一条与 L 相交的直线旋转一周,所得旋转曲面叫做圆锥面.两直线的交点叫做圆锥面的顶点,两直线的夹角 $\alpha(0<\alpha<\frac{\pi}{2})$ 叫做圆锥面的半顶角.试建立顶点在坐标原点 o,旋转轴为 z 轴,半顶角为 α 的圆锥面的方程.

解:在 yoz 坐标面内,直线 L 的方程为

$$z=y\cot\alpha$$

将方程 $z=y\cot\alpha$ 中的 y 改成 $\pm\sqrt{x^2+y^2}$,就得到所要求的圆锥面的方程

$$z=\pm\sqrt{x^2+y^2}\cot\alpha$$

或 $$z^2 = a^2(x^2 + y^2)$$

其中 $a = \cot\alpha$.

例 7.3.5 将 zox 坐标面上的双曲线 $\frac{x^2}{a^2} - \frac{z^2}{c^2} = 1$ 分别绕 x 轴和 z 轴旋转一周,求所生成的旋转曲面的方程.

解:绕 x 轴旋转所成的旋转曲面的方程为

$$\frac{x^2}{a^2} - \frac{y^2 + z^2}{c^2} = 1$$

绕 z 轴旋转所成的旋转曲面的方程为

$$\frac{x^2 + y^2}{a^2} - \frac{z^2}{c^2} = 1$$

这两种曲面分别叫做双叶旋转双曲面和单叶旋转双曲面.

7.3.3 柱面

例 7.3.6 方程 $x^2 + y^2 = R^2$ 表示怎样的曲面?

解:在空间直角坐标系中,过 xoy 面上的圆 $x^2 + y^2 = R^2$ 作平行于 z 轴的直线 l,则直线 l 上的点都满足方程 $x^2 + y^2 = R^2$,因此直线 l 一定在 $x^2 + y^2 = R^2$ 表示的曲面上. 所以这个曲面可以看成是由平行于 z 轴的直线 l 沿 xoy 面上的圆 $x^2 + y^2 = R^2$ 移动而形成的. 这曲面叫做圆柱面,xoy 面上的圆 $x^2 + y^2 = R^2$ 叫做它的准线,这平行于 z 轴的直线 l 叫做它的母线.

柱面:平行于定直线并沿定曲线 C 移动的直线 L 形成的轨迹叫做柱面,定曲线 C 叫做柱面的准线,动直线 L 叫做柱面的母线.

上面我们看到,不含 z 的方程 $x^2 + y^2 = R^2$ 在空间直角坐标系中表示圆柱面,它的母线平行于 z 轴,它的准线是 xoy 面上的圆 $x^2 + y^2 = R^2$.

一般地,只含 x、y 而缺 z 的方程 $F(x,y) = 0$,在空间直角坐标系中表示母线平行于 z 轴的柱面,其准线是 xoy 面上的曲线 $C: F(x,y) = 0$.

例如,方程 $y^2 = 2x$ 表示母线平行于 z 轴的柱面,它的准线是 xoy 面上的抛物线 $y^2 = 2x$,该柱面叫做抛物柱面.

又如,方程 $x - y = 0$ 表示母线平行于 z 轴的柱面,其准线是 xoy 面的直线 $x - y = 0$,所以它是过 z 轴的平面.

类似地,只含 x、z 而缺 y 的方程 $G(x,z) = 0$ 和只含 y、z 而缺 x 的方程 $H(y,z) = 0$ 分别表示母线平行于 y 轴和 x 轴的柱面.

例如,方程 $x - z = 0$ 表示母线平行于 y 轴的柱面,其准线是 zox 面上的直线 $x - z = 0$. 所以它是过 y 轴的平面.

7.3.4 二次曲面

与平面解析几何中规定的二次曲线相类似,我们把三元二次方程所表示的曲面叫做二次曲面. 把平面叫做一次曲面.

怎样了解三元方程 $F(x,y,z) = 0$ 所表示的曲面的形状呢? 方法之一是用坐标面和平行于坐标面的平面与曲面相截,考察其交线的形状,然后加以综合,从而了解曲面的立体形状.

这种方法叫做截痕法.

研究曲面的另一种方程是伸缩变形法:

设 S 是一个曲面,其方程为 $F(x,y,z)=0$,S'是将曲面 S 沿 x 轴方向伸缩 λ 倍所得的曲面.

显然,若$(x,y,z)\in S$,则$(\lambda x,y,z)\in S'$;若$(x,y,z)\in S'$,则$\left(\frac{1}{\lambda}x,y,z\right)\in S$.

因此,对于任意的$(x,y,z)\in S'$,有 $F\left(\frac{1}{\lambda}x,y,z\right)=0$,即 $F\left(\frac{1}{\lambda}x,y,z\right)=0$ 是曲面 S'的方程.

例如,把圆锥面 $x^2+y^2=a^2z^2$ 沿 y 轴方向伸缩 $\frac{b}{a}$ 倍,所得曲面的方程为

$$x^2+\left(\frac{a}{b}y\right)^2=a^2z^2$$

即

$$\frac{x^2}{a^2}+\frac{y^2}{b^2}=z^2$$

7.3.4.1 椭圆锥面

由方程 $\frac{x^2}{a^2}+\frac{y^2}{b^2}=z^2$ 所表示的曲面称为椭圆锥面.

圆锥曲面在 y 轴方向伸缩而得的曲面.

把圆锥面 $\frac{x^2+y^2}{a^2}=z^2$ 沿 y 轴方向伸缩 $\frac{b}{a}$ 倍,所得曲面称为椭圆锥面 $\frac{x^2}{a^2}+\frac{y^2}{b^2}=z^2$.

以垂直于 z 轴的平面 $z=t$ 截此曲面,当 $t=0$ 时得一点$(0,0,0)$;当 $t\neq 0$ 时,得平面 $z=t$ 上的椭圆

$$\frac{x^2}{(at)^2}+\frac{y^2}{(bt)^2}=1$$

当 t 变化时,上式表示一族长短轴比例不变的椭圆,当 $|t|$ 从大到小并变为 0 时,这族椭圆从大到小并缩为一点.

7.3.4.2 椭球面

由方程 $\frac{x^2}{a^2}+\frac{y^2}{b^2}+\frac{z^2}{c^2}=1$ 所表示的曲面称为椭球面.

球面在 x 轴、y 轴或 z 轴方向伸缩而得的曲面.

把 $x^2+y^2+z^2=a^2$ 沿 z 轴方向伸缩 $\frac{c}{a}$ 倍,得旋转椭球面 $\frac{x^2+y^2}{a^2}+\frac{z^2}{c^2}=1$;再沿 y 轴方向伸缩 $\frac{b}{a}$ 倍,即得椭球面 $\frac{x^2}{a^2}+\frac{y^2}{b^2}+\frac{z^2}{c^2}=1$.

7.3.4.3 单叶双曲面

由方程 $\frac{x^2}{a^2}+\frac{y^2}{b^2}-\frac{z^2}{c^2}=1$ 所表示的曲面称为单叶双曲面.

把 zox 面上的双曲线 $\frac{x^2}{a^2}-\frac{z^2}{c^2}=1$ 绕 z 轴旋转,得旋转单叶双曲面 $\frac{x^2+y^2}{a^2}-\frac{z^2}{c^2}=1$;再沿 y 轴方向伸缩 $\frac{b}{a}$ 倍,即得单叶双曲面 $\frac{x^2}{a^2}+\frac{y^2}{b^2}-\frac{z^2}{c^2}=1$.

7.3.4.4　双叶双曲面

由方程 $\frac{x^2}{a^2}-\frac{y^2}{b^2}-\frac{z^2}{c^2}=1$ 所表示的曲面称为双叶双曲面.

把 zox 面上的双曲线 $\frac{x^2}{a^2}-\frac{z^2}{c^2}=1$ 绕 x 轴旋转,得旋转双叶双曲面 $\frac{x^2}{a^2}-\frac{z^2+y^2}{c^2}=1$;再沿 y 轴方向伸缩 $\frac{b}{c}$ 倍,即得双叶双曲面 $\frac{x^2}{a^2}-\frac{y^2}{b^2}-\frac{z^2}{c^2}=1$.

7.3.4.5　椭圆抛物面

由方程 $\frac{x^2}{a^2}+\frac{y^2}{b^2}=z$ 所表示的曲面称为椭圆抛物面.

把 zox 面上的抛物线 $\frac{x^2}{a^2}=z$ 绕 z 轴旋转,所得曲面叫做旋转抛物面 $\frac{x^2+y^2}{a^2}=z$, 再沿 y 轴方向伸缩 $\frac{b}{a}$ 倍,所得曲面叫做椭圆抛物面 $\frac{x^2}{a^2}+\frac{y^2}{b^2}=z$

7.3.4.6　双曲抛物面

由方程 $\frac{x^2}{a^2}-\frac{y^2}{b^2}=z$ 所表示的曲面称为双曲抛物面.

双曲抛物面又称马鞍面.

用平面 $x=t$ 截此曲面,所得截痕 l 为平面 $x=t$ 上的抛物线

$$-\frac{y^2}{b^2}=z-\frac{t^2}{a^2}$$

此抛物线开口朝下,其顶点坐标为 $(t,0,\frac{t^2}{a^2})$. 当 t 变化时,l 的形状不变,位置只作平移,而 l 的顶点的轨迹 L 为平面 $y=0$ 上的抛物线

$$z=\frac{x^2}{a^2}$$

因此,以 l 为母线,L 为准线,母线 l 的顶点在准线 L 上滑动,且母线作平行移动,这样得到的曲面便是双曲抛物面.

还有三种二次曲面是以三种二次曲线为准线的柱面

$$\frac{x^2}{a^2}+\frac{y^2}{b^2}=1,\ \frac{x^2}{a^2}-\frac{y^2}{b^2}=1,\ x^2=ay$$

依次称为椭圆柱面、双曲柱面、抛物柱面.

习题 7.3

1. 求与点 $A(3,5,-1)$ 和 $B(2,-4,5)$ 等距离的点的轨迹方程.
2. 建立与定点 $(2,0,5)$ 的距离等于 4 的点所成的几何轨迹的方程.
3. 求下列球面的中心和半径:

(1) $x^2+y^2+z^2-2x+4y-9=0$;

(2) $x^2+y^2+z^2-7z-5=0$.

4. 将 xoy 坐标面上的双曲线 $4x^2-9y^2=36$ 绕 x 轴与 y 轴旋转一周,求所生成的旋转曲面的方程.

5. 指出下列各方程表示哪种曲面：

(1) $x^2+y^2+z^2=10$；　　(2) $x^2+2y^2=1$；

(3) $x^2=1$；　　(4) $x^2-y^2=1$；

(5) $x^2-y^2=0$；　　(6) $\frac{x^2}{4}+\frac{y^2}{9}+\frac{z^2}{9}=1$.

7.4 空间曲线及其方程

7.4.1 空间曲线的一般方程

空间曲线可以看作两个曲面的交线. 设

$$F(x,y,z)=0 \quad 和 \quad G(x,y,z)=0$$

是两个曲面方程，它们的交线为 C. 因为曲线 C 上的任何点的坐标应同时满足这两个方程，所以应满足方程组

$$\begin{cases}F(x,y,z)=0\\G(x,y,z)=0\end{cases} \tag{7.4.1}$$

反过来，如果点 M 不在曲线 C 上，那么它不可能同时在两个曲面上，所以它的坐标不满足方程组.

因此，曲线 C 可以用上述方程组来表示. 上述方程组叫做空间曲线 C 的一般方程.

例 7.4.1 方程组 $\begin{cases}x^2+y^2=1\\2x+3z=6\end{cases}$ 表示怎样的曲线？

解：方程组中第一个方程表示母线平行于 z 轴的圆柱面，其准线是 xoy 面上的圆，圆心在原点 o，半径为 1. 方程组中第二个方程表示一个母线平行于 y 轴的柱面，由于它的准线是 zox 面上的直线，因此它是一个平面. 方程组就表示上述平面与圆柱面的交线.

例 7.4.2 方程组 $\begin{cases}z=\sqrt{a^2-x^2-y^2}\\\left(x-\frac{a}{2}\right)^2+y^2=\left(\frac{a}{2}\right)^2\end{cases}$ 表示怎样的曲线？

解：方程组中第一个方程表示球心在坐标原点 o，半径为 a 的上半球面. 第二个方程表示母线平行于 z 轴的圆柱面，它的准线是 xoy 面上的圆，这圆的圆心在点 $(\frac{a}{2},0)$，半径为 $\frac{a}{2}$. 方程组就表示上述半球面与圆柱面的交线.

例 7.4.3 方程组 $\begin{cases}z=\sqrt{4a^2-x^2-y^2}\\(x-a)^2+y^2=a^2\end{cases}$ 表示怎样的曲线？

解：方程组中第一个方程表示球心在坐标原点 o，半径为 $2a$ 的上半球面. 第二个方程表示母线平行于 z 轴的圆柱面，它的准线是 xoy 面上的圆，这圆的圆心在点 $(a,0)$，半径为 a. 方程组就表示上述半球面与圆柱面的交线.

7.4.2 空间曲线的参数方程

空间曲线 C 的方程除了一般方程之外，也可以用参数形式表示，只要将 C 上动点的坐标

x、y、z 表示为参数 t 的函数：

$$\begin{cases} x = x(t) \\ y = y(t) \\ z = z(t) \end{cases} \tag{7.4.2}$$

当给定 $t=t_1$ 时，就得到 C 上的一个点 (x_1,y_1,z_1)；随着 t 的变动便得曲线 C 上的全部点. 方程组(7.4.2)叫做空间曲线的参数方程.

曲面的参数方程

曲面的参数方程通常是含两个参数的方程，形如

$$\begin{cases} x = x(s,t) \\ y = y(s,t) \\ z = z(s,t) \end{cases}$$

例如空间曲线 Γ

$$\begin{cases} x = \varphi(t) \\ y = \psi(t) \quad (\alpha \leqslant t \leqslant \beta) \\ z = \omega(t) \end{cases}$$

绕 z 轴旋转，所得旋转曲面的方程为

$$\begin{cases} x = \sqrt{[\varphi(t)]^2 + [\psi(t)]^2}\cos\theta \\ y = \sqrt{[\varphi(t)]^2 + [\psi(t)]^2}\sin\theta \quad (\alpha \leqslant t \leqslant \beta, 0 \leqslant \theta \leqslant 2\pi) \\ z = \omega(t) \end{cases} \tag{7.4.3}$$

这是因为，固定一个 t，得 Γ 上一点 $M_1(\varphi(t),\psi(t),\omega(t))$，点 M_1 绕 z 轴旋转，得空间的一个圆，该圆在平面 $z=\omega(t)$ 上，其半径为点 M_1 到 z 轴的距离 $\sqrt{[\varphi(t)]^2 + [\psi(t)]^2}$，因此固定 t 的方程(7.4.3)就是该圆的参数方程. 再令 t 在 $[\alpha,\beta]$ 内变动，方程(7.4.3)便是旋转曲面的方程.

例如直线

$$\begin{cases} x = 1 \\ y = t \\ z = 2t \end{cases}$$

绕 z 轴旋转所得旋转曲面的方程为

$$\begin{cases} x = \sqrt{1+t^2}\cos\theta \\ y = \sqrt{1+t^2}\sin\theta \\ z = 2t \end{cases}$$

（上式消 t 和 θ，得曲面的直角坐标方程为 $x^2 + y^2 = 1 + \frac{z^2}{4}$）.

又如球面 $x^2+y^2+z^2=a^2$ 可看成 zox 面上的半圆周

$$\begin{cases} x = a\sin\varphi \\ y = 0 \\ z = a\cos\varphi \end{cases} \quad (0 \leqslant \varphi \leqslant \pi)$$

绕 z 轴旋转所得,故球面方程为

$$\begin{cases} x = a\sin\varphi\cos\theta \\ y = a\sin\varphi\sin\theta \\ z = a\cos\varphi \end{cases} \quad (0 \leqslant \varphi \leqslant \pi, 0 \leqslant \theta \leqslant 2\pi)$$

7.4.3 空间曲线在坐标面上的投影

以曲线 C 为准线、母线平行于 z 轴的柱面叫做曲线 C 关于 xoy 面的投影柱面,投影柱面与 xoy 面的交线叫做空间曲线 C 在 xoy 面上的投影曲线,或简称投影(类似地可以定义曲线 C 在其他坐标面上的投影).

设空间曲线 C 的一般方程为

$$\begin{cases} F(x,y,z) = 0 \\ G(x,y,z) = 0 \end{cases}$$

设方程组消去变量 z 后所得的方程

$$H(x,y) = 0$$

这就是曲线 C 关于 xoy 面的投影柱面.

这是因为:一方面方程 $H(x,y)=0$ 表示一个母线平行于 z 轴的柱面,另一方面方程 $H(x,y)=0$ 是由方程组消去变量 z 后所得的方程,因此当 x、y、z 满足方程组时,前两个数 x、y 必定满足方程 $H(x,y)=0$,这就说明曲线 C 上的所有点都在方程 $H(x,y)=0$ 所表示的曲面上,即曲线 C 在方程 $H(x,y)=0$ 表示的柱面上. 所以方程 $H(x,y)=0$ 表示的柱面就是曲线 C 关于 xoy 面的投影柱面.

曲线 C 在 xoy 面上的投影曲线的方程为

$$\begin{cases} H(x,y) = 0 \\ z = 0 \end{cases}$$

讨论:曲线 C 关于 yoz 面和 zox 面的投影柱面的方程是什么? 曲线 C 在 yoz 面和 zox 面上的投影曲线的方程是什么?

例 7.4.4 已知两球面的方程为 $x^2+y^2+z^2=1$ 和 $x^2+(y-1)^2+(z-1)^2=1$,求它们的交线 C 在 xoy 面上的投影方程.

解:先将方程 $x^2+(y-1)^2+(z-1)^2=1$ 化为

$$x^2+y^2+z^2-2y-2z=1$$

然后与方程 $x^2+y^2+z^2=1$ 相减得

$$y+z=1$$

将 $z=1-y$ 代入 $x^2+y^2+z^2=1$ 得

$$x^2 + 2y^2 - 2y = 0$$

这就是交线 C 关于 xoy 面的投影柱面方程. 两球面的交线 C 在 xoy 面上的投影方程为

$$\begin{cases} x^2 + 2y^2 - 2y = 0 \\ z = 0 \end{cases}$$

例 7.4.5 求由上半球面 $z = \sqrt{4 - x^2 - y^2}$ 和锥面 $z = \sqrt{3(x^2 + y^2)}$ 所围成立体在 xoy 面上的投影.

解:由方程 $z = \sqrt{4 - x^2 - y^2}$ 和 $z = \sqrt{3(x^2 + y^2)}$ 消去 z 得到 $x^2 + y^2 = 1$. 这是一个母线平行于 z 轴的圆柱面,容易看出,这恰好是半球面与锥面的交线 C 关于 xoy 面的投影柱面,因此交线 C 在 xoy 面上的投影曲线为

$$\begin{cases} x^2 + y^2 = 1 \\ z = 0 \end{cases}$$

这是 xoy 面上的一个圆,于是所求立体在 xoy 面上的投影,就是该圆在 xoy 面上所围的部分:$x^2 + y^2 \leqslant 1$.

习题 7.4

1. 指出下列曲面与 xoy 面, yoz 面, zox 面的交线分别是什么曲线.
   (1) $x^2 + 3y^2 + 10z^2 = 49$;
   (2) $z^2 = x^2 + y^2$.
2. 求锥面 $z = \sqrt{x^2 + y^2}$ 与抛物面 $z = x^2 + y^2$ 的交线在 xoy 面上的投影的方程.
3. 分别求母线平行于 x 轴与 y 轴而且通过曲线 $\begin{cases} 2x^2 + y^2 + z^2 = 16 \\ x^2 - y^2 + z^2 = 0 \end{cases}$ 的柱面方程.
4. 求上半球面 $z = \sqrt{5 - x^2 - y^2}$ 与抛物面 $x^2 + y^2 = 4z$ 所围成的立体在 xoy 面上的投影.

7.5 平面及其方程

7.5.1 平面的点法式方程

定义 7.5.1 法线向量:如果一非零向量垂直于一平面,这一向量就叫做该平面的法线向量. 容易知道,平面上的任一向量均与该平面的法线向量垂直.

定义 7.5.2 唯一确定平面的条件:当平面 Π 上一点 $M_0(x_0, y_0, z_0)$ 和它的一个法线向量 $\boldsymbol{n} = (A, B, C)$ 为已知时,平面 Π 的位置就完全确定了.

定义 7.5.3 平面方程的建立:设 $M(x, y, z)$ 是平面 Π 上的任一点,那么向量 $\overrightarrow{M_0M}$ 必与平面 Π 的法线向量 $\boldsymbol{n}$ 垂直,即它们的数量积等于零,

$$\boldsymbol{n} \cdot \overrightarrow{M_0M} = 0$$

由于

$$\boldsymbol{n} = (A, B, C),\ \overrightarrow{M_0M} = (x - x_0, y - y_0, z - z_0)$$

所以

$$A(x-x_0)+B(y-y_0)+C(z-z_0)=0$$

这就是平面 Π 上任一点 M 的坐标 x,y,z 所满足的方程.

反过来,如果 $M(x,y,z)$ 不在平面 Π 上,那么向量 $\overrightarrow{M_0M}$ 与法线向量 $\boldsymbol{n}$ 不垂直,从而 $\boldsymbol{n}\cdot\overrightarrow{M_0M}=0$,即不在平面 Π 上的点 M 的坐标 x,y,z 不满足此方程.

由此可知,方程 $A(x-x_0)+B(y-y_0)+C(z-z_0)=0$ 就是平面 Π 的方程. 而平面 Π 就是平面方程的图形. 由于方程 $A(x-x_0)+B(y-y_0)+C(z-z_0)=0$ 是由平面 Π 上的一点 $M_0(x_0,y_0,z_0)$ 及它的一个法线向量 $\boldsymbol{n}=(A,B,C)$ 确定的,所以此方程叫做平面的点法式方程.

例 7.5.1　求过点 $(2,-3,0)$ 且以 $\boldsymbol{n}=(1,-2,3)$ 为法线向量的平面的方程.

解: 根据平面的点法式方程,得所求平面的方程为

$$(x-2)-2(y+3)+3z=0$$

即

$$x-2y+3z-8=0$$

例 7.5.2　求过三点 $M_1(2,-1,4)$、$M_2(-1,3,-2)$ 和 $M_3(0,2,3)$ 的平面的方程.

解: 我们可以用 $\overrightarrow{M_1M_2}\times\overrightarrow{M_1M_3}$ 作为平面的法线向量 $\boldsymbol{n}$.

因为 $\overrightarrow{M_1M_2}=(-3,4,-6)$, $\overrightarrow{M_1M_3}=(-2,3,-1)$,所以

$$\boldsymbol{n}=\overrightarrow{M_1M_2}\times\overrightarrow{M_1M_3}=\begin{vmatrix}\boldsymbol{i} & \boldsymbol{j} & \boldsymbol{k}\\ -3 & 4 & -6\\ -2 & 3 & -1\end{vmatrix}=14\boldsymbol{i}+9\boldsymbol{j}-\boldsymbol{k}$$

根据平面的点法式方程,得所求平面的方程为

$$14(x-2)+9(y+1)-(z-4)=0$$

即

$$14x+9y-z-15=0$$

7.5.2　平面的一般方程

由于平面的点法式方程是 x、y、z 的一次方程,而任一平面都可以用它上面的一点及它的法线向量来确定,所以任一平面都可以用三元一次方程来表示.

反过来,设有三元一次方程

$$Ax+By+Cz+D=0$$

我们任取满足该方程的一组数 x_0、y_0、z_0,即

$$Ax_0+By_0+Cz_0+D=0$$

把上述两等式相减,得

$$A(x-x_0)+B(y-y_0)+C(z-z_0)=0$$

这正是通过点 $M_0(x_0,y_0,z_0)$ 且以 $\boldsymbol{n}=(A,B,C)$ 为法线向量的平面方程. 由于方程

$$Ax+By+Cz+D=0$$

与方程

$$A(x-x_0)+B(y-y_0)+C(z-z_0)=0$$

同解，所以任一三元一次方程 $Ax+By+Cz+D=0$ 的图形总是一个平面. 方程 $Ax+By+Cz+D=0$ 称为平面的一般方程，其中 x,y,z 的系数就是该平面的一个法线向量 $\boldsymbol{n}$ 的坐标，即 $\boldsymbol{n}=(A,B,C)$.

例如，方程 $3x-4y+z-9=0$ 表示一个平面，$\boldsymbol{n}=(3,-4,1)$ 是这平面的一个法线向量.

讨论:考察下列特殊的平面方程，指出法线向量与坐标面、坐标轴的关系，平面通过的特殊点或线.

$$Ax+By+Cz=0$$

$$By+Cz+D=0,\ Ax+Cz+D=0,\ Ax+By+D=0$$

$$Cz+D=0,\ Ax+D=0,\ By+D=0$$

提示:

$D=0$，平面过原点.

$\boldsymbol{n}=(0,B,C)$，法线向量垂直于 x 轴，平面平行于 x 轴.

$\boldsymbol{n}=(A,0,C)$，法线向量垂直于 y 轴，平面平行于 y 轴.

$\boldsymbol{n}=(A,B,0)$，法线向量垂直于 z 轴，平面平行于 z 轴.

$\boldsymbol{n}=(0,0,C)$，法线向量垂直于 x 轴和 y 轴，平面平行于 xoy 平面.

$\boldsymbol{n}=(A,0,0)$，法线向量垂直于 y 轴和 z 轴，平面平行于 yoz 平面.

$\boldsymbol{n}=(0,B,0)$，法线向量垂直于 x 轴和 z 轴，平面平行于 zox 平面.

例 7.5.3 求通过 x 轴和点 $(4,-3,-1)$ 的平面的方程.

解: 平面通过 x 轴，一方面表明它的法线向量垂直于 x 轴，即 $A=0$；另一方面表明它必通过原点，即 $D=0$. 因此可设这一平面的方程为

$$By+Cz=0$$

又因为此平面通过点 $(4,-3,-1)$，所以有

$$-3B-C=0$$

或

$$C=-3B$$

将其代入所设方程并除以 $B(B\neq 0)$，便得所求的平面方程为

$$y-3z=0$$

例 7.5.4 设一平面与 x、y、z 轴的交点依次为 $P(a,0,0)$、$Q(0,b,0)$、$R(0,0,c)$ 三点，求此平面的方程(其中 $a\neq 0, b\neq 0, c\neq 0$).

解: 设所求平面的方程为

$$Ax+By+Cz+D=0$$

因为点 $P(a,0,0)$、$Q(0,b,0)$、$R(0,0,c)$ 都在此平面上，所以点 P、Q、R 的坐标都满足所设方程，即有

$$\begin{cases} aA+D=0 \\ bB+D=0 \\ cC+D=0 \end{cases}$$

由此得 $A=-\dfrac{D}{a}, B=-\dfrac{D}{b}, C=-\dfrac{D}{c}$.

将其代入所设方程,得

$$-\frac{D}{a}x-\frac{D}{b}y-\frac{D}{c}z+D=0$$

即

$$\frac{x}{a}+\frac{y}{b}+\frac{z}{c}=1$$

上述方程叫做平面的截距式方程,而 a、b、c 依次叫做平面在 x、y、z 轴上的截距.

7.5.3 两平面的夹角

两平面的夹角:两平面的法线向量的夹角(通常指锐角)称为两平面的夹角.

设平面 Π_1 和 Π_2 的法线向量分别为 $\boldsymbol{n}_1=(A_1,B_1,C_1)$ 和 $\boldsymbol{n}_2=(A_2,B_2,C_2)$,那么平面 Π_1 和 Π_2 的夹角 θ 应是 $(\widehat{\boldsymbol{n}_1,\boldsymbol{n}_2})$ 和 $(\widehat{-\boldsymbol{n}_1,\boldsymbol{n}_2})=\pi-(\widehat{\boldsymbol{n}_1,\boldsymbol{n}_2})$ 两者中的锐角,因此,$\cos\theta=|\cos(\widehat{\boldsymbol{n}_1,\boldsymbol{n}_2})|$. 按两向量夹角余弦的坐标表示式,平面 Π_1 和 Π_2 的夹角 θ 可由

$$\cos\theta=|\cos(\widehat{\boldsymbol{n}_1,\boldsymbol{n}_2})|=\frac{|A_1A_2+B_1B_2+C_1C_2|}{\sqrt{A_1^2+B_1^2+C_1^2}\cdot\sqrt{A_2^2+B_2^2+C_2^2}}$$

来确定.

从两向量垂直、平行的充分必要条件立即推得下列结论:

平面 Π_1 和 Π_2 垂直相当于 $A_1A_2+B_1B_2+C_1C_2=0$;

平面 Π_1 和 Π_2 平行或重合相当于 $\frac{A_1}{A_2}=\frac{B_1}{B_2}=\frac{C_1}{C_2}$.

例 7.5.5 求两平面 $x-y+2z-6=0$ 和 $2x+y+z-5=0$ 的夹角.

解: $\boldsymbol{n}_1=(A_1,B_1,C_1)=(1,-1,2)$,$\boldsymbol{n}_2=(A_2,B_2,C_2)=(2,1,1)$,

$$\cos\theta=\frac{|A_1A_2+B_1B_2+C_1C_2|}{\sqrt{A_1^2+B_1^2+C_1^2}\cdot\sqrt{A_2^2+B_2^2+C_2^2}}=\frac{|1\times2+(-1)\times1+2\times1|}{\sqrt{1^2+(-1)^2+2^2}\cdot\sqrt{2^2+1^2+1^2}}=\frac{1}{2}$$

所以,所求夹角为 $\theta=\frac{\pi}{3}$.

例 7.5.6 一平面通过两点 $M_1(1,1,1)$ 和 $M_2(0,1,-1)$ 且垂直于平面 $x+y+z=0$,求它的方程.

解: 方法 1 已知从点 M_1 到点 M_2 的向量为 $\boldsymbol{n}_1=(-1,0,-2)$,平面 $x+y+z=0$ 的法线向量为 $\boldsymbol{n}_2=(1,1,1)$.

设所求平面的法线向量为 $\boldsymbol{n}=(A,B,C)$.

因为点 $M_1(1,1,1)$ 和 $M_2(0,1,-1)$ 在所求平面上,所以 $\boldsymbol{n}\perp\boldsymbol{n}_1$,即 $-A-2C=0$,$A=-2C$.

又因为所求平面垂直于平面 $x+y+z=0$,所以 $\boldsymbol{n}\perp\boldsymbol{n}_1$,即 $A+B+C=0$,$B=C$.

于是由点法式方程,所求平面为

$$-2C(x-1)+C(y-1)+C(z-1)=0$$

即

$$2x-y-z=0$$

方法 2 从点 M_1 到点 M_2 的向量为 $\boldsymbol{n}_1=(-1,0,-2)$,平面 $x+y+z=0$ 的法线向量为

$\boldsymbol{n}_2=(1,1,1)$.

设所求平面的法线向量 $\boldsymbol{n}$ 可取为 $\boldsymbol{n}_1\times\boldsymbol{n}_2$.

因为

$$\boldsymbol{n}=\boldsymbol{n}_1\times\boldsymbol{n}_2=\begin{vmatrix}\boldsymbol{i} & \boldsymbol{j} & \boldsymbol{k}\\ -1 & 0 & -2\\ 1 & 1 & 1\end{vmatrix}=2\boldsymbol{i}-\boldsymbol{j}-\boldsymbol{k}$$

所以所求平面方程为

$$2(x-1)-(y-1)-(z-1)=0$$

即

$$2x-y-z=0$$

例 7.5.7　设 $P_0(x_0,y_0,z_0)$ 是平面 $Ax+By+Cz+D=0$ 外一点,求 P_0 到此平面的距离.

解:设 $\boldsymbol{e}_n$ 是平面上的单位法线向量. 在平面上任取一点 $P_1(x_1,y_1,z_1)$,则 P_0 到此平面的距离为

$$d=|\overrightarrow{P_1P_0}\cdot\boldsymbol{e}_n|=\frac{|A(x_0-x_1)+B(y_0-y_1)+C(z_0-z_1)|}{\sqrt{A^2+B^2+C^2}}$$

$$=\frac{|Ax_0+By_0+Cz_0-(Ax_1+By_1+Cz_1)|}{\sqrt{A^2+B^2+C^2}}=\frac{|Ax_0+By_0+Cz_0+D|}{\sqrt{A^2+B^2+C^2}}$$

提示: $\boldsymbol{e}_n=\dfrac{1}{\sqrt{A^2+B^2+C^2}}(A,B,C)$, $\overrightarrow{P_1P_0}=(x_0-x_1,y_0-y_1,z_0-z_1)$.

例 7.5.8　求点(2,1,1)到平面 $x+y-z+1=0$ 的距离.

解: $d=\dfrac{|Ax_0+By_0+Cz_0+D|}{\sqrt{A^2+B^2+C^2}}=\dfrac{|1\times2+1\times1-(-1)\times1+1|}{\sqrt{1^2+1^2+(-1)^2}}=\dfrac{3}{\sqrt{3}}=\sqrt{3}$

习题 7.5

1. 求经过三点(2,5,6),(-2,4,-3),(0,6,0)的平面方程.
2. 求通过点 $M_1(2,-1,1)$,$M_2(3,-1,2)$ 且平行于 z 轴的平面方程.
3. 求下列平面在坐标轴上的截距:
   (1) $x-3y+z=12$;　　(2) $5x+y-4z-15=0$;
   (3) $x-y-z-4=0$;　　(4) $-3x+2y-z-4=0$.
4. 求平面 $-3x+2y-z-4=0$ 与 xoy 面, yoz 面, zox 面间的夹角的余弦.
5. 求点(1,2,4)到平面 $x+3y+5z+10=0$ 的距离.
6. 求平面 $2x-y+z-7=0$ 与平面 $x+y+3z-12=0$ 间的夹角.
7. 在 y 轴上求出与两平面 $2x+3y+6z-6=0$ 和 $8x+9y-27z+73=0$ 等距离的点.

7.6　空间直线及其方程

7.6.1　空间直线的一般方程

空间直线 L 可以看作是两个平面 Π_1 和 Π_2 的交线.

如果两个相交平面 Π_1 和 Π_2 的方程分别为 $A_1x+B_1y+C_1z+D_1=0$ 和 $A_2x+B_2y+C_2z+D_2=0$,那么直线 L 上的任一点的坐标应同时满足这两个平面的方程,即应满足方程组

$$\begin{cases}A_1x+B_1y+C_1z+D_1=0\\A_2x+B_2y+C_2z+D_2=0\end{cases}\tag{7.6.1}$$

反过来,如果点 M 不在直线 L 上,那么它不可能同时在平面 Π_1 和 Π_2 上,所以它的坐标不满足方程组(7.6.1). 因此,直线 L 可以用方程组(7.6.1)来表示. 方程组(7.6.1)叫做空间直线的一般方程.

7.6.2 空间直线的对称式方程与参数方程

方向向量:如果一个非零向量平行于一条已知直线,这个向量就叫做这条直线的方向向量. 容易知道,直线上任一向量都平行于该直线的方向向量.

确定直线的条件:当直线 L 上一点 $M_0(x_0,y_0,x_0)$ 和它的一方向向量 $\boldsymbol{s}=(m,n,p)$ 为已知时,直线 L 的位置就完全确定了.

直线方程的确定:已知直线 L 通过点 $M_0(x_0,y_0,x_0)$,且直线的方向向量为 $\boldsymbol{s}=(m,n,p)$,求直线 L 的方程.

设 $M(x,y,z)$ 是直线 L 上的任一点,那么 $(x-x_0,y-y_0,z-z_0)/\!/\boldsymbol{s}$, 从而有

$$\frac{x-x_0}{m}=\frac{y-y_0}{n}=\frac{z-z_0}{p}$$

这就是直线 L 的方程,叫做直线的对称式方程或点向式方程.

注意:当 m、n、p 中有一个为零,例如 $m=0$,而 n、$p\neq0$ 时,此方程组应理解为

$$\begin{cases}x=x_0\\\dfrac{y-y_0}{n}=\dfrac{z-z_0}{p}\end{cases}$$

当 m、n、p 中有两个为零,例如 $m=n=0$,而 $p\neq0$ 时,此方程组应理解为

$$\begin{cases}x-x_0=0\\y-y_0=0\end{cases}$$

直线的任一方向向量 $\boldsymbol{s}$ 的坐标 m、n、p 叫做这一直线的一组方向数,而向量 $\boldsymbol{s}$ 的方向余弦叫做该直线的方向余弦.

由直线的对称式方程容易导出直线的参数方程.

设 $\dfrac{x-x_0}{m}=\dfrac{y-y_0}{n}=\dfrac{z-z_0}{p}=t$, 得方程组

$$\begin{cases}x=x_0+mt\\y=y_0+nt\\z=z_0+pt\end{cases}$$

此方程组就是直线的参数方程.

例 7.6.1 用对称式方程及参数方程表示直线 $\begin{cases}x+y+z=1\\2x-y+3z=4\end{cases}$.

解:先求直线上的一点. 取 $x=1$,有

$$\begin{cases} y+z=-2 \\ -y+3z=2 \end{cases}$$

解此方程组,得 $y=-2,z=0$,即 $(1,-2,0)$ 就是直线上的一点.

再求此直线的方向向量 $\boldsymbol{s}$. 以平面 $x+y+z=1$ 和 $2x-y+3z=4$ 的法线向量的向量积作为直线的方向向量 $\boldsymbol{s}$:

$$\boldsymbol{s}=(\boldsymbol{i}+\boldsymbol{j}+\boldsymbol{k})\times(2\boldsymbol{i}-\boldsymbol{j}+3\boldsymbol{k})=\begin{vmatrix} \boldsymbol{i} & \boldsymbol{j} & \boldsymbol{k} \\ 1 & 1 & 1 \\ 2 & -1 & 3 \end{vmatrix}=4\boldsymbol{i}-\boldsymbol{j}-3\boldsymbol{k}$$

因此,所给直线的对称式方程为

$$\frac{x-1}{4}=\frac{y+2}{-1}=\frac{z}{-3}$$

令 $\frac{x-1}{4}=\frac{y+2}{-1}=\frac{z}{-3}=t$, 得所给直线的参数方程为

$$\begin{cases} x=1+4t \\ y=-2-t \\ z=-3t \end{cases}$$

提示:当 $x=1$ 时,有 $\begin{cases} y+z=-2 \\ -y+3z=2 \end{cases}$, 此方程组的解为 $y=-2,z=0$.

$$\boldsymbol{s}=(\boldsymbol{i}+\boldsymbol{j}+\boldsymbol{k})\times(2\boldsymbol{i}-\boldsymbol{j}+3\boldsymbol{k})=\begin{vmatrix} \boldsymbol{i} & \boldsymbol{j} & \boldsymbol{k} \\ 1 & 1 & 1 \\ 2 & -1 & 3 \end{vmatrix}=4\boldsymbol{i}-\boldsymbol{j}-3\boldsymbol{k}$$

令 $\frac{x-1}{4}=\frac{y+2}{-1}=\frac{z}{-3}=t$, 有 $x=1+4t,y=-2-t,z=-3t$.

7.6.3 两直线的夹角

两直线的方向向量的夹角(通常指锐角)叫做两直线的夹角. 设直线 L_1 和 L_2 的方向向量分别为 $\boldsymbol{s}_1=(m_1,n_1,p_1)$ 和 $\boldsymbol{s}_2=(m_2,n_2,p_2)$,那么 L_1 和 L_2 的夹角 φ 就是 $(\widehat{\boldsymbol{s}_1,\boldsymbol{s}_2})$ 和 $(\widehat{-\boldsymbol{s}_1,\boldsymbol{s}_2})=\pi-(\widehat{\boldsymbol{s}_1,\boldsymbol{s}_2})$ 两者中的锐角,因此 $\cos\varphi=|\cos(\widehat{\boldsymbol{s}_1,\boldsymbol{s}_2})|$. 根据两向量的夹角的余弦公式,直线 L_1 和 L_2 的夹角 φ 可由

$$\cos\varphi=|\cos(\widehat{\boldsymbol{s}_1,\boldsymbol{s}_2})|=\frac{|m_1m_2+n_1n_2+p_1p_2|}{\sqrt{m_1^2+n_1^2+p_1^2}\cdot\sqrt{m_2^2+n_2^2+p_2^2}} \tag{7.6.2}$$

来确定.

从两向量垂直、平行的充分必要条件立即推得下列结论:

设有两直线 L_1: $\frac{x-x_1}{m_1}=\frac{y-y_1}{n_1}=\frac{z-z_1}{p_1}$, L_2: $\frac{x-x_2}{m_2}=\frac{y-y_2}{n_2}=\frac{z-z_2}{p_2}$, 则

$$L_1 \perp L_2 \Leftrightarrow m_1m_2 + n_1n_2 + p_1p_2 = 0$$

$$L_1 /\!/ L_2 \Leftrightarrow \frac{m_1}{m_2} = \frac{n_1}{n_2} = \frac{p_1}{p_2}$$

例 7.6.2 求直线 $L_1: \frac{x-1}{1} = \frac{y}{-4} = \frac{z+3}{1}$ 和 $L_2: \frac{x}{2} = \frac{y+2}{-2} = \frac{z}{-1}$ 的夹角.

解: 两直线的方向向量分别为 $\boldsymbol{s}_1 = (1,-4,1)$ 和 $\boldsymbol{s}_2 = (2,-2,-1)$. 设两直线的夹角为 φ,则

$$\cos\varphi = \frac{|1 \times 2 + (-4) \times (-2) + 1 \times (-1)|}{\sqrt{1^2 + (-4)^2 + 1^2} \cdot \sqrt{2^2 + (-2)^2 + (-1)^2}} = \frac{1}{\sqrt{2}} = \frac{\sqrt{2}}{2}$$

所以 $\varphi = \frac{\pi}{4}$.

7.6.4 直线与平面的夹角

当直线与平面不垂直时,直线和它在平面上的投影直线的夹角 φ 称为直线与平面的夹角,当直线与平面垂直时,规定直线与平面的夹角为 $\frac{\pi}{2}$.

设直线的方向向量 $\boldsymbol{s} = (m,n,p)$,平面的法线向量为 $\boldsymbol{n} = (A,B,C)$,直线与平面的夹角为 φ,那么 $\varphi = \left|\frac{\pi}{2} - (\widehat{\boldsymbol{s},\boldsymbol{n}})\right|$,因此 $\sin\varphi = |\cos(\widehat{\boldsymbol{s},\boldsymbol{n}})|$. 按两向量夹角余弦的坐标表示式,有

$$\sin\varphi = \frac{|Am + Bn + Cp|}{\sqrt{A^2 + B^2 + C^2} \cdot \sqrt{m^2 + n^2 + p^2}} \tag{7.6.3}$$

因为直线与平面垂直相当于直线的方向向量与平面的法线向量平行,所以,直线与平面垂直相当于

$$\frac{A}{m} = \frac{B}{n} = \frac{C}{p}$$

因为直线与平面平行或直线在平面上相当于直线的方向向量与平面的法线向量垂直,所以,直线与平面平行或直线在平面上相当于

$$Am + Bn + Cp = 0$$

综上所述,设直线 L 的方向向量为 (m,n,p),平面 Π 的法线向量为 (A,B,C),则

$$L \perp \Pi \Leftrightarrow \frac{A}{m} = \frac{B}{n} = \frac{C}{p}$$

$$L /\!/ \Pi \Leftrightarrow Am + Bn + Cp = 0$$

例 7.6.3 求过点 $(1,-2,4)$ 且与平面 $2x-3y+z-4=0$ 垂直的直线的方程.

解: 平面的法线向量 $(2,-3,1)$ 可以作为所求直线的方向向量. 由此可得所求直线的方程为

$$\frac{x-1}{2} = \frac{y+2}{-3} = \frac{z-4}{1}$$

7.6.5 杂例

例7.6.4 求与两平面 $x-4z=3$ 和 $2x-y-5z=1$ 的交线平行且过点$(-3,2,5)$的直线的方程.

解:平面 $x-4z=3$ 和 $2x-y-5z=1$ 的交线的方向向量就是所求直线的方向向量 $\boldsymbol{s}$,因为

$$\boldsymbol{s}=(\boldsymbol{i}-4\boldsymbol{k})\times(2\boldsymbol{i}-\boldsymbol{j}-5\boldsymbol{k})=\begin{vmatrix}\boldsymbol{i} & \boldsymbol{j} & \boldsymbol{k}\\ 1 & 0 & -4\\ 2 & -1 & -5\end{vmatrix}=-(4\boldsymbol{i}+3\boldsymbol{j}+\boldsymbol{k})$$

所以所求直线的方程为

$$\frac{x+3}{4}=\frac{y-2}{3}=\frac{z-5}{1}$$

例7.6.5 求直线 $\frac{x-2}{1}=\frac{y-3}{1}=\frac{z-4}{2}$ 与平面 $2x+y+z-6=0$ 的交点.

解:所给直线的参数方程为 $x=2+t,y=3+t,z=4+2t$,代入平面方程中,得

$$2(2+t)+(3+t)+(4+2t)-6=0$$

解上列方程,得 $t=-1$. 将 $t=-1$ 代入直线的参数方程,得所求交点的坐标为 $x=1,y=2,z=2$.

例7.6.6 求过点$(2,1,3)$且与直线 $\frac{x+1}{3}=\frac{y-1}{2}=\frac{z}{-1}$ 垂直相交的直线的方程.

解:过点$(2,1,3)$与直线 $\frac{x+1}{3}=\frac{y-1}{2}=\frac{z}{-1}$ 垂直的平面为

$$3(x-2)+2(y-1)-(z-3)=0$$

即

$$3x+2y-z=5$$

直线 $\frac{x+1}{3}=\frac{y-1}{2}=\frac{z}{-1}$ 与平面 $3x+2y-z=5$ 的交点坐标为 $\left(\frac{2}{7},\frac{13}{7},-\frac{3}{7}\right)$.

以点$(2,1,3)$为起点,以点 $\left(\frac{2}{7},\frac{13}{7},-\frac{3}{7}\right)$ 为终点的向量为

$$\left(\frac{2}{7}-2,\frac{13}{7}-1,-\frac{3}{7}-3\right)=-\frac{6}{7}(2,-1,4)$$

所求直线的方程为

$$\frac{x-2}{2}=\frac{y-1}{-1}=\frac{z-3}{4}$$

例7.6.6′ 求过点$(2,1,2)$且与直线 $\frac{x-2}{1}=\frac{y-3}{1}=\frac{z-4}{2}$ 垂直相交的直线的方程.

解:过已知点与已知直线相垂直的平面的方程为

$$(x-2)+(y-1)+2(z-2)=0$$

即

$$x+y+2z=7$$

此平面与已知直线的交点为$(1,2,2)$.

所求直线的方向向量为

$$s = (1,2,2) - (2,1,2) = (-1,1,0)$$

所求直线的方程为

$$\frac{x-2}{-1} = \frac{y-1}{1} = \frac{z-2}{0}$$

即
$$\begin{cases} \dfrac{x-2}{-1} = \dfrac{y-1}{1} \\ z - 2 = 0 \end{cases}$$

提示:求平面 $x+y+2z=7$ 与直线 $\dfrac{x-2}{1} = \dfrac{y-3}{1} = \dfrac{z-4}{2}$ 的交点.

直线的参数方程为 $x=2+t, y=3+t, z=4+2t$,代入平面方程得

$$(2+t) + (3+t) + 2(4+2t) = 7$$

解得 $t=-1$,代入直线的参数方程得 $x=1, y=2, z=2$.

平面束:设直线 L 的一般方程为

$$\begin{cases} A_1x + B_1y + C_1z + D_1 = 0 \\ A_2x + B_2y + C_2z + D_2 = 0 \end{cases}$$

其中系数 A_1、B_1、C_1 与 A_2、B_2、C_2 不成比例. 考虑三元一次方程:

$$A_1x + B_1y + C_1z + D_1 + \lambda(A_2x + B_2y + C_2z + D_2) = 0$$

即
$$(A_1 + \lambda A_2)x + (B_1 + \lambda B_2)y + (C_1 + \lambda C_2)z + D_1 + \lambda D_2 = 0$$

其中 λ 为任意常数. 因为系数 A_1、B_1、C_1 与 A_2、B_2、C_2 不成比例,所以对于任何一个 λ 值,上述方程的系数不全为零,从而它表示一个平面. 对于不同的 λ 值,所对应的平面也不同,而且这些平面都通过直线 L. 也就是说,这个方程表示通过直线 L 的一族平面. 另一方面,任何通过直线 L 的平面也一定包含在上述通过 L 的平面族中.

通过定直线的所有平面的全体称为平面束.

方程 $A_1x+B_1y+C_1z+D_1+\lambda(A_2x+B_2y+C_2z+D_2)=0$ 就是通过直线 L 的平面束方程.

例 7.6.7 求直线 $\begin{cases} x+y-z-1=0 \\ x-y+z+1=0 \end{cases}$ 在平面 $x+y+z=0$ 上的投影直线的方程.

解:设过直线 $\begin{cases} x+y-z-1=0 \\ x-y+z+1=0 \end{cases}$ 的平面束的方程为

$$(x+y-z-1) + \lambda(x-y+z+1) = 0$$

即
$$(1+\lambda)x + (1-\lambda)y + (-1+\lambda)z + (-1+\lambda) = 0$$

其中 λ 为待定的常数. 此平面与平面 $x+y+z=0$ 垂直的条件是

$$(1+\lambda)\cdot 1 + (1-\lambda)\cdot 1 + (-1+\lambda)\cdot 1 = 0$$

即 $\lambda = -1$.

将 $\lambda=-1$ 代入平面束方程得投影平面的方程为 $2y-2z-2=0$,即 $y-z-1=0$.

所以投影直线的方程为

$$\begin{cases} y-z-1=0 \\ x+y+z=0 \end{cases}$$

习题 7.6

1. 求经过两点 $M_1(1,2,3)$ 与 $M_2(1,3,5)$ 的直线的方程.

2. 求经过点(2,-3,4)且与平面 $3x-y+2z-4=0$ 垂直的直线方程.

3. 求过点(3,2,-4)且与两直线 $\frac{x-1}{5}=\frac{y-2}{3}=\frac{z}{-2}$ 和 $\frac{x+3}{4}=\frac{y}{2}=\frac{z-1}{3}$ 平行的平面方程.

4. 用对称式方程与参数方程表示直线 $\begin{cases}x-y-z=1\\2x+y+z=4\end{cases}$.

5. 求点(-1,2,4)在平面 $x+2y-z+1=0$ 上的投影.

6. 求直线 $\begin{cases}x+y+3z=0\\x-y-z=0\end{cases}$ 与直线 $\begin{cases}x-y-z+1=0\\x-y+2z+1=0\end{cases}$ 的夹角.

7. 求直线 $\begin{cases}2x-4y+z=0\\4x-y-2z+9=0\end{cases}$ 在平面 $4x-y+z-1=0$ 上的投影直线的方程.

8 二元函数微积分

一元函数的微积分学讨论的是一个自变量与因变量的关系,它研究的是因变量受到一个变量因素的影响问题.但是在现实问题中,因变量往往受到多个变量因素的影响.因此,有必要将一元函数的微积分学推广成多元函数的微积分学.

本章知识结构导图:

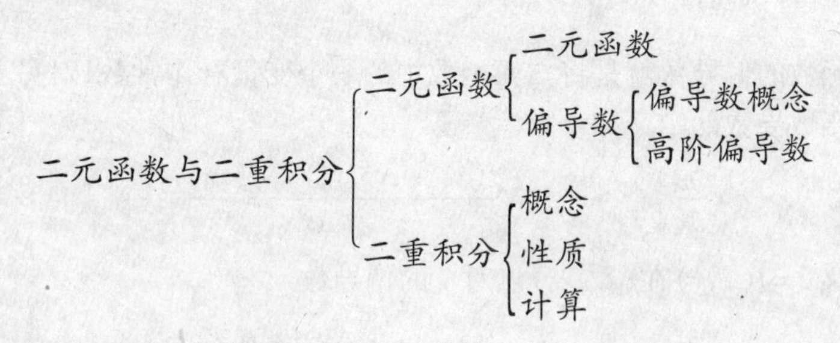

8.1 二元函数的概念与偏导数

8.1.1 二元函数的概念

设 x,y,z 是三个变量.如果变量 x,y 在一定范围内变化时,按照某个法则 f,对于 x,y 的每一组取值都唯一对应变量 z 的一个值,则称变量 z 是变量 x,y 的函数.记为 $z=f(x,y)$ 或 $z=z(x,y)$.称变量 x,y 为函数的自变量,称变量 z 为因变量.

与一元函数类似,我们将自变量 x,y 的变化范围称为这个函数的定义域,记为 D_f.对于自变量的某个固定的取值 $x=x_0,y=y_0$,按照法则 f 所对应的因变量 z 的值如果是 z_0,则记之为 $z_0=f(x_0,y_0)$、$z_0=z(x_0,y_0)$、$f(x,y)\big|_{\substack{x=x_0\\y=y_0}}$、$f(x,y)\big|_{(x_0,y_0)}$、$z(x,y)\big|_{(x_0,y_0)}$ 等.z_0 称为函数在 (x_0,y_0) 处的函数值,所有函数值的集合称为函数的值域,记为 R_f.

二元函数的定义域及其映射法则 f 是确定一个二元函数的两个基本要素.但是,在很多情况下我们并不给出函数的定义域,其定义域被默认为使得二元函数 $z=f(x,y)$ 有意义的点 (x,y) 的集合.

例 8.1.1 求二元函数 $z=f(x,y)=\sqrt{1-x^2-y^2}$ 的定义域 D_f.

解:若使得函数有意义,应只需根号下的式子 $1-x^2-y^2\geqslant 0$,即 $x^2+y^2\leqslant 1$.这就是该函数的定义域 D_f.

二元函数与一元函数有着非常密切的关系.设二元函数 $z=f(x,y)$,点 $P_0(x_0,y_0)\in D_f$.当固定 y_0 让 x 变化时,$z=f(x,y_0)$ 就是关于 x 的一元函数,记之为 $F(x)$.

8.1.2 偏导数

我们研究事物的基本方法是化未知为已知，体现在对函数的研究方面，已知的是一元函数的微积分，所以处理多元函数微积分的一个基本思想就是**将多元函数问题转化为一元函数问题**. 在一元函数中，为了研究因变量对自变量的变化率，引入了导数的概念. 如路程对时间的变化率就是路程函数对时间的导数. 对于多元函数，自变量不止一个，我们需要研究因变量对每个自变量的变化率. 因此引入偏导数的概念.

设函数 $z=f(x,y)$ 在点 (x_0,y_0) 的某个邻域内有定义. 固定 $y=y_0$，我们称一元函数 $f(x,y_0)$ 在 x_0 点的导数为二元函数 $z=f(x,y)$ 在 (x_0,y_0) 点对 x 的偏导数，记作 $\left.\frac{\partial z}{\partial x}\right|_{\substack{x=x_0\\y=y_0}}$，$\left.\frac{\partial f}{\partial x}\right|_{\substack{x=x_0\\y=y_0}}$，$f_x(x_0,y_0)$，$z'_x(x_0,y_0)$，$\left.z_x\right|_{\substack{x=x_0\\y=y_0}}$ 等.

可见，二元函数的偏导数就是将二元函数中的一个变量看作常数，对另一个变量求导的导数. 应用一元函数导数的定义知

$$\left.\frac{\partial z}{\partial x}\right|_{\substack{x=x_0\\y=y_0}} = \lim_{\Delta x\to 0}\frac{f(x_0+\Delta x,y_0)-f(x_0,y_0)}{\Delta x}$$

类似地，可以定义 $z=f(x,y)$ 在 (x_0,y_0) 点对 y 的偏导数

$$\left.\frac{\partial z}{\partial y}\right|_{\substack{x=x_0\\y=y_0}} = \lim_{\Delta y\to 0}\frac{f(x_0,y_0+\Delta y)-f(x_0,y_0)}{\Delta y}$$

如果 $f(x,y)$ 在区域 D 内每一点 (x,y) 处对 x 的偏导数都存在，那么这些偏导数构成 x,y 的二元函数，称为 $z=f(x,y)$ 对自变量 x 的偏导函数，记为 $\frac{\partial z}{\partial x}$，$\frac{\partial f}{\partial x}$，$f_x(x,y)$，$f_x$，$f_1$，$z_x$ 等. 类似地，可以定义 $z=f(x,y)$ 在区域 D 内对自变量 y 的偏导函数，记为 $\frac{\partial z}{\partial y}$，$\frac{\partial f}{\partial y}$，$f_y(x,y)$，$f_y$，$f_2$，$z_y$ 等. 偏导函数也简称为偏导数.

偏导数的概念也可以推广到三元以至多元函数.

例 8.1.2 求 $z=x^2\sin 2y$ 的偏导数.

解：对 x 求偏导（把 x 看成自变量，y 看成是常量），得到

$$\frac{\partial z}{\partial x} = 2x\sin 2y$$

对 y 求偏导（把 y 看成自变量，x 看成是常量），得到

$$\frac{\partial z}{\partial y} = 2x^2\cos 2y$$

例 8.1.3 求函数 $z=f(x,y)=x^2-3xy+y^3$ 在 $(1,-2)$ 点处的偏导数.

解：方法 1　为求 $z=x^2-3xy+y^3$ 在 $(1,-2)$ 点处对 x 的偏导数，先求

$$f(x,-2) = x^2-3x\cdot(-2)+(-2)^3 = x^2+6x-8$$

$$\left.\frac{\partial z}{\partial x}\right|_{\substack{x=1\\y=-2}} = \left.\left[\frac{\mathrm{d}}{\mathrm{d}x}f(x,-2)\right]\right|_{x=1} = \left.(2x+6)\right|_{x=1} = 8$$

类似地,有

$$\left.\frac{\partial z}{\partial y}\right|_{\substack{x=1\\y=-2}} = \frac{\mathrm{d}}{\mathrm{d}y}f(1,y)\mid_{y=-2} = (1-3y+y^3)'\mid_{y=-2} = (3y^2-3)\mid_{y=-2} = 9$$

方法 2　先求偏导函数

$$\frac{\partial z}{\partial x} = 2x-3y,\quad \frac{\partial z}{\partial y} = -3x+3y^2$$

$f(x,y)$在$(1,-2)$点处的偏导数就是偏导函数在$(1,-2)$点处的函数值. 所以

$$\left.\frac{\partial z}{\partial x}\right|_{(1,-2)} = (2x-3y)\mid_{(1,-2)} = 8$$

$$\left.\frac{\partial z}{\partial y}\right|_{(1,-2)} = (-3x+3y^2)\mid_{(1,-2)} = 9$$

例 8.1.4　求 $u=\sqrt{x^2+y^2+z^2}$ 的偏导数.

解:这是求 $u=\sqrt{x^2+y^2+z^2}$ 的偏导函数. 关键是在每次求导时分清哪个是自变量,哪个是常量. 在求 $\frac{\partial u}{\partial x}$ 时,x 是自变量,y、z 都看成是常量. 故

$$\frac{\partial u}{\partial x} = \frac{1}{2\sqrt{x^2+y^2+z^2}}\cdot(x^2+y^2+z^2)'_x = \frac{1}{2\sqrt{x^2+y^2+z^2}}\cdot 2x = \frac{x}{\sqrt{x^2+y^2+z^2}}$$

同理有

$$\frac{\partial u}{\partial y} = \frac{y}{\sqrt{x^2+y^2+z^2}},\ \frac{\partial u}{\partial z} = \frac{z}{\sqrt{x^2+y^2+z^2}}$$

8.1.3　高阶偏导数

设函数 $z=f(x,y)$ 在区域 D 内有偏导函数$\frac{\partial z}{\partial x}=f_x(x,y)$,$\frac{\partial z}{\partial y}=f_y(x,y)$,如果这两个偏导函数关于 x,y 的偏导数存在,则称它们为 $z=f(x,y)$ 的二阶偏导数. $\frac{\partial z}{\partial x}$关于 x 的偏导数,记为$\frac{\partial^2 z}{\partial x^2}$, 即

$$\frac{\partial^2 z}{\partial x^2} = \frac{\partial}{\partial x}\left(\frac{\partial z}{\partial x}\right)$$

$\frac{\partial^2 z}{\partial x^2}$ 也记为$f_{xx}(x,y)$,$f_{11}(x,y)$,z_{xx}等; $\frac{\partial z}{\partial x}$ 关于 y 的偏导数,记为$\frac{\partial^2 z}{\partial x\partial y}$,即

$$\frac{\partial^2 z}{\partial x\partial y} = \frac{\partial}{\partial y}\left(\frac{\partial z}{\partial x}\right)$$

$\frac{\partial^2 z}{\partial x\partial y}$ 也记为$f_{xy}(x,y)$,$f_{12}(x,y)$,z_{xy}等; $\frac{\partial z}{\partial y}$ 关于 x 的偏导数,记为$\frac{\partial^2 z}{\partial y\partial x}$,即

$$\frac{\partial^2 z}{\partial y\partial x} = \frac{\partial}{\partial x}\left(\frac{\partial z}{\partial y}\right)$$

$\frac{\partial^2 z}{\partial y \partial x}$也记为$f_{yx}(x,y)$，$f_{21}(x,y)$，$z_{yx}$等；$\frac{\partial z}{\partial y}$关于 y 的偏导数，记为$\frac{\partial^2 z}{\partial y^2}$，即

$$\frac{\partial^2 z}{\partial y^2} = \frac{\partial}{\partial y}\left(\frac{\partial z}{\partial y}\right)$$

$\frac{\partial^2 z}{\partial y^2}$也记为$f_{yy}(x,y)$，$f_{22}(x,y)$，$z_{yy}$等.

二元函数的二阶偏导数共有四个，其中将$\frac{\partial^2 z}{\partial x \partial y}$和$\frac{\partial^2 z}{\partial y \partial x}$称为二阶混合偏导数. 类似地，可以定义三阶、四阶、……直至 n 阶偏导数. 二阶及二阶以上的偏导数统称为高阶偏导数，而$\frac{\partial z}{\partial x}$，$\frac{\partial z}{\partial y}$称为函数的一阶偏导数.

例 8.1.5　设 $z=\ln(x^2+y^2)$，证明该函数满足偏微分方程$\frac{\partial^2 z}{\partial x^2}+\frac{\partial^2 z}{\partial y^2}=0$.

证：因 $\frac{\partial z}{\partial x}=\frac{2x}{x^2+y^2}$（把 x 看成是自变量，y 看成常量），$\frac{\partial z}{\partial y}=\frac{2y}{x^2+y^2}$，则

$$\frac{\partial^2 z}{\partial x^2} = \frac{\partial}{\partial x}\left(\frac{\partial z}{\partial x}\right) = \frac{\partial}{\partial x}\left(\frac{2x}{x^2+y^2}\right) \quad (x\text{ 是自变量},y\text{ 看成常量})$$

$$= 2\cdot\frac{(x^2+y^2)-x\cdot 2x}{(x^2+y^2)^2} = \frac{2(y^2-x^2)}{(x^2+y^2)^2}$$

$$\frac{\partial^2 z}{\partial y^2} = \frac{\partial}{\partial y}\left(\frac{\partial z}{\partial y}\right) = \frac{\partial}{\partial y}\left(\frac{2y}{x^2+y^2}\right) = 2\cdot\frac{(x^2+y^2)-y\cdot 2y}{(x^2+y^2)^2} = \frac{2(x^2-y^2)}{(x^2+y^2)^2}$$

于是

$$\frac{\partial^2 z}{\partial x^2}+\frac{\partial^2 z}{\partial y^2} = \frac{2(y^2-x^2)}{(x^2+y^2)^2}+\frac{2(x^2-y^2)}{(x^2+y^2)^2} = 0$$

例 8.1.6　求函数 $z=x^3-3x^2y+y^3$ 的所有二阶偏导数.

解：

$$\frac{\partial z}{\partial x} = 3x^2-6xy$$

$$\frac{\partial z}{\partial y} = -3x^2+3y^2$$

$$\frac{\partial^2 z}{\partial x^2} = \frac{\partial}{\partial x}\left(\frac{\partial z}{\partial x}\right) = \frac{\partial}{\partial x}(3x^2-6xy) = 6x-6y$$

$$\frac{\partial^2 z}{\partial x \partial y} = \frac{\partial}{\partial y}\left(\frac{\partial z}{\partial x}\right) = \frac{\partial}{\partial y}(3x^2-6xy) = -6x$$

$$\frac{\partial^2 z}{\partial y \partial x} = \frac{\partial}{\partial x}\left(\frac{\partial z}{\partial y}\right) = \frac{\partial}{\partial x}(-3x^2+3y^2) = -6x$$

$$\frac{\partial^2 z}{\partial y^2} = \frac{\partial}{\partial y}\left(\frac{\partial z}{\partial y}\right) = \frac{\partial}{\partial y}(-3x^2+3y^2) = 6y$$

习题 8.1

1. 求下列函数的定义域 D，并作出 D 的图形：

（1）$z=\sqrt{x-\sqrt{y}}$；　　（2）$z=\ln(y^2-2x+1)$；

(3) $z = \dfrac{x^2 - y^2}{x^2 + y^2}$; (4) $z = \dfrac{\sqrt{x + y}}{\sqrt{x - y}}$.

2. 求下列函数的偏导数:

(1) $z = x^3y - xy^3$; (2) $z = \dfrac{3}{y^2} - \dfrac{1}{\sqrt[3]{x}} + \ln 5$;

(3) $z = xe^{-xy}$; (4) $z = \dfrac{x + y}{x - y}$;

(5) $z = \arctan \dfrac{y}{x}$; (6) $z = \sin(xy) + \cos^2(xy)$;

(7) $u = \sin(x^2 + y^2 + z^2)$; (8) $u = x^{\frac{y}{z}}$.

3. 设$f(x,y) = x + y - \sqrt{x^2 + y^2}$,求$f_x(3,4)$.

4. 设$f(x,y) = (1 + xy)^y$,求$f_y(1,1)$.

5. 求下列函数的所有二阶偏导数:

(1) $z = x^3 + y^3 - 2x^2y^2$; (2) $z = \arctan \dfrac{x}{y}$;

(3) $z = x^y$; (4) $z = e^y\cos(x - y)$.

6. 设$f(x,y,z) = xy^2 + yz^2 + zx^2$,求$f_{xx}(0,0,1)$,$f_{xz}(1,0,2)$,$f_{yz}(0,-1,0)$.

7. 设$f(x,y) = \ln(\sqrt{x} + \sqrt{y})$,求证$x\dfrac{\partial f}{\partial x} + y\dfrac{\partial f}{\partial y} = \dfrac{1}{2}$.

8. 设函数$u = \sqrt{x^2 + y^2 + z^2}$,证明该函数满足方程$\dfrac{\partial^2 u}{\partial x^2} + \dfrac{\partial^2 u}{\partial y^2} + \dfrac{\partial^2 u}{\partial z^2} = \dfrac{2}{u}$.

8.2 二重积分的概念和性质

8.2.1 二重积分概念的引入

8.2.1.1 曲顶柱体的体积问题

设曲面Σ的方程为$z = f(x,y)$,$(x,y) \in D$,其中D是有界闭区域,则Σ在xoy坐标面上的投影是D. 假定$f(x,y)$连续且$f(x,y) \geqslant 0$,则Σ在xoy坐标面的上方. 以D的边界为准线,做母线平行于z轴的柱面,在此柱面内以Σ为顶,以平面区域D为底所围的空间区域称为曲顶柱体(见图8.1). 我们来求这个曲顶柱体的体积V.

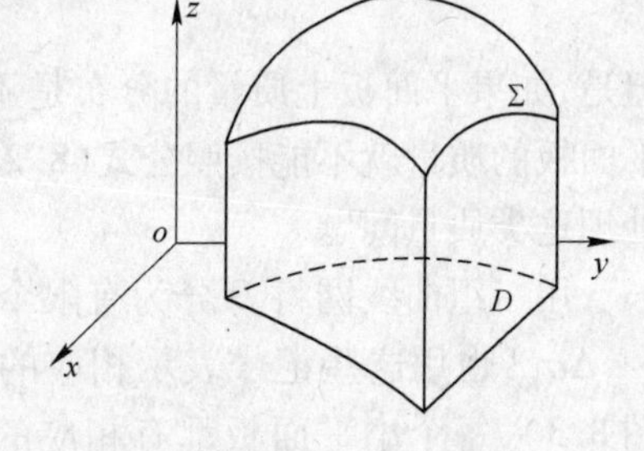

图8.1

如果曲顶柱体是平顶柱体,即Σ是某个平面$z = h$,则

$$V = D\text{的面积} \times \text{高} = D\text{的面积} \times h \quad (8.2.1)$$

但是,当Σ是一般的曲面时,高度$z = f(x,y)$随着点(x,y)在D内的变化而变化,因此这样的体积问题已经不能用通常的体积公式(8.2.1)来计算. 回忆起在定积分中求曲边梯形的面积问题,在那里解决问题的方法也可以用来解决曲顶柱体的体积问题.

首先,用一组曲线网将区域D分割成n个小的闭区域$\Delta\sigma_1, \Delta\sigma_2, \cdots, \Delta\sigma_n$(也用这些记号表示相应的小闭区域的面积). 分别以这些小闭区域的边界为准线,做母线平行于z轴的柱面，这些柱面将原来的曲顶柱体分为 n 个小的曲顶柱体，依次记为 $\Delta V_1,\Delta V_2,\cdots,\Delta V_n$（也用这些记号表示相应的小曲顶柱体的体积）. 则

$$V=\Delta V_1+\Delta V_2+\cdots+\Delta V_n=\sum_{i=1}^{n}\Delta V_i \tag{8.2.2}$$

当这些小闭区域都很小时，由于 $f(x,y)$ 连续，在同一个小闭区域上 $f(x,y)$ 的变化幅度也很小. 此时，每一个小曲顶柱体都可以近似地看作平顶柱体. 我们在每个小闭区域 $\Delta\sigma_i$ 上任取点 $P_i(\xi_i,\eta_i)$，以 $f(\xi_i,\eta_i)$ 为高，底 $\Delta\sigma_i$ 做平顶柱体（见图 8.2），则它的体积为 $f(\xi_i,\eta_i)\cdot\Delta\sigma_i$. 因此，相应的小曲顶柱体的体积 $\Delta V_i\approx f(\xi_i,\eta_i)\cdot\Delta\sigma_i(i=1,2,\cdots,n)$.

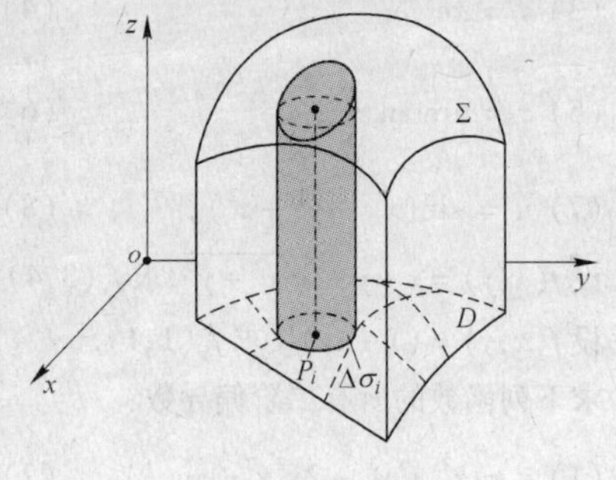

图 8.2

由式(8.2.2)则有

$$V\approx f(\xi_1,\eta_1)\cdot\Delta\sigma_1+f(\xi_2,\eta_2)\cdot\Delta\sigma_2+\cdots+f(\xi_n,\eta_n)\cdot\Delta\sigma_n=\sum_{i=1}^{n}f(\xi_i,\eta_i)\cdot\Delta\sigma_i$$

$\sum_{i=1}^{n}f(\xi_i,\eta_i)\cdot\Delta\sigma_i$ 仅仅是 V 的近似值. 但是，如果各个小闭区域被分割得越细密，这种近似程度就越好. 设 n 个小闭区域直径（一个闭区域的直径是指闭区域上所有两点间距离的最大值，它是闭区域“个头”大小的度量，直径越小，“个头”越小. 当闭区域是圆域时，闭区域的直径就是圆域的直径）中的最大值记为 λ，如果 λ 很小，则各个小闭区域都很小，也表明分割得很细密. 如果这样的分割无限地细密下去，即 $\lambda\to0$，则曲顶柱体的体积应为

$$V=\lim_{\lambda\to0}\sum_{i=1}^{n}f(\xi_i,\eta_i)\Delta\sigma_i \tag{8.2.3}$$

8.2.1.2　平面板的质量

将 xoy 平面上的有界闭区域 D 看作是一个平面板，平面板上点 (x,y) 处的密度为 $\rho(x,y)$，其中 $\rho(x,y)\geqslant0$ 且连续. 我们来计算平面板的质量 M.

如果平面板上质量的分布是均匀的，即密度恒为常数 $\rho(x,y)\equiv c$，则

$$M=D\text{ 的面积}\times c \tag{8.2.4}$$

但是，如果平面板上质量的分布是不均匀的，即密度 $\rho(x,y)$ 是随着点 (x,y) 的变化而变化，平面板的质量就不能按照公式(8.2.4)来计算了. 我们可以用处理曲顶柱体的体积的方法来处理这类质量问题.

用一组曲线网将 D 分为有限个小平面板 $\Delta\sigma_1,\Delta\sigma_2,\cdots,\Delta\sigma_n$（也用这些记号表示相应的小平面板的面积，见图 8.3），每个小平面板都有相应的质量 $\Delta M_1,\Delta M_2,\cdots,\Delta M_n$. 则

$$M=\Delta M_1+\Delta M_2+\cdots+\Delta M_n=\sum_{i=1}^{n}\Delta M_i \tag{8.2.5}$$

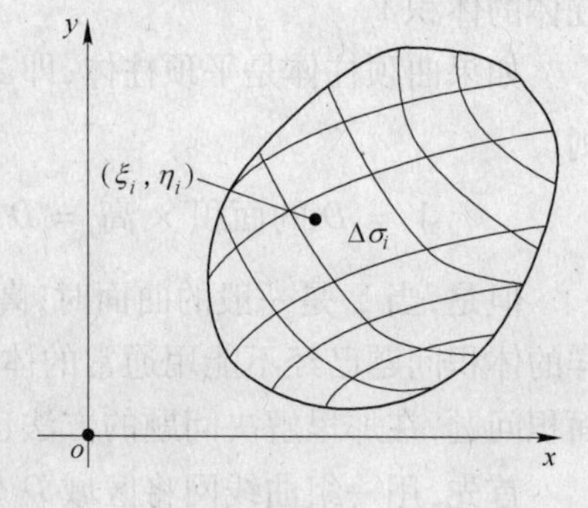

图 8.3

由于密度 $\rho(x,y)$ 是连续函数，当这些小平面板的直径都很小时，$\rho(x,y)$ 在每个小平面板上的变化也很小，可以

认为每个小平面板上的质量分布是近似均匀的,即认为在每个小平面板 $\Delta\sigma_i$ 上的密度近似于一个常数.在每个小平面板上任取一点$(\xi_i,\eta_i)\in\Delta\sigma_i(i=1,2,\cdots,n)$,将 $\Delta\sigma_i$ 上的密度近似看作在点(ξ_i,η_i)处的密度 $\rho(\xi_i,\eta_i)$,则在 $\Delta\sigma_i$ 上的质量 $\Delta M_i\approx\rho(\xi_i,\eta_i)\cdot\Delta\sigma_i(i=1,2,\cdots,n)$.由式(8.2.5)得

$$M\approx\rho(\xi_1,\eta_1)\cdot\Delta\sigma_1+\rho(\xi_2,\eta_2)\cdot\Delta\sigma_2+\cdots+\rho(\xi_n,\eta_n)\cdot\Delta\sigma_n=\sum_{i=1}^{n}\rho(\xi_i,\eta_i)\cdot\Delta\sigma_i$$

对 D 的分割越细密,这种近似程度就越好.仍用 λ 表示所有小平面板直径的最大值,它是分割细密程度的度量.如果分割无限细密下去,即 $\lambda\to0$,则平面板的质量应为

$$M=\lim_{\lambda\to0}\sum_{i=1}^{n}\rho(\xi_i,\eta_i)\cdot\Delta\sigma_i \tag{8.2.6}$$

8.2.2 二重积分的定义

上述两个问题的实际意义虽然不同,但是它们所使用的数学方法却是一样的.于是我们归纳出二重积分的概念.

设 $z=f(x,y)$是定义在有界闭区域 D 上的函数.将 D 任意分割成 n 个小闭区域 $\Delta\sigma_1$,$\Delta\sigma_2,\cdots,\Delta\sigma_n$,其中 $\Delta\sigma_i$ 表示第 i 个小闭区域(也表示它的面积).在每个 $\Delta\sigma_i$ 上任取一点(ξ_i,η_i),作乘积$f(\xi_i,\eta_i)\Delta\sigma_i(i=1,2,\cdots,n)$,并做和式 $\sum\limits_{i=1}^{n}f(\xi_i,\eta_i)\Delta\sigma_i$.如果各小闭区域直径中的最大值 λ 趋于零时,这个和式的极限存在,则称此极限为函数 $z=f(x,y)$在闭区域 D 上的二重积分,记为 $\iint\limits_D f(x,y)\,d\sigma$, 即

$$\iint\limits_D f(x,y)\,d\sigma=\lim_{\lambda\to0}\sum_{i=1}^{n}f(\xi_i,\eta_i)\Delta\sigma_i \tag{8.2.7}$$

其中$f(x,y)$称为被积函数,$f(x,y)\,d\sigma$ 称为被积表达式,$d\sigma$ 称为面积元素,x 和 y 称为积分变量,D 称为积分区域, $\sum\limits_{i=1}^{n}f(\xi_i,\eta_i)\Delta\sigma_i$ 称为积分和.

注意:

(1)二重积分的定义可以分为三个步骤:对函数定义域的分割,做积分和,取积分和的极限.与定积分的定义相比较,这是它们的共同点.以后我们还可以看到,这三个步骤也是其他积分的共同点.

(2)式(8.2.7)中的极限是一种特殊的极限,它的意义是:无论对于定义域做何种分割,无论各个 $\Delta\sigma_i$ 上的点(ξ_i,η_i)怎样选取,只要 λ 充分小,积分和 $\sum\limits_{i=1}^{n}f(\xi_i,\eta_i)\Delta\sigma_i$ 就会与某个实数充分接近.

在二重积分的定义中,对于区域 D 的分割是任意的.现考虑用平行于坐标轴的直线网来分割 D(见图 8.4).将含边界点的小闭区域记为 $\Delta\sigma'_k$;不含边界点的小闭区域都是矩形区域,记为 $\Delta\sigma_j$,设其边长分别为 Δx_j、Δy_j,则小矩形的面积为 $\Delta\sigma_j=\Delta x_j\Delta y_j$.

因此,式(8.2.7)中的积分和可分为两个部分

$$\sum_{i=1}^{n}f(\xi_i,\eta_i)\Delta\sigma_i=\sum_{j}f(\xi_j,\eta_j)\Delta x_j\Delta y_j+\sum_{k}f(\xi_k,\eta_k)\Delta\sigma'_k$$

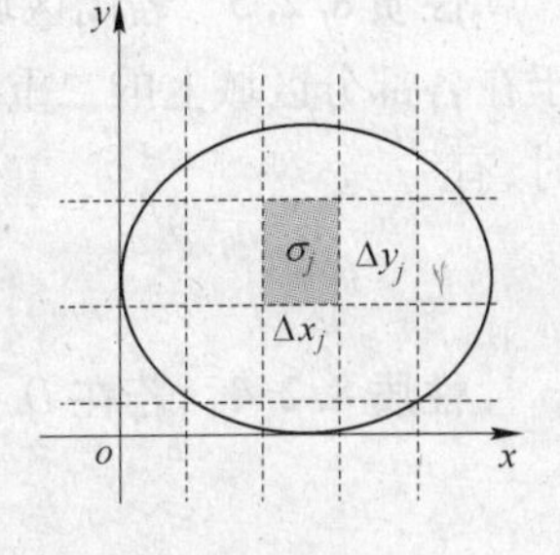

图 8.4

可以证明 $\lim\limits_{\lambda\to 0}\sum\limits_{k} f(\xi_k,\eta_k)\Delta\sigma'_k = 0$，则式(8.2.7)变为

$$\iint\limits_D f(x,y)\,\mathrm{d}\sigma = \lim_{\lambda\to 0}\sum_j f(\xi_j,\eta_j)\Delta x_j\Delta y_j$$

通常将这种分割下的二重积分记为 $\iint\limits_D f(x,y)\,\mathrm{d}x\mathrm{d}y$，即 $\iint\limits_D f(x,y)\,\mathrm{d}\sigma = \iint\limits_D f(x,y)\,\mathrm{d}x\mathrm{d}y$，这时的面积元素 $\mathrm{d}\sigma = \mathrm{d}x\mathrm{d}y$ 称为直角坐标系下的面积元素. 这样式(8.2.3)中曲顶柱体的体积可以表示为

$$V = \iint\limits_D f(x,y)\,\mathrm{d}\sigma \tag{8.2.8}$$

通常称之为二重积分的几何意义.

同理，式(8.2.6)中平面板的质量问题也可表示为二重积分

$$M = \iint\limits_D \rho(x,y)\,\mathrm{d}\sigma \tag{8.2.9}$$

根据二重积分的定义可以得到与定积分类似的结论(证明略)，如：

(1)若 $f(x,y)$ 在 D 上可积，则 $f(x,y)$ 在 D 上有界；

(2)若 $f(x,y)$ 在 D 上连续，则 $f(x,y)$ 在 D 上可积；

(3)若 $f(x,y)$ 在 D 上可积，则改变 $f(x,y)$ 在 D 上有限个点或有限条曲线上的值而得到的新函数仍可积，且积分值不变.

8.2.3　二重积分的性质

由于二重积分与定积分在定义上的共性，所以二重积分与定积分有很多共同的性质. 这里不加证明地直接叙述如下：

性质 8.2.1　常数因子 k 可以提到积分号外面，即

$$\iint\limits_D kf(x,y)\,\mathrm{d}\sigma = k\iint\limits_D f(x,y)\,\mathrm{d}\sigma$$

性质 8.2.2　函数和(或差)的积分等于积分的和(或差)，即

$$\iint\limits_D [f(x,y) \pm g(x,y)]\,\mathrm{d}\sigma = \iint\limits_D f(x,y)\,\mathrm{d}\sigma \pm \iint\limits_D g(x,y)\,\mathrm{d}\sigma$$

性质 8.2.1 和性质 8.2.2 统称为二重积分的线性性质，它们可以用统一的公式来表达

$$\iint\limits_D [af(x,y) + bg(x,y)]\,\mathrm{d}\sigma = a\iint\limits_D f(x,y)\,\mathrm{d}\sigma + b\iint\limits_D g(x,y)\,\mathrm{d}\sigma$$

其中 a、b 为常数.

性质 8.2.3　若闭区域 D 被有限条曲线分为有限个部分区域，则在 D 上的二重积分等于在各部分区域上的二重积分的和. 比如，当 D 分为两个闭区域 D_1 和 D_2(即 $D = D_1 + D_2$)时，有

$$\iint\limits_D f(x,y)\,\mathrm{d}\sigma = \iint\limits_{D_1} f(x,y)\,\mathrm{d}\sigma + \iint\limits_{D_2} f(x,y)\,\mathrm{d}\sigma$$

性质 8.2.4　若在 D 上恒有 $f(x,y) \geqslant g(x,y)$，则

$$\iint\limits_D f(x,y)\,\mathrm{d}\sigma \geqslant \iint\limits_D g(x,y)\,\mathrm{d}\sigma$$

从而可推知，若在 D 上恒有 $f(x,y) \geqslant 0$，则

$$\iint_D f(x,y)\,\mathrm{d}\sigma \geqslant 0$$

又由于在 D 上恒有 $-|f(x,y)| \leqslant f(x,y) \leqslant |f(x,y)|$ 则

$$-\iint_D |f(x,y)|\,\mathrm{d}\sigma \leqslant \iint_D f(x,y)\,\mathrm{d}\sigma \leqslant \iint_D |f(x,y)|\,\mathrm{d}\sigma$$

于是

$$\left|\iint_D f(x,y)\,\mathrm{d}\sigma\right| \leqslant \iint_D |f(x,y)|\,\mathrm{d}\sigma$$

性质 8.2.5 设在 D 上恒有 $m \leqslant f(x,y) \leqslant M$，其中 m, M 为常数，则

$$m \cdot A_D \leqslant \iint_D f(x,y)\,\mathrm{d}\sigma \leqslant M \cdot A_D$$

其中 A_D 表示区域 D 的面积（以下都用 A_D 表示 D 的面积）.

性质 8.2.6（积分中值定理） 设函数 $f(x,y)$ 在有界闭区域 D 上连续，则在 D 上至少存在一点 (ξ,η)，使得

$$\iint_D f(x,y)\,\mathrm{d}\sigma = f(\xi,\eta) \cdot A_D$$

我们称 $\frac{1}{A_D}\iint_D f(x,y)\,\mathrm{d}\sigma$ 为函数 $f(x,y)$ 在 D 上的平均值. 特别地，当 $f(x,y) \equiv 1$ 时

$$\iint_D 1 \cdot \mathrm{d}\sigma = \iint_D \mathrm{d}\sigma = A_D \tag{8.2.10}$$

习题 8.2

1. 比较积分大小：

(1) $\iint_D (x+y)^2\,\mathrm{d}\sigma$ 与 $\iint_D (x+y)^3\,\mathrm{d}\sigma$，其中 D 由 x 轴、y 轴及直线 $x+y=1$ 围成.

(2) $\iint_D (x+y)^2\,\mathrm{d}\sigma$ 与 $\iint_D (x+y)^3\,\mathrm{d}\sigma$，其中 D 由圆周 $(x-2)^2+(y-1)^2=2$ 围成.

2. 估计积分的值：

(1) $I = \iint_D xy(x+y)\,\mathrm{d}\sigma$，其中 D 是矩形闭区域 $0 \leqslant x \leqslant 1, 0 \leqslant y \leqslant 1$.

(2) $I = \iint_D (x+y+1)\,\mathrm{d}\sigma$，其中 D 是矩形闭区域 $0 \leqslant x \leqslant 1, 0 \leqslant y \leqslant 2$.

8.3 直角坐标系下二重积分的计算

下面根据二重积分的几何意义来讨论在直角坐标系下它的计算. 这种计算是将二重积分化为两个依次进行的定积分，称为二次积分或累次积分.

设积分区域可以表示为 $D: a \leqslant x \leqslant b, \varphi_1(x) \leqslant y \leqslant \varphi_2(x)$，其中 $\varphi_1(x), \varphi_2(x)$ 在区间 $[a,b]$ 上连续. 能够表示为这种形式的区域称为 X 型区域. 其特点是：D 在 x 轴上的投影区间为 $[a,b]$；通过区间 (a,b) 垂直于 x 轴的直线 $X=x$ 与 D 的边界最多有两个交点. 当这样的直线沿水平方向移动时，这些交点的轨迹分别构成了 D 的两条边界线（见图 8.5）.

位于上方的边界线 $y=\varphi_2(x)$ 称为上边界；位于下方的边界线 $y=\varphi_1(x)$ 称为下边界.

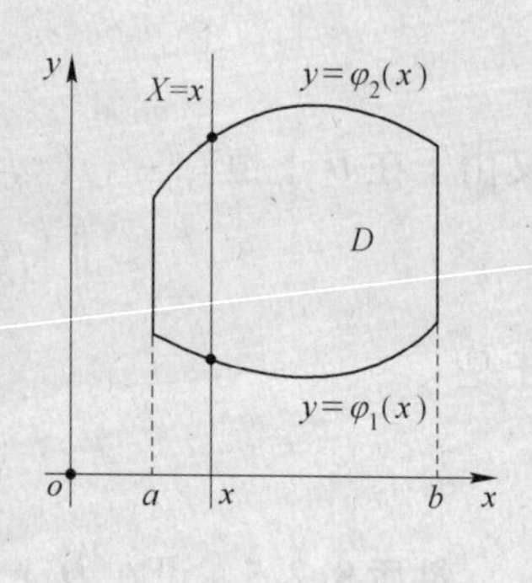

图 8.5

设连续函数 $z=f(x,y)\geqslant 0,(x,y)\in D$. 它所表示的曲面 Σ 在 xoy 坐标面上的投影就是区域 D. 如前所述，以 Σ 为曲顶，D 为底的曲顶柱体的体积 $V=\iint\limits_D f(x,y)\,\mathrm{d}x\mathrm{d}y$. 我们采用定积分的方法来计算这个体积，这个计算过程也就是二重积分的计算过程.

在区间 $[a,b]$ 上任意固定一点 x_0，用过 x_0 垂直于 x 轴的平面去截曲顶柱体(见图 8.6(a))，其面积为 $S(x_0)$. 截面在 yoz 坐标面上的投影是以区间 $[\varphi_1(x_0),\varphi_2(x_0)]$ 为底、曲线 $z=f(x_0,y)$ 为曲边的曲边梯形(见图 8.6(b)). 根据定积分求曲边梯形的面积公式，这个曲边梯形的面积为 $S(x_0)=\int_{\varphi_1(x_0)}^{\varphi_2(x_0)} f(x_0,y)\,\mathrm{d}y$.

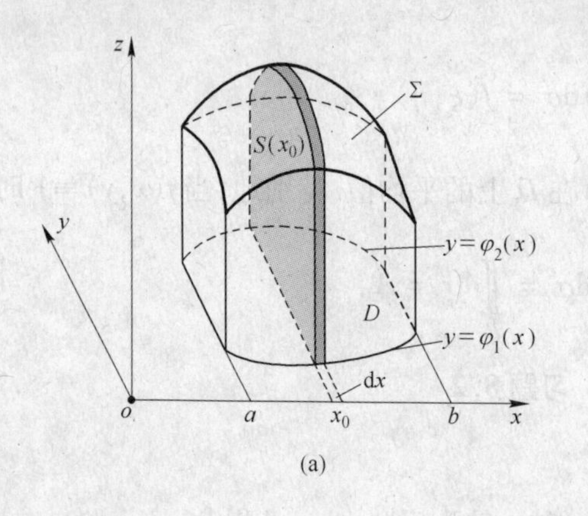

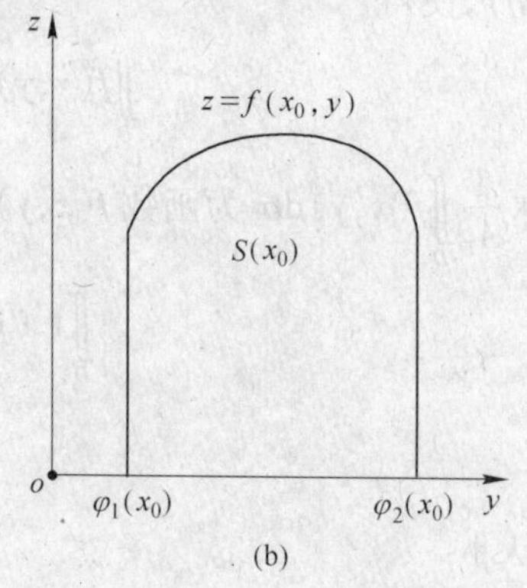

图 8.6

将 x_0 记为 x. 于是过 $[a,b]$ 上任意一点 x 且垂直于 x 轴的平面截曲顶柱体所得截面的面积为

$$S(x)=\int_{\varphi_1(x)}^{\varphi_2(x)} f(x,y)\,\mathrm{d}y \tag{8.3.1}$$

曲顶柱体的体积微元为 $\mathrm{d}V=S(x)\,\mathrm{d}x$，则曲顶柱体的体积为

$$V=\int_a^b S(x)\,\mathrm{d}x \tag{8.3.2}$$

从而有计算公式

$$\iint\limits_D f(x,y)\,\mathrm{d}x\mathrm{d}y=\int_a^b\left[\int_{\varphi_1(x)}^{\varphi_2(x)} f(x,y)\,\mathrm{d}y\right]\mathrm{d}x \tag{8.3.3}$$

上式也记为

$$\iint\limits_D f(x,y)\,\mathrm{d}x\mathrm{d}y=\int_a^b\mathrm{d}x\int_{\varphi_1(x)}^{\varphi_2(x)} f(x,y)\,\mathrm{d}y \tag{8.3.4}$$

我们称式(8.3.4)为先对 y 后对 x 的二次积分. 如果 $f(x,y)$ 是非负函数,二重积分的计算也可用式(8.3.3)或式(8.3.4). 因此,如果 D 是 X 型区域,在 D 上的二重积分 $\iint\limits_D f(x,y)\mathrm{d}x\mathrm{d}y$ 的计算可以分为如下的两个定积分依次进行.

第一次定积分按照式(8.3.1)进行,也称为内层积分. 在这个积分中将 x 看作常量,积分变量为 y. 这时被积函数 $f(x,y)$ 是关于 y 的一元函数,积分的上限 $\varphi_2(x)$ 和下限 $\varphi_1(x)$ 对于积分变量 y 来说也是常数. 从而式(8.3.1)是积分变量为 y 的定积分,其积分值与 x 有关,因此积分的结果是关于 x 的函数 $S(x)$. 第二次定积分按照式(8.3.2)进行,也称为外层积分. 它的积分变量是 x,被积函数是内层积分的结果 $S(x)$,积分的上下限分别是常数 b 和 a. 这个定积分的结果是一个定值.

我们在计算二重积分时,确定二次积分的各个积分限是重要的一步. 为此我们做出一个直观的描述. 外层积分的积分限由 D 在 x 轴上的投影区间 $[a,b]$ 确定. 根据 $a<b$,取 a 为下限,b 为上限. 内层积分由上边界 $y=\varphi_2(x)$ 和下边界 $y=\varphi_1(x)$ 确定. 根据 $\varphi_1(x)\leqslant\varphi_2(x)$,取 $\varphi_1(x)$ 为下限,$\varphi_2(x)$ 为上限.

对于内层积分 $\int_{\varphi_1(x)}^{\varphi_2(x)} f(x,y)\mathrm{d}y$,当把 x 看作是常数,积分变量 y 从 $\varphi_1(x)$ 变到 $\varphi_2(x)$ 时,点 (x,y) 沿垂直于 X 轴的直线段 $X=x$,从下边界点变到上边界点. 我们画出从下边界点到上边界点的箭头来表示这种变化(见图 8.7).

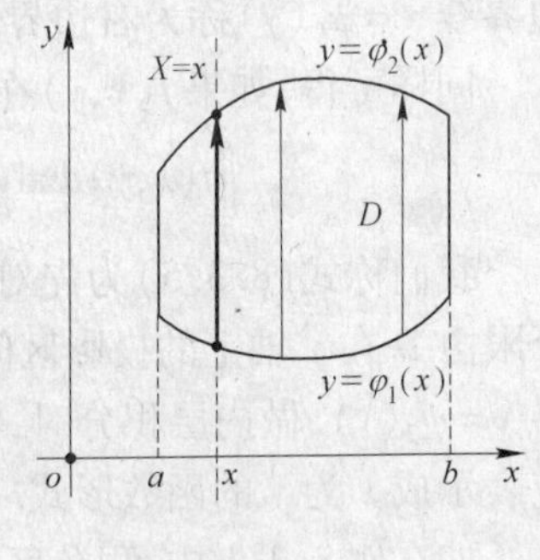

图 8.7

每一个箭头都由一个 x 确定,当 x 从 a 变到 b 时,这些箭头扫过了整个积分区域 D. 我们将式(8.3.4)中确定积分限的方法归纳为一句话:从小到大,从下边界到上边界.

例 8.3.1 计算二重积分 $I=\iint\limits_D xy\mathrm{d}x\mathrm{d}y$,其中 D 是由抛物线 $y=x^2$ 及直线 $y=x$ 所围的区域.

解:积分区域 D,其中抛物线与直线的交点坐标由方程组 $\begin{cases} y=x^2 \\ y=x \end{cases}$ 的解确定. 显然,D 在 x 轴上的投影区间为 $[0,1]$,上边界为 $y=x$,下边界为 $y=x^2$. 从而 D:$0\leqslant x\leqslant 1, x^2\leqslant y\leqslant x$. 于是 $I=\int_0^1\mathrm{d}x\int_{x^2}^x xy\mathrm{d}y$. 如前所述,先做内层积分的计算 $\int_{x^2}^x xy\mathrm{d}y$,将 x 看作常数,对 y 求定积分,即

$$\int_{x^2}^x xy\mathrm{d}y=\left.\frac{xy^2}{2}\right|_{x^2}^x=\frac{x\cdot x^2}{2}-\frac{x\cdot x^4}{2}=\frac{1}{2}(x^3-x^5)$$

可见内层积分的结果是关于 x 的函数. 外层积分就是对这个函数在 $[0,1]$ 上再求定积分,从而

$$I=\frac{1}{2}\int_0^1(x^3-x^5)\mathrm{d}x=\frac{1}{2}\left.\left(\frac{1}{4}x^4-\frac{1}{6}x^6\right)\right|_0^1=\frac{1}{24}$$

将整个计算过程连接起来,就有

$$I=\int_0^1\mathrm{d}x\int_{x^2}^x xy\mathrm{d}y=\int_0^1\left[\left.\frac{xy^2}{2}\right|_{x^2}^x\right]\mathrm{d}x=\frac{1}{2}\int_0^1(x^3-x^5)\mathrm{d}x=\frac{1}{24}$$

注意:在做内层积分时,由于 x 被看作常数,则 $\int_{x^2}^{x} xy\mathrm{d}y = x\int_{x^2}^{x} y\mathrm{d}y$. 这时二次积分也写为 $I = \int_0^1 x\mathrm{d}x\int_{x^2}^{x} y\mathrm{d}y$, 于是

$$I = \int_0^1 x\left[\frac{y^2}{2}\Big|_{x^2}^{x}\right]\mathrm{d}x = \int_0^1 \frac{x}{2}(x^2 - x^4)\mathrm{d}x = \frac{1}{24}$$

这样的计算过程更加简明.

如果积分区域 D 可以表示为 D:$c\leqslant y\leqslant d,\psi_1(y)\leqslant x\leqslant\psi_2(y)$,其中 $\psi_1(y),\psi_2(y)$ 在区间 $[c,d]$ 上连续.能够表示为这种形式的区域称为 Y 型区域.其特点是:D 在 y 轴上的投影区间为 $[c,d]$,通过区间 (c,d) 垂直于 y 轴的直线 $Y=y$ 与 D 的边界最多有两个交点.当这样的直线沿垂直方向移动时,这些交点的轨迹分别构成了 D 的两条边界线(见图8.8).位于右边的边界线 $x=\psi_2(y)$ 称为右边界,位于左边的边界线 $x=\psi_1(y)$ 称为左边界.

同样可得,如果 $f(x,y)$ 在 D 上连续则有

$$\iint_D f(x,y)\mathrm{d}x\mathrm{d}y = \int_c^d\left[\int_{\psi_1(y)}^{\psi_2(y)} f(x,y)\mathrm{d}x\right]\mathrm{d}y = \int_c^d\mathrm{d}y\int_{\psi_1(y)}^{\psi_2(y)} f(x,y)\mathrm{d}x \tag{8.3.5}$$

我们称式(8.3.5)为先对 x 后对 y 的二次积分.与前述的二次积分类似,外层积分的积分限由 D 在 y 轴上的投影区间 $[c,d]$ 确定;内层积分的下限是左边界 $x=\psi_1(y)$,上限是右边界 $x=\psi_2(y)$.做内层积分时,将 y 看作常数,积分变量是 x.这时需注意,对于左、右边界线都应表示成 x 为 y 的函数形式.

如在例8.3.1中,积分区域 D 不仅是 X 型区域,它也是 Y 型区域(见图8.9).

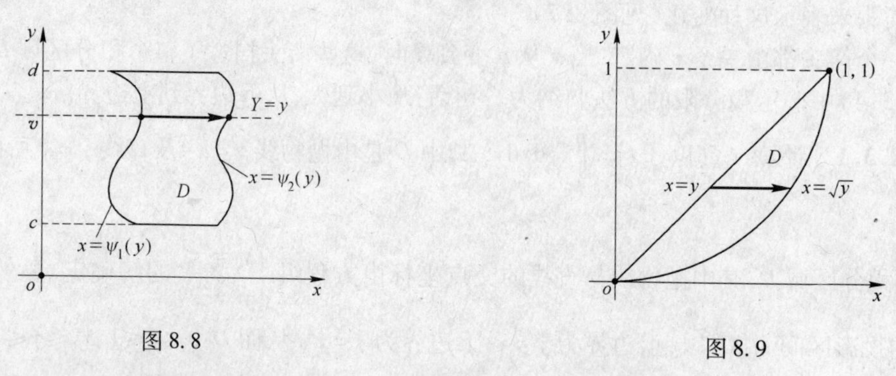

图8.8　　图8.9

D 在 y 轴上的投影区间是 $[0,1]$,左边界是 $x=y$;右边界是 $x=\sqrt{y}$.因此,

$$D:\ 0\leqslant y\leqslant 1,\ y\leqslant x\leqslant\sqrt{y}$$

于是

$$I = \int_0^1\mathrm{d}y\int_y^{\sqrt{y}} xy\mathrm{d}x = \int_0^1\left[\int_y^{\sqrt{y}} xy\mathrm{d}x\right]\mathrm{d}y = \int_0^1\left[\frac{x^2y}{2}\Big|_y^{\sqrt{y}}\right]\mathrm{d}y$$

$$= \int_0^1\left(\frac{y\cdot y}{2} - \frac{y^2\cdot y}{2}\right)\mathrm{d}y = \frac{1}{2}\int_0^1 (y^2 - y^3)\mathrm{d}y = \frac{1}{24}$$

例8.3.2　依照不同的积分次序计算 $I = \iint_D xy\mathrm{d}x\mathrm{d}y$, 其中 D 由抛物线 $y^2 = x$ 及直线 $y=x-2$ 围成.

解:画出积分区域 D 的图形,解方程组 $\begin{cases} y^2 = x \\ y = x-2 \end{cases}$ 可得两个交点 $(4,2)(1,-1)$.

如果先对 y 后对 x 积分,这时的上边界为一条曲线 $y=\sqrt{x}$,而下边界却为两条曲线 $y=-\sqrt{x}$ 和 $y=x-2$.因此需做出辅助线 $x=1$,将 D 分为两个区域 $D_{左}$ 和 $D_{右}$(见图 8.10).它们在 x 轴上的投影分别为区间 $[0,1]$ 和 $[1,4]$.则 $I=\iint\limits_{D_{左}}xy\mathrm{d}x\mathrm{d}y+\iint\limits_{D_{右}}xy\mathrm{d}x\mathrm{d}y$. 分别在这两个区域上做二次积分.

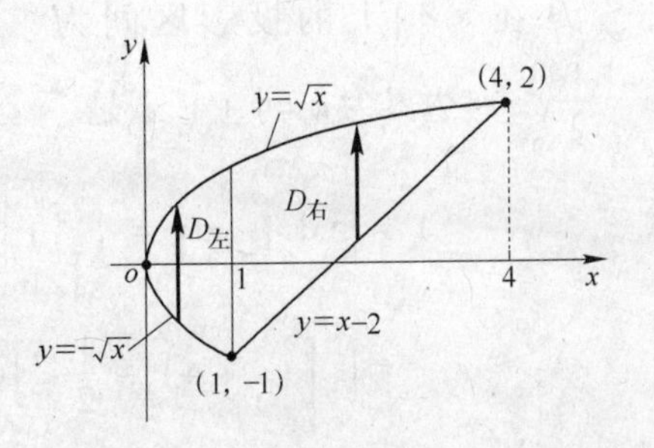

图 8.10

此时,

$$D_{左}:0\leqslant x\leqslant 1,\ -\sqrt{x}\leqslant y\leqslant\sqrt{x}$$

$$D_{右}:1\leqslant x\leqslant 4,\ x-2\leqslant y\leqslant\sqrt{x}$$

于是

$$\iint\limits_{D_{左}}xy\mathrm{d}x\mathrm{d}y=\int_0^1x\mathrm{d}x\int_{-\sqrt{x}}^{\sqrt{x}}y\mathrm{d}y$$

$$=\int_0^1x\left[\frac{1}{2}y^2\Big|_{-\sqrt{x}}^{\sqrt{x}}\right]\mathrm{d}x=\frac{1}{2}\int_0^1x[(\sqrt{x})^2-(-\sqrt{x})^2]\mathrm{d}x$$

$$=\frac{1}{2}\int_0^1 0\mathrm{d}x=0$$

$$\iint\limits_{D_{右}}xy\mathrm{d}x\mathrm{d}y=\int_1^4x\mathrm{d}x\int_{x-2}^{\sqrt{x}}y\mathrm{d}y$$

$$=\int_1^4x\left[\frac{1}{2}y^2\Big|_{x-2}^{\sqrt{x}}\right]\mathrm{d}x=\frac{1}{2}\int_1^4x[(\sqrt{x})^2-(x-2)^2]\mathrm{d}x$$

$$=\frac{1}{2}\int_1^4(-x^3+5x^2-4x)\mathrm{d}x=\frac{45}{8}$$

于是 $I=0+\frac{45}{8}=\frac{45}{8}$.

如果先对 x 后对 y 积分,这时的左边界为 $x=y^2$,右边界为 $x=y+2$,它们各为一条曲线(见图 8.11).

D 在 y 轴上的投影为 $[-1,2]$.因此

$$D:-1\leqslant y\leqslant 2,\ y^2\leqslant x\leqslant y+2$$

于是

$$\int_{-a}^{a}f(x)\mathrm{d}x=2\int_0^a f(x)\mathrm{d}x$$

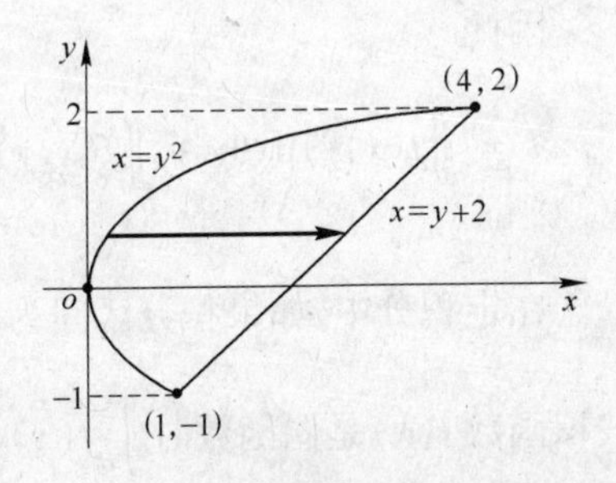

图 8.11

这个例题说明了选择适当的积分次序可以使得二重积分的计算变得简单.

例 8.3.3 设区域 D 由抛物线 $y^2=2x$ 及直线 $y=x-4$ 围成,求 D 的面积 A.

解:由于 $A=\iint\limits_{D}\mathrm{d}x\mathrm{d}y$,只需计算这个二重积分即可.积分区域 D(见图 8.12).

D 在 y 轴上的投影区间为 $[-2,4]$,左边界为 $x=\frac{1}{2}y^2$,右边界为 $x=y+4$. 于是

$$A=\int_{-2}^{4}\mathrm{d}y\int_{\frac{1}{2}y^2}^{y+4}\mathrm{d}x=\int_{-2}^{4}\left[x\Big|_{\frac{1}{2}y^2}^{y+4}\right]\mathrm{d}y$$

$$=\int_{-2}^{4}\left[(y+4)-\frac{1}{2}y^2\right]\mathrm{d}y$$

$$=\left(\frac{1}{2}y^2+4y-\frac{1}{6}y^3\right)\Big|_{-2}^{4}=18$$

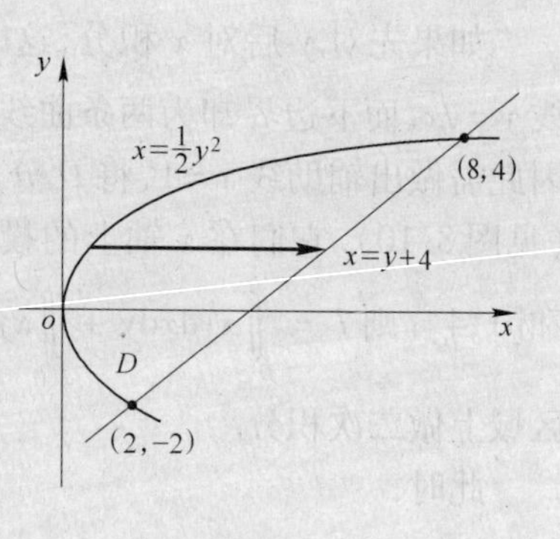

图 8.12

以上的讨论都是在积分区域 D 是 X 型或 Y 型时将二重积分化为二次积分去计算. 如果积分区域 D 不是这两类区域,则需将 D 分割成若干个 X 型或 Y 型的小区域,然后利用区域可加性分别在各个小区域上做二次积分后再相加.

例 8.3.4 设 $f(x,y)$ 连续,改变二次积分 $I=\int_{-2}^{2}\mathrm{d}x\int_{-\sqrt{4-x^2}}^{4-x^2}f(x,y)\mathrm{d}y$ 的次序.

解:先画出积分区域 D 的图形. 由给出的积分限可知 D: $-2\leqslant x\leqslant 2$, $-\sqrt{4-x^2}\leqslant y\leqslant 4-x^2$. 原积分是先对 y 后对 x 的二次积分(见图 8.13(a)). 若改变积分次序,先对 x 后对 y 积分,需把 D 用直线 $y=0$ 分为 $D_{上}$ 和 $D_{下}$ 两个区域(见图 8.13(b)).

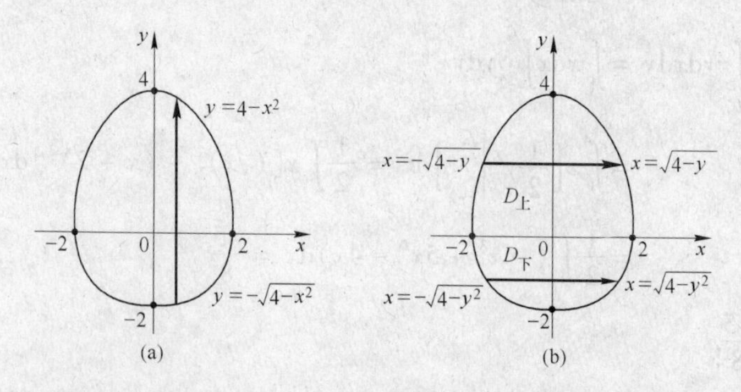

图 8.13

因此

$$I=\iint_{D_{上}}f(x,y)\mathrm{d}x\mathrm{d}y+\iint_{D_{下}}f(x,y)\mathrm{d}x\mathrm{d}y=\int_{0}^{4}\mathrm{d}y\int_{-\sqrt{4-y}}^{\sqrt{4-y}}f(x,y)\mathrm{d}x+\int_{-2}^{0}\mathrm{d}y\int_{-\sqrt{4-y^2}}^{\sqrt{4-y^2}}f(x,y)\mathrm{d}x$$

在定积分中,如果积分区间为 $[-a,a]$,当被积函数 $f(x)$ 是奇函数时 $\int_{-a}^{a}f(x)\mathrm{d}x=0$; 当被积函数 $f(x)$ 是偶函数时 $\int_{-a}^{a}f(x)\mathrm{d}x=2\int_{0}^{a}f(x)\mathrm{d}x$. 我们经常利用被积函数的奇偶性来简化定积分的计算. 在二重积分中,我们也可以利用积分区域的对称性,结合被积函数的奇偶性来简化计算.

设积分区域 D 关于 y 轴对称,它被 y 轴分为左右对称的两部分 $D=D_{左}+D_{右}$.

(1)若被积函数 $f(x,y)$ 关于 x 是奇函数,即对于任何 y 都有 $f(-x,y)=-f(x,y)$,则

$$I = \iint_D f(x,y)\mathrm{d}x\mathrm{d}y = 0$$

(2)若被积函数$f(x,y)$关于x是偶函数,即对于任何y都有$f(-x,y)=f(x,y)$,则

$$I = \iint_D f(x,y)\mathrm{d}x\mathrm{d}y = 2\iint_{D_{左}} f(x,y)\mathrm{d}x\mathrm{d}y = 2\iint_{D_{右}} f(x,y)\mathrm{d}x\mathrm{d}y$$

我们用图8.14所示的区域来说明以上结论．设D在y轴上的投影为$[a,b]$.由于D关于y轴对称,若右边界为$x=\psi(y)$,则左边界就为$x=-\psi(y)$.于是

$$I = \int_a^b \mathrm{d}y\int_{-\psi(y)}^{\psi(y)} f(x,y)\mathrm{d}x$$

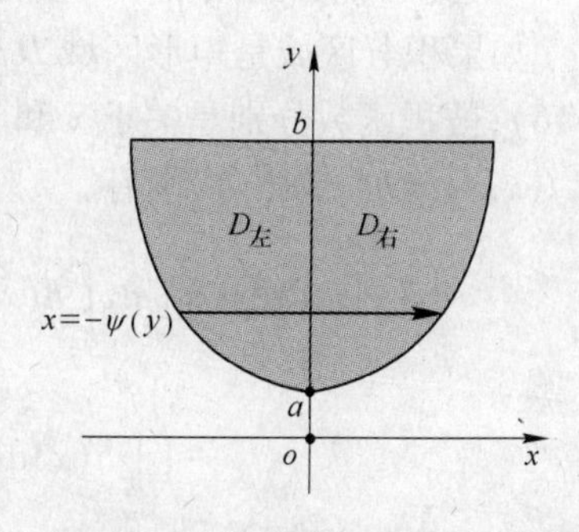

图8.14

当$f(x,y)$关于x是奇函数时,内层积分$\int_{-\psi(y)}^{\psi(y)} f(x,y)\mathrm{d}x = 0$, 从而$I = \int_a^b 0\mathrm{d}x = 0.$

当$f(x,y)$关于x是偶函数时,内层积分$\int_{-\psi(y)}^{\psi(y)} f(x,y)\mathrm{d}x = 2\int_0^{\psi(y)} f(x,y)\mathrm{d}x$, 于是

$$I = 2\int_a^b \mathrm{d}x\int_0^{\psi(y)} f(x,y)\mathrm{d}y = 2\iint_{D_{右}} f(x,y)\mathrm{d}x\mathrm{d}y$$

同理$I = 2\iint_{D_{左}} f(x,y)\mathrm{d}x\mathrm{d}y.$

如果积分区域关于x轴对称,当考虑被积函数具有相应的奇偶性时,也可得到类似的结论.请同学们自行叙述此种情况下二重积分的有关结论.

例8.3.5　分别在下列区域上计算二重积分$I = \iint_D y\cos xy\mathrm{d}x\mathrm{d}y$,

(1) $D=[-1,1]\times[0,1]$(见图8.15(a));
(2) $D=[0,1]\times[-1,1]$(见图8.15(b)).

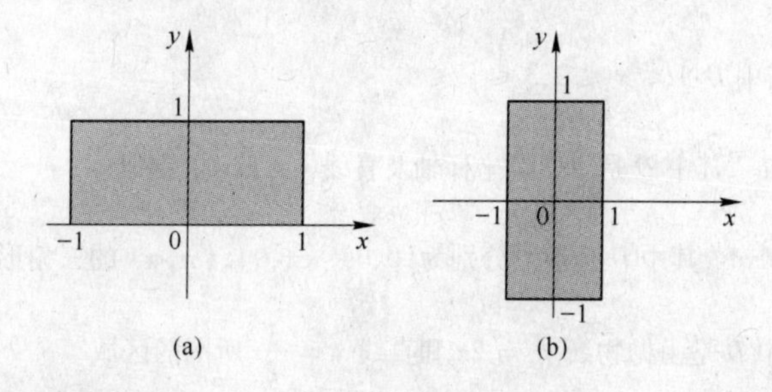

图8.15

解:(1)此时的积分区域关于y轴对称,被积函数$y\cos xy$关于x是偶函数,从而

$$I = \iint_D y\cos xy\mathrm{d}x\mathrm{d}y$$

$$=2\int_0^1 \mathrm{d}y\int_0^1 y\cos xy\mathrm{d}x$$

$$=2\int_0^1 \left[\sin(xy)\big|_0^1\right]\mathrm{d}y$$

$$=2\int_0^1 \sin y\mathrm{d}y$$

$$=2(1-\cos 1)$$

(2)此时积分区域关于 x 轴对称,被积函数关于 y 是奇函数,从而 $I=0$.

如果积分区域是矩形区域 $D=[a,b]\times[c,d]$(见图8.16),被积函数分别是关于 x 和 y 的两个一元函数的乘积 $f(x,y)=h(x)g(y)$,则有

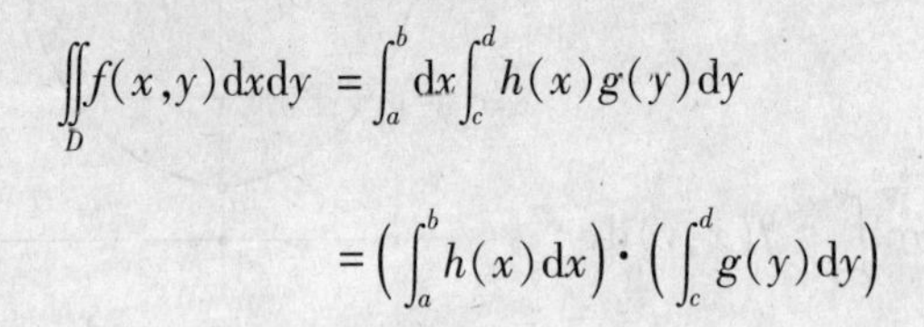

$$\iint_D f(x,y)\mathrm{d}x\mathrm{d}y=\int_a^b \mathrm{d}x\int_c^d h(x)g(y)\mathrm{d}y$$

$$=\left(\int_a^b h(x)\mathrm{d}x\right)\cdot\left(\int_c^d g(y)\mathrm{d}y\right)$$

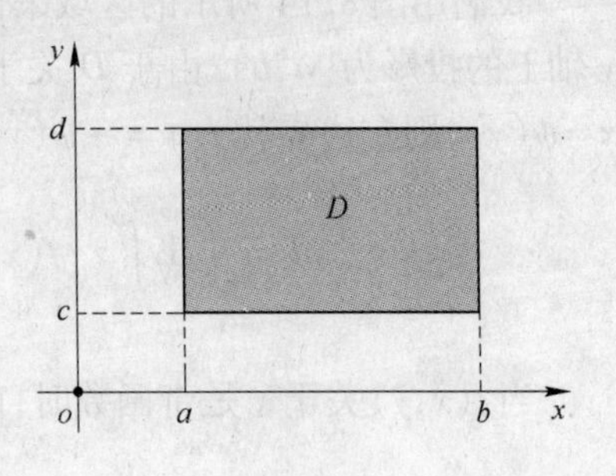

图 8.16

这时的二重积分可以表示为两个定积分的乘积(请读者自行证明).如

$$\int_0^1 \mathrm{d}x\int_0^{\frac{\pi}{2}} x\sin y\mathrm{d}y=\left(\int_0^1 x\mathrm{d}x\right)\cdot\left(\int_0^{\frac{\pi}{2}}\sin y\mathrm{d}y\right)=\frac{1}{2}\cdot 1=\frac{1}{2}$$

习题 8.3

1. 不用计算,利用二重积分的性质判断下列二重积分的符号:

(1) $I=\iint\limits_D y^2 x\mathrm{e}^{-xy}\mathrm{d}\sigma$,其中 $D:0\leqslant x\leqslant 1,\ -1\leqslant y\leqslant 0$.

(2) $I=\iint\limits_D \ln(1-x^2-y^2)\mathrm{d}\sigma$,其中 $D:x^2+y^2\leqslant\frac{1}{4}$.

2. 利用直角坐标计算下列二重积分:

(1) $I=\iint\limits_D x\mathrm{e}^{xy}\mathrm{d}x\mathrm{d}y$,其中 $D:0\leqslant x\leqslant 1,\ -1\leqslant y\leqslant 0$.

(2) $I=\iint\limits_D \frac{\mathrm{d}x\mathrm{d}y}{(x-y)^2}$,其中 $D:1\leqslant x\leqslant 2,3\leqslant y\leqslant 4$.

(3) $I=\iint\limits_D (3x+2y)\mathrm{d}x\mathrm{d}y$,其中 D 是由两个坐标轴及直线 $x+y=2$ 围成.

(4) $I=\iint\limits_D x\cos(x+y)\mathrm{d}x\mathrm{d}y$,其中 D 是顶点分别为 $(0,0)$、$(\pi,0)$、(π,π) 的三角形区域.

(5) $I=\iint\limits_D xy^2\mathrm{d}x\mathrm{d}y$,其中 D 是由抛物线 $y^2=2x$ 和直线 $x=\frac{1}{2}$ 所围的区域.

(6) $I=\iint\limits_D \frac{x^2}{y^2}\mathrm{d}x\mathrm{d}y$,其中 D 是由直线 $x=2,y=x$ 和双曲线 $xy=1$ 围成的区域.

3. 将下列二重积分 $I=\iint\limits_D f(x,y)\mathrm{d}x\mathrm{d}y$ 按两种次序化为二次积分:

(1) D 是由直线 $y=x$ 及抛物线 $y^2=4x$ 围成的区域.

(2) D 是由 x 轴及半圆周 $x^2+y^2=4(y\geqslant 0)$ 所围的区域.

(3) D 是由抛物线 $y=x^2$ 及 $y=4-x^2$ 所围的区域.

（4）D 是由直线 $y=x, y=3x, x=1$ 和 $x=3$ 所围的区域.

4. 改变下列二次积分的次序：

（1）$I=\int_0^1 \mathrm{d}y \int_y^{\sqrt{y}} f(x,y)\,\mathrm{d}x$；　　（2）$I=\int_0^1 \mathrm{d}y \int_{-\sqrt{1-y^2}}^{\sqrt{1-y^2}} f(x,y)\,\mathrm{d}x$；

（3）$I=\int_1^{\mathrm{e}} \mathrm{d}x \int_0^{\ln x} f(x,y)\,\mathrm{d}y$；　　（4）$I=\int_{-1}^1 \mathrm{d}x \int_{-\sqrt{1-x^2}}^{1-x^2} f(x,y)\,\mathrm{d}y$.

5. 利用二重积分计算下列平面图形的面积：

（1）平面图形由抛物线 $y^2=2x$ 与直线 $y=x-4$ 围成.

（2）平面图形由曲线 $y=\cos x$ 在 $[0,2\pi]$ 内的部分与直线 $y=1$ 围成.

6. 求由四个平面 $x=0, x=1, y=0, y=1$ 所围的柱体被平面 $z=0$ 及 $2x+3y+z=6$ 截得的立体的体积.

7. 求由平面 $x=0, y=0, x+y=1$ 所围成的柱体被平面 $z=0$ 及抛物面 $x^2+y^2=6-z$ 截得的立体的体积.

8. 求由曲面 $z=x^2+2y^2$ 及 $z=6-2x^2-y^2$ 所围的立体的体积.

9. 设平面板所在的区域 D 由直线 $y=0, y=x$ 及 $x=1$ 围成，它在点 (x,y) 处的密度为 $\rho(x,y)=x^2+y^2$，求该平面板的质量.

9 无穷级数

无穷级数是高等数学的一个重要组成部分，是表示函数、研究函数性质和数值计算的一种有效的工具.本章将介绍常数项级数、幂级数基本性质，同时讨论函数展开成幂级数的方法.

本章知识结构导图：

- 无穷级数
  - 常数项级数
    - 常数项级数的概念
    - 常数项级数的性质
  - 正项级数
  - 交错级数
    - 交错级数的敛散性
    - 绝对收敛与条件收敛
  - 幂级数
    - 幂级数的收敛域
    - 幂级数的性质
  - 函数的幂级数展开
    - 泰勒级数
    - 某些初等函数的幂级数展开
    - 近似计算

9.1 常数项级数的概念和性质

9.1.1 常数项级数的概念

在初等数学中，我们遇到的数的加法都是有限的和式，可是在某些实际问题中，会出现无穷多项相加的情形.

引例 1 把无限循环小数 0.3333333…化为分数.

解：

$$0.3333333\cdots = 0.3 + 0.03 + 0.003 + \cdots = \frac{3}{10} + \frac{3}{100} + \frac{3}{1000} + \cdots + \frac{3}{10^n} + \cdots$$

$$= \lim_{n\to\infty}\left(\frac{3}{10} + \frac{3}{100} + \frac{3}{1000} + \cdots + \frac{3}{10^n}\right) = \frac{1}{3}$$

引例 2 求圆面积 A 时，可先作圆的内接正六边形，以它的面积 a_1 作为面积 A 的近似值，显然，这个近似值是很不精确的.为了得到精确些的近似值，以这个正六边形的每一条边为底，分别作一个顶点在圆周上的等腰三角形，见图 9.1，算出这六个等腰三角形的面积 a_2，则 $a_1 + a_2$（即圆的内接正十二边形的面积）是圆面积 A 的一个较好的近似.同样，在这个正

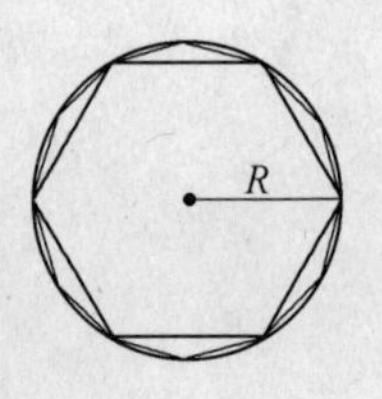

图 9.1

十二边形的每一条边上分别做一个顶点在圆周上的等腰三角形，算出这十二个等腰三角形的面积 a_3，则 $a_1+a_2+a_3$（即圆的正二十四边形的面积）是圆面积 A 的一个更好的近似.如此继续下去，可得到圆的正 3×2^n 边形的面积为 $a_1+a_2+\cdots+a_n$.当 n 越大时，该面积就越接近圆的面积.如果内接正多边形的边数无限增多，即 n 无限增大，则内接正多边形的面积就转化为圆的面积，即

$$A=\lim_{n\to\infty}(a_1+a_2+\cdots+a_n)=a_1+a_2+\cdots+a_n+\cdots$$

两个引例中均出现了无穷多个数累加的式子.从具体抽象出一般，就得到无穷级数的概念.

定义 9.1.1 设 $\{u_n\}$ 是一个数列，将其各项依次相加，得到

$$u_1+u_2+\cdots+u_n+\cdots$$

上述和式含有无穷多项，称为**常数项无穷级数**，简称**级数**，记为 $\sum\limits_{n=1}^{\infty}u_n$，其中 u_n 为级数的**通项**，或称**一般项**.

例如，引例 1 中，$\sum\limits_{n=1}^{\infty}\frac{3}{10^n}=\frac{3}{10}+\frac{3}{100}+\frac{3}{1000}+\cdots+\frac{3}{10^n}+\cdots$ 是一个常数项级数，其一般项为$\frac{3}{10^n}$.

由于有限项相加一定有和，因而我们自然要问，无穷多项相加是否有和？怎样判断它是否有和？如果有和，又怎样求和？这就要从有限项和说起了，为此，先从数列的前几项和说起.

定义 $S_n=u_1+u_2+\cdots+u_n=\sum\limits_{i=1}^{n}u_i$ 为级数 $\sum\limits_{i=1}^{\infty}u_i$ 的**部分和**.当 n 依次取 1,2,3,…时，构成一个新的数列 $\{S_n\}$：

$$S_1=u_1,\ S_2=u_1+u_2,\ \cdots,\ S_n=u_1+u_2+\cdots+u_n,\ \cdots$$

称之为级数 $\sum\limits_{i=1}^{\infty}u_i$ 的**部分和数列**.

定义 9.1.2 如果级数 $\sum\limits_{n=1}^{\infty}u_n$ 的部分和数列 $\{S_n\}$ 收敛于 S，即 $\lim\limits_{n\to\infty}S_n=S$，则称级数 $\sum\limits_{n=1}^{\infty}u_n$ 收敛，称 S 为**级数的和**，记为 $S=\sum\limits_{n=1}^{\infty}u_n$.如果数列 $\{S_n\}$ 发散，则称级数 $\sum\limits_{n=1}^{\infty}u_n$ 发散.

当级数 $\sum\limits_{n=1}^{\infty}u_n$ 收敛时，可用部分和 S_n 作为其和 S 的近似值，它们之间的差

$$R_n=S-S_n=u_{n+1}+u_{n+2}+\cdots$$

称为级数 $\sum\limits_{i=1}^{\infty}u_i$ 的**余项**.$|R_n|$ 则是以 S_n 作为 S 的近似值所产生的误差.

例 9.1.1 讨论几何级数（也称等比级数）$\sum\limits_{n=1}^{\infty}aq^{n-1}\ (a\neq 0)$ 的敛散性.

解：(1) 当 $q=1$ 时，部分和 $S_n=na$，极限 $\lim\limits_{n\to\infty}S_n=\infty$，级数发散；

(2)当 $q=-1$ 时,部分和 $S_n=\frac{a[1-(-1)^n]}{2}=\begin{cases}a, n\text{ 为奇数}\\0, n\text{ 为偶数}\end{cases}$,极限不存在,级数发散;

(3)当 $|q|\neq 1$ 时,由等比级数的求和公式可知,所给级数的部分和为:

$$S_n=\sum_{i=1}^{n}aq^{i-1}=\frac{a(1-q^n)}{1-q}$$

当 $|q|<1$ 时,$\lim\limits_{n\to\infty}S_n=\frac{a}{1-q}$,级数收敛;当 $|q|>1$ 时,$\lim\limits_{n\to\infty}S_n=\infty$,级数发散. 综上,几何级数在 $|q|<1$ 时收敛,在 $|q|\geqslant 1$ 时发散.

例 9.1.2 讨论级数 $\sum\limits_{n=1}^{\infty}\frac{1}{n(n+1)}$ 的敛散性.

解:由

$$\frac{1}{n(n+1)}=\frac{1}{n}-\frac{1}{n+1}$$

得所给级数的部分和为

$$\begin{aligned}S_n&=\frac{1}{1\cdot 2}+\frac{1}{2\cdot 3}+\cdots+\frac{1}{n(n+1)}\\&=\left(1-\frac{1}{2}\right)+\left(\frac{1}{2}-\frac{1}{3}\right)+\cdots+\left(\frac{1}{n}-\frac{1}{n+1}\right)\\&=1-\frac{1}{n+1}\end{aligned}$$

由于 $\lim\limits_{n\to\infty}S_n=\lim\limits_{n\to\infty}(1-\frac{1}{n+1})=1$,所以级数 $\sum\limits_{n=1}^{\infty}\frac{1}{n(n+1)}$ 收敛,其和为 1.

例 9.1.3 讨论级数 $\sum\limits_{n=1}^{\infty}\frac{1}{n^2}$ 的敛散性.

解:假设 $\sum\limits_{n=1}^{\infty}\frac{1}{n^2}$ 的部分和数列为 $\{S_n\}$,则 $S_{n+1}-S_n=\frac{1}{(n+1)^2}>0$,因此 $\{S_n\}$ 严格单调递增.

又有

$$\begin{aligned}S_n&=1+\frac{1}{2^2}+\frac{1}{3^2}+\cdots+\frac{1}{n^2}<1+\frac{1}{1\times 2}+\frac{1}{2\times 3}+\cdots+\frac{1}{(n-1)n}\\&=1+\left(1-\frac{1}{2}\right)+\left(\frac{1}{2}-\frac{1}{3}\right)+\cdots+\left(\frac{1}{n-1}-\frac{1}{n}\right)\\&=2-\frac{1}{n}<2\end{aligned}$$

所以数列 $\{S_n\}$ 有上界,由定理 2.5.3 知,$\{S_n\}$ 收敛,所以级数 $\sum\limits_{n=1}^{\infty}\frac{1}{n^2}$ 收敛.

9.1.2 常数项级数的性质

性质 9.1.1 如果级数 $\sum\limits_{n=1}^{\infty}u_n$ 收敛,k 是任一常数,则 $\sum\limits_{n=1}^{\infty}ku_n$ 也收敛,并且 $\sum\limits_{n=1}^{\infty}ku_n=$

$k\sum_{n=1}^{\infty}u_n$.

证:因为级数 $\sum_{n=1}^{\infty}u_n$ 收敛,设其和为 S,则有 $\lim_{n\to\infty}\sum_{i=1}^{n}u_i=S$, 所以

$$\sum_{n=1}^{\infty}ku_n=\lim_{n\to\infty}\sum_{i=1}^{n}ku_i=\lim_{n\to\infty}k\sum_{i=1}^{n}u_i=k\lim_{n\to\infty}\sum_{i=1}^{n}u_i=kS=k\sum_{n=1}^{\infty}u_n$$

性质 9.1.2 如果级数 $\sum_{n=1}^{\infty}u_n$ 和 $\sum_{n=1}^{\infty}v_n$ 收敛,则 $\sum_{n=1}^{\infty}(u_n\pm v_n)$ 也收敛,并且 $\sum_{n=1}^{\infty}(u_n\pm v_n)=\sum_{n=1}^{\infty}u_n\pm\sum_{n=1}^{\infty}v_n$.

证:因为级数 $\sum_{n=1}^{\infty}u_n$ 和 $\sum_{n=1}^{\infty}v_n$ 收敛,设其和分别为 S、W,则有 $\lim_{n\to\infty}\sum_{i=1}^{n}u_i=S$ 和 $\lim_{n\to\infty}\sum_{i=1}^{\infty}v_i=W$, 所以

$$\begin{aligned}\sum_{n=1}^{\infty}(u_n\pm v_n)&=\lim_{n\to\infty}\sum_{i=1}^{n}(u_i\pm v_i)\\&=\lim_{n\to\infty}\left(\sum_{i=1}^{n}u_i\pm\sum_{i=1}^{n}v_i\right)\\&=\lim_{n\to\infty}\sum_{i=1}^{n}u_i\pm\lim_{n\to\infty}\sum_{i=1}^{n}v_i\\&=S\pm W\\&=\sum_{n=1}^{\infty}u_n\pm\sum_{n=1}^{\infty}v_n\end{aligned}$$

性质 9.1.2 说明,两个收敛级数可以逐项相加或逐项相减.

由性质 9.1.2,可以得出如下推论:

推论 9.1.1 如果级数 $\sum_{n=1}^{\infty}u_n$ 收敛,而级数 $\sum_{n=1}^{\infty}v_n$ 发散,则级数 $\sum_{n=1}^{\infty}(u_n\pm v_n)$ 发散.

证:用反证法.假设 $\sum_{n=1}^{\infty}(u_n\pm v_n)$ 收敛,则根据性质 9.1.2,可得 $\sum_{n=1}^{\infty}[(u_n\pm v_n)-u_n]$ 也收敛,即 $\sum_{n=1}^{\infty}\pm v_n$ 收敛,这与条件矛盾.即证.

需要注意的是,如果级数 $\sum_{n=1}^{\infty}u_n$ 和 $\sum_{n=1}^{\infty}v_n$ 均发散,则级数 $\sum_{n=1}^{\infty}(u_n\pm v_n)$ 可能收敛,也可能发散.

例如, $u_n=1, v_n=-1$, 显然 $\sum_{n=1}^{\infty}u_n=\sum_{n=1}^{\infty}1$ 和 $\sum_{n=1}^{\infty}v_n=\sum_{n=1}^{\infty}(-1)$ 都是发散的级数,而级数 $\sum_{n=1}^{\infty}(u_n+v_n)=\sum_{n=1}^{\infty}[1+(-1)]=0$ 收敛.

又如, $u_n=1, v_n=(-1)^n$, $\sum_{n=1}^{\infty}u_n=\sum_{n=1}^{\infty}1$ 和 $\sum_{n=1}^{\infty}v_n=\sum_{n=1}^{\infty}(-1)^n$ 都是发散的级数, $\sum_{n=1}^{\infty}(u_n+v_n)=\sum_{n=1}^{\infty}[1+(-1)^n]=0+2+0+2+\cdots$ 发散.

性质9.1.3 在级数 $\sum_{n=1}^{\infty} u_n$ 中,去掉和增加有限多项,不会改变级数的敛散性.

证:级数

$$u_1 + u_2 + \cdots + u_k + u_{k+1} + \cdots + u_{k+m} + \cdots$$

去掉前 k 项后变成了级数

$$u_{k+1} + \cdots + u_{k+m} + \cdots$$

记

$$A = u_1 + u_2 + \cdots + u_k,\ W_m = u_{k+1} + \cdots + u_{k+m}$$

则级数 $\sum_{n=1}^{\infty} u_n$ 的前 $k+m$ 项部分和为

$$S_{k+m} = u_1 + u_2 + \cdots + u_k + u_{k+1} + \cdots + u_{k+m} = A + W_m$$

由此,A 为有限值,当 $m \to \infty$ 时,数列 S_{k+m} 与数列 W_m 有相同的敛散性,因此,级数 $\sum_{n=1}^{\infty} u_n$ 与级数 $\sum_{m=1}^{\infty} u_{k+m}$ 同时收敛或同时发散,即证.

性质9.1.4 若级数 $\sum_{n=1}^{\infty} u_n$ 收敛,则对级数的项任意加括号后所形成的级数

$$(u_1 + u_2 + \cdots + u_{n_1}) + (u_{n_1+1} + \cdots + u_{n_2}) + \cdots + (u_{n_k+1} + \cdots + u_{n_k}) + \cdots$$

仍收敛,且其和不变.

证:设级数 $\sum_{n=1}^{\infty} u_n$ 收敛,且其和为 S,即

$$S = u_1 + u_2 + \cdots + u_n + \cdots$$

加括号后得

$$(u_1 + u_2 + \cdots + u_{n_1}) + (u_{n_1+1} + \cdots + u_{n_2}) + \cdots + (u_{n_k+1} + \cdots + u_{n_k}) + \cdots$$

令 $\sigma_1 = S_{n_1}, \sigma_2 = S_{n_2}, \cdots, \sigma_m = S_{n_k}, \cdots$, 则

$$\lim_{m\to\infty} \sigma_m = \lim_{n_k\to\infty} S_{n_k} = \lim_{n\to\infty} S_n = S$$

由性质9.1.4可以得出如下推论:

推论9.1.2 若加括号后形成的级数发散,则原级数也一定发散.

注意:性质9.1.4说明,收敛级数满足结合律.但是,其逆命题不成立,即加括号后的级数收敛时,不能保证原级数也是收敛的.

例如,

$$(1-1) + (1-1) + \cdots + (1-1) + \cdots$$

收敛于0,但级数

$$1 - 1 + 1 - 1 + \cdots + (-1)^{n-1} + \cdots$$

是发散的.

定理 9.1.1(级数收敛的必要条件)　若级数 $\sum_{n=1}^{\infty} u_n$ 收敛,则 $\lim_{n\to\infty} u_n = 0$.

证:因为 $u_n = S_n - S_{n-1}$,所以有

$$\lim_{n\to\infty} u_n = \lim_{n\to\infty}(S_n - S_{n-1}) = \lim_{n\to\infty} S_n - \lim_{n\to\infty} S_{n-1} = S - S = 0$$

推论 9.1.3　$\lim_{n\to\infty} u_n \neq 0$,则级数 $\sum_{n=1}^{\infty} u_n$ 必然发散.

注意:该推论可以作为判断级数发散的一种方法. 但其逆命题不成立,见下例.

例 9.1.4　证明调和级数 $\sum_{n=1}^{\infty} \frac{1}{n}$ 是发散的.

证:级数 $\sum_{n=1}^{\infty} \frac{1}{n}$ 的前 n 项部分和为

$$S_n = 1 + \frac{1}{2} + \frac{1}{3} + \cdots + \frac{1}{n}$$

其极限为

$$\begin{aligned}
\lim_{n\to\infty} S_n &= \lim_{n\to\infty}\left(1 + \frac{1}{2} + \frac{1}{3} + \cdots + \frac{1}{n}\right) \\
&= \lim_{n\to\infty}\left[\left(1 + \frac{1}{2}\right) + \left(\frac{1}{3} + \frac{1}{4}\right) + \left(\frac{1}{5} + \frac{1}{6} + \frac{1}{7} + \frac{1}{8}\right) + \cdots\right] \\
&> \lim_{n\to\infty}\left[\frac{1}{2} + \left(\frac{1}{4} + \frac{1}{4}\right) + \left(\frac{1}{8} + \frac{1}{8} + \frac{1}{8} + \frac{1}{8}\right) + \cdots\right] \\
&= \lim_{n\to\infty}\left(\frac{1}{2} + \frac{1}{2} + \frac{1}{2} + \cdots\right) \\
&= \infty
\end{aligned}$$

所以调和级数 $\sum_{n=1}^{\infty} \frac{1}{n}$ 发散.

例 9.1.5　判断级数 $\sum_{n=1}^{\infty}\left[\frac{5}{n(n+1)} + \frac{1}{2^n}\right]$ 的收敛性,若收敛,求其和.

解:因为

$$\sum_{n=1}^{\infty} \frac{5}{n(n+1)} = 5\sum_{n=1}^{\infty} \frac{1}{n(n+1)} = 5\sum_{n=1}^{\infty}\left(\frac{1}{n} - \frac{1}{n+1}\right)$$

令

$$S_n = 5\sum_{k=1}^{\infty}\left(\frac{1}{k} - \frac{1}{k+1}\right) = 5\left(1 - \frac{1}{n+1}\right)$$

则

$$\lim_{n\to\infty} S_n = \lim_{n\to\infty} 5\left(1 - \frac{1}{n+1}\right) = 5$$

又因为 $\sum_{n=1}^{\infty} \frac{1}{2^n}$ 是公比为 $q = \frac{1}{2} < 1$ 的等比级数,级数 $\sum_{n=1}^{\infty} \frac{1}{2^n}$ 收敛.

由性质 9.1.2 知,原级数收敛,且其和为:

$$\sum_{n=1}^{\infty}\left[\frac{5}{n(n+1)}+\frac{1}{2^n}\right]=\sum_{n=1}^{\infty}\frac{5}{n(n+1)}+\sum_{n=1}^{\infty}\frac{1}{2^n}=5+1=6$$

例 9.1.6 判断级数 $\frac{1}{\sqrt{2}-1}-\frac{1}{\sqrt{2}+1}+\frac{1}{\sqrt{3}-1}-\frac{1}{\sqrt{3}+1}+\frac{1}{\sqrt{4}-1}-\frac{1}{\sqrt{4}+1}+\cdots$ 的敛散性.

解:考虑加括号后的级数

$$\left(\frac{1}{\sqrt{2}-1}-\frac{1}{\sqrt{2}+1}\right)+\left(\frac{1}{\sqrt{3}-1}-\frac{1}{\sqrt{3}+1}\right)+\left(\frac{1}{\sqrt{4}-1}-\frac{1}{\sqrt{4}+1}\right)+\cdots$$

$$a_n=\frac{1}{\sqrt{n}-1}-\frac{1}{\sqrt{n}+1}=\frac{2}{(\sqrt{n}-1)(\sqrt{n}+1)}=\frac{2}{n-1}$$

而 $\sum_{n=2}^{\infty}a_n=\sum_{n=2}^{\infty}\frac{2}{n-1}=2\sum_{n=1}^{\infty}\frac{1}{n}$ 发散,由推论 9.1.2 知原级数发散.

例 9.1.7 判别级数 $\sum_{n=1}^{\infty}\frac{n+3^n}{n\cdot 3^n}$ 的敛散性.

解:因为

$$\sum_{n=1}^{\infty}\frac{n+3^n}{n\cdot 3^n}=\sum_{n=1}^{\infty}\left(\frac{1}{3^n}+\frac{1}{n}\right)=\sum_{n=1}^{\infty}\frac{1}{3^n}+\sum_{n=1}^{\infty}\frac{1}{n}$$

又 $\sum_{n=1}^{\infty}\frac{1}{3^n}$ 是公比为$\frac{1}{3}$的等比级数,收敛,而调和级数 $\sum_{n=1}^{\infty}\frac{1}{n}$ 是发散的,由推论 9.1.1 可知,原级数发散.

例 9.1.8 判别级数 $\sum_{n=1}^{\infty}\frac{n}{3n+4}$ 的收敛性.

解:因为 $\lim\limits_{n\to\infty}u_n=\lim\limits_{n\to\infty}\frac{n}{3n+4}=\frac{1}{3}\neq 0$,根据推论 9.1.3 可知,原级数发散.

习题 9.1

1. 判断下列说法是否正确,如果错误,请举出反例.

(1)如果级数 $\sum_{n=1}^{\infty}u_n$ 发散,k 是任一常数,则 $\sum_{n=1}^{\infty}ku_n$ 也发散.

(2)如果级数 $\sum_{n=1}^{\infty}u_n$ 与 $\sum_{n=1}^{\infty}v_n$ 均发散,则 $\sum_{n=1}^{\infty}(u_n\pm v_n)$ 也发散.

(3)如果级数 $\sum_{n=1}^{\infty}(u_n\pm v_n)$ 收敛,则 $\sum_{n=1}^{\infty}u_n$ 与 $\sum_{n=1}^{\infty}v_n$ 都收敛.

2. 写出下列级数的通项:

(1) $\frac{2}{3}+\frac{1}{2}\cdot\left(\frac{2}{3}\right)^2+\frac{1}{3}\left(\frac{2}{3}\right)^3+\cdots$.

(2) $\frac{\sqrt{x}}{2}+\frac{x}{2\times 4}+\frac{x\sqrt{x}}{2\times 4\times 6}+\frac{x^2}{2\times 4\times 6\times 8}+\cdots$.

(3) $-\frac{3}{1}+\frac{4}{4}-\frac{5}{9}+\frac{6}{16}-\frac{7}{25}+\cdots$.

(4) $\sin\frac{2\pi}{5}+\sin\frac{3\pi}{5^2}+\sin\frac{4\pi}{5^3}+\cdots$.

3. 用定义判别下列级数的敛散性,若收敛,求级数的和.

(1) $\sum_{n=1}^{\infty}(\sqrt{n+1}-\sqrt{n})$; (2) $\sum_{n=1}^{\infty}\frac{1}{(2n-1)(2n+1)}$;

(3) $\sum_{n=0}^{\infty}(-1)^n$; (4) $\sum_{n=1}^{\infty}\ln\frac{n+1}{n}$;

(5) $\sum_{n=0}^{\infty}(-1)^n x^n$; (6) $\sum_{n=0}^{\infty}90\cdot\frac{1}{5^n}$.

4. 利用常数项级数的性质判断下列级数的敛散性.

(1) $\sum_{n=1}^{\infty}\left(\frac{1}{5^n}-\frac{1}{2^n}\right)$; (2) $\sum_{n=1}^{\infty}\left(\frac{1}{3^n}-\frac{2}{n}\right)$;

(3) $\sum_{n=1}^{\infty}\frac{1}{3n}$; (4) $1+\frac{1}{2}+\sum_{n=1}^{\infty}\frac{1}{3^n}$.

5. 判断下列级数的敛散性.

(1) $\sum_{n=1}^{\infty}\cos\frac{n\pi}{3}$; (2) $\sum_{n=1}^{\infty}(-1)^{n-1}\frac{5^{n-1}}{6^{n-1}}$;

(3) $\sum_{n=2}^{\infty}n\sin\frac{\pi}{n}$; (4) $\sum_{n=1}^{\infty}\left(\frac{n+1}{n}\right)^n$;

(5) $\sum_{n=2}^{\infty}\frac{1}{\sqrt[n]{n}}$; (6) $\sum_{n=1}^{\infty}\frac{(-1)^{n-1}}{\mathrm{e}}$.

9.2 正项级数的敛散性

上节中,我们通过求部分和极限的办法来判断级数的敛散性.然而,大部分级数的部分和很难求出,为此,我们需要寻找一些比较简便的方法.

正项级数是级数中最简单而又重要的一类级数,是研究其他级数的基础,本节主要讨论正项级数的敛散性,许多非正项级数的敛散性问题可以转化为正项级数讨论.

定义 9.2.1 如果级数 $\sum_{n=1}^{\infty}u_n$ 的每一项 $u_n\geqslant 0(n=1,2,\cdots)$,则称此级数为**正项级数**.

定理 9.2.1 正项级数 $\sum_{n=1}^{\infty}u_n$ 收敛的充分必要条件是它的部分和数列 $\{S_n\}$ 有界.

证:必要性,若级数 $\sum_{n=1}^{\infty}u_n$ 收敛,即有 $\lim_{n\to\infty}S_n=S$,则部分和数列 $\{S_n\}$ 有界.

充分性,设正项级数 $\sum_{n=1}^{\infty}u_n$ 的部分和数列为 $\{S_n\}$,显然 $\{S_n\}$ 是单调递增数列,即

$$S_1\leqslant S_2\leqslant\cdots\leqslant S_n\leqslant\cdots$$

若数列 $\{S_n\}$ 有界,那么它必有极限,从而级数 $\sum_{n=1}^{\infty}u_n$ 收敛.

由定理 9.2.1 可以得到下面的判别方法:

定理 9.2.2(比较判别法) 设 $\sum_{n=1}^{\infty}u_n$ 和 $\sum_{n=1}^{\infty}v_n$ 都是正项级数,且满足 $u_n\leqslant v_n(n=1,2,$

…),则有:

(1)当 $\sum_{n=1}^{\infty} v_n$ 收敛时, $\sum_{n=1}^{\infty} u_n$ 也收敛;

(2)当 $\sum_{n=1}^{\infty} u_n$ 发散时, $\sum_{n=1}^{\infty} v_n$ 也发散.

证:设级数 $\sum_{n=1}^{\infty} u_n$ 与 $\sum_{n=1}^{\infty} v_n$ 的部分和分别为 S_n 与 W_n,则由 $u_n \leqslant v_n$ 可知,$S_n \leqslant W_n$.

(1)若 $\sum_{n=1}^{\infty} v_n$ 收敛,则由定理9.2.1可知,数列$\{W_n\}$必有界,即存在 $M>0$,使得对任意 $n \in \mathbf{N}$ 都有 $W_n < M$,从而也有 $S_n < M$,即数列$\{S_n\}$有界,所以级数 $\sum_{n=1}^{\infty} u_n$ 收敛.

(2)若 $\sum_{n=1}^{\infty} u_n$ 发散,则由定理9.2.1知,数列$\{S_n\}$必无界,从而数列$\{W_n\}$也无界,所以级数 $\sum_{n=1}^{\infty} v_n$ 发散.

由定理9.2.2及级数的基本性质,可以得出以下推论.

推论9.2.1 设 $\sum_{n=1}^{\infty} u_n$ 和 $\sum_{n=1}^{\infty} v_n$ 都是正项级数,且存在常数 $k>0$,使得 $u_n \leqslant kv_n(n=1,2,\cdots)$,则有:

(1)当 $\sum_{n=1}^{\infty} v_n$ 收敛时, $\sum_{n=1}^{\infty} u_n$ 也收敛;

(2)当 $\sum_{n=1}^{\infty} u_n$ 发散时, $\sum_{n=1}^{\infty} v_n$ 也发散.

例9.2.1 判别正项级数 $\sum_{n=1}^{\infty} \frac{1}{n+2^n}$ 的敛散性.

解:设 $u_n = \frac{1}{n+2^n} \leqslant \frac{1}{2^n} = v_n(n=1,2,\cdots)$,而等比级数 $\sum_{n=1}^{\infty} \frac{1}{2^n}$ 的公比为 $q=\frac{1}{2}<1$,因此 $\sum_{n=1}^{\infty} v_n = \sum_{n=1}^{\infty} \frac{1}{2^n}$ 收敛.由比较判别法知, $\sum_{n=1}^{\infty} u_n = \sum_{n=1}^{\infty} \frac{1}{n+2^n}$ 是收敛的.

例9.2.2 判断级数 $\sum_{n=1}^{\infty} \frac{2}{\sqrt{n^2+1}}$ 的敛散性.

解:由于 $\sqrt{n^2+1}<2n$,所以 $u_n = \frac{2}{\sqrt{n^2+1}} > \frac{1}{n}$,而调和级数 $\sum_{n=1}^{\infty} \frac{1}{n}$ 是发散的,由比较判别法知,级数 $\sum_{n=1}^{\infty} \frac{2}{\sqrt{n^2+1}}$ 发散.

例9.2.3 讨论 $p-$级数 $\sum_{n=1}^{\infty} \frac{1}{n^p} = 1+\frac{1}{2^p}+\frac{1}{3^p}+\cdots+\frac{1}{n^p}+\cdots$ 的收敛性,其中常数 $p>0$.

解:当 $p \leqslant 1$ 时,$\frac{1}{n^p} \geqslant \frac{1}{n}$,而调和级数 $\sum_{n=1}^{\infty} \frac{1}{n}$ 发散,由比较判别法知,级数 $\sum_{n=1}^{\infty} \frac{1}{n^p}$ 发散.

当 $p>1$ 时,

$$\sum_{n=1}^{\infty}\frac{1}{n^p}=1+\left(\frac{1}{2^p}+\frac{1}{3^p}\right)+\left(\frac{1}{4^p}+\frac{1}{5^p}+\frac{1}{6^p}+\frac{1}{7^p}\right)+\cdots$$

$$\leqslant 1+\left(\frac{1}{2^p}+\frac{1}{2^p}\right)+\left(\frac{1}{4^p}+\frac{1}{4^p}+\frac{1}{4^p}+\frac{1}{4^p}\right)+\cdots$$

$$=1+\frac{1}{2^{p-1}}+\frac{1}{4^{p-1}}+\cdots$$

$$=\sum_{n=0}^{\infty}\left(\frac{1}{2}\right)^{n(p-1)}$$

而几何级数 $\sum_{n=0}^{\infty}\left(\frac{1}{2}\right)^{n(p-1)}$ 的公比为 $q=\frac{1}{2^{p-1}}<1$,所以收敛,根据比较判别法知,级数 $\sum_{n=1}^{\infty}\frac{1}{n^p}$ 收敛.

需要注意的是,在使用比较判别法判定所给级数 $\sum_{n=1}^{\infty}u_n$ 的敛散性时,常常需要将级数的通项 u_n 进行放大(或缩小),以建立正确的不等式关系,当级数的一般项较为复杂时,这是很麻烦的,所以在实际应用中,常使用比较判别法的极限形式.

定理 9.2.3(比较判别法的极限形式)　设 $\sum_{n=1}^{\infty}u_n$ 和 $\sum_{n=1}^{\infty}v_n$ 都是正项级数,且

$$\lim_{n\to\infty}\frac{u_n}{v_n}=l$$

(1)若 $0<l<\infty$,则级数 $\sum_{n=1}^{\infty}u_n$ 和 $\sum_{n=1}^{\infty}v_n$ 同时收敛或同时发散;

(2)若 $l=0$,且 $\sum_{n=1}^{\infty}v_n$ 收敛,则 $\sum_{n=1}^{\infty}u_n$ 收敛;

(3)若 $l=\infty$,且 $\sum_{n=1}^{\infty}v_n$ 发散,则 $\sum_{n=1}^{\infty}u_n$ 发散.

证:(1)由于 $\lim\limits_{n\to\infty}\frac{u_n}{v_n}=l$,且 $0<l<\infty$,故对给定的 $\delta=\frac{l}{2}>0$,必存在正数 N,当 $n>N$ 时,有

$$\left|\frac{u_n}{v_n}-l\right|<\delta=\frac{l}{2}$$

即

$$\frac{l}{2}<\frac{u_n}{v_n}<\frac{3l}{2}$$

所以有

$$\frac{l}{2}v_n<u_n<\frac{3l}{2}v_n$$

由推论9.2.1可知,级数 $\sum_{n=1}^{\infty} u_n$ 和 $\sum_{n=1}^{\infty} v_n$ 同时收敛或同时发散.

类似可证(2)和(3).

例9.2.4 判定级数 $\sum_{n=1}^{\infty} \sin\frac{1}{n}$ 的收敛性.

解:取 $v_n = \frac{1}{n}$,则 $\lim\limits_{n\to\infty}\frac{u_n}{v_n} = \lim\limits_{n\to\infty}\frac{\sin\frac{1}{n}}{\frac{1}{n}} = 1$,而调和级数 $\sum_{n=1}^{\infty}\frac{1}{n}$ 是发散的,由定理9.2.3可知,级数 $\sum_{n=1}^{\infty}\sin\frac{1}{n}$ 发散.

例9.2.5 判定正项级数 $\sum_{n=1}^{\infty}\frac{\sqrt{n^2+3}}{n^3+1}$ 的收敛性.

解:取 $v_n = \frac{1}{n^2}$,则 $\lim\limits_{n\to\infty}\frac{u_n}{v_n} = \lim\limits_{n\to\infty}\frac{\frac{\sqrt{n^2+3}}{n^3+1}}{\frac{1}{n^2}} = \lim\limits_{n\to\infty}\frac{n^2\sqrt{n^2+3}}{n^3+1} = 1$,而级数 $\sum_{n=1}^{\infty}\frac{1}{n^2}$ 收敛,由定理9.2.3可知,级数 $\sum_{n=1}^{\infty}\frac{\sqrt{n^2+3}}{n^3+1}$ 也收敛.

定理9.2.4(比值判别法) 设 $\sum_{n=1}^{\infty} u_n$ 是正项级数,且满足条件 $\lim\limits_{n\to\infty}\frac{u_{n+1}}{u_n} = l$,则:

(1)当 $l<1$ 时,级数收敛;

(2)当 $l>1$(或 $\lim\limits_{n\to\infty}\frac{u_{n+1}}{u_n} = +\infty$)时,级数发散;

(3)当 $l=1$ 时,不能用此方法判定级数的敛散性.

证:(1)如果 $l<1$,选取 $\varepsilon>0$,使得 $l+\varepsilon<1$,由极限的定义知,对该 $\varepsilon>0$,必定存在正整数 N,使得当 $n>N$ 时有:

$$\frac{u_{n+1}}{u_n} < \varepsilon + l = q < 1$$

因此,

$$u_{N+1} < qu_N$$
$$u_{N+2} < qu_{N+1} < q^2u_N$$
$$\vdots$$
$$u_n < qu_{n-1} < \cdots < q^{n-N}u_N$$

由于 $0<q<1$ 时,几何级数 $\sum_{n=N+1}^{\infty} u_N q^{n-N}$ 收敛,所以由比较判别法知级数 $\sum_{n=N+1}^{\infty} u_n$ 收敛,再由定理9.1.3可知,级数 $\sum_{n=1}^{\infty} u_n$ 收敛.

(2)如果 $l>1$,选取 $\varepsilon>0$,使得 $l-\varepsilon>1$,由极限的定义知,对该 $\varepsilon>0$,必定存在正整数

N,使得当 $n>N$ 时有

$$\frac{u_{n+1}}{u_n} > l - \varepsilon = q > 1$$

即

$$u_n > u_{n-1}$$

因此,

$$u_n > u_{n-1} > \cdots > u_N$$

因此当 $n\to\infty$ 时,所给级数的通项 u_n 不趋于0,所以级数 $\sum\limits_{n=1}^{\infty} u_n$ 发散.

(3)举两个例子说明:

例如,级数 $\sum\limits_{n=1}^{\infty}\frac{1}{n(n+1)}$ 满足

$$\lim_{n\to\infty}\frac{u_{n+1}}{u_n} = \lim_{n\to\infty}\frac{\dfrac{1}{(n+1)(n+2)}}{\dfrac{1}{n(n+1)}} = \lim_{n\to\infty}\frac{n}{n+2} = 1$$

根据例9.1.2知,级数是收敛的.

再如,调和级数 $\sum\limits_{n=1}^{\infty}\frac{1}{n}$ 也满足

$$\lim_{n\to\infty}\frac{u_{n+1}}{u_n} = \lim_{n\to\infty}\frac{\dfrac{1}{n+1}}{\dfrac{1}{n}} = \lim_{n\to\infty}\frac{n}{n+1} = 1$$

但它是发散的.

可见,当 $l=1$ 时,不能用此方法判定级数的敛散性.

例9.2.6 判定级数 $\sum\limits_{n=1}^{\infty}\frac{1}{(2n+1)!}$ 的敛散性.

解:因为

$$\lim_{n\to\infty}\frac{u_{n+1}}{u_n} = \lim_{n\to\infty}\frac{\dfrac{1}{(2n+3)!}}{\dfrac{1}{(2n+1)!}} = \lim_{n\to\infty}\frac{1}{(2n+3)(2n+2)} = 0 < 1$$

根据比值判别法,级数 $\sum\limits_{n=1}^{\infty}\frac{1}{(2n+1)!}$ 收敛.

例9.2.7 判定级数 $\sum\limits_{n=1}^{\infty}\frac{n^n}{n!}$ 的收敛性.

解:因为

$$\lim_{n\to\infty}\frac{u_{n+1}}{u_n} = \lim_{n\to\infty}\frac{\dfrac{(n+1)^{n+1}}{(n+1)!}}{\dfrac{n^n}{n!}} = \lim_{n\to\infty}\frac{(n+1)^n}{n!}\cdot\frac{n^n}{n!} = \lim_{n\to\infty}\left(1+\frac{1}{n}\right)^n = \mathrm{e} > 1$$

所以级数 $\sum_{n=1}^{\infty}\frac{n^n}{n!}$ 发散.

例 9.2.8 判定级数 $\sum_{n=1}^{\infty}\frac{n\cos^2\frac{n}{3}\pi}{2^n}$ 的敛散性.

解:由于

$$\frac{n\cos^2\frac{n}{3}\pi}{2^n}\leqslant\frac{n}{2^n}$$

而级数 $\sum_{n=1}^{\infty}\frac{n}{2^n}$ 满足

$$\lim_{n\to\infty}\frac{u_{n+1}}{u_n}=\lim_{n\to\infty}\frac{\frac{n+1}{2^{n+1}}}{\frac{n}{2^n}}=\lim_{n\to\infty}\frac{1}{2}\cdot\frac{n+1}{n}=\frac{1}{2}$$

根据比值判别法,级数 $\sum_{n=1}^{\infty}\frac{n}{2^n}$ 收敛,又由比较判别法知,级数 $\sum_{n=1}^{\infty}\frac{n\cos^2\frac{n}{3}\pi}{2^n}$ 收敛.

定理 9.2.5(根值判别法或柯西判别法) 设 $\sum_{n=1}^{\infty}u_n$ 为正项级数,且满足 $\lim_{n\to\infty}\sqrt[n]{u_n}=\rho$,则

(1)当 $\rho<1$ 时,级数 $\sum_{n=1}^{\infty}u_n$ 收敛;

(2)当 $\rho>1$(或 $\lim_{n\to\infty}\sqrt[n]{u_n}=\infty$)时,级数 $\sum_{n=1}^{\infty}u_n$ 发散;

(3)当 $\rho=1$ 时,不能用此方法判定级数的敛散性.

证略.

例 9.2.9 判断级数 $\sum_{n=1}^{\infty}\frac{\left(\frac{n+2}{n}\right)^{n^2}}{2^n}$ 的收敛性.

解:因为

$$\lim_{n\to\infty}\sqrt[n]{u_n}=\lim_{n\to\infty}\sqrt[n]{\frac{\left(\frac{n+2}{n}\right)^{n^2}}{2^n}}=\lim_{n\to\infty}\frac{\left(1+\frac{2}{n}\right)^n}{2}=\frac{e^2}{2}>1$$

所以原级数发散.

例 9.2.10 判定级数 $\sum_{n=1}^{\infty}\left(\frac{na}{n+1}\right)^n$ 的敛散性.

解:因为 $\lim_{n\to\infty}\sqrt[n]{u_n}=\lim_{n\to\infty}\frac{na}{n+1}=a$,由根值判别法,当 $a<1$ 时,原级数收敛;当 $a>1$ 时,原级数发散;当 $a=1$ 时,$\lim_{n\to\infty}u_n=\lim_{n\to\infty}\left(\frac{n}{n+1}\right)^n=\frac{1}{e}\neq0$,不满足级数收敛的必要条件,所以原级数发散.

习题 9.2

1. 用比较判别法及其极限形式,判断下列正项级数的敛散性:

(1) $\sum_{n=1}^{\infty} \frac{1}{\ln n}$;　(2) $\sum_{n=1}^{\infty} \sin \frac{\pi}{n}$;

(3) $\sum_{n=1}^{\infty} \frac{\sqrt{n^2+2}}{n^3+3}$;　(4) $\sum_{n=1}^{\infty} \tan \frac{\pi}{2^n}$;

(5) $\sum_{n=1}^{\infty} \frac{1}{\sqrt{n^2-n}}$;　(6) $\sum_{n=1}^{\infty} \frac{1}{1+3^n}$;

(7) $\sum_{n=1}^{\infty} \frac{1+4^n}{3^n}$;　(8) $\sum_{n=1}^{\infty} \frac{1}{1+a^n}(a>0)$.

2. 用比值判别法及根值判别法,判断下列正项级数的敛散性:

(1) $\sum_{n=1}^{\infty} \frac{3^n}{n!}$;　(2) $\sum_{n=1}^{\infty} \frac{4^n}{n^3 3^n}$;

(3) $\sum_{n=1}^{\infty} n\tan \frac{\pi}{2^{n+1}}$;　(4) $\sum_{n=1}^{\infty} \frac{2^n \cdot n!}{n^n}$;

(5) $\sum_{n=1}^{\infty} \frac{n}{e^n}$;　(6) $\sum_{n=1}^{\infty} n^2 \sin \frac{\pi}{2^n}$;

(7) $\sum_{n=1}^{\infty} \left(\frac{2n+3}{3n+4}\right)^n$;　(8) $\sum_{n=1}^{\infty} \frac{3^n}{e^n+1}$.

3. 判断下列正项级数的敛散性:

(1) $\sum_{n=1}^{\infty} \frac{1}{n^n}$;　(2) $\sum_{n=1}^{\infty} \frac{n+1}{n^2+1}$;

(3) $\sum_{n=1}^{\infty} \ln\left(1+\frac{1}{n^2}\right)$;　(4) $\sum_{n=1}^{\infty} \frac{1}{n^3+2n^2+2n}$;

(5) $\sum_{n=1}^{\infty} \frac{3^n}{n \cdot 2^n}$;　(6) $\sum_{n=1}^{\infty} \frac{n^e}{e^n}$;

(7) $\sum_{n=1}^{\infty} \sqrt{\frac{n+1}{2n}}$;　(8) $\sum_{n=1}^{\infty} \frac{n^4}{n!}$;

(9) $\sum_{n=1}^{\infty} \frac{e^n n!}{n^n}$;　(10) $\sum_{n=1}^{\infty} \frac{1 \cdot 3 \cdot 5 \cdot \cdots \cdot (2n-1)}{3^n \cdot n!}$.

4. 利用级数收敛的必要条件证明:$\lim_{n\to\infty} \frac{n^n}{(n!)^2}$.

9.3 交错级数的敛散性

本节讨论交错级数的敛散性,首先给出其定义.

正负项相间的级数称为交错级数,可以由下面的形式给出:

$$\sum_{n=1}^{\infty} (-1)^{n-1} u_n = u_1 - u_2 + u_3 - u_4 + \cdots + u_{2k-1} - u_{2k} + \cdots$$

其中 $u_n > 0(n=1,2,\cdots)$.

9.3.1 交错级数敛散性

关于交错级数敛散性的判定,有如下定理:

定理 9.3.1(莱布尼茨定理) 如果交错级数 $\sum_{n=1}^{\infty} (-1)^{n-1} u_n$ 满足条件

(1) $u_n \geqslant u_{n+1} (n=1,2,\cdots)$;

(2) $\lim\limits_{n\to\infty} u_n = 0$.

则级数收敛，其和 $S \leqslant u_1$.

证：由级数的前 $2k$ 项和可以写成如下两种形式：

$$S_{2k} = (u_1 - u_2) + (u_3 - u_4) + \cdots + (u_{2k-1} - u_{2k}) \tag{9.3.1}$$

$$S_{2k} = u_1 - (u_2 - u_3) - (u_4 - u_5) - \cdots - (u_{2k-2} - u_{2k-1}) - u_{2k} \tag{9.3.2}$$

由条件(1)知，式(9.3.1)中括号内的差非负，所以 S_{2k} 单调递增，随 k 的增大而增大.

又由式(9.3.2)可知 $S_{2k} \leqslant u_1$，根据数列的单调有界定理，S_{2k} 的极限必然存在，即

$$\lim_{k\to\infty} S_{2k} = S \leqslant u_1$$

再由 $S_{2k+1} = S_{2k} + u_{2k+1}$ 及定理9.3.1中的条件(2)，得：

$$\lim_{k\to\infty} S_{2k+1} = \lim_{k\to\infty} S_{2k} + \lim_{k\to\infty} u_{2k+1} = S + 0 = S$$

因此，无论 n 是奇数还是偶数，n 趋于无穷大时，S_n 总是趋于同一极限 S，所以交错级数 $\sum\limits_{n=1}^{\infty} (-1)^{n-1} u_n$ 收敛，并且其和 $S \leqslant u_1$，即证.

如果以 S_n 作为级数和 S 的近似值，则误差 $|R_n| \leqslant u_{n+1}$，因为

$$|R_n| = u_{n+1} - u_{n+2} + \cdots$$

也是一个交错级数，并且满足莱布尼茨定理的收敛条件，所以其和小于级数的第一项，即 $|R_n| \leqslant u_{n+1}$.

例9.3.1 判定交错级数 $\sum\limits_{n=1}^{\infty} (-1)^{n-1} \dfrac{1}{n}$ 的敛散性.

解：已知级数满足条件 $1 > \dfrac{1}{2} > \dfrac{1}{3} > \cdots > \dfrac{1}{n} > \dfrac{1}{n+1} > \cdots$ 及 $\lim\limits_{n\to\infty} \dfrac{1}{n} = 0$，所以它收敛，其和 $S < u_1 = 1$.

如果取前 n 项和 $S_n = \sum\limits_{k=1}^{\infty} (-1)^{k-1} \dfrac{1}{k}$ 作为 S 的近似值，则误差 $|R_n| < \dfrac{1}{n+1}$.

例9.3.2 判定交错级数 $\sum\limits_{n=1}^{\infty} \dfrac{(-1)^{n-1}}{n - \ln n}$ 的敛散性.

解：设 $f(x) = \dfrac{1}{x - \ln x}$，则

$$f'(x) = \frac{-1}{(x - \ln x)^2}\left(1 - \frac{1}{x}\right) = -\frac{x-1}{x(x - \ln x)^2}$$

当 $x \geqslant 1$ 时，$f'(x) \leqslant 0$，所以函数 $f(x)$ 在 $(1, +\infty)$ 上单调递减，因此当 $n \geqslant 1$ 时，$u_n = \dfrac{1}{n - \ln n} > \dfrac{1}{(n+1) - \ln(n+1)} = u_{n+1}$.

又因为

$$\lim_{n\to\infty} u_n = \lim_{n\to\infty} \frac{1}{n - \ln n} = \lim_{n\to\infty} \frac{1}{n} \cdot \frac{1}{1 - \dfrac{\ln n}{n}} = 0$$

由莱布尼茨定理知,原级数收敛.

9.3.2 绝对收敛与条件收敛

一般情况下,级数的正项和负项是任意出现的,称为任意项级数. 对于任意项级数,有如下定理.

定理 9.3.2 如果任意项级数

$$\sum_{n=1}^{\infty} u_n = u_1 + u_2 + \cdots + u_n + \cdots$$

的各项绝对值组成的级数

$$\sum_{n=1}^{\infty} |u_n| = |u_1| + |u_2| + \cdots + |u_n| + \cdots$$

收敛,则原级数也收敛.

证: 取 $v_n = \frac{1}{2}(|u_n| + u_n)$, $w_n = \frac{1}{2}(|u_n| - u_n)$,即

$$v_n = \begin{cases} |u_n| & (u_n \geqslant 0) \\ 0 & (u_n < 0) \end{cases}, \quad w_n = \begin{cases} 0 & (u_n \geqslant 0) \\ |u_n| & (u_n < 0) \end{cases}$$

于是

$$0 \leqslant v_n \leqslant |u_n|, \quad 0 \leqslant w_n \leqslant |u_n|$$

而级数 $\sum_{n=1}^{\infty} |u_n|$ 收敛,由正项级数的比较判别法知,级数 $\sum_{n=1}^{\infty} v_n$ 和 $\sum_{n=1}^{\infty} w_n$ 都收敛. 又有

$$\sum_{n=1}^{\infty} u_n = \sum_{n=1}^{\infty} (v_n - w_n) = \sum_{n=1}^{\infty} v_n - \sum_{n=1}^{\infty} w_n$$

所以级数 $\sum_{n=1}^{\infty} u_n$ 收敛.

定义 9.3.1 如果级数 $\sum_{n=1}^{\infty} u_n$ 的各项绝对值组成的级数 $\sum_{n=1}^{\infty} |u_n|$ 收敛,则称级数 $\sum_{n=1}^{\infty} u_n$ **绝对收敛**;如果级数 $\sum_{n=1}^{\infty} u_n$ 收敛,而 $\sum_{n=1}^{\infty} |u_n|$ 发散,则称此级数 $\sum_{n=1}^{\infty} u_n$ **条件收敛**.

例如:级数 $\sum_{n=1}^{\infty} (-1)^{n-1} \frac{1}{n}$ 收敛,而由它的各项绝对值组成的级数 $\sum_{n=1}^{\infty} \left| (-1)^{n-1} \frac{1}{n} \right| = \sum_{n=1}^{\infty} \frac{1}{n}$ 发散,因此级数 $\sum_{n=1}^{\infty} (-1)^{n-1} \frac{1}{n}$ 条件收敛.

例如:级数 $\sum_{n=1}^{\infty} (-1)^{n-1} q^n (0 < q < 1)$ 的各项绝对值组成的级数收敛,所以绝对收敛.

由于任意项级数各项的绝对值组成的级数是正项级数,因此,一切判别正项级数敛散性的方法都可以用来判定任意项级数是否绝对收敛.

对于任意项级数,级数 $\sum_{n=1}^{\infty} |u_n|$ 收敛时,那么 $\sum_{n=1}^{\infty} u_n$ 绝对收敛,但是当 $\sum_{n=1}^{\infty} |u_n|$ 发散

时，我们只能判断 $\sum_{n=1}^{\infty} u_n$ 非绝对收敛，而不能判断它必然发散。

例 9.3.3　判断级数 $\sum_{n=1}^{\infty} \frac{\sin na}{(n+1)^2}$ 的敛散性.

解：因为 $\left|\frac{\sin na}{(n+1)^2}\right| \leqslant \frac{1}{(n+1)^2}$，而 $\sum_{n=1}^{\infty} \frac{1}{(n+1)^2} = \sum_{n=2}^{\infty} \frac{1}{n^2}$ 收敛，由比较判别法知级数 $\sum_{n=1}^{\infty} \left|\frac{\sin na}{(n+1)^2}\right|$ 收敛，因此级数 $\sum_{n=1}^{\infty} \frac{\sin na}{(n+1)^2}$ 收敛且绝对收敛.

例 9.3.4　判断级数 $\sum_{n=1}^{\infty} (-1)^n \frac{n^{n+1}}{(n+1)!}$ 的敛散性.

解：令

$$u_n = (-1)^n \frac{n^{n+1}}{(n+1)!}$$

因为

$$\left|\frac{u_{n+1}}{u_n}\right| = \frac{\frac{(n+1)^{n+2}}{(n+2)!}}{\frac{n^{n+1}}{(n+1)!}} = \frac{(n+1)!}{(n+2)!} \cdot \frac{(n+1)^{n+2}}{n^{n+1}} = \frac{(n+1)^2}{n(n+2)} \cdot \frac{(n+1)^n}{n^n}$$

所以

$$\begin{aligned}\lim_{n\to\infty}\left|\frac{u_{n+1}}{u_n}\right| &= \lim_{n\to\infty}\left[\left(\frac{n+1}{n}\right)^n \frac{(n+1)^2}{n(n+2)}\right] \\ &= \lim_{n\to\infty}\left(\frac{n+1}{n}\right)^n \lim_{n\to\infty}\frac{(n+1)^2}{n(n+2)} \\ &= \lim_{n\to\infty}\left(1+\frac{1}{n}\right)^n \cdot 1 = \mathrm{e} > 1\end{aligned}$$

因此 $\sum_{n=1}^{\infty} \left|(-1)^n \frac{n^{n+1}}{(n+1)!}\right|$ 发散，原级数非绝对收敛.

又因为 $\lim_{n\to\infty}\left|\frac{u_{n+1}}{u_n}\right| = \mathrm{e} > 1$，故当 n 充分大时，$\left|\frac{u_{n+1}}{u_n}\right| > 1$，即 $|u_{n+1}| > |u_n| > 0$，所以有 $\lim_{n\to\infty} u_n \neq 0$，所以原级数发散.

习题 9.3

1. 判断下列级数的敛散性，如果收敛，说明是绝对收敛还是条件收敛：

(1) $\sum_{n=1}^{\infty} (-1)^{n-1} \frac{n}{2n+1}$；　　(2) $\sum_{n=1}^{\infty} (-1)^n \frac{1}{\ln n}$；

(3) $\sum_{n=1}^{\infty} (-1)^{n-1} \frac{n}{3^{n-1}}$；　　(4) $\sum_{n=1}^{\infty} (-1)^n \frac{1}{n-\ln n}$；

(5) $\sum_{n=1}^{\infty} (-1)^{n-1} \frac{n}{n^2+1}$；　　(6) $\sum_{n=1}^{\infty} (-1)^{n-1} \frac{10^n+1}{10^n}$；

(7) $\sum_{n=1}^{\infty}(-1)^n\sin\frac{2}{n}$； (8) $\sum_{n=1}^{\infty}(-1)^n\frac{\sqrt{n}}{n+100}$.

2. 判断级数 $\sum_{n=1}^{\infty}\frac{[2+(-1)^n]n}{3^n}$ 的收敛性.

9.4 幂 级 数

幂级数是一种特殊类型的函数项级数，因此，先简单介绍函数项级数的概念.

定义 9.4.1 给定一个函数列

$$u_1(x), u_2(x), \cdots, u_n(x), \cdots$$

其中每个函数 $u_n(x)(n=1,2,\cdots)$ 都是定义在区间 I 上的函数，则称表达式

$$u_1(x)+u_2(x)+\cdots+u_n(x)+\cdots$$

为**函数项无穷级数**，简称为**函数项级数**，记为 $\sum_{n=1}^{\infty}u_n(x)$，即

$$\sum_{n=1}^{\infty}u_n(x)=u_1(x)+u_2(x)+\cdots+u_n(x)+\cdots$$

当 $u_n(x)=a_n(x-x_0)^n$ 时，则称此类函数项级数为**幂级数**. 其形式为：

$$\sum_{n=1}^{\infty}a_n(x-x_0)^n=a_0+a_1(x-x_0)+a_2(x-x_0)^2+\cdots+a_n(x-x_0)^n+\cdots \quad (9.4.1)$$

其中，$a_0, a_1, \cdots, a_n, \cdots$ 均为常数，称为**幂级数的系数**.

式(9.4.1)是幂级数的一般形式，作变量代换 $t=x-x_0$，级数变为如下形式：

$$\sum_{n=1}^{\infty}a_nx^n=a_0+a_1x+a_2x^2+\cdots+a_nx^n+\cdots \quad (9.4.2)$$

因此，如不做特殊说明，主要讨论形如式(9.4.2)的幂级数.

9.4.1 幂级数的收敛域

对于幂级数式(9.4.2)，当 $x=x_0$ 时，级数成为

$$\sum_{n=1}^{\infty}a_nx_0^n=a_0+a_1x_0+a_2x_0^2+\cdots+a_nx_0^n+\cdots$$

如果 $\sum_{n=1}^{\infty}a_nx_0^n$ 收敛，则称 x_0 为级数 $\sum_{n=1}^{\infty}a_nx^n$ 的**收敛点**；如果 $\sum_{n=1}^{\infty}a_nx_0^n$ 发散，则称 x_0 为级数 $\sum_{n=1}^{\infty}a_nx^n$ 的**发散点**. 全体收敛点构成的集合称为幂级数 $\sum_{n=1}^{\infty}a_nx^n$ 的**收敛域**.

首先讨论幂级数的收敛域，先给出如下定理：

定理 9.4.1(阿贝尔第一定理)

(1) 若幂级数 $\sum_{n=1}^{\infty}a_nx^n$ 在 $x_0\neq 0$ 处收敛，则它在满足不等式 $|x|<|x_0|$ 的一切 x 处都绝对收敛.

(2)如果级数 $\sum_{n=1}^{\infty} a_n x^n$ 在 x_0 处发散,则它在满足不等式 $|x| > |x_0|$ 的一切 x 处都发散.

证:(1)因为 $\sum_{n=1}^{\infty} a_n x_0^n$ 收敛,所以 $\lim_{n\to\infty} a_n x_0^n = 0$,即存在 M,使得 $|a_n x_0^n| \leqslant M(n=0,1,2,\cdots)$,所以

$$|a_n x^n| = \left|a_n x_0^n \cdot \frac{x^n}{x_0^n}\right| = |a_n x_0^n| \cdot \left|\frac{x}{x_0}\right|^n \leqslant M\left|\frac{x}{x_0}\right|^n \quad (n=0,1,2,\cdots)$$

因为当 $\left|\frac{x}{x_0}\right| < 1$ 时,等比级数 $\sum_{n=0}^{\infty} M\left|\frac{x}{x_0}\right|^n$ 收敛,根据正项级数比较判别法,知 $\sum_{n=1}^{\infty} |a_n x^n|$ 收敛,所以级数 $\sum_{n=1}^{\infty} a_n x^n$ 收敛.

(2)用反证法.假设在 x_0 处时发散,而有一点 x_1 满足 $|x_1| > |x_0|$ 使级数收敛.

由(1)结论,则级数当 $x=x_0$ 时应收敛,这与假设矛盾.即证.

由阿贝尔第一定理不难想到,若幂级数 $\sum_{n=1}^{\infty} a_n x^n$ 既有非零的收敛点又有发散点时,则必有一个确定的正数 R 存在,使得当 $|x| < R$ 时,幂级数绝对收敛;当 $|x| > R$ 时,幂级数发散;当 $x=R$ 与 $x=-R$ 时,幂级数可能收敛也可能发散,这由幂级数本身确定.正数 R 称为幂级数的**收敛半径**,开区间 $(-R,R)$ 称为幂级数的**收敛区间**.因此幂级数的收敛域必是收敛区间,只能是四类区间($(-R,R)$,$[-R,R)$,$(-R,R]$,$[-R,R]$)之一.

我们作如下规定,若幂级数 $\sum_{n=1}^{\infty} a_n x^n$ 仅在原点收敛,则它的收敛半径 $R=0$,收敛域为 $x=0$;若幂级数对一切 x 都收敛,则收敛半径 $R=+\infty$,收敛域为 $(-\infty,+\infty)$.于是,任意幂级数都有唯一一个收敛半径 $R(0 \leqslant R \leqslant +\infty)$.

幂级数 $\sum_{n=1}^{\infty} a_n x^n$ 由它的系数数列 $\{a_n\}$ 所确定,因此,幂级数的收敛半径 R 也必由它的系数数列 $\{a_n\}$ 唯一确定,那么怎样求幂级数的收敛半径呢,有如下定理:

定理 9.4.2 如果幂级数 $\sum_{n=1}^{\infty} a_n x^n$ 的系数满足条件 $\lim_{n\to\infty}\left|\frac{a_{n+1}}{a_n}\right| = l$,则幂级数的收敛半径:

$$R = \begin{cases} \dfrac{1}{l}, 0 < l < +\infty \\ +\infty, l = 0 \\ 0, l = +\infty \end{cases}$$

证:讨论正项级数 $\sum_{n=1}^{\infty} |a_n x^n|$,有 $\lim_{n\to\infty} \frac{u_{n+1}}{u_n} = \lim_{n\to\infty}\left|\frac{a_{n+1}}{a_n}\right| |x| = l|x|$.

根据比值判别法可知:

(1)$0 < l < +\infty$,当 $l|x| < 1$ 或 $|x| < \frac{1}{l}$,幂级数 $\sum_{n=1}^{\infty} a_n x^n$ 绝对收敛;当 $l|x| > 1$ 或 $|x| > \frac{1}{l}$,幂级数发散.于是,收敛半径 $R = \frac{1}{l}$.

(2) $l=0$,对于任意 x,有 $l|x|=0<1$,幂级数绝对收敛,于是,收敛半径 $R=+\infty$.

(3) $l=+\infty$,对于任意 x,且 $x\neq 0$,有 $l|x|=+\infty$,幂级数发散,于是,收敛半径 $R=0$.

例 9.4.1 求幂级数 $\sum_{n=1}^{\infty}\frac{x^n}{n^n}$ 的收敛半径和收敛域.

解:因为

$$\lim_{n\to\infty}\left|\frac{a_{n+1}}{a_n}\right|=\lim_{n\to\infty}\frac{\frac{1}{(n+1)^{n+1}}}{\frac{1}{n^n}}=\lim_{n\to\infty}\frac{1}{n+1}\cdot\frac{1}{\left(1+\frac{1}{n}\right)^n}=0\cdot\frac{1}{\mathrm{e}}=0$$

所以收敛半径 $R=\infty$,收敛域为 $(-\infty,+\infty)$.

例 9.4.2 求幂级数 $\sum_{n=1}^{\infty}\frac{(-1)^n(x-2)^n}{n\ln n}$ 的收敛半径和收敛域.

解:因为

$$\lim_{n\to\infty}\left|\frac{a_{n+1}}{a_n}\right|=\lim_{n\to\infty}\frac{\frac{1}{(n+1)\ln(n+1)}}{\frac{1}{n\ln n}}=1$$

所以收敛半径 $R=1$,收敛区间为 $(-1<x-2<1)$,即 $(1<x<3)$.

当 $x=1$ 时,级数为 $\sum_{n=1}^{\infty}\frac{1}{n\ln n}$,发散;当 $x=3$ 时,级数为 $\sum_{n=1}^{\infty}\frac{(-1)^n}{n\ln n}$,是收敛的交错级数.

所以收敛域为 $(1,3]$.

例 9.4.3 求幂级数 $\sum_{n=1}^{\infty}\frac{x^{2n+1}}{3^n n}$ 的收敛域.

分析:此幂级数中没有偶数次幂的项,对于缺项幂级数一般有两个方法处理:(1)带上变量,根据比值判别法求出级数的收敛域;(2)做变量代换,化为不缺项的幂级数,求出其收敛域,然后再求出原幂级数的收敛域.

解:因为

$$\lim_{n\to\infty}\left|\frac{a_{n+1}}{a_n}\right|=\lim_{n\to\infty}\frac{\frac{x^{2n+3}}{3^{n+1}(n+1)}}{\frac{x^{2n+1}}{3^n n}}=\frac{x^2}{3}$$

所以当 $\frac{x^2}{3}<1$,即 $-\sqrt{3}<x<\sqrt{3}$ 时,幂级数收敛;当 $\frac{x^2}{3}>1$,即 $x<-\sqrt{3}$ 或 $x>\sqrt{3}$ 时,幂级数发散,故幂级数的收敛区间为 $(-\sqrt{3},\sqrt{3})$.

又 $x=\pm\sqrt{3}$ 时,幂级数发散,所以收敛域为 $(-\sqrt{3},\sqrt{3})$.

此题还有第二种解法:

因为 $\sum_{n=1}^{\infty}\frac{x^{2n+1}}{3^n n}=x\sum_{n=1}^{\infty}\frac{x^{2n}}{3^n n}$,其与级数 $\sum_{n=1}^{\infty}\frac{x^{2n}}{3^n n}$ 具有相同的收敛域.

令 $t=x^2$,则 $\sum_{n=1}^{\infty}\frac{x^{2n}}{3^n n}=\sum_{n=1}^{\infty}\frac{t^n}{3^n n}$,可以证明 $\sum_{n=1}^{\infty}\frac{t^n}{3^n n}$ 的收敛域为 $[-3,3)$,所以原级数的收

敛域为 $x^2 \in [-3,3)$,即$(-\sqrt{3},\sqrt{3})$.

9.4.2 幂级数的性质

下面给出幂级数运算的几个性质,但不予证明.

性质9.4.1(加、减运算) 设幂级数 $\sum_{n=1}^{\infty} a_n x^n$ 和 $\sum_{n=1}^{\infty} b_n x^n$ 的收敛半径分别为 R_1、R_2,记 $R=\min\{R_1,R_2\}$,当 $|x|<R$ 时,有 $\sum_{n=1}^{\infty} a_n x^n \pm \sum_{n=1}^{\infty} b_n x^n = \sum_{n=1}^{\infty}(a_n \pm b_n)x^n$.

性质9.4.2(幂级数和函数的性质) 幂级数 $\sum_{n=1}^{\infty} a_n x^n$ 的和函数 $S(x)$ 在收敛区间$(-R,R)$内连续.若幂级数在收敛区间的左端点 $x=-R$ 收敛,则其和函数 $S(x)$ 在 $x=-R$ 处右连续;若幂级数在收敛区间的右端点 $x=R$ 处收敛,则其和函数 $S(x)$ 在 $x=R$ 处左连续.

性质9.4.3(逐项求导) 幂级数 $\sum_{n=1}^{\infty} a_n x^n$ 的和函数 $S(x)$ 在收敛区间$(-R,R)$内可导,且有

$$S'(x) = \left(\sum_{n=0}^{\infty} a_n x^n\right)' = \sum_{n=0}^{\infty}(a_n x^n)' = \sum_{n=1}^{\infty} n a_n x^{n-1} \tag{9.4.3}$$

性质9.4.4(逐项求积分) 幂级数 $\sum_{n=1}^{\infty} a_n x^n$ 的和函数 $S(x)$ 在收敛区间$(-R,R)$内可积,且有

$$\int_0^x S(x)\mathrm{d}x = \int_0^x\left(\sum_{n=0}^{\infty} a_n x^n\right)\mathrm{d}x = \sum_{n=0}^{\infty}\left(\int_0^x a_n x^n \mathrm{d}x\right) = \sum_{n=0}^{\infty}\frac{a_n}{n+1}x^{n+1} \tag{9.4.4}$$

由性质9.4.3、性质9.4.4知,幂级数在它的收敛区间内可以逐项微分(或逐项积分),并且微分(或积分)后级数的收敛半径不变,仍为 R.如果逐项微分或逐项积分后的幂级数当 $x=R$ 或 $x=-R$ 时收敛,则在 $x=R$ 或 $x=-R$ 处式(9.4.3)和式(9.4.4)仍成立.

例9.4.4 求幂级数 $\sum_{n=1}^{\infty}(-1)^n \frac{x^{n+1}}{n+1}$ 的和函数.

解:由 $\lim_{n\to\infty}\left|\frac{a_{n+1}}{a_n}\right| = \lim_{n\to\infty}\frac{\frac{1}{n+2}}{\frac{1}{n+1}} = 1$,得收敛半径为 $R=1$.

当 $x=1$ 时,级数为 $\sum_{n=1}^{\infty}\frac{(-1)^n}{n+1}$,收敛;当 $x=-1$ 时,级数为 $\sum_{n=1}^{\infty}-\frac{1}{n+1}$,发散;所以收敛域为$(-1,1]$.

其和函数 $S(x) = \sum_{n=1}^{\infty}(-1)^n\frac{x^{n+1}}{n+1}$,在收敛域内对其逐项求导,得

$$S'(x) = \sum_{n=1}^{\infty}(-1)^n x^n = \frac{1}{x+1}$$

两边由0到x积分,得

$$S(x) = \ln(1+x) + S(0) = \ln(1+x)$$

即

$$\sum_{n=1}^{\infty} (-1)^n \frac{x^{n+1}}{n+1} = \ln(1+x),\ x \in (-1,1]$$

例9.4.5 (1)求幂级数$\sum\limits_{n=1}^{\infty} nx^{n-1}$的收敛域及和函数;(2)求级数$\sum\limits_{n=1}^{\infty} \frac{n}{3^n}$的和.

解:(1)由$\lim\limits_{n\to\infty}\left|\frac{a_{n+1}}{a_n}\right| = \lim\limits_{n\to\infty}\frac{n+1}{n} = 1$,得收敛半径为$R=1$.

当$x=1$时,级数为$\sum\limits_{n=1}^{\infty} n$,通项不趋于0,因此它发散;

当$x=-1$时,级数为$\sum\limits_{n=1}^{\infty}(-1)^{n-1}n$,通项也不趋于0,因此级数也发散,所以收敛域为$(-1,1)$.

设和函数为

$$S(x) = 1 + 2x + 3x^2 + \cdots + nx^{n-1} + \cdots$$

两边由0到x积分,得

$$\begin{aligned}\int_0^x S(t)\,dt &= \int_0^x (1 + 2t + 3t^2 + \cdots + nt^{n-1} + \cdots)\,dt \\ &= (t + t^2 + t^3 + \cdots + t^n + \cdots)\Big|_0^x \\ &= x + x^2 + x^3 + \cdots + x^n + \cdots \\ &= \frac{x}{1-x}\end{aligned}$$

两边再对x求导,即得

$$S(x) = \left(\frac{x}{1-x}\right)' = \frac{1}{(1-x)^2},\ x \in (-1,1)$$

(2)取$n=\frac{1}{3}$,则有

$$\sum_{n=1}^{\infty} n\left(\frac{1}{3}\right)^{n-1} = \frac{1}{\left(1-\frac{1}{3}\right)^2} = \frac{9}{4}$$

所以

$$\sum_{n=1}^{\infty} \frac{n}{3^n} = \frac{1}{3}\cdot\sum_{n=1}^{\infty} n\left(\frac{1}{3}\right)^{n-1} = \frac{1}{3}\cdot\frac{9}{4} = \frac{3}{4}$$

例 9.4.6 求级数 $\sum_{n=1}^{\infty} n \cdot \left(\frac{1}{2}\right)^n$ 的和.

解:考虑辅助幂级数 $\sum_{n=1}^{\infty} n \cdot x^n$, 不难求出,幂级数的收敛半径为 $R=1$,收敛域为 $x \in (-1,1)$. 其和函数为

$$S(x) = x + 2x^2 + 3x^3 + \cdots + nx^n + \cdots$$

$$= x \cdot (1 + 2x + 3x^2 + \cdots + nx^{n-1} + \cdots)$$

$$= x \cdot \left(\frac{x}{1-x}\right)'$$

$$= \frac{x}{(1-x)^2}$$

所以,当 $x \in (-1,1)$时,有

$$\sum_{n=1}^{\infty} nx^n = \frac{x}{(1-x)^2}$$

令 $x = \frac{1}{2}$,得

$$\sum_{n=1}^{\infty} n \cdot \left(\frac{1}{2}\right)^n = \frac{\frac{1}{2}}{(1-\frac{1}{2})^2}$$

习题 9.4

1. 求下列幂级数的收敛半径和收敛域:

(1) $\sum_{n=1}^{\infty} \frac{2^n}{n^2+1} x^n$; (2) $\sum_{n=1}^{\infty} \frac{1}{\sqrt{n}} (x-2)^n$;

(3) $\sum_{n=1}^{\infty} \frac{(-1)^n}{n \cdot 4^n} x^{2n-1}$; (4) $\sum_{n=1}^{\infty} \frac{3^n}{\sqrt{n}} x^n$;

(5) $\sum_{n=1}^{\infty} n! x^n$; (6) $\sum_{n=1}^{\infty} \frac{1}{2^n n} (x-1)^n$;

(7) $\sum_{n=1}^{\infty} \frac{n^2}{5^n} x^n$; (8) $\sum_{n=1}^{\infty} \frac{\ln(n+1)}{n} x^n$.

2. 求下列幂级数的和函数:

(1) $\sum_{n=1}^{\infty} (-1)^{n-1} \frac{x^n}{n}$; (2) $\sum_{n=1}^{\infty} (n+1) x^n$;

(3) $\sum_{n=1}^{\infty} n^2 x^n$; (4) $\sum_{n=1}^{\infty} \frac{(-1)^n}{(n+1)2^n} x^n$;

(5) $\sum_{n=1}^{\infty} (-1)^{n+1} \frac{x^{n+1}}{n(n+1)}$; (6) $\sum_{n=1}^{\infty} 2n \cdot x^{2n}$.

3. 求幂级数 $\sum_{n=1}^{\infty} (-1)^{n+1} \frac{x^{2n-1}}{2n-1}$ 的收敛域及和函数,并计算级数 $\sum_{n=0}^{\infty} \frac{(-1)^n}{2n-1} (\frac{3}{4})^n$ 的和.

9.5 函数的幂级数展开

上一节我们讲了如何利用幂级数性质求一个幂级数的和函数，而在实际使用中常常需要考虑其反问题，即给定一个函数，将其用幂级数表示. 因此，本节主要讨论如何将函数展开成幂级数.

9.5.1 泰勒级数

根据泰勒中值定理，如果函数$f(x)$在区间内各阶导数都存在，则对于任意的正整数，下述泰勒公式均成立：

$$f(x) = f(x_0) + f'(x_0)(x - x_0) + \frac{f''(x_0)}{2!}(x - x_0)^2 + \cdots + \frac{f^{(n)}(x_0)}{n!}(x - x_0)^n + R_n(x)$$

$$(a < x_0 < b)$$

其中

$$R_n(x) = \frac{f^{(n+1)}(\xi)}{(n+1)!}(x - x_0)^{n+1} \quad (x_0 < \xi < x)$$

当$n\to\infty$时，如果余项$R_n(x)\to 0$，则

$$f(x) = \lim_{n\to\infty}\left[f(x_0) + f'(x_0)(x - x_0) + \frac{f''(x_0)}{2!}(x - x_0)^2 + \cdots + \frac{f^{(n)}(x_0)}{n!}(x - x_0)^n\right]$$

由于上式右端方括号内的式子是级数 $\sum_{n=0}^{\infty}\frac{f^{(n)}(x_0)}{n!}(x - x_0)^n$ 的前$n+1$项组成的部分和式，所以此级数收敛，且以$f(x)$为和. 因此，函数可以写为

$$f(x) = \sum_{n=0}^{\infty}\frac{f^{(n)}(x_0)}{n!}(x - x_0)^n \tag{9.5.1}$$

它叫做函数$f(x)$的**泰勒级数**.

特别地，当$x_0 = 0$时，式(9.5.1)变为

$$f(x) = \sum_{n=0}^{\infty}\frac{f^{(n)}(0)}{n!}x^n \tag{9.5.2}$$

它称为函数$f(x)$的麦克劳林级数.

9.5.2 某些初等函数的幂级数展开

由前面的讨论可知，函数$f(x)$在x_0点处是否可以展开成为一个幂级数，取决于它的各阶导数在x_0点处是否存在，以及余项$R_n(x)$的极限是否为0. 下面将讨论如何将一个函数展开成幂级数.

将函数展开成幂级数有两种方法：直接展开法和间接展开法.

9.5.2.1 直接展开法

直接展开法，主要是利用泰勒公式或麦克劳林公式，将函数展开为幂级数. 将函数$f(x)$

展开成麦克劳林级数的步骤为：

(1) 求出函数 $f(x)$ 在 $x=0$ 的各阶导数值 $f^{(n)}(0)$，若函数 $f(x)$ 在 $x=0$ 的某阶导数不存在，则 $f(x)$ 不能展开为幂级数；

(2) 写出幂级数(9.5.2)，并求出其收敛域；

(3) 考察在收敛域内余项 $R_n(x)$ 的极限是否为0，如为0，则幂级数(9.5.2)在此收敛域内等于函数 $f(x)$；如不为0，虽然幂级数收敛，但它的和也不是 $f(x)$.

例 9.5.1 将正弦函数 $f(x)=\sin x$ 展开成 x 的幂级数.

解：因 $f^{(n)}(x)=\sin\left(x+\dfrac{n\pi}{2}\right)$，所以 $f^{(n)}(0)=\sin\dfrac{n\pi}{2}$.

当 $n=2k$ 时，

$$f^{(2k)}(0)=\sin k\pi=0\quad(k=0,1,2,\cdots)$$

当 $n=2k+1$ 时，

$$f^{(2k+1)}(0)=\sin\left(k\pi+\frac{\pi}{2}\right)=(-1)^k$$

于是 $f(x)=\sin x$ 在 $x=0$ 处的麦克劳林级数为

$$\sum_{n=0}^{\infty}\frac{f^{(n)}(0)}{n!}x^n=\sum_{k=0}^{\infty}(-1)^k\frac{x^{2k+1}}{(2k+1)!}$$

而

$$\lim_{k\to\infty}\left|\frac{u_{k+1}(x)}{u_k(x)}\right|=\lim_{k\to\infty}\frac{\dfrac{|x|^{2n+3}}{(2k+3)!}}{\dfrac{|x|^{2k+1}}{(2k+1)!}}=\lim_{k\to\infty}\frac{x^2}{(2k+3)(2k+2)}=0$$

所以收敛半径为 $R=+\infty$，收敛区间为 $(-\infty,+\infty)$.

又

$$\lim_{n\to\infty}|R_n(x)|=\lim_{k\to\infty}\left|\sin\left[\theta x+\frac{(2k+3)\pi}{2}\right]\cdot\frac{x^{2k+3}}{(2k+3)!}\right|\leqslant\lim_{k\to\infty}\frac{|x|^{2k+3}}{(2k+3)!}=0$$

得

$$\lim_{n\to\infty}R_n(x)=0$$

因此，

$$\sin x=x-\frac{1}{3!}x^3+\frac{1}{5!}x^5-\cdots+(-1)^n\frac{x^{2n+1}}{(2n+1)!}+\cdots=\sum_{n=0}^{\infty}(-1)^n\frac{x^{2n+1}}{(2n+1)!}$$

$$(-\infty<x<+\infty)$$

例 9.5.2 将指数函数 $f(x)=\mathrm{e}^x$ 展成 x 的幂级数.

解：因 $f^{(n)}(x)=\mathrm{e}^x,n=1,2,\cdots$，所以 $f^{(n)}(0)=\mathrm{e}^0=1$，于是 $f(x)=\mathrm{e}^x$ 在 $x=0$ 处的麦克劳林级数为

$$\sum_{n=0}^{\infty}\frac{f^{(n)}(0)}{n!}x^n=\sum_{n=0}^{\infty}\frac{x^n}{n!}=1+x+\frac{1}{2!}x^2+\cdots+\frac{1}{n!}x^n+\cdots$$

收敛区间为$(-\infty,+\infty)$. 余项为

$$R_n(x)=\frac{f^{(n+1)}(\theta x)}{(n+1)!}x^{n+1}=\frac{\mathrm{e}^{\theta x}}{(n+1)!}x^{n+1}\quad(0<\theta<1)$$

又

$$\lim_{n\to\infty}|R_n(x)|=\lim_{n\to\infty}\left|\frac{\mathrm{e}^{\theta x}}{(n+1)!}x^{n+1}\right|=\mathrm{e}^{\theta x}\lim_{n\to\infty}\frac{|x|^{n+1}}{(n+1)!}=0$$

得

$$\lim_{n\to\infty}R_n(x)=0$$

因此

$$\mathrm{e}^x=1+x+\frac{1}{2!}x^2+\cdots+\frac{1}{n!}x^n+\cdots=\sum_{n=0}^{\infty}\frac{x^n}{n!}\quad(-\infty<x<+\infty)$$

例 9.5.3　将函数$f(x)=(1+x)^{\alpha}$展开成x的幂级数.

解:由

$$[(1+x)^{\alpha}]^{(n)}=\alpha(\alpha-1)(\alpha-2)\cdots(\alpha-n+1)(1+x)^{(\alpha-n)}$$

得

$$f^{(n)}(0)=\alpha(\alpha-1)(\alpha-2)\cdots(\alpha-n+1)$$

所以$f(x)=(1+x)^{\alpha}$在$x=0$处的麦克劳林级数为

$$\sum_{n=0}^{\infty}\frac{f^{(n)}(0)}{n!}x^n=\sum_{n=0}^{\infty}\frac{\alpha(\alpha-1)(\alpha-2)\cdots(\alpha-n+1)}{n!}x^n$$

收敛半径$R=\lim\limits_{n\to\infty}\left|\frac{a_n}{a_{n+1}}\right|=\lim\limits_{n\to\infty}\left|\frac{n+1}{\alpha-n}\right|=1$,级数的收敛域为$(-1,1)$.

所以有

$$(1+x)^{\alpha}=1+\alpha x+\frac{\alpha(\alpha-1)}{2!}x^2+\cdots+\frac{\alpha(\alpha-1)(\alpha-2)\cdots(\alpha-n+1)}{n!}x^n+\cdots$$

$$=\sum_{n=0}^{\infty}\frac{\alpha(\alpha-1)(\alpha-2)\cdots(\alpha-n+1)}{n!}x^n\quad(-1<x<1)$$

注意:当$x=\pm1$时,级数能否表示为$(1+x)^{\alpha}$取决于α的值. 可以证明:当$\alpha\leqslant-1$时,收敛域为$(-1,1)$;当$-1<\alpha<0$时,收敛域为$(-1,1]$;当$\alpha>0$时,收敛域为$[-1,1]$.

例如,当$\alpha=-1$时,有

$$(1+x)^{-1}=\frac{1}{1+x}=1-x+x^2-\cdots+(-1)^nx^n+\cdots\quad(-1<x<1)$$

特别地,当α是正整数n时,可以得到二项式公式

$$(1+x)^n=1+nx+\frac{n(n-1)}{2!}x^2+\cdots+nx^n+x^n$$

9.5.2.2　间接展开法

间接展开法,是以一些已知的函数幂级数展开式为基础,利用幂级数的性质、变量变换

等方法,求出函数的幂级数展开式.

例 9.5.4 将函数 $y=\cos x$ 展开成 x 的幂级数.

分析:由于 $(\sin x)'=\cos x$,而 $y=\sin x$ 的幂级数展开式已经得到,然后逐项求导,即可求出余弦函数的幂级数展开式.

解:因为 $\sin x=\sum\limits_{n=0}^{\infty}(-1)^n\dfrac{x^{2n+1}}{(2n+1)!}$,所以

$$\cos x=(\sin x)'=\left(\sum_{n=0}^{\infty}(-1)^n\frac{x^{2n+1}}{(2n+1)!}\right)'=\sum_{n=0}^{\infty}(-1)^n\frac{x^{2n}}{(2n)!}$$

$$=1-\frac{x^2}{2!}+\frac{x^4}{4!}-\cdots+(-1)^n\frac{x^{2n}}{(2n)!}+\cdots\quad(-\infty<x<+\infty)$$

例 9.5.5 将函数 $\ln(1+x)$ 展开成 x 的幂级数.

分析:由于 $(\ln(1+x))'=\dfrac{1}{1+x}$,所以可以先求出函数$\dfrac{1}{1+x}$的幂级数展开式,然后逐项积分,即可得到 $\ln(1+x)$ 的幂级数展开式.

解:由于

$$\frac{1}{1+x}=1-x+x^2-\cdots+(-1)^nx^n+\cdots\quad(-1<x<1)$$

两边分别从 0 到 x 逐项积分,得

$$\ln(1+x)=\int_0^x\frac{1}{1+t}\mathrm{d}t=x-\frac{x^2}{2}+\frac{x^3}{3}-\cdots+(-1)^{n-1}\frac{x^n}{n}+\cdots$$

当 $x=1$ 时,它是交错级数 $\sum\limits_{n=1}^{\infty}(-1)^{n-1}\dfrac{1}{n}$,收敛,因此收敛域为 $(-1,1]$.

例 9.5.6 将函数 $\arctan x$ 展开成 x 的幂级数.

分析:由于 $\arctan x'=\dfrac{1}{1+x^2}$,所以可以先求出函数$\dfrac{1}{1+x^2}$的幂级数展开式,然后逐项积分,即可得到 $\arctan x$ 的幂级数展开式.

解:由于

$$\frac{1}{1+x^2}=1-x^2+x^4-\cdots+(-1)^{n-1}x^{2n-2}+\cdots\quad(-1<x<1)$$

两边分别从 0 到 x 逐项积分,得:

$$\arctan x=\int_0^x\frac{1}{1+t^2}\mathrm{d}t=x-\frac{x^3}{3}+\frac{x^5}{5}-\cdots+(-1)^{n-1}\frac{x^{2n-1}}{2n-1}+\cdots$$

当 $x=1$ 时,它是交错级数 $\sum\limits_{n=1}^{\infty}(-1)^{n-1}\dfrac{1}{2n-1}$,收敛;当 $x=-1$ 时,它是交错级数 $\sum\limits_{n=1}^{\infty}(-1)^n\dfrac{1}{2n-1}$,收敛;因此,级数的收敛域为 $[-1,1]$.

例 9.5.7 将函数 $y=\dfrac{1}{-2x^2+x+1}$展开成 x 的幂级数.

解:因为

$$y=\frac{1}{-2x^2+x+1}=-\frac{1}{(x-1)(2x+1)}=\frac{1}{1-x}+\frac{2}{1+2x}$$

而

$$\frac{1}{1+x}=\sum_{n=0}^{\infty}(-1)^n x^n \quad (-1<x<1)$$

将上式中的 x 换成 $-x$ 和 $2x$,得

$$\frac{1}{1-x}=\frac{1}{1+(-x)}=\sum_{n=0}^{\infty}(-1)^n(-x)^n=\sum_{n=0}^{\infty}x^n \quad (-1<x<1)$$

$$\frac{1}{1+2x}=\sum_{n=0}^{\infty}(-1)^n(2x)^n=\sum_{n=0}^{\infty}(-1)^n 2^n x^n \quad \left(-\frac{1}{2}<x<\frac{1}{2}\right)$$

根据幂级数的性质有

$$y=\frac{1}{1-x}+\frac{2}{1+2x}=\sum_{n=0}^{\infty}x^n+2\sum_{n=0}^{\infty}(-1)^n 2^n x^n=\sum_{n=0}^{\infty}\left[1+(-1)^n 2^{n+1}\right]x^n$$

收敛域为$(-1,1)\cap\left(-\frac{1}{2},\frac{1}{2}\right)$,即$\left(-\frac{1}{2},\frac{1}{2}\right)$.

例 9.5.8 将函数 $y=\ln x$ 展开成 $x-1$ 的幂级数.

解:因为

$$\ln(1+x)=x-\frac{x^2}{2}+\frac{x^3}{3}-\cdots+(-1)^{n-1}\frac{x^n}{n}+\cdots \quad (-1<x\leqslant 1)$$

所以

$$\ln x=\ln[1+(x-1)]=(x-1)-\frac{(x-1)^2}{2}+\frac{(x-1)^3}{3}-\cdots+(-1)^{n-1}\frac{(x-1)^n}{n}+\cdots$$

收敛域为 $-1<x-1\leqslant 1$,即$(0,2]$.

例 9.5.9 将函数 $f(x)=\arctan\frac{1-2x}{1+2x}$展开成 x 的幂级数.

分析:如果用直接展开法,非常复杂;用间接方法中的先积分后求导,很难把$f(x)$展开成 x 的幂级数;所以,只能用对$f(x)$先求导再积分的方法展开成 x 的幂级数.

解:因为$f'(x)=-\frac{2}{1+4x^2}$,而

$$\frac{1}{1+4x^2}=\frac{1}{1+(2x)^2}=\sum_{n=0}^{\infty}(-1)^n 4^n x^{2n},\ x\in\left(-\frac{1}{2},\frac{1}{2}\right)$$

所以

$$f'(x)=-\frac{2}{1+4x^2}=2\sum_{n=0}^{\infty}(-1)^{n+1}4^n x^{2n},\ x\in\left(-\frac{1}{2},\frac{1}{2}\right)$$

对上式逐项积分,可得

$$f(x)=f(0)+2\sum_{n=0}^{\infty}\frac{(-1)^{n+1}4^n}{2n+1}x^{2n+1}=\frac{\pi}{4}+2\sum_{n=0}^{\infty}\frac{(-1)^{n+1}4^n}{2n+1}x^{2n+1}$$

因为幂级数在 $x=\pm\frac{1}{2}$ 处收敛，所以收敛域为 $\left[-\frac{1}{2},\frac{1}{2}\right]$.

9.5.3　近似计算

利用一些函数的幂级数展开式可以用来进行近似计算，下面给出几个例子.

例 9.5.10　计算 e 的近似值.

解：自然指数 e^x 的幂级数展开式为

$$e^x=1+x+\frac{x^2}{2!}+\cdots+\frac{x^n}{n!}+\cdots\quad(-\infty<x<+\infty)$$

令 $x=1$，并取前 n 项作为近似，得

$$e\approx 1+1+\frac{1}{2!}+\cdots+\frac{1}{n!}$$

取 $n=7$，即取级数的前 8 项作近似计算，则有

$$e\approx 1+1+\frac{1}{2!}+\cdots+\frac{1}{7!}\approx 2.71826$$

例 9.5.11　计算 $\frac{1}{\sqrt{\pi}}\int_0^{\frac{1}{2}}e^{-x^2}dx$ 的近似值.

解：已知

$$e^x=1+x+\frac{x^2}{2!}+\cdots+\frac{x^n}{n!}+\cdots=\sum_{n=0}^{\infty}\frac{x^n}{n!}\quad(-\infty<x<+\infty)$$

则

$$e^{-x^2}=1-x^2+\frac{x^4}{2!}+\cdots+(-1)^n\frac{x^{2n}}{n!}+\cdots=\sum_{n=0}^{\infty}(-1)^n\frac{x^{2n}}{n!}\quad(-\infty<x<+\infty)$$

所以

$$\frac{1}{\sqrt{\pi}}\int_0^{\frac{1}{2}}e^{-x^2}dx=\frac{1}{\sqrt{\pi}}\int_0^{\frac{1}{2}}(-1)^n\frac{x^{2n}}{n!}dx=\frac{1}{\sqrt{\pi}}\frac{(-1)^n}{n!}\int_0^{\frac{1}{2}}x^{2n}dx=\frac{1}{\sqrt{\pi}}\frac{(-1)^n}{2^{2n+1}\cdot(2n+1)n!}$$

取 $n=3$，即取级数的前 4 项作近似计算，

$$\frac{1}{\sqrt{\pi}}\int_0^{\frac{1}{2}}e^{-x^2}dx\approx\frac{1}{\sqrt{\pi}}\left(\frac{1}{2}-\frac{1}{2^3\cdot 3}+\frac{1}{2^5\cdot 5\cdot 2!}-\frac{1}{2^7\cdot 7\cdot 3!}\right)=0.2602$$

例 9.5.12　计算 $\int_0^{0.1}\cos\sqrt{x}dx$ 的近似值.

解：因为

$$\cos x=1-\frac{x^2}{2!}+\frac{x^4}{4!}-\cdots+(-1)^n\frac{x^{2n}}{(2n)!}+\cdots\quad(-\infty<x<+\infty)$$

所以

$$\cos\sqrt{x}=1-\frac{x}{2!}+\frac{x^2}{4!}-\cdots+(-1)^n\frac{x^n}{(2n)!}+\cdots\quad(-\infty<x<+\infty)$$

取 $n=2$，即取级数的前 3 项作为近似计算得

$$\int_0^{0.1}\cos\sqrt{x}\mathrm{d}x \approx \int_0^{0.1}\left(1-\frac{x}{2!}+\frac{x^2}{4!}\right)\mathrm{d}x = \left(x-\frac{x^2}{4}+\frac{x^3}{72}\right)\Bigg|_0^{0.1} = 0.0975$$

例 9.5.13　计算 $\sqrt[3]{1002}$的近似值.

解:因为

$$(1+x)^{\alpha} = 1+\alpha x+\frac{\alpha(\alpha-1)}{2!}x^2+\cdots+\frac{\alpha(\alpha-1)(\alpha-2)\cdots(\alpha-n+1)}{n!}x^n+\cdots$$

$$(-1<x<1)$$

取 $\alpha=\frac{1}{3}$,得

$$\sqrt[3]{1002} = 10(1+0.002)^{\frac{1}{3}} = 10\left[1+\frac{1}{3}\cdot 0.002-\frac{1}{3^2}\cdot(0.002)^2+\frac{5}{3^4}(0.002)^3-\cdots\right]$$

取 $n=1$,即取级数的前 2 项作为近似计算得

$$\sqrt[3]{1002} \approx 10\left[1+\frac{1}{3}\cdot 0.002\right] = 10.0067$$

习题 9.5

1. 将下列函数展开成为麦克劳林级数:

(1) x^2e^{-x};　　(2) $\ln\frac{1+x}{1-x}$;

(3) $\cos^2 x$;　　(4) $\mathrm{sh}x=\frac{e^x-e^{-x}}{2}$.

2. 将函数 $\cos x$ 展开成为 $x+\frac{\pi}{3}$的幂级数.

3. 将函数$\frac{1}{x^2+3x+2}$展开成为 $x-1$ 的幂级数.

4. 将函数 $\sqrt[3]{x}$ 展开成为 $x-1$ 的幂级数.

5. 将函数$\frac{1}{x}$展开成为 $x-3$ 的幂级数.

6. 利用幂级数展开法近似计算下列各值:

(1) $\sqrt{e}$;　(2) $\sqrt[3]{30}$;　(3) $\cos\frac{\pi}{10}$.

7. 利用幂级数展开法计算下列积分的近似值:

(1) $\int_{0.1}^{1}\frac{e^x}{x}\mathrm{d}x$;　　(2) $\int_0^1\frac{\sin x}{x}\mathrm{d}x$.

10 微分方程

微积分研究的对象是函数关系，但在实际问题中，往往很难直接得到所研究的变量之间的函数关系，却比较容易建立起这些变量与其导数之间或微分之间的联系，从而得到一个关于未知函数的导数或微分的方程，即微分方程. 通过解微分方程，可以找出未知量之间的函数关系. 因此，微分方程是数学联系实际，并应用于实际的重要途径与桥梁，是各门学科进行科学研究的强有力的工具.

本章知识结构导图：

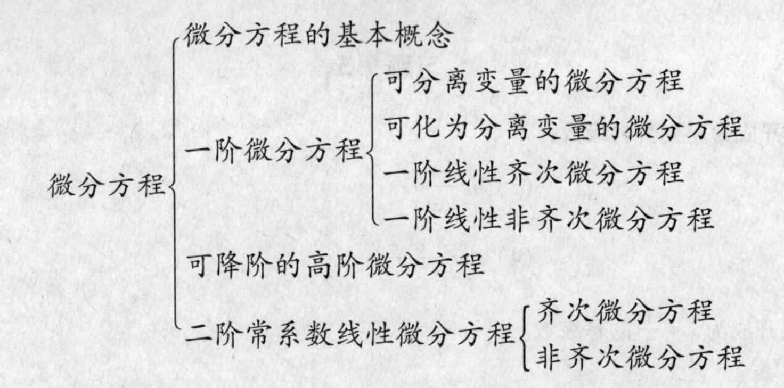

10.1 微分方程的基本概念

我们先介绍下面两个例子.

例 10.1.1 一曲线通过点(1,2)，且在该曲线上任意点 $M(x,y)$ 处的切线斜率为 $2x$，求该曲线的方程.

解：设所求曲线方程为 $y=y(x)$，按题意，未知函数 $y(x)$ 应满足关系式

$$\frac{\mathrm{d}y}{\mathrm{d}x}=2x \tag{10.1.1}$$

此外还应满足条件

$$y\big|_{x=1}=2 \tag{10.1.2}$$

方程(10.1.1)两端对 x 积分，得

$$y=\int 2x\mathrm{d}x=x^2+C \tag{10.1.3}$$

其中 C 为任意常数. 把式(10.1.2)代入式(10.1.3)，得

$$2 = 1 + C,\ C = 1$$

把 $C=1$ 代入式(10.1.3),即得所求的曲线方程为

$$y = x^2 + 1 \tag{10.1.4}$$

例 10.1.2 一汽车以 10m/s 的速度在公路上行驶,司机突然发现汽车前方 20m 处有一物体,立即刹车.已知汽车刹车后获得的加速度为 -4m/s^2,问汽车能否碰到此物体?

解:设汽车刹车后 t s 内行驶了 S m,汽车在刹车阶段的位移函数为 $S=S(t)$,由已知条件汽车刹车后获得的加速度为 -4m/s^2,于是 $S=S(t)$ 应满足方程

$$\frac{\mathrm{d}^2S}{\mathrm{d}t^2} = -4 \tag{10.1.5}$$

式(10.1.5)两端对 t 积分,得

$$v = \frac{\mathrm{d}S}{\mathrm{d}t} = -4t + C_1 \tag{10.1.6}$$

式(10.1.6)两端再对 t 积分,得

$$S = -2t^2 + C_1t + C_2 \tag{10.1.7}$$

将 $v\big|_{t=0} = \frac{\mathrm{d}S}{\mathrm{d}t}\big|_{t=0} = 10$ 代入式(10.1.6),求得 $C_1=10$;将 $S\big|_{t=0}=0$ 代入式(10.1.7),求得 $C_2=0$. 于是得到

$$v = -4t + 10 \tag{10.1.8}$$

$$S = -2t^2 + 10t \tag{10.1.9}$$

在式(10.1.8)中,令 $v=0$,求得汽车从开始刹车到停止所需的时间 $t=2.5\text{s}$;将其代入式(10.1.9),可求得汽车刹车后行驶的距离 $S=12.5\text{m}$,所以汽车碰不到此物体.

这两个例子中,关系式(10.1.1)和式(10.1.5)都含有未知函数的导数,它们都称为**微分方程**.一般地,凡表示未知函数、未知函数的导数及自变量之间的关系的方程,称为**微分方程**.这里必须指出,在微分方程中,自变量及未知函数可以不出现,但未知函数的导数必须出现.

微分方程中出现的未知函数的最高阶导数的阶数,称为**微分方程的阶**.例如方程(10.1.1)是一阶微分方程,方程(10.1.5)是二阶微分方程.又如方程

$$x^2y''' + xy'' - 4y' = 3x^4$$

是三阶微分方程,而方程

$$y^{(4)} - 4y''' + 10y'' - 12y' + 5y = \sin 2x$$

是四阶微分方程.

一般地,n 阶微分方程的形式是

$$F(x,y,y',\cdots,y^{(n)}) = 0 \tag{10.1.10}$$

其中 F 是 $x,y,y',\cdots,y^{(n)}$ 的已知函数,x 为自变量,y 为未知函数,且方程中一定出现 $y^{(n)}$.

如果能从方程(10.1.10)中解出最高阶导数,则微分方程(10.1.10)可写为

$$y^{(n)} = f(x,y,\cdots,y^{(n-1)})$$

从前面的例子可以看到,在研究某些实际问题时,首先要建立微分方程,然后解微分方程,即求出满足微分方程的函数.也就是求出这样的函数,把它及它的导数代入微分方程时,能使该方程成为恒等式,那么这个函数称为**微分方程的解**.确切地说,设函数 $y=\varphi(x)$ 在区间 I 上具有 n 阶连续导数,如果在区间 I 上,

$$F(x,\varphi(x),\varphi'(x),\cdots,\varphi^{(n)}(x))=0$$

那么函数 $y=\varphi(x)$ 就称为微分方程(10.1.10)在区间 I 上的解.

例如,函数(10.1.3)和函数(10.1.4)都是微分方程(10.1.1)的解,函数(10.1.7)和函数(10.1.9)都是微分方程(10.1.5)的解.

如果微分方程的解中含有任意常数,且任意常数的个数与微分方程的阶数相同,这样的解称为**微分方程的通解**.例如函数(10.1.3)是方程(10.1.1)的解,它含有一个任意常数,而方程(10.1.1)是一阶的,所以函数(10.1.3)是方程(10.1.1)的通解.又如函数(10.1.7)是方程(10.1.5)的解,它含有两个任意常数,而方程(10.1.5)是二阶的,所以函数(10.1.7)是通解.

由于通解中含有任意常数,所以它还不能完全确定地反映某一客观事物的特殊规律性,若想得到反映具体事物的特殊规律性,必须要确定这些常数的值.为此,在给出微分方程的同时,还要给出方程中的未知函数所必须满足的一些条件,通过这些条件,可以确定通解中任意常数的值,这样的条件成为定解的条件.例如,例10.1.1中的条件(10.1.2)、例10.1.2中的条件 $v|_{t=0}=10, S|_{t=0}=0$.

对于一阶微分方程,常用的定解条件是

$$y(x_0)=y_0$$

或写成

$$y|_{x=x_0}=y_0$$

其中 x_0、y_0 都是给定的数值.

对于二阶微分方程,常用的定解条件是

$$y(x_0)=y_0,\ y'(x_0)=y'_0$$

或写成

$$y|_{x=x_0}=y_0,\ y'|_{x=x_0}=y_1$$

其中 x_0、y_0 和 y'_0 都是给定的数值.这样的定解条件称为**初始条件**.

确定了通解中的任意常数以后,就得到了微分方程的特解.例如式(10.1.4)是微分方程(10.1.1)满足初始条件(10.1.2)的特解.

求一阶微分方程 $y'=f(x,y)$ 满足初始条件 $y|_{x=x_0}=y_0$ 的特解这样一个问题,称为一阶微分方程的**初值问题**.一阶微分方程的初值问题可表示为

$$\begin{cases} y'=f(x,y) \\ y|_{x=x_0}=y_0 \end{cases} \tag{10.1.11}$$

二阶微分方程的初值问题可表示为

$$\begin{cases} y''=f(x,y,y') \\ y|_{x=x_0}=y_0, y'|_{x=x_0}=y_1 \end{cases}$$

从几何意义来看,微分方程特解的图形是一条曲线,称为微分方程的积分曲线. 初值问题(10.1.11)的几何意义,就是求微分方程通过点(x_0,y_0)的那条积分曲线.

例 10.1.3　验证函数 $y=(C_1+C_2x)e^x$ 是微分方程

$$y''-2y'+y=0 \tag{10.1.12}$$

的通解,求满足初始条件 $y|_{x=0}=1, y'|_{x=0}=2$ 的特解.

证:所给函数的导数为

$$y'=(C_1+C_2+C_2x)e^x$$

$$y''=(C_1+2C_2+C_2x)e^x$$

把 y' 和 y'' 的表达式代入微分方程(10.1.12)中,得到

$$(C_1+2C_2+C_2x)e^x-2(C_1+C_2+C_2x)e^x+(C_1+C_2x)e^x=0$$

因此,函数 $y=(C_1+C_2x)e^x$ 是微分方程(10.1.12)的解;又因方程(10.1.12)为二阶微分方程,且解中含有两个独立的任意常数,所以函数 $y=(C_1+C_2x)e^x$ 是微分方程(10.1.12)的通解.

将初始条件 $y|_{x=0}=1, y'|_{x=0}=2$ 分别代入 y、y'' 的表达式,得

$$\begin{cases} C_1=1 \\ C_1+C_2=2 \end{cases}$$

解得 $C_1=1, C_2=1$,因此所求的特解为 $y=(1+x)e^x$.

习题 10.1

1. 指出下列各微分方程的阶数:

(1) $xy'^2-2yy'+x=0$;　　(2) $x^2y''-xy'+y=0$;

(3) $(7x-6y)dx+(x+y)dy=0$;　　(4) $\frac{dy}{dx}=2x+6$.

2. 判断下列各题中的函数(其中 C 为任意常数)是否为所给微分方程的解?若是解,它是通解还是特解?

(1) $y'^2+y^2-1=0, y=\sin(x+C), y=\pm 1$;

(2) $x\frac{dy}{dx}=-2y, y=Cx^{-2}$;

(3) $y''+y=0, y=3\cos x-4\sin x$;

(4) $xy'=2y, y=5x^2$;

(5) $\frac{dy}{dx}-2y=0, y=\sin x, y=e^x, y=Ce^x$.

3. 在下列各题给出的微分方程的通解中,按照所给的初始条件确定特解:

(1) $x^2-y^2=C, y|_{x=0}=5$;

(2) $y=C_1\sin(x-C_2), y|_{x=\pi}=1, y'|_{x=\pi}=0$.

4. 给定一阶微分方程 $\frac{dy}{dx}=2x$,

(1)求出它的通解;

(2)求通过点(1,4)的特解;

(3)求出与直线 $y=2x+3$ 相切的解;

(4)求出满足条件 $\int_0^1 y\mathrm{d}x = 2$ 的解.

10.2 一阶微分方程

一阶微分方程的一般形式为

$$F(x,y,y') = 0$$

如果上式关于 y' 可解出,则方程可写成

$$y' = f(x,y) \quad \text{或} \quad \frac{\mathrm{d}y}{\mathrm{d}x} = f(x,y)$$

一阶微分方程有时也可写成如下的对称形式

$$P(x,y)\mathrm{d}x + Q(x,y)\mathrm{d}y = 0$$

对于一般的微分方程,要求出它的解是很困难的,即使是一阶微分方程,它的解也不是容易求得的.本节将介绍几种常见类型的一阶微分方程及其解法.

10.2.1 可分离变量的微分方程

本节将介绍一种常见的一阶微分方程,形如

$$\frac{\mathrm{d}y}{\mathrm{d}x} = f(x)g(y) \tag{10.2.1}$$

那么通常将其称为可分离变量的方程.

这种微分方程的解法是:将含有变量 x 与 y 的函数及微分分列等号的两端,然后求积分.将方程变形为

$$\frac{\mathrm{d}y}{g(y)} = f(x)\mathrm{d}x \tag{10.2.2}$$

再对上式两边分别积分

$$\int \frac{\mathrm{d}y}{g(y)} = \int f(x)\mathrm{d}x$$

设 $G(y)$、$F(x)$ 分别是 $\frac{1}{g(y)}$、$f(x)$ 的原函数,就得到方程的通解为

$$G(y) = F(x) + C \tag{10.2.3}$$

可以证明,由二元方程(10.2.3)所确定的隐函数 $y=y(x)$ 确实微分方程(10.2.1)的解.二元方程(10.2.3)就称为微分方程(10.2.1)的隐式解.又因式(10.2.3)含有一个任意常数,所以式(10.2.3)是微分方程的通解.

例 10.2.1 求微分方程 $\frac{\mathrm{d}y}{\mathrm{d}x}=2xy$ 的通解.

解:分离变量,得

$$\frac{\mathrm{d}y}{y} = 2x\mathrm{d}x$$

两端积分,得

$$\int \frac{dy}{y} = \int 2x dx$$

故

$$\ln|y| = x^2 + C_1 \quad (C_1 \text{ 为任意常数})$$

从而

$$y = \pm e^{x^2+C_1} = \pm e^{C_1} e^{x^2}$$

因 $\pm e^{C_1}$ 仍是任意常数,记 $C = \pm e^{C_1}$,则可得题设的通解

$$y = Ce^{x^2}$$

例 10.2.2 求微分方程 $(1+y^2)dx - x(1+x^2)ydy = 0$ 的通解.

解:用 $x(1+x^2)(1+y^2)$ 除方程的两边,移项得

$$\frac{dx}{x(1+x^2)} = \frac{ydy}{1+y^2}$$

两边分别积分,得

$$\ln|x| - \frac{1}{2}\ln(1+x^2) = \frac{1}{2}\ln(1+y^2) + C_1$$

即

$$\ln \frac{x^2}{(1+x^2)(1+y^2)} = 2C_1$$

亦即

$$\frac{x^2}{(1+x^2)(1+y^2)} = e^{2C_1}$$

记 $C = \frac{1}{e^{2C_1}}$,则由此得到通解

$$(1+x^2)(1+y^2) = Cx^2$$

此外还有解

$$x = 0$$

例 10.2.3 某公司对以往的资料分析后发现,如果不做广告,公司某商品的净利润为 y_0;如果加以广告宣传,则净利润 y 对广告费 x 的增长率与某个确定常数 a 和净利润之差成正比例(比例常数为 k),求净利润 y 与广告费 x 间的函数关系.

解:设净利润 $y = y(x)$,x 为广告费用. 依题意,可得微分方程

$$\frac{dy}{dx} = k(a-y)$$

及初始条件

$$y|_{x=0} = y_0$$

将方程分离变量,得

$$\frac{dy}{a-y} = kdx$$

上式两端积分,得

$$-\ln(a-y)=kx+C_1$$

即
$$y=a-e^{-kx-C_1}$$

记 $C=e^{-C_1}$,于是得到方程的通解

$$y=a-Ce^{-kx}$$

将初始条件 $y|_{x=0}=y_0$ 代入上式,求得 $C=a-y_0$. 净利润与广告费间的函数关系为

$$y=a-(a-y_0)e^{-kx}$$

10.2.2 可化为分离变量的微分方程

有些一阶微分方程虽然不是明显的可分离变量方程,但可经过某种变换化为可分离变量的微分方程. 这里只介绍两种简单的情形.

(1)如果一阶微分方程形如

$$\frac{dy}{dx}=g\left(\frac{y}{x}\right) \tag{10.2.4}$$

则称其为齐次微分方程,这里 $g(u)$ 是 u 的连续函数. 例如

$$(xy-y^2)dx-(x^2-2xy)dy=0$$

是齐次方程,因为上式可以化成

$$\frac{dy}{dx}=\frac{xy-y^2}{x^2-2xy}=\frac{\frac{y}{x}-\left(\frac{y}{x}\right)^2}{1-2\left(\frac{y}{x}\right)}=\varphi\left(\frac{y}{x}\right)$$

在齐次微分方程(10.2.4)中,只要作变量变换

$$u=\frac{y}{x} \tag{10.2.5}$$

即 $y=ux$,于是

$$\frac{dy}{dx}=x\frac{du}{dx}+u \tag{10.2.6}$$

将式(10.2.5)、式(10.2.6)代入式(10.2.4),则原方程为

$$x\frac{du}{dx}+u=g(u)$$

整理后得到

$$\frac{du}{dx}=\frac{g(u)-u}{x} \tag{10.2.7}$$

上式是一个以 u 为未知函数的可分离变量的微分方程.

若 $g(u)-u\neq0$,则方程(10.2.7)是一个可分离变量的方程. 可按分离变量法求解,然后代回原来的变量,得到方程(10.2.4)的解.

若 $g(u)-u=0$,有根 $u=u_0$,则函数 $u=u_0$ 为常数函数,从而 $y=u_0x$ 也是方程(10.2.4)

的解.

例 10.2.4 求解方程 $\frac{dy}{dx}=\frac{y}{x}+\tan\frac{y}{x}$.

解:这是齐次微分方程,把 $u=\frac{y}{x}$ 及 $\frac{dy}{dx}=x\frac{du}{dx}+u$ 代入原方程,则原方程变为

$$x\frac{du}{dx}+u=u+\tan u$$

即

$$\frac{du}{dx}=\frac{\tan u}{x} \tag{10.2.8}$$

将上式分离变量,即有

$$\cot u\mathrm{d}u=\frac{dx}{x}$$

两边积分得

$$\ln|\sin u|=\ln|x|+C_1 \quad (C_1\text{ 为任意常数})$$

整理后,得到

$$\sin u=\pm e^{C_1}x$$

令 $C=\pm e^{C_1}$,得到

$$\sin u=Cx \tag{10.2.9}$$

此外,方程(10.2.8)还有解 $\tan u=0$,即 $\sin u=0$. 如果在方程(10.2.9)中允许 $C=0$,则 $\sin u=0$ 也就包括在其中,这就是说,方程(10.2.8)的通解为方程(10.2.9). 代回原来的变量,得到原方程的通解为

$$\sin\frac{y}{x}=Cx$$

例 10.2.5 求解微分方程 $\frac{dy}{dx}=\frac{1}{x+y}$.

解:令 $x+y=u$,则 $y=u-x$,$\frac{dy}{dx}=\frac{du}{dx}-1$. 于是

$$\frac{du}{dx}-1=\frac{1}{u}$$

即

$$\frac{du}{dx}=\frac{u+1}{u}$$

分离变量得

$$\frac{u+1}{u}du=dx$$

积分得

$$u - \ln|u + 1| = x + C_1$$

将 $x + y = u$ 代入上式中,得原方程的通解为

$$y - \ln|x + y + 1| = C_1 \quad (C_1 \text{ 为任意常数})$$

或令 $C = \pm e^{-C_1}$,则有

$$x = Ce^y - y - 1$$

例 10.2.6 已知生产某种产品的总成本 C 由可变成本与固定成本两部分构成. 假设可变成本 y 是产量 x 的函数,且 y 关于 x 的变化率等于产量平方与可变成本平方之和($x^2 + y^2$)除以产量与可变成本之积的 2 倍,固定成本为 10. 当 $x = 1$ 时,$y = 3$,求总成本函数 $C = C(x)$.

解:依题意,有微分方程

$$\frac{dy}{dx} = \frac{x^2 + y^2}{2xy}$$

将原方程改写成

$$\frac{dy}{dx} = \frac{x^2 + y^2}{2xy} = \frac{1 + \left(\frac{y}{x}\right)^2}{2\left(\frac{y}{x}\right)}$$

这是齐次微分方程. 令 $u = \frac{y}{x}$,则上述方程可化为

$$u + x\frac{du}{dx} = \frac{1 + u^2}{2u}$$

即

$$x\frac{du}{dx} = \frac{1 - u^2}{2u}$$

分离变量后得

$$\frac{dx}{x} = \frac{1 - u^2}{2u}du$$

上式两端积分得到

$$\ln|x| = \ln|1 - u^2| + \ln A$$

从而

$$x(1 - u^2) = A$$

以 $u = \frac{y}{x}$ 代入上式,得通解

$$y^2 = x^2 - Ax$$

由初始条件 $y|_{x=1} = 3$,代入上式,得 $A = -8$. 因此可变成本为 $y = \sqrt{x^2 + 8x}$. 总成本函数为

$$C = 10 + \sqrt{x^2 + 8x}$$

下面介绍另外一种类型的微分方程.

(2)形如

$$\frac{dy}{dx}=\frac{a_1x+b_1y+c_1}{a_2x+b_2y+c_2} \tag{10.2.10}$$

的方程可经过变量变换为可分离变量的方程,这里 a_1、a_2、b_1、b_2、c_1、c_2 均为常数.

我们分三种情形来讨论:

1) $\frac{a_1}{a_2}=\frac{b_1}{b_2}=\frac{c_1}{c_2}=k$(常数).

这时方程化为

$$\frac{dy}{dx}=k$$

有通解

$$y=kx+C \quad (C\text{为任意常数})$$

2) $\frac{a_1}{a_2}=\frac{b_1}{b_2}=k\neq\frac{c_1}{c_2}$.

令 $u=a_2x+b_2y$,这时有

$$\frac{du}{dx}=a_2+b_2\frac{dy}{dx}=a_2+b_2\frac{ku+c_1}{u+c_2}$$

是可分离变量的方程.

3) $\frac{a_1}{a_2}\neq\frac{b_1}{b_2}$.

如果方程(10.2.10)中 c_1、c_2 不全为零,方程右端分子、分母都是 x、y 的一次多项式,因此

$$\begin{cases}a_1x+b_1y+c_1=0\\a_2x+b_2y+c_2=0\end{cases} \tag{10.2.11}$$

代表 xoy 平面上两条相交直线,设交点为 (x,y). 若令

$$\begin{cases}X=x-\alpha\\Y=y-\beta\end{cases}$$

则式(10.2.11)化为

$$\begin{cases}a_1X+b_1Y=0\\a_2X+b_2Y=0\end{cases}$$

从而式(10.2.10)变为

$$\frac{dY}{dX}=\frac{a_1X+b_1Y}{a_2X+b_2Y}=g\left(\frac{Y}{X}\right)$$

因此,求解上述齐次方程,最后代回原变量即可得原方程(10.2.10)的解.

如果方程(10.2.10)中 $c_1=0$, $c_2=0$,可不必求解方程(10.2.11),直接取变换 $u=\frac{y}{x}$

即可.

例 10.2.7 求解方程 $\frac{\mathrm{d}y}{\mathrm{d}x}=\frac{x-y+1}{x+y-3}$.

解:解方程组

$$\begin{cases}x-y+1=0\\x+y-3=0\end{cases}$$

得 $x=1,y=2$. 令

$$\begin{cases}x=X+1\\y=Y+2\end{cases}\tag{10.2.12}$$

代入原方程有

$$\frac{\mathrm{d}Y}{\mathrm{d}X}=\frac{X-Y}{X+Y}$$

再令 $u=\frac{Y}{X}$. 即

$$\frac{\mathrm{d}X}{X}=\frac{1+u}{1-2u-u^2}\mathrm{d}u$$

两边积分,得

$$\ln X^2=-\ln|u^2+2u-1|+C_1$$

因此

$$X^2(u^2+2u-1)=\pm\mathrm{e}^{C_1}$$

记 $\pm\mathrm{e}^{C_1}=C_2$,并代回原变量,得

$$Y^2+2XY-X^2=C_2$$

$$(y-2)^2+2x(x-1)(y-2)-(x-1)^2=C_2$$

此外,容易验证

$$u^2+2u-1=0$$

即

$$Y^2+2XY-X^2=0$$

是方程(10.2.12)的解. 因此原方程的通解为

$$y^2+2xy-x^2-6y-2x=C$$

其中 C 为任意常数.

习题 10.2

1. 求下列可分离变量的微分方程的通解:

(1) $xy' - y\ln y = 0$；　(2) $y' = \frac{\sqrt{1-y^2}}{\sqrt{1-x^2}}$；

(3) $\sec^2 x\tan y\mathrm{d}x + \sec^2 y\tan x\mathrm{d}y = 0$；　(4) $y\mathrm{d}x + (x^2 - 4x)\mathrm{d}y = 0$；

(5) $(\mathrm{e}^{x+y} - \mathrm{e}^x)\mathrm{d}x + (\mathrm{e}^{x+y} + \mathrm{e}^y)\mathrm{d}y = 0$；　(6) $\cos x\sin y\mathrm{d}x + \sin x\cos y\mathrm{d}y = 0$.

2. 求解下列微分方程的通解：

(1) $xy' - y - \sqrt{y^2 - x^2} = 0$；　(2) $x\frac{\mathrm{d}y}{\mathrm{d}x} = y\ln\frac{y}{x}$；

(3) $(1 + 2\mathrm{e}^{\frac{x}{y}})\mathrm{d}x + 2\mathrm{e}^{\frac{x}{y}}\left(1 - \frac{x}{y}\right)\mathrm{d}y = 0$；　(4) $\frac{\mathrm{d}y}{\mathrm{d}x} = \frac{x - y + 5}{x - y - 2}$；

(5) $\frac{\mathrm{d}y}{\mathrm{d}x} = \frac{2x - y - 1}{x - 2y + 1}$.

3. 用适当的变量替换将下列方程化为可分离变量的方程，然后求出通解：

(1) $y' = (x + y)^2$；　(2) $xy' + y = y(\ln x + \ln y)$.

4. 求下列可分离变量微分方程满足所给初始条件的特解：

(1) $y' = \mathrm{e}^{2x-y}, y|_{x=0} = 0$；

(2) $y'\sin x = y\ln y, y|_{x=\frac{\pi}{2}} = \mathrm{e}$；

(3) $\cos y\mathrm{d}x + (1 + \mathrm{e}^{-x})\sin y\mathrm{d}y = 0, y\Big|_{x=0} = \frac{\pi}{4}$.

5. 求下列齐次方程满足所给初始条件的特解：

(1) $(y^2 - 3x^2)\mathrm{d}y + 2xy\mathrm{d}x = 0, y|_{x=0} = 1$；

(2) $(x + 2y)y' = y - 2x, y|_{x=1} = 1$.

6. 设质量为1g的质点受外力作用作直线运动，这个外力和时间成正比，和质点运动的速度成反比. $t = 10\mathrm{s}$时，速度等于50cm/s，外力为$4\mathrm{g}\cdot\mathrm{cm/s^2}$，问从运动开始经过一分钟后的速度是多少？

7. 一曲线通过点(2,3)，它在两坐标轴间的任一切线线段均被切点所平分，求这曲线的方程.

10.3　一阶线性微分方程

方程

$$\frac{\mathrm{d}y}{\mathrm{d}x} + P(x)y = Q(x) \tag{10.3.1}$$

称为一阶线性微分方程. 其中$P(x)$、$Q(x)$为已知函数. 所谓线性微分方程是指方程关于未知函数及其导数是一次的. 例如$\frac{\mathrm{d}y}{\mathrm{d}x} + x^2 y = \sin x$是一阶线性微分方程，$y\frac{\mathrm{d}y}{\mathrm{d}x} + x^2 y = \sin x$不是一阶线性微分方程.

当$Q(x) \equiv 0$时，方程(10.3.1)称为一阶线性齐次微分方程.

当$Q(x) \neq 0$时，方程(10.3.1)称为一阶线性非齐次微分方程.

10.3.1　一阶线性齐次微分方程

设式(10.3.1)为非齐次线性微分方程，把$Q(x)$换成零而写出

$$\frac{\mathrm{d}y}{\mathrm{d}x} + P(x)y = 0 \tag{10.3.2}$$

方程(10.3.2)是可分离变量的方程,经分离变量后,得

$$\frac{1}{y}\mathrm{d}y = -P(x)\mathrm{d}x$$

两端积分得

$$\ln|y| = -\int P(x)\mathrm{d}x + \ln C_1$$

故方程(10.3.2)的通解为

$$y = C\mathrm{e}^{-\int P(x)\mathrm{d}x} \quad (C\text{ 为任意常数}) \tag{10.3.3}$$

10.3.2 一阶线性非齐次微分方程

齐次方程(10.3.2)是非齐次方程(10.3.1)的特殊情形,两者在形式上既有联系,又有区别.因此猜想齐次方程(10.3.2)的通解也应该是非齐次方程(10.3.1)的通解的特殊情况.下面用常数变易法求非齐次线性方程(10.3.2)的通解.将齐次方程(10.3.2)的通解中的任意常数 C 换成 x 的待定函数 $u(x)$,设方程(10.3.1)具有形如

$$y = u(x)\mathrm{e}^{-\int P(x)\mathrm{d}x}$$

的解,代入方程(10.3.1)后,只需确定函数 $u(x)$,便得方程(10.3.1)的通解.

设 $y=u(x)\mathrm{e}^{-\int P(x)\mathrm{d}x}$ 是方程(10.3.1)的解,代入方程

$$u'(x)\mathrm{e}^{-\int P(x)\mathrm{d}x} - u(x)P(x)\mathrm{e}^{-\int P(x)\mathrm{d}x} + P(x)u(x)\mathrm{e}^{-\int P(x)\mathrm{d}x} = Q(x)$$

即

$$u'(x)\mathrm{e}^{-\int P(x)\mathrm{d}x} = Q(x),\ u'(x) = Q(x)\mathrm{e}^{\int P(x)\mathrm{d}x}$$

积分得

$$u(x) = \int Q(x)\mathrm{e}^{\int P(x)\mathrm{d}x}\mathrm{d}x + C$$

故非齐次线性微分方程(10.3.1)的通解为

$$y = \mathrm{e}^{-\int P(x)\mathrm{d}x}\left(\int Q(x)\mathrm{e}^{\int P(x)\mathrm{d}x}\mathrm{d}x + C\right) \tag{10.3.4}$$

在式(10.3.4)中令 $C=0$,便得到方程(10.3.1)的一个特解为

$$y = \mathrm{e}^{-\int P(x)\mathrm{d}x}\int Q(x)\mathrm{e}^{\int P(x)\mathrm{d}x}\mathrm{d}x$$

把式(10.3.4)写成两项之和

$$y = C\mathrm{e}^{-\int P(x)\mathrm{d}x} + \mathrm{e}^{-\int P(x)\mathrm{d}x}\int Q(x)\mathrm{e}^{\int P(x)\mathrm{d}x}\mathrm{d}x$$

上式右端第一项是对应的齐次线性方程(10.3.2)的通解,第二项是非齐次线性方程(10.3.1)的一个特解.

例 10.3.1 求方程 $\frac{\mathrm{d}y}{\mathrm{d}x}-\frac{2}{x+1}y=(x+1)^3$ 的通解.

解:$P(x)=\dfrac{2}{x+1}$,$Q(x)=(x+1)^3$,则方程的通解为

$$\begin{aligned}y&=\mathrm{e}^{-\int P(x)\mathrm{d}x}\left[\int Q(x)\mathrm{e}^{\int P(x)\mathrm{d}x}\mathrm{d}x+C\right]\\&=\mathrm{e}^{\int\frac{2}{x+1}\mathrm{d}x}\left[\int(x+1)^3\mathrm{e}^{-\int\frac{2}{x+1}\mathrm{d}x}\mathrm{d}x+C\right]\\&=(x+1)^2\left(\frac{1}{2}x^2+x+C\right)\end{aligned}$$

其中 C 是任意常数.

例 10.3.2 求方程 $\dfrac{\mathrm{d}y}{\mathrm{d}x}=\dfrac{y}{2x-y^2}$的通解.

解:原方程不是未知函数 y 的线性方程,但我们可以将它改写成为

$$\frac{\mathrm{d}x}{\mathrm{d}y}-\frac{2}{y}x=-y \tag{10.3.5}$$

把 x 看做未知函数,y 看做自变量,这样对于 x 及$\dfrac{\mathrm{d}x}{\mathrm{d}y}$来说,方程(10.3.5)就是一个非齐次线性微分方程. 由于

$$P(x)=-\frac{2}{y},\ Q(x)=-y$$

则方程的通解为

$$\begin{aligned}x&=\mathrm{e}^{-\int P(y)\mathrm{d}y}\left[\int Q(y)\mathrm{e}^{\int P(y)\mathrm{d}y}\mathrm{d}y+C\right]\\&=\mathrm{e}^{\int\frac{2}{y}\mathrm{d}y}\left(\int-y\mathrm{e}^{-\int\frac{2}{y}\mathrm{d}y}\mathrm{d}y+C\right)\\&=y^2(C-\ln|y|)\end{aligned}$$

其中 C 是任意常数.

10.3.3 伯努利方程

形如

$$y'+p(x)y=q(x)y^n\quad(n\neq 0,1) \tag{10.3.6}$$

的方程称为伯努利方程.

当 $n=0$ 或 $n=1$ 时,方程(10.3.6)是线性方程. 当 $n\neq0$ 且 $n\neq1$ 时,这个方程不是线性的,但是通过适当的变换,就可以将其化为一阶线性方程.

事实上,在方程(10.3.6)的两边同乘以 y^{-n},得

$$y^{-n}\frac{\mathrm{d}y}{\mathrm{d}x}+p(x)y^{1-n}=q(x)$$

即

$$\frac{1}{1-n}\cdot\frac{\mathrm{d}y^{1-n}}{\mathrm{d}x}+p(x)y^{1-n}=q(x)$$

令 $z=y^{1-n}$,上式即可化为如下的线性方程

$$\frac{dz}{dx}+(1-n)p(x)z=(1-x)q(x)$$

利用线性方程的求解方法求出上式的通解后,再将变量 $z=y^{1-n}$ 代回,便可得到伯努利方程(10.3.6)的通解.

例 10.3.3 求微分方程 $\frac{dy}{dx}-y=xy^5$ 的通解.

解:将原方程改写成

$$y^{-5}y'-y^{-4}=x$$

令 $z=y^{-4}$,原方程化为 $z'+4z=-4x$,

则
$$z=e^{-\int 4dx}\left[\int(-4xe^{\int 4dx})dx+C\right]=-x+\frac{1}{4}+Ce^{-4x}$$

即原方程的通解为

$$y^{-4}=-x+\frac{1}{4}+Ce^{-4x}\quad(C\text{ 为任意常数})$$

习题 10.3

1. 求下列微分方程的通解:

(1) $\frac{dy}{dx}+y=e^{-x}$;　(2) $\frac{d\rho}{d\theta}+3\rho=2$;

(3) $y'+y\cos x=e^{-x}$;　(4) $y'+y\tan x=\sin 2x$;

(5) $(x^2-1)y'+2xy-\cos x=0$;　(6) $y'+2xy=4x$;

(7) $2ydx+(y^2-6x)dy=0$;　(8) $y\ln ydx+(x-\ln y)dy=0$.

2. 求下列微分方程满足所给初始条件的特解:

(1) $y'-y\tan x=\sec x, y|_{x=0}=0$;　(2) $y'+\frac{y}{x}=\frac{\sin x}{x}, y|_{x=\pi}=1$;

(3) $y'+y\cot x=5e^{\cos x}, y|_{x=\frac{\pi}{2}}=-4$;　(4) $y'+\frac{2-3x^2}{x^3}y=1, y|_{x=1}=0$.

3. 已知函数 $y=y(x)$ 连续,且满足 $y=e^x+\int_0^x y(t)dt$, 求 $y(x)$ 的表达式.

4. 求一曲线,这曲线通过原点,并且它在点 (x,y) 处的切线斜率等于 $2x+y$.

5. 求解下列伯努力方程:

(1) $\frac{dy}{dx}=\frac{x^4+y^3}{xy^2}$;　(2) $\frac{dy}{dx}+xy=x^3y^3$;

(3) $2xydy=(2y^2-x)dx$;　(4) $\frac{dy}{dx}=\frac{e^y+3x}{x^2}$.

10.4 可降阶的高阶微分方程

从本节开始我们将讨论二阶及二阶以上的微分方程,即所谓的高阶微分方程. 对于有些高阶微分方程,我们可以通过变量代换将它化成较低阶的方程来求解,这种类型的方程就称

为可降阶的微分方程.相应的求解方法也就称为降阶法.

下面介绍三种可降阶的方程类型及其解法.

10.4.1　形如 $y^{(n)}=f(x)$ 的微分方程

方程

$$y^{(n)} = f(x) \tag{10.4.1}$$

的特点是右端仅含有自变量 x,因而只需连续积分 n 次就可得到方程的通解.

积分一次,得

$$y^{(n-1)} = \int f(x)\,\mathrm{d}x + C_1$$

这里 $\int f(x)\,\mathrm{d}x$ 看做是 $f(x)$ 的某一确定的原函数,其中 C_1 是任意常数.

再积分一次,得

$$y^{(n-2)} = \int\left[\int f(x)\,\mathrm{d}x\right]\mathrm{d}x + C_1x + C_2$$

依此法进行下去,连续积分 n 次,便得方程 $y^{(n)}=f(x)$ 含有 n 个任意常数的通解.

例 10.4.1　解微分方程 $y'''=\sin x+x$ 的通解.

解:对方程两边连续积分三次,得

$$y'' = -\cos x + \frac{1}{2}x^2 + C_1$$

$$y' = \sin x + \frac{1}{6}x^3 + C_1x + C_2$$

$$y = \cos x + \frac{1}{24}x^4 + \frac{1}{2}C_1x^2 + C_2x + C_3$$

其中 C_1、C_2、C_3 是任意常数.

10.4.2　形如 $y''=f(x,y')$ 的微分方程

方程

$$y'' = f(x,y') \tag{10.4.2}$$

的特点是右端不显含未知函数 y,可先把 y' 看做未知函数,作代换 $y'=p$,则

$$y'' = \frac{\mathrm{d}p}{\mathrm{d}x} = p'(x)$$

将 y' 及 y'' 代入方程(10.4.2)即可得到一个关于 p 与 x 的一阶微分方程

$$p = f(x,p)$$

若能求得这个一阶微分方程的解 $p=\varphi(x,C_1)$,则由 $y'=p=\varphi(x,C_1)$,求得原方程的通解

$$y = \int\varphi(x,C_1)\,\mathrm{d}x + C_2$$

例 10.4.2　求微分方程 $y''-y'=\mathrm{e}^x$ 的通解.

解:由于方程中不显含未知函数 y,是属于 $y''=f(x,y')$ 型. 设 $y'=p$,则 $y''=p'$,代入方程得

$$p' - p = e^x$$

这是未知函数为 p 的一阶线性微分方程,容易求得

$$p = e^{-\int \frac{1}{x}dx}\left(\int x e^{\int \frac{1}{x}dx} + C_1\right) = \frac{1}{3}x^2 + \frac{C_1}{x}$$

即

$$y' = \frac{1}{3}x^2 + \frac{C_1}{x}$$

故原方程的通解为

$$y = \int\left(\frac{1}{3}x^2 + \frac{C_1}{x}\right)dx = \frac{1}{9}x^3 + C_1\ln|x| + C_2$$

其中 C_1、C_2 为任意常数.

例 10.4.3 求微分方程 $y''=1+(y')^2$ 的通解.

解:所给方程不显含有 y,属于 $y''=f(x,y')$ 型. 设 $y'=p$,则 $y''=p'$,原方程化为

$$p' = 1 + p^2$$

即

$$\frac{dp}{1+p^2} = dx$$

积分得

$$\int \frac{dp}{1+p^2} = \int dx$$

即 $\arctan p = x + C_1$,故这个方程的通解为

$$p = \tan(x + C_1)$$

再将 $y'=p$ 代入,得 $y'=\tan(x+C_1)$,故原方程的通解为

$$y = \int \tan(x + C_1)dx = -\ln|\cos(x + C_1)| + C_2 \tag{10.4.3}$$

其中 C_1、C_2 为任意常数.

10.4.3 形如 $y''=f(y,y')$ 的微分方程

方程

$$y'' = f(y,y') \tag{10.4.4}$$

的特点是右端不显含自变量 x,令 $y=p(y)$,则

$$y'' = \frac{dp}{dx} = \frac{dp}{dy}\cdot\frac{dy}{dx} = p\frac{dp}{dy}$$

将 y' 及 y'' 代入式(10.4.4)即可得到一个关于 p 与 y 的一阶微分方程

$$p\frac{\mathrm{d}p}{\mathrm{d}y}=f(y,p)$$

若能求得这个方程的解

$$y'=p=\varphi(x,C)$$

分离变量并积分,便得到原方程的通解

$$\int\frac{1}{\varphi(y,C_1)}\mathrm{d}y=x+C_2$$

例 10.4.4　求微分方程 $yy''-(y')^2=0$ 的通解.

解:令 $y'=p(y)$,则 $y''=p\frac{\mathrm{d}p}{\mathrm{d}y}$,代入原方程,得

$$yp\frac{\mathrm{d}p}{\mathrm{d}y}-p^2=0$$

由此得

$$p=0\quad 或\quad y\frac{\mathrm{d}p}{\mathrm{d}y}-p=0$$

即

$$y=C\quad 或\quad y\frac{\mathrm{d}p}{\mathrm{d}y}=p$$

分离变量并积分,得

$$p=y'=C_1y$$

再分离变量并积分,得原方程的通解为

$$y=C_2\mathrm{e}^{c_1x}$$

习题 10.4

1. 求下列微分方程的通解:

(1) $y''=\frac{1}{1+x^2}$;　(2) $y''=y'+x$;

(3) $xy''+y'=0$;　(4) $y^3y''-1=0$;

(5) $y''=y'(1+y'^2)$;　(6) $y''+\frac{2}{1-y}(y')^2=0$.

2. 求下列微分方程满足所给初始条件的特解:

(1) $y'''=\mathrm{e}^{ax},y|_{x=1}=y'|_{x=1}=y''|_{x=1}=0$;

(2) $y''-ay'^2=0,y|_{x=0}=0,y'|_{x=0}=-1$;

(3) $(1-x^2)y''-xy'=0,y|_{x=0}=0,y'|_{x=0}=1$;

(4) $y''=3\sqrt{y},y|_{x=0}=1,y'|_{x=0}=2$.

3. 试求经过点 $M(0,1)$ 且在此点与直线 $y=\frac{x}{2}+1$ 相切的 $y''=x$ 的积分曲线.

10.5 二阶常系数线性齐次微分方程

形如

$$y'' + py' + qy = 0 \tag{10.5.1}$$

的微分方程,当 p、q 是常数时,称为二阶常系数线性齐次微分方程.

下面对方程(10.5.1)的解法进行讨论.

定义 10.5.1 设 $y_1(x)$、$y_2(x)$ 为定义在 (a,b) 上的函数,如果存在非零的常数 k,使得 $y_1(x) \equiv ky_2(x)$,则称 $y_1(x)$、$y_2(x)$ 线性相关;如果对任意常数 k,$y_1(x) \neq ky_2(x)$,则称 $y_1(x)$、$y_2(x)$ 线性无关.

例如,函数 e^x 与 xe^x,$\sin x$ 与 $\cos x$ 之间线性无关,而 x^2 与 $2x^2$ 之间线性相关.

定理 10.5.1 设 $y_1(x)$、$y_2(x)$ 是方程(10.5.1)的两个线性无关的解,则

$$y(x) = C_1 y_1(x) + C_2 y_2(x) \tag{10.5.2}$$

是方程(10.5.1)的通解,其中 C_1、C_2 为任意常数.

证:因为 $y_1(x)$、$y_2(x)$ 是方程(10.5.1)的解,所以有

$$y_1''(x) + py_1'(x) + qy_1(x) = 0$$

与

$$y_2''(x) + py_2'(x) + qy_2(x) = 0$$

而

$$y'(x) = C_1 y_1'(x) + C_2 y_2'(x)$$
$$y''(x) = C_1 y_1''(x) + C_2 y_2''(x)$$

代入式(10.5.1)的左端,得

$$\begin{aligned}
& y''(x) + py'(x) + qy(x) \\
&= [C_1 y_1''(x) + C_2 y_2''(x)] + p[C_1 y_1'(x) + C_2 y_2'(x)] + q[C_1 y_1(x) + C_2 y_2(x)] \\
&= C_1[y_1''(x) + py_1'(x) + qy_1(x)] + C_2[y_2''(x) + py_2'(x) + qy_2(x)] \\
&= C_1 \cdot 0 + C_2 \cdot 0 = 0
\end{aligned}$$

即 $y(x)$ 是方程(10.5.1)的解. 在 $y_1(x)$、$y_2(x)$ 线性无关的条件下,可以证明 $y(x)$ 含两个任意常数,所以 $y(x)$ 是方程(10.5.1)的通解.

定理 10.5.1 表明,求解方程(10.5.1)的关键是设法找到方程(10.5.1)的两个线性无关解. 根据求导经验,我们知道指数函数 $e^{\lambda x}$ 的一、二阶导数 $\lambda e^{\lambda x}$,$\lambda^2 e^{\lambda x}$ 仍是同类型的指数函数,如果选取适当的常数 λ,则有可能使 $e^{\lambda x}$ 满足方程(10.5.1). 因此,猜想线性常系数微分方程的解具有形式

$$y = e^{\lambda x}$$

现将 $y = e^{\lambda x}$ 代入方程(10.5.1),得

$$e^{\lambda x}(\lambda^2 + p\lambda + q) = 0$$

由于 $e^{\lambda x}\neq 0$,必须

$$\lambda^2 + p\lambda + q = 0 \tag{10.5.3}$$

由此可见,只要 λ 满足代数方程(10.5.3),函数 $e^{\lambda x}$ 就是方程(10.5.1)的解.

代数方程(10.5.3)称为微分方程(10.5.1)的特征方程,其中 λ^2、λ 的系数及常数恰好依次是方程(10.5.1)中的 y''、y' 及 y 的系数.

特征方程的两个根 λ_1、λ_2 称为方程(10.5.1)的特征根,可以用公式

$$\lambda_{1,2} = \frac{-p \pm \sqrt{p^2 - 4q}}{2}$$

求出.

它们可能出现三种情况:

当 $p^2-4q>0$ 时,λ_1、λ_2 是两个不相等的实根;当 $p^2-4q=0$ 时,λ_1、λ_2 是两个相等的实根;当 $p^2-4q<0$ 时,λ_1、λ_2 是一对共轭复根.

下面根据特征根三种不同的情况,分别讨论齐次方程(10.5.1)的通解.

(1)当 $\lambda_1\neq\lambda_2$ 时,方程(10.5.3)有两个相异实根.

这时方程(10.5.1)有两个特解

$$y_1 = e^{\lambda_1 x},\ y_2 = e^{\lambda_2 x}$$

由于

$$\frac{y_1}{y_2} = e^{(\lambda_1-\lambda_2)x} \neq 常数$$

所以 y_1 与 y_2 线性无关,故方程(10.5.1)通解为

$$y(x) = C_1 e^{\lambda_1 x} + C_2 e^{\lambda_2 x}$$

其中 C_1、C_2 为任意常数.

(2)当 $\lambda_1=\lambda_2=\lambda$ 是方程(10.5.3)的两个相等的实根时,方程(10.5.1)有一个特解

$$y_1 = e^{\lambda x}$$

可以验证方程(10.5.1)有另一个特解

$$y_2 = xe^{\lambda x}$$

由于

$$\frac{y_1}{y_2} = x \neq 常数$$

所以 y_1 与 y_2 线性无关,故方程(10.5.1)通解为

$$y(x) = (C_1 + C_2 x)e^{\lambda x}$$

其中 C_1、C_2 为任意常数.

(3)当 $\lambda=\alpha\pm i\beta(\beta\neq 0)$ 是一对共轭复根时,

通过直接验证可知,函数

$$y_1 = e^{\alpha x}\cos\beta x,\ y_2 = e^{\alpha x}\sin\beta x$$

是方程(10.5.1)的两个特解,且由

$$\frac{y_1}{y_2} = \cot\beta x \neq \text{常数}$$

可知 y_1 与 y_2 线性无关,故方程(10.5.1)通解可表示为

$$y(x) = (C_1\cos\beta x + C_2\sin\beta x)e^{\alpha x}$$

其中 C_1、C_2 为任意常数.

综上所述,求二阶齐次线性常系数微分方程通解的步骤如下:

(1)写出方程(10.5.1)的特征方程

$$\lambda^2 + p\lambda + q = 0$$

(2)求出特征方程的根 λ_1、λ_2.

(3)根据特征方程的三种不同情况,得到微分方程(10.5.1)的通解如表10.1所示.

表10.1

特征根 λ	方程通解
$\lambda_1 \neq \lambda_2$ 是两个实根	$y(x) = C_1e^{\lambda_1 x} + C_2e^{\lambda_2 x}$
$\lambda_1 = \lambda_2 = \lambda$ 是相等实根	$y(x) = (C_1 + C_2x)e^{\lambda x}$
$\lambda = \alpha \pm i\beta(\beta \neq 0)$ 是共轭复根	$y(x) = (C_1\cos\beta x + C_2\sin\beta x)e^{\alpha x}$

例10.5.1 求方程 $y'' - 3y' - 10y = 0$ 的通解.

解:特征方程为

$$\lambda^2 - 3\lambda - 10 = 0$$

其特征根 $\lambda_1 = -2, \lambda_2 = 5$ 为两个相异实根,所以所给方程的通解为

$$y(x) = C_1e^{-2x} + C_2e^{5x}$$

其中 C_1、C_2 为任意常数.

例10.5.2 求方程 $y'' - 4y' + 4y = 0$ 的通解.

解:特征方程为

$$\lambda^2 - 4\lambda + 4 = 0$$

其特征根 $\lambda = 2$ 为二重实根,所以所给方程的通解为

$$y(x) = (C_1 + C_2x)e^{2x}$$

其中 C_1、C_2 为任意常数.

例10.5.3 求方程 $y'' - 6y' + 13y = 0$ 的通解.

解:特征方程为

$$\lambda^2 - 6\lambda + 13 = 0$$

其特征根 $\lambda = 3 \pm 2i$ 为一对共轭复根,所以所给方程的通解为

$$y(x) = (C_1\cos 2x + C_2\sin 2x)e^{3x}$$

其中 C_1、C_2 为任意常数.

习题10.5

1. 求下列齐次线性微分方程的通解:

(1) $y'' - 4y' + 3y = 0$;　　(2) $y'' - 4y' + 4y = 0$;

(3) $y'' + 4y = 0$;　　(4) $y'' - 4y' + 13y = 0$;

(5) $y'' + y' + y = 0$;　　(6) $2y'' + y' + \frac{1}{8}y = 0$.

2. 求下列齐次线性微分方程在给定初始条件下的特解:

(1) $y'' - 5y' + 6y = 0, y'(0) = 1, y(0) = \frac{1}{2}$;

(2) $y'' - 6y' + 9y = 0, y'(0) = 2, y(0) = 0$;

(3) $y'' + 4y' + 29y = 0, y'(0) = 15, y(0) = 0$;

(4) $y'' + \pi^2 y = 0, y'(0) = 0, y(0) = 3$.

3. 方程 $y'' + 9y = 0$ 的一条积分曲线通过点$(\pi, -1)$,在该点和直线 $y + 1 = x - \pi$ 相切,求此曲线.

4. 试作一个常系数齐次线性微分方程,使它有特解 x 和 e^x.

10.6 二阶常系数非齐次线性微分方程

二阶常系数非齐次线性微分方程的一般形式是

$$y'' + py' + qy = f(x) \tag{10.6.1}$$

其中 p、q 为常数. 而方程

$$y'' + py' + qy = 0 \tag{10.6.2}$$

称为非齐次方程(10.5.1)所对应的齐次线性微分方程.

首先我们来看一下方程(10.6.1)的解的性质.

定理 10.6.1 设 $y_1(x)$是二阶非齐次线性微分方程(10.6.1)

$$y'' + py' + qy = f(x)$$

的一个特解,$y_2(x)$是相应齐次线性微分方程(10.6.2)的通解,则

$$y = y_1(x) + y_2(x)$$

是方程(10.6.1)的通解.

证:因 $y_1(x)$是方程(10.6.1)的解,即

$$y_1'' + py_1' + qy_1 = f(x)$$

又 $y_2(x)$是方程(10.6.2)的解,即

$$y_2'' + py_2' + qy_2 = 0$$

则对 $y = y_1 + y_2$ 有

$$\begin{aligned} y' + py + qy &= (y_1 + y_2)'' + p(y_1 + y_2)' + q(y_1 + y_2) \\ &= (y_1'' + py_1' + qy_1) + (y_2'' + py_2' + qy_2) \\ &= f(x) \end{aligned}$$

因此 $y_1 + y_2$ 是方程(10.6.1)的解,又因 y_2 是方程(10.6.2)的通解,在其中含有两个任意常数,故 $y_1 + y_2$ 也含有两个任意常数,所以它是方程(10.6.1)的通解.

根据这一定理,如果我们求出方程(10.6.1)的一个特解 $y^*(x)$,再求出方程(10.6.2)

的通解

$$y = C_1y_1(x) + C_2y_2(x)$$

那么

$$y = C_1y_1(x) + C_2y_2(x) + y^*(x)$$

就是方程(10.6.1)的通解.

求方程(10.6.2)的通解在上一节已经解决.下面我们只介绍当非齐次项$f(x)$取两种特殊形式时,如何求得方程(10.6.1)的一个特解$y^*(x)$的方法,这种方法称为待定系数法.所谓待定系数法是通过对微分方程的分析,给出特解y^*的形式,然后代到方程中去,确定解中的待定常数.

这里所取的$f(x)$的两种形式是:

(1) $f(x)=P_m(x)e^{\lambda x}$,其中λ是常数,$P_m(x)$是x的一个m次多项式,

$$P_m(x) = a_0x^m + a_1x^{m-1} + \cdots + a_{m-1}x + a_m$$

(2) $f(x)=e^{\lambda x}(A\cos\omega x+B\sin\omega x)$,其中$\lambda$、$\omega$和$A$、$B$均为常数.

10.6.1 $f(x)=P_m(x)e^{\lambda x}$型

注意到方程$y''+py'+qy=P_m(x)e^{\lambda x}$的自由项$f(x)$是多项式与指数函数的乘积,而这类函数的各阶导数仍然是同类型的函数,以及方程的左侧是y''、py'、qy之和,所以我们假设方程(10.6.1)的特解为

$$y^* = Q(x)e^{\lambda x}$$

其中$Q(x)$为待定多项式,将y^*代入方程(10.6.1)并消去$e^{\lambda x}$,得

$$Q''(x) + (2\lambda + p)Q'(x) + (\lambda^2 + p\lambda + q)Q(x) = P_m(x) \qquad (10.6.3)$$

下面分三种情况进行讨论.

(1)如果λ不是方程(10.6.2)的特征方程的根,即$\lambda^2+p\lambda+q\neq0$.

由于$P_m(x)$是一个m次多项式,要使式(10.6.3)两边恒等,也应该是一个m次多项式.故令$Q(x)=Q_m(x)$,其中

$$Q_m(x) = b_0x^m + b_1x^{m-1} + \cdots + b_{m-1}x + b_m \quad (b_0 \neq 0)$$

代入式(10.6.3),比较等式两边x同次幂的系数,得到含有$b_0,b_1,\cdots,b_m$的$m+1$个方程的联立方程组,从中解出$b_0,b_1,\cdots,b_m$,则得到方程的特解

$$y^* = Q(x)e^{\lambda x}$$

(2)如果λ是方程(10.6.2)的特征方程的单根,即$\lambda^2+p\lambda+q=0$,$2\lambda+p\neq0$,此时式(10.6.3)成为

$$Q''(x) + (2\lambda + p)Q'(x) = P_m(x)$$

可知$Q(x)$应该是一个$m+1$次多项式,可令

$$Q(x) = xQ_m(x)$$

用同样的方法求出$Q_m(x)$的系数,从而得到方程的特解

$$y^* = xQ(x)e^{\lambda x}$$

(3)如果λ是方程(10.6.2)的特征方程的重根,即$\lambda^2 + p\lambda + q = 0, 2\lambda + p = 0$,此时式(10.6.3)变成

$$Q''(x) = P_m(x)$$

可知$Q(x)$应该是一个$m+2$次多项式,可令

$$Q(x) = x^2 Q_m(x)$$

用同样的方法求出$Q_m(x)$的系数,从而得到方程的特解

$$y^* = x^2 Q(x)e^{\lambda x}$$

如果$\lambda = 0$,则方程(10.6.3)的右端$f(x) = P_m(x)$仅是x的多项式,上式结论仍然成立.

归纳上述讨论,我们有如下结论:

如果非齐次线性方程(10.6.1)的右端$f(x) = P_m(x)e^{\lambda x}$,则可设其有特解

$$y^* = x^k Q(x)e^{\lambda x} \tag{10.6.4}$$

其中$Q_m(x)$与$P_m(x)$同为m次多项式,$Q_m(x)$的系数$b_i(i = 0,1,2,\cdots,m)$可通过将方程(10.6.4)代入原方程,然后比较等式两端同类项的系数来确定.而k按λ不是特征根是特征根的单根或是特征根的重根分别取0,1或2.

例 10.6.1 求微分方程$y'' - 2y' - 3y = 3x + 1$的通解.

解:非齐次项$3x + 1 = (3x + 1)e^{\lambda x}$属于$P_m(x)e^{\lambda x}$型,此时$P_m(x) = 3x + 1, \lambda = 0$.特征方程为$r^2 - 2r - 3 = 0$,其根$r_1 = -1, r_2 = 3$,则对应的齐次方程的通解为

$$Y = C_1 e^{-x} + C_2 e^{3x}$$

由于$\lambda = 0$不是特征方程的根,故设其特解为

$$y^* = Q_1(x)e^{0x} = b_0 x + b_1$$

把它代入所给的方程,得

$$-2b_0 - 3(b_0 x + b_1) = 3x + 1$$

比较两端同次幂的系数,得

$$\begin{cases} -3b_0 = 3 \\ -2b_0 - 3b_1 = 1 \end{cases}$$

解得$b_0 = -1, b_1 = \frac{1}{3}$.于是求得一个特解为

$$y^* = -x + \frac{1}{3}$$

故原方程的通解为

$$y = Y + y^* = C_1 e^{-x} + C_2 e^{3x} - x + \frac{1}{3}$$

例 10.6.2 求微分方程$y'' - 2y' + y = xe^x$的通解.

解:这是一个二阶常系数非齐次线性微分方程,且$f(x) = xe^x$属于$P_m(x)e^{\lambda x}$型,其中

$P_m(x)=x,\lambda=1$. 而特征方程为 $r^2-2r+1=0$，其根 $r_1=r_2=1$，则对应的齐次方程的通解为

$$Y=(C_1+C_2x)e^x$$

由于 $\lambda=1$ 是特征方程的二重根，故设原方程的一个特解为

$$y^*=x^2(b_0x+b_1)e^x$$

代入原方程，得

$$6b_0x+2b_1=x$$

比较等式两端 x 的同次幂系数，得

$$\begin{cases}6b_0=1\\2b_1=0\end{cases}$$

解得 $b_0=\dfrac{1}{6},b_1=0$. 于是求得原方程的一个特解为

$$y^*=\frac{1}{6}x^3e^x$$

故原方程的通解为

$$y=Y+y^*=(C_1+C_2x)e^x+\frac{1}{6}x^3e^x$$

例 10.6.3　求微分方程 $y''-3y'+2y=xe^{2x}$，满足初始条件 $y|_{x=0}=1,y'|_{x=0}=2$ 的特解.

解：所给方程是二阶常系数非齐次线性微分方程，且函数 $f(x)=xe^{2x}$ 属于 $P_m(x)e^{\lambda x}$ 型，其中 $P_m(x)=x,\lambda=2$. 所给方程对应的齐次方程为

$$y''-3y'+2y=0$$

其特征方程为

$$r^2-3r+2=0$$

特征根为 $r_1=1,r_2=2$. 所以对应齐次方程的通解为

$$Y=C_1e^x+C_2e^{2x}$$

由于 $\lambda=2$ 是特征方程的单根，所以应设其特解为

$$y^*=x(b_0x+b_1)e^{2x}$$

把它代入到原方程，解得 $b_0=\dfrac{1}{2},b_1=-1$. 于是求得一个特解为

$$y^*=\left(\frac{1}{2}x-1\right)xe^{2x}$$

故所给方程的通解为

$$y=Y+y^*=C_1e^x+C_2e^{2x}+\left(\frac{1}{2}x-1\right)xe^{2x}$$

将初始条件 $y|_{x=0}=1,y'|_{x=0}=2$ 代入通解及它的导数，解得 $C_1=-1,C_2=2$. 故所求方程满足初始条件的特解为

$$y = -e^x + 2e^{2x} + \left(\frac{1}{2}x - 1\right)e^x$$

10.6.2 $f(x) = e^{\lambda x}[P_l(x)\cos\omega x + P_n(x)\sin\omega x]$型

这里λ、ω为常数,且$\omega \neq 0$,$P_l(x)$与$P_n(x)$分别是x的l次和n次多项式.与第一种类型的讨论类似,非齐次线性微分方程(10.6.1)的特解可设为

$$f(x) = x^k e^{\lambda x}[Q_1(x)\cos\omega x + Q_2(x)\sin\omega x] \tag{10.6.5}$$

其中$Q_1(x)$、$Q_2(x)$是x的m次多项式,$m = \max\{l, n\}$,而k按$\lambda + i\omega$不是特征方程的根或是特征方程的根依次取0或1.

上述结论可推广到n阶常系数非齐次线性微分方程,但要注意式(10.6.5)中的k是特征方程含根$\lambda + i\omega$或$\lambda - i\omega$的重复次数.

例10.6.4 求微分方程$y'' - 2y' - 3y = e^x\cos x$的通解.

解:这是二阶常系数非齐次线性微分方程,它对应的齐次方程为

$$y'' - 2y' - 3y = 0$$

其特征方程为$r^2 - 2r - 3 = 0$,其根$r_1 = -1$,$r_2 = 3$,则对应的齐次方程的通解为

$$Y = C_1 e^{-x} + C_2 e^{3x}$$

由于$\lambda \pm i\omega = 1 \pm i$不是特征方程的根,而$P_l(x) = 1$,$P_n(x) = 0$,故设方程的特解为

$$y^* = e^x(A\cos x + B\sin x)$$

代入原方程,化简得

$$-5A\cos x - 5B\sin x = \cos x$$

比较同类项系数,得$A = -\frac{1}{5}$,$B = 0$,从而原方程的通解为

$$y = C_1 e^{-x} + C_2 e^{3x} - \frac{1}{5}e^x\cos x$$

例10.6.5 求微分方程$y'' - 2y' - 3y = e^x\cos x + 3x + 1$的通解.

解:可以先将原方程分解为

$$y'' - 2y' - 3y = e^x\cos x$$

$$y'' - 2y' - 3y = 3x + 1$$

在例10.6.1及例10.6.4中,我们已经求得这两个方程的特解分别为$y_1 = -\frac{1}{5}e^x\cos x$及$y_2 = -x + \frac{1}{3}$,故所求得方程的特解为

$$y^* = y_1 + y_2 = -\frac{1}{5}e^x\cos x - x + \frac{1}{3}$$

于是所求方程的通解为

$$y = C_1 e^{-x} + C_2 e^{3x} - \frac{1}{5}e^x\cos x - x + \frac{1}{3}$$

习题 10.6

1. 求下列微分方程的通解：

(1) $2y''+y'-6y=2e^x$；　(2) $y''+a^2y=e^x$；

(3) $2y''+5y'=5x^2-2x-1$；　(4) $y''+3y'+2y=3xe^{-x}$；

(5) $y''+5y'+4y=3-2x$；　(6) $y''-6y'+9y=(x+1)e^{3x}$；

(7) $y''+3y'+2y=e^{-x}\cos x$；　(8) $y''+y=3\cos 2x+\sin 2x$.

2. 求下列各微分方程满足所给初始条件的特解：

(1) $y''-4y'=5, y|_{x=0}=1, y'|_{x=0}=0$；

(2) $y''-3y'+2y=5, y|_{x=0}=1, y'|_{x=0}=2$；

(3) $y''-10y'+9y=e^{2x}, y|_{x=0}=\frac{6}{7}, y'|_{x=0}=\frac{33}{7}$；

(4) $y''-y'=4xe^x, y|_{x=0}=0, y'|_{x=0}=1$；

(5) $y''+y'+\sin 2x=0, y|_{x=\pi}=1, y'|_{x=\pi}=1$.

3. 已知齐次线性方程 $x^2y''-xy'+y=0$ 的通解为 $Y=C_1x+C_2x\ln|x|$，求非齐次线性微分方程 $x^2y''-xy'+y=x$ 的通解.

4. 设 $y_1^*=1, y_2^*=x^2+1, y_3^*=e^x$ 是非齐次线性微分方程 $y''+p(x)y'+q(x)y=f(x)$ 的三个解，求该方程的通解.

参 考 文 献

[1] 赵树嫄,经济应用数学基础(一)微积分[M].3 版. 北京:中国人民大学出版社,2012.
[2] 同济大学应用数学系. 高等数学(本科少学时类型)[M].3 版. 北京:高等教育出版社,2006.
[3] 徐岩,等. 大学文科数学[M]. 北京:科学出版社,2014.
[4] 胡志兴,等. 高等数学[M].2 版. 北京:高等教育出版社,2014.

冶金工业出版社部分图书推荐

书名	作者	定价(元)
线性代数——Excel 版教学用书	颜宁生　编著	22.00
数值分析(第 2 版)	张　铁　阎家斌　编	22.00
C++程序设计	高　潮　主编	40.00
C 语言程序设计	邵回祖　主编	27.00
JSP 程序设计案例教程	刘丽华　付晓东　主编	30.00
UG NX7.0 三维建模基础教程	王庆顺　主编	42.00
创新思维、方法和管理	张正华　雷晓凌　编著	26.00
概率统计	刘筱萍　等编	16.00
离散数学概论	周丽珍　编著	25.00
粒子群优化算法	李　丽　牛　奔　著	20.00
论数学真理	李浙生　著	25.00
模糊数学及其应用(第 2 版)	李安贵　编著	22.00
数学规划及其应用(第 3 版)	范玉妹　等编著	49.00
数学建模入门	焦云芳　编著	20.00
数学物理方程	魏培君　编著	20.00
冶金工程数学模型及应用基础	张延玲　编著	28.00
冶金过程数学模型与人工智能应用	龙红明　编	28.00
轧制过程数学模型	任　勇　程晓茹　编著	20.00
最优化原理与方法	薛嘉庆　编	18.00